Gymnasium Bayern

FOKUS

Physik

9

Cornelsen

Autoren: Dr. Angela Fösel, Nürnberg; Dr. Bernd Reinhard, Ursberg; Peter Sander, Dachau; Stefan Schweitzer, München; Anton Thanner, Weilheim

Berater: Dr. Monika Christl, Vilsbiburg; Dr. Günther Hempel, Nürnberg; Reinhardt Neumeyer, Mühldorf am Inn; Roland Reger, Dachau; Sylvia Vitz, München; Dr. Friedrich Wörlen, Roth

Redaktion: Thomas Gattermann, Simone Lambert, Stephan Möhrle

Grafik: Rainer Götze

Layoutkonzept: Wolfgang Lorenz

Umschlaggestaltung: Susanne Niklaus, Berlin

Layout: V+I+S+K Büro für Visuelle Kommunikation

Technische Umsetzung: Dierk Ullrich; V+I+S+K Büro für Visuelle Kommunikation

www.cornelsen.de

1. Auflage, 2. Druck 2008

Alle Drucke dieser Auflage sind inhaltlich unverändert
und können im Unterricht nebeneinander verwendet werden.

Druck: CS-Druck CornelsenStürtz, Berlin

ISBN 978-3-464-85317-7

Inhalt gedruckt auf säurefreiem Papier
aus nachhaltiger Forstwirtschaft.

Inhalt

Abbildungsverzeichnis: A. P. Møller - Maersk: 77.3 | ABB: 18.3 | Acuson, Erlangen: 191.7 | Airbus: 70.3, 71.4 | Astrofoto: EIT/SOHO/NASA 114.4, Miller/DMI 114.3, NASA 16.2 u. 138.1, NASA/ESA/STScI 105.6, NOAO 96.1 | Avenue Images/Index Stock/Wiley/Wales, Amy: 38.4 | BBR-Verkehrstechnik GmbH, Braunschweig: 37.3 | Bildarchiv Berliner Unterwelten e. V.: 109.7 | Blickwinkel: Klaer 6.1, NaturimBild/Foerster 82.1 | BMW, München: 69.6 | BOREAS Energie GmbH, Dresden: 42.4 | Buckau-Walther, Köln: 31.5 | Caro/Ponizak: 32.1 | Casio: 107.6 | CDC/Dr. Hooten: 118.0 | CERN: 30.1, Brice 30.2 u. 95.1, Loiez 31.3 | Corbis: DK limited 25.4, Lenz/zefa: 59.1 | Das Fotoarchiv: Rose 118.1, Tack 175.7 | Deutsches Museum, München: 12.2, 96.2, 115.6, 150.2 | Dietmar Gust, Berlin: 96.5 | Environmental Instruments: 125.6 | esa: 6.3, 55.6, 75.4, eso/NASA 151.5, Novespace 83.4 | eso: 96.4 | EWN, Rheinsberg: 146.1 | Focus, Hamburg: 24.1 | Gesellschaft für Strahlen- und Umweltforschung, München: 132.2 | Hella KGaA Hueck & Co., Lippstadt: 170.3 u. 175.5 | IBM: 35.6 | ihp-microelectronics, Frankfurt/Oder: 96.3 | Intel: 163.0 | ITER: 25.3 | Kernforschungszentrum Karlsruhe: 146.2 | Keystone: 148.3 | Kraftwerk Isar GmbH: 148.1 | Landesgendarmeriekommando für Tirol, Österreich: 135.3 | Lexus: 18.1 | Leybold: 125.9 | Linder/GNU: 193.4 | Märklin, Göppingen: 164.1 | maquette Hellige GmbH, Freiburg: 188.1 | Mauritius, Mittenwald: 102.3, 109.4 | Max-Planck-Institut für marine Mikrobiologie, Bremen/Dr. Schüler: 10.4 | Max-Planck-Institut für Plasmaphysik, Garching: 159.3 | Moser, Freiburg: 144.2–3 | MVG/Groh, K.: 74.2 | NASA: 54.2–3, 55.4, 69.7, 93.5 | Neubau: hinterer Vorsatz, Hintergrund | NSF: 131.6–7 | Okapia/Dr. Baesemann, H.: 102.1 | PHYWE Systeme GmbH & Co. KG, Göttingen: 26.3 | picture-alliance/dpa: 64.3, 69.8, 109.6, 147.4, 170.4, 176.2, 190.1 | picture-alliance/kpa: 110.1 | picture-alliance/ZB: 114.2 | project photo: 77.4, 102.2 | REpower Systems AG: 5.1 u. 2, Newsline Scotland Press Agency 38.1 | Rudolf Riester GmbH & Co. KG, Jungingen: 184.1 | Scala-Electronic GmbH, Grünwald: 185.6 | Schott, Mainz: 187.7 | schwa-medico GmbH, Ehringshausen: 189.5 | Science Museum/Science & Society Picture Library, London: 128.3 | Siemens Pressebild: 41.5–7, 48.1, 66.1, 119.4 u. 7, 144.0, 145.5 | Silvestris, Kastl: 64.1 | Sony: 18.4, 29.8, 180.1 | SPL / Focus: 123.5, 128.3, 149.4, 158.1, Charmet 115.5, CNRI 118.3 u. 122.4, Dr. Mazziotta 144.4, Du Cane 189.6, Eadweard Muybridge Collection/ Kingston Museum: 60.1 u. 2, Fraser 119.6, Mehau Kulyk 163.1, Michler 122.2, Morgan 122.3, NOAO 113.6 u. 7, Prof. Harold Edgerton 68.1, Prof. Piragino: 1.1 u. 128.3, Scagell 70.1, Steger 176.4, Terry 125.5, Wellcome 192.1 | Stanford Linear Accelerator Center, USA: 101.7 | StockFood/Cimbal, W.: 104.3 | Superbild: 145.7, Phanie 187.4 | Telma Retarder Ltd.: 52.4 | Texas Instruments: 180.2 | The Israel Museum, Jerusalem: 132.1 | Thermo Electron GmbH, Erlangen: 138.2 | THW/Hefner: 138.3 | ullstein: 89.3 | Universitätsklinikum Freiburg: 114.1 | vario images: 122.1 | Vattenfall Europe AG, Berlin: 5.3 | VISUM/ Pflaum, T.: 187.4 | Wacker Siltronic, Burghausen: 168.1 u. 3–4 | Western Digital Corporation: 35.4 | Wilfried Schmidt Maschinenbau, Tübingen: 38.3 | Winter, R., Potsdam: 85.4 | www.freedivingimages.com/Burton, D.: 182.1 | www.garmin.de: 70.2 | Zentrum für angewandte Raumfahrttechnologie, Bremen: 83.2 | ZFW, Göttingen: 53.7 | Alle anderen Fotos Cornelsen Verlag (Auftragsfotos: Döring, Hohen Neuendorf und Mahler, Berlin). Titelfoto: SPL / Focus / Prof. Piragino

Elektrik

Ein Leben ohne Elektrizität können wir uns gar nicht mehr vorstellen. Sie begleitet uns täglich vom Aufstehen bis zum Schlafengehen. Ganz selbstverständlich steht uns die Elektrizität ständig zur Verfügung.
Fast der gesamte elektrische Strom in Deutschland wird mithilfe von Generatoren erzeugt. Sie werden von Dampfturbinen in Kraftwerken angetrieben, von Verbrennungsmotoren in modernen Biogasanlagen, von Wasserturbinen und Windrädern. Generatoren wandeln mechanische Energie in elektrische um. Ein weit gespanntes Netz aus Hochspannungsleitungen verteilt die elektrische Energie im ganzen Land. Elektromotoren in Fabriken und Haushalten wandeln sie schließlich wieder in mechanische Energie um.
Im folgenden Kapitel wirst du dich mit den physikalischen Grundlagen dieser modernen Technik beschäftigen. Du wirst elektrische und magnetische Felder kennenlernen und ihre Wirkungen auf elektrische Ladungen und Ströme untersuchen. Dabei wirst du erfahren, wie man ohne Batterie oder Akku Spannung erzeugen kann – nur mithilfe von Magneten und Spulen.

Magnetisches und elektrisches Feld

Felder und Kräfte

Bei ihrer Rückkehr aus den Winterquartieren legen Zugvögel Tausende von Kilometern zurück und finden dann „punktgenau" ihren Heimatstandort wieder. ↑1
Die Evolution hat dafür eine Reihe hochkomplexer Navigationssysteme entwickelt. Die Vögel orientieren sich am Stand der Gestirne, am Geruch der vertrauten Landschaft und am *magnetischen Feld* unserer Erde.

1 Wie orientieren sich die Zugvögel?

2 Elmsfeuer an einem Segelschiff

Braut sich auf See ein Gewitter zusammen, so beobachtet man an eisenbeschlagenen Mastspitzen eines Schiffs manchmal eine Erscheinung, die den Seefahrern schon früher nicht geheuer war: das „Elmsfeuer". ↑2
Im *elektrischen Feld* zwischen Gewitterwolken und Meer kommt es an leitenden spitzen Gegenständen zu Entladungen, die Leuchterscheinungen und oft ein bedrohliches Surren hervorrufen. Dieses unheimliche Geräusch kann auch an Blitzableitern, an Klettersteigen mit Stahlseilsicherung oder an Eispickeln von Bergsteigern („Pickelsausen") auftreten. Ein Blitzeinschlag ist dann sehr wahrscheinlich!
Die Erde – eine „Kartoffel"? ↑3 Die Masse der Erde ist ungleich verteilt. Daher ist auch die Gravitationskraft an der Oberfläche nicht überall gleich groß. Sie ist mithilfe zweier Satelliten vermessen worden, die in 450 km Höhe bei einem Abstand von 220 km hintereinander auf der gleichen Bahn um die Erde kreisen. Aus feinsten Abstandsschwankungen, die durch das *Gravitationsfeld* der Erde ausgelöst werden, konnte man einen „Gravitationsglobus" der Erde berechnen. Dabei sind z. B. Orte mit größerer Gravitationskraft rot und weiter vom Erdmittelpunkt entfernt dargestellt, als es ihrem tatsächlichen Abstand entspricht.
Felder haben eine große Bedeutung in der Physik. In den folgenden Versuchen werden wir zum einen den Raum um einen Magneten herum und zum anderen den Raum um einen geladenen Gegenstand herum genauer untersuchen. Die Versuche führen uns zu einer anschaulichen Vorstellung von Feldern. Auch das Gravitationsfeld werden wir in unsere Überlegungen einbeziehen.

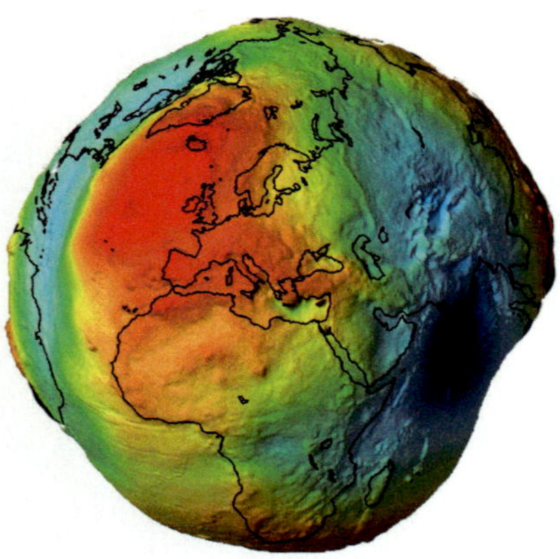

3 „Gravitationsglobus" der Erde

Experimente

1 Kräfte in der Umgebung von Magneten
Frische dein Wissen zum Magnetismus anhand der folgenden Fragen auf. Führe jeweils Versuche durch, um die Antworten zu finden oder zu bestätigen.
a Wirken zwischen den Polen zweier Magnete stets anziehende Kräfte?
b Auf welche Stoffe wirken Magnetkräfte?
c Wird ein Eisennagel zum Magneten, wenn man einen Magneten mit einem Pol an die Spitze des Nagels hält?
d Wirken Magnetkräfte durch alle Materialien hindurch?
e Wie erzeugt man Magnetkräfte ohne Magnete?

2 Kräfte in der Nähe elektrisch geladener Körper
Lade die Oberfläche eines aufgeblasenen Luftballons oder eine Kunststofffolie durch Reiben mit einem Wolltuch elektrisch auf. Nähere den geladenen Gegenstand, ohne zu berühren:
a einem ebenfalls geladenen Luftballon,
b den frisch gewaschenen Haaren einer Versuchsperson,
c einer Schicht gemahlenem Pfeffer auf dem Tisch,
d einer Kompassnadel,
e einem Elektroskop aus der Physiksammlung,
Notiere jeweils deine Beobachtungen.
Tipp: Damit die Experimente bei feuchtem Wetter gelingen, solltest du den Luftballon oder die Folie vor den Versuchen mit einem Föhn trocknen.

3 Feldtest
a Lade die Oberfläche eines aufgeblasenen Luftballons durch Reiben mit einem Wolltuch elektrisch auf. Halte nun ein ungeladenes Watteflöckchen nacheinander an verschiedenen Stellen in die Nähe des Ballons. Da es ungeladen ist, dürfte sich außer seiner Lage nichts verändern. Oder siehst du doch eine Veränderung? Beschreibe deine Beobachtung.
b Wird eine Kompassnadel in der Nähe der geladenen Ballonoberfläche abgelenkt?
c Halte das Watteflöckchen bzw. die Kompassnadel an verschiedenen Stellen in die Nähe einer stromführenden Spule. Welche Wirkungen erkennst du?

GRUNDLAGEN: Kräfte und Felder

Elektrisches Feld In der Umgebung einer geladenen Metallkugel wirken elektrische Kräfte auf andere geladene Gegenstände. ↑4 Bei gleichnamigen Ladungen sind die Kräfte abstoßend, bei ungleichnamigen anziehend. Der Raum, der die geladene Metallkugel umgibt, ist gewissermaßen nicht mehr so wie zuvor. Wir können diese Veränderung zwar nicht sehen, sie wird aber durch die elektrischen Kräfte angezeigt.

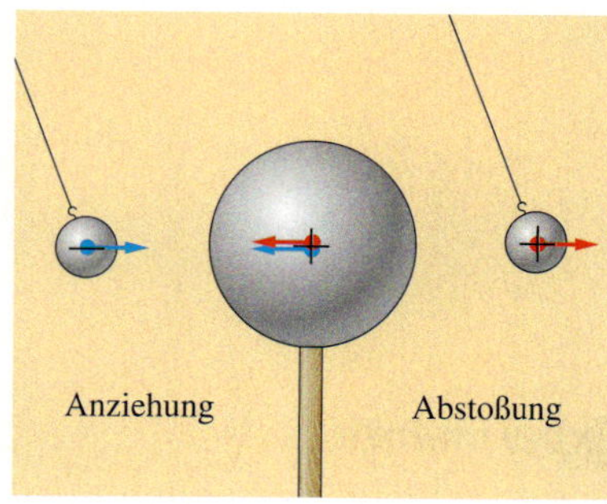

4 Elektrische Kräfte

Jeder geladene Gegenstand bewirkt, dass weitere geladene Körper in seiner Umgebung eine elektrische Kraft erfahren. Wir sprechen davon, dass sich in dem Raum um den geladenen Gegenstand herum ein *elektrisches Feld* befindet.

Um ein elektrisches Feld zu untersuchen, bringt man einen zweiten geladenen Körper an verschiedene Punkte des Raums und misst jeweils Richtung und Betrag der elektrischen Kraft auf ihn. Seine Ladung muss so klein sein, dass sie das zu untersuchende Feld nicht stört.
Aber auch neutrale Körper können durch elektrische Felder Kräfte erfahren. So richtet z. B. das elektrische Feld der geladenen Metallkugel Wattefasern aus. ↑5 In den Wattemolekülen werden Elektronen verschoben, es entstehen jeweils verschieden geladene Bereiche. Die Moleküle bilden Ketten mit abwechselnd geladenen Bereichen. Die näher an der positiv geladenen Kugel liegende Watteoberfläche ist dadurch negativ geladen, die weiter entfernte positiv. Die negative Oberfläche wird stärker angezogen als die positive abgestoßen, weil elektrische Kräfte mit wachsendem Abstand kleiner werden.

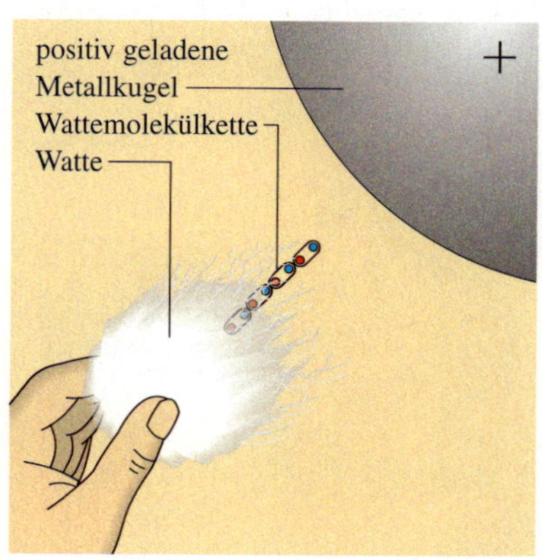

5 Ladungsverschiebung durch elektrisches Feld

▶ **Magnetfeld** In der Umgebung eines Magneten wirken Kräfte auf andere Magnete und Körper aus Eisen (Nickel, Cobalt). ↑1 Die Kräfte sind zwischen gleichen Magnetpolen abstoßend, zwischen ungleichen Polen anziehend.

Jeder Magnet bewirkt, dass weitere Magnete und Körper aus Eisen (Nickel, Cobalt) in seiner Umgebung eine magnetische Kraft erfahren. Wir sprechen davon, dass sich im Raum um den Magneten herum ein *magnetisches Feld* befindet. ◀

Als Probekörper zur Untersuchung magnetischer Felder eignen sich z. B. schwach magnetisierte, beweglich gelagerte Kompassnadeln.

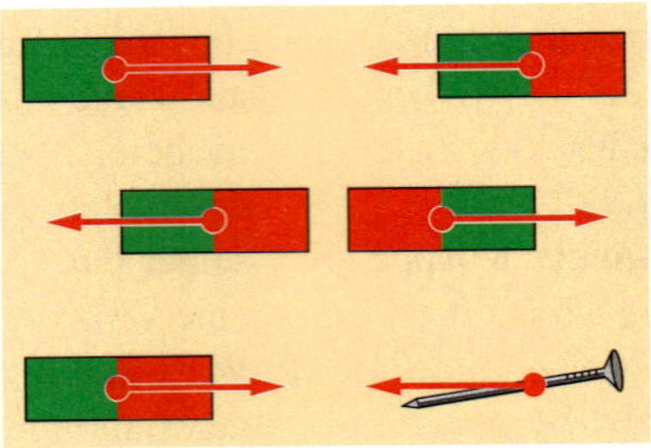

1 Magnetische Kräfte

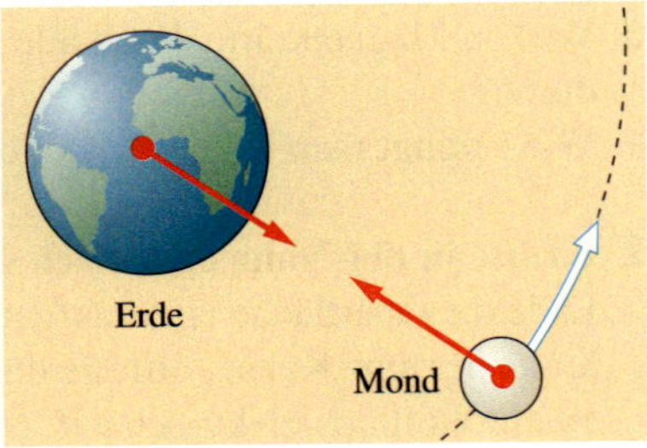

2 Gravitationskräfte

Gravitationsfeld Alle Körper ziehen sich schon allein aufgrund ihrer Masse gegenseitig an (Jahrgangsstufe 7). ↑2

Jeder Gegenstand bewirkt aufgrund seiner Masse, dass weitere Körper in seiner Umgebung eine Gravitationskraft (Schwerkraft) erfahren. Wir sprechen davon, dass sich in dem Raum um den Gegenstand herum ein *Gravitationsfeld* befindet.

Die Gravitationsfelder von Menschen, Bäumen, Häusern … bewirken kaum messbare Kräfte. Dagegen ist die Masse der Erde so groß (10^{24} kg), dass ihr Gravitationsfeld große Kräfte auf uns als „Probekörper" bewirkt.

Experimente

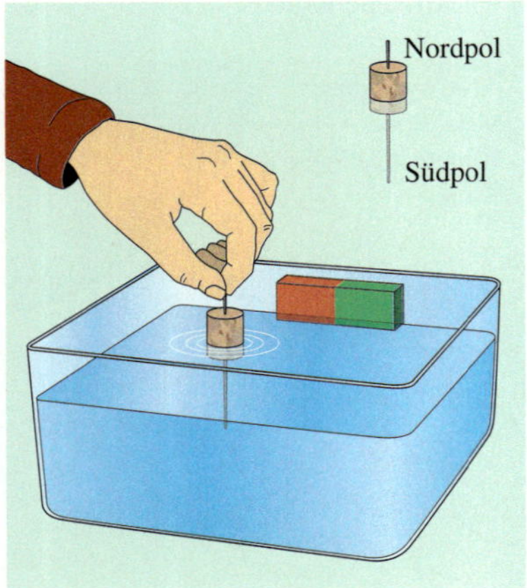

3

1 Bewegung im Magnetfeld ↑3

Die „Boje" wird von Magnetkräften angetrieben. Wird sie wohl auf direktem Weg zum Südpol des Magneten schwimmen, wenn man sie loslässt?

Um die Antwort zu finden, brauchst du eine magnetisierte Stahlnadel. Stecke sie so in einen Korken, dass der Nordpol nur etwas herausragt, der Südpol dagegen sehr weit. (Der Südpol der schwimmenden Nadel ist dann so weit vom Magneten entfernt, dass die Kraft auf ihn viel kleiner ist als auf den Nordpol.)

a Setze die „Boje" mit dem Nordpol nach oben ins Wasser, lass sie los und beobachte ihre Bahn.

b Skizziere die Anordnung und die Bahnen (von oben gesehen) für drei verschiedene Startpunkte auf einem Blatt Papier. Was kannst du über die Richtung der Kräfte auf den Nordpol der Nadel aussagen?

Experimente

2 Magnetfeld eines stromführenden geraden Drahts ↑4

In der Umgebung des Drahts wirken magnetische Kräfte auf eine Kompassnadel. Wenn du die Kraftrichtungen an verschiedenen Stellen der Platte auf das Papier zeichnest, kannst du besondere geometrische Linien entdecken.

a Setze deine Kompassnadel zunächst einige Zentimeter vom stromführenden Draht entfernt auf die Platte. Markiere den Startpunkt und die Ausrichtung der Kompassnadel durch einen kleinen Pfeil auf dem Papier (Nordpol: Pfeilspitze). Bewege die Kompassnadel dann ein kleines Stück in die Richtung, in die ihr Nordpol zeigt. Markiere ihre neue Position und Stellung, wenn sie „ausgependelt" ist. Bewege die Nadel dann wieder ein wenig in die Richtung weiter, die ihr Nordpol weist … Gehe mindestens zehn „Schritte" auf diese Art und Weise vor. Lassen sich die Pfeile zum Schluss durch eine Linie ohne „Zacken" verbinden?

b Führe die Messung noch zweimal von anderen Startpunkten aus durch. Beschreibe das „Linienbild", das du erhältst.

c Die Linien gehen auch durch Orte, an denen du das Magnetfeld nicht „abgetastet" hast. Wie würde sich die Magnetnadel wohl ausrichten, wenn du sie an diese Punkte stellst? Probiere es aus.

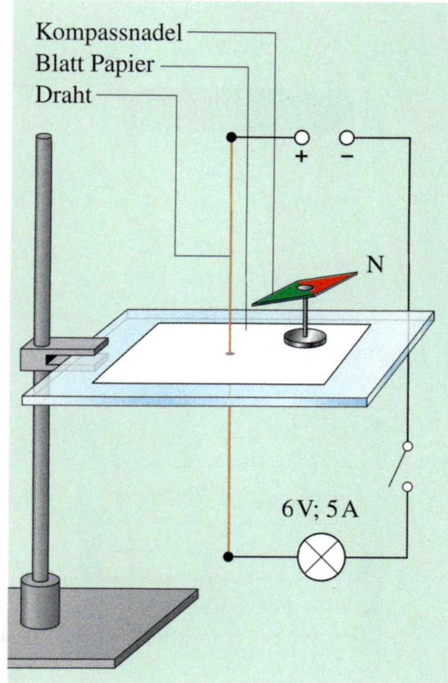

4

3 Magnetfeld auf einen Blick ↑5

Das schrittweise Abtasten von Magnetfeldern mit einer einzigen Magnetnadel ist recht zeitaufwendig (s. Experiment 2). „Auf einen Schlag" geht es mit einer Magnetnadelplatte.

a Lege einen Stabmagneten auf die Magnetnadelplatte. Sein Magnetfeld bewirkt eine Ausrichtung aller Magnetnadeln. Wenn du genau hinschaust, wirst du entdecken, dass sie Ketten zu bilden scheinen. Skizziere die „Kettenlinien" zusammen mit dem Magneten auf einem Blatt Papier.

b Tausche nun den Stabmagneten gegen andere Magnete aus (Hufeisenmagnet, Scheibenmagnet …). Skizziere die Magnete zusammen mit den „Kettenlinien", die sie hervorrufen.

c Vergleiche die „Linienbilder": Wie verlaufen die Linien? Liegen sie stets gleich dicht nebeneinander? Überkreuzen sich die Linien? …

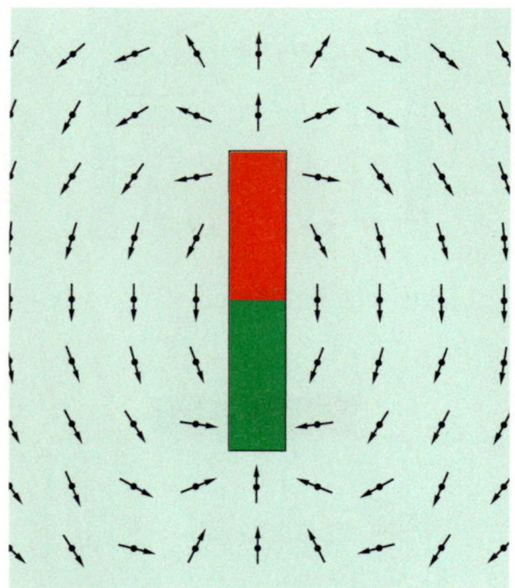
5

Aufgabe

4 *„Linienbild" eines elektrischen Felds* In einem Schälchen mit Rizinusöl befinden sich zwei Metallelektroden und gleichmäßig verteilte Grießkörner. ↑6 Der Lehrer verbindet einen Bandgenerator mit den Elektroden und setzt ihn vorsichtig in Gang. Infolge des elektrischen Felds bilden sich nun lange Ketten aus Grießkörnern.
(Etwas Ähnliches hast du schon bei den Molekülketten im Wattebausch kennengelernt.)
Skizziere die Elektrodenanordnung und die „Kettenlinien".
Vielleicht stehen auch noch andere Elektrodenkombinationen zur Verfügung. Welche „Linienbilder" ergeben sich damit?

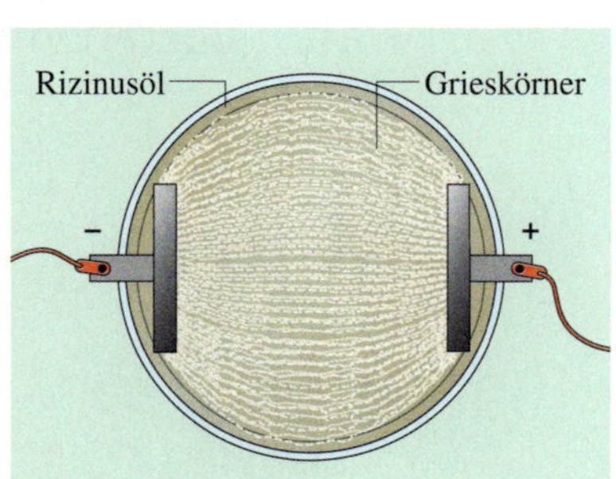

6

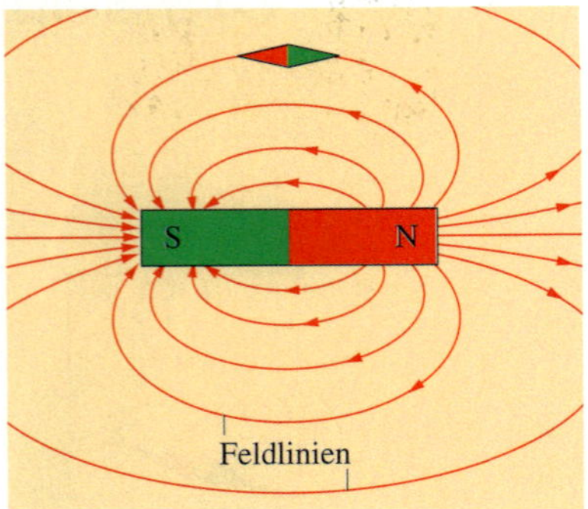

1 Magnetische Feldlinien

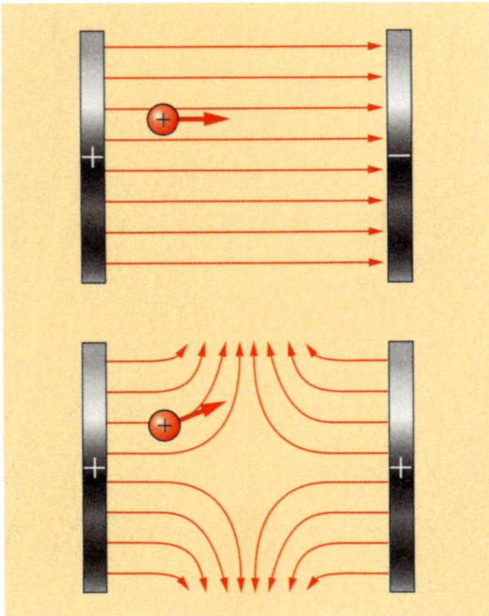

2 Elektrische Feldlinien

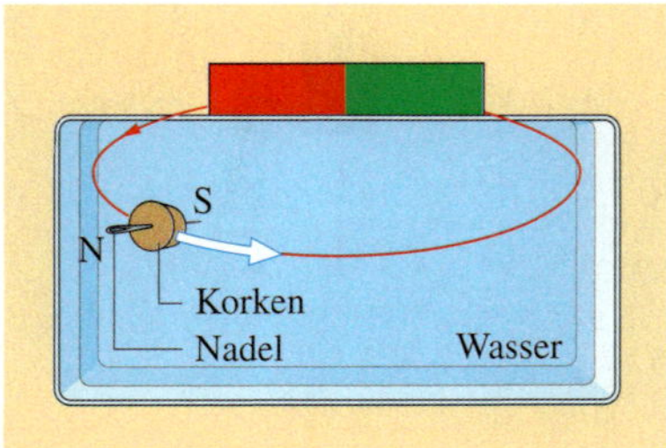

3 Bewegung im Magnetfeld

GRUNDLAGEN: Feldlinien – eine Vorstellungshilfe

Magnetfelder bewirken, dass sich viele dicht benachbarte Kompassnadeln zu „Ketten" ordnen (↑5, S. 9). Durch ein elektrisches Feld ordnen sich Grießkörner in Rizinusöl zu „Ketten" (↑6, S. 9). Das Gravitationsfeld sorgt dafür, dass ein Seil gerade nach unten hängt. Wir können uns jeweils Linien vorstellen, entlang derer die Kompassnadeln, Grießkörner oder das Seil angeordnet sind. Diese gedachten Linien nennen wir *Feldlinien*. ↑1 ↑2

Feldlinien sind eine Modellvorstellung, um Felder zu veranschaulichen und ihre Kraftwirkungen zu beschreiben.

- Magnetische Feldlinien sind an jedem Ort so gerichtet wie die Kraft auf den Nordpol eines Magneten.
- Elektrische Feldlinien sind an jedem Ort so gerichtet wie die Kraft auf einen positiv geladenen Probekörper.
- Gravitationsfeldlinien sind an jedem Ort so gerichtet wie die Kraft auf einen Probekörper.

Die „Magnetnadelboje" wird durch die Kräfte angetrieben, die das Feld des Stabmagneten hervorruft. ↑3 Sie schwimmt langsam ungefähr entlang der Feldlinien vom Nordpol zum Südpol des Stabmagneten.

Das Feld bewirkt an jedem Punkt in der Nähe eines Magneten (eines geladenen Gegenstands, eines „massiven" Körpers) eine Kraft auf einen Probekörper. Daher kann man sich durch jeden Punkt jeweils eine Feldlinie denken. Da an jedem Punkt natürlich nur eine Kraftrichtung gemessen wird, können sich die Feldlinien nie teilen oder überkreuzen.

Durch jeden Punkt in der Umgebung eines Magneten (geladenen Gegenstands, Körpers mit Masse) stellt man sich genau eine Feldlinie vor. Feldlinien schneiden sich nie.

Die Kräfte im Feld eines Stabmagneten sind in der Nähe der Pole am größten, an der Mitte sind sie viel kleiner. Im Feldlinienbild stellen wir das durch verschieden dicht benachbarte Linien dar. ↑1 (Obwohl ja eigentlich durch jeden Punkt eine Feldlinie gezeichnet werden könnte.)

Je größer die Kräfte auf einen Probekörper in einem Feld sind, desto dichter zeichnen wir dort die Feldlinien.

Aus der Natur Bakterien mit eingebautem Kompass

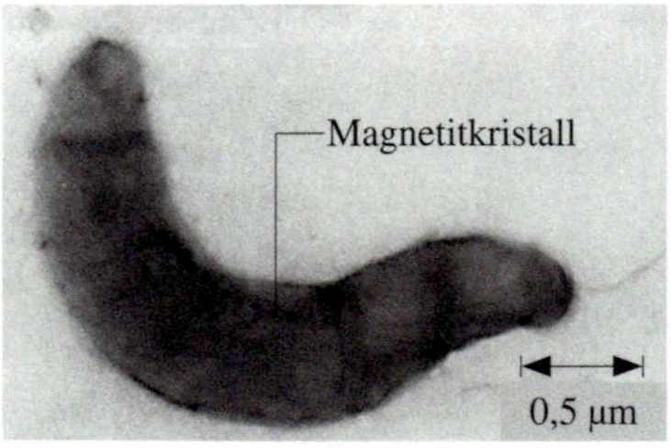

4 Magnetitkristalle im Bakterium

In Gewässern leben Bakterien, die Magnetitkristalle enthalten. ↑4 Im Feld eines Magneten werden die Bakterien daher ausgerichtet. Bewegen sie sich vorwärts, schwimmen sie auf einer Feldlinie. Lebensraum der Bakterien sind Ablagerungen am Grund der Gewässer. Ihre Bewegung entlang der Feldlinien des Erdmagnetfelds führt die Bakterien auf der Nordhalbkugel nach unten. Auf der Südhalbkugel bewegen sie sich entgegengesetzt zur Feldlinienrichtung: Tatsächlich besitzen die Bakterien dort Kristalle, die entgegengesetzt magnetisiert sind wie die auf der Nordhalbkugel.

GRUNDLAGEN: Magnetfelder stromführender Drähte und Spulen

▶ In der Nähe eines stromführenden geraden Drahts kann man magnetische Kräfte messen. Die Magnetfeldlinien verlaufen in konzentrischen Kreisen um den Draht herum. ↑5 Ihre Richtung erhält man mithilfe einer Faustregel:

Zeigt der Daumen der linken Faust in Richtung des Elektronenstroms, dann geben die gekrümmten Finger die Richtung der magnetischen Feldlinien an (Linke-Faust-Regel).

Bei einer stromführenden Spule überlagern sich die Felder um die Drahtwindungen herum zu einem Magnetfeld, das außerhalb der Spule dem eines Stabmagneten ähnelt. ↑6 ◀

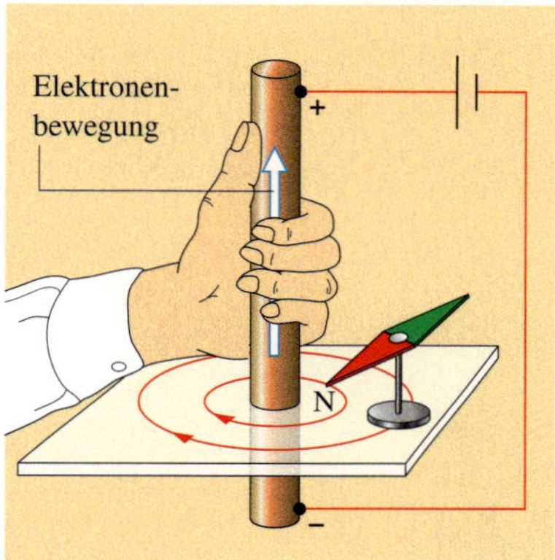

5 Magnetfeld eines geraden Leiters

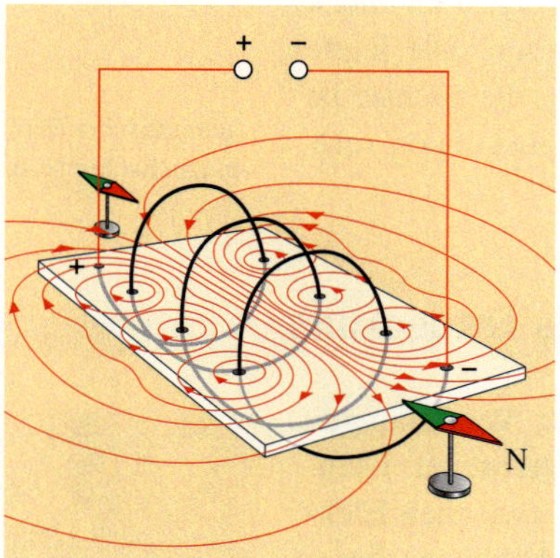

6 Magnetfeld einer Spule

GRUNDLAGEN: Felder und Energie

Zwei Holzplatten sind über eine Feder verbunden. ↑7 Zieht man eine Platte weiter von der anderen weg, dann wird Arbeit verrichtet. Die mechanisch zugeführte Energie erhöht die in der gespannten Feder gespeicherte Energie.

Ähnlich ist es bei zwei verschieden geladenen Metallplatten: ↑8 Um die eine Platte weiter von der anderen wegzuziehen, muss man wegen der gegenseitigen Anziehung Arbeit verrichten. Auch hier „steckt" die mechanisch zugeführte Energie im Zwischenraum zwischen den Platten – nämlich im elektrischen Feld. Lässt man nun eine Platte los, wird sie zur anderen hin beschleunigt: Die Energie dazu wird dem elektrischen Feld entzogen.

Ganz ähnliche Überlegungen gelten z. B. für das Anheben eines Apfels von der Erdoberfläche oder das Auseinanderschieben zweier Magnete, die sich gegenseitig anziehen. Beim Anheben wird die zugeführte Energie im Gravitationsfeld zwischen Apfel und Erde gespeichert, beim Auseinanderschieben im Magnetfeld zwischen den beiden Magneten. Lässt man den Apfel fallen oder gibt einen der Magneten frei, entnehmen sie den jeweiligen Feldern Energie und werden beschleunigt.

Felder können Energie speichern und wieder abgeben.

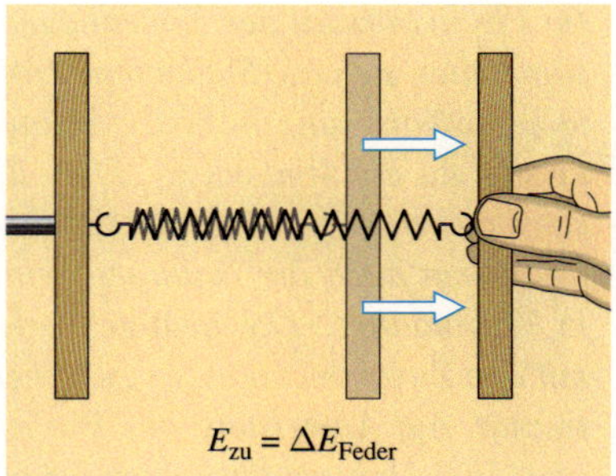

7 Energiespeicher Feder

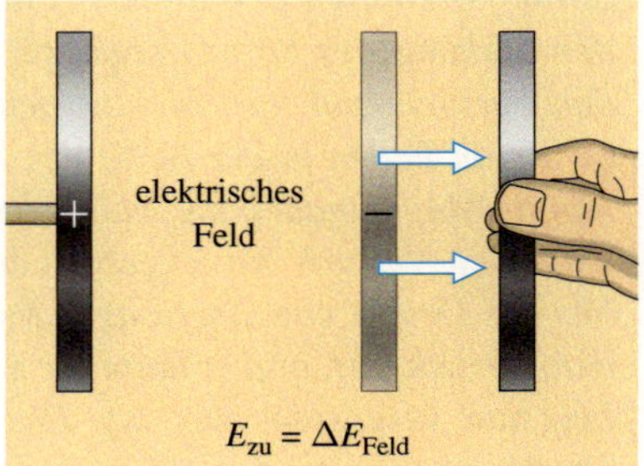

8 Energiespeicher elektrisches Feld

Aus der Natur Elektrische Ströme erzeugen das Erdmagnetfeld

Das Erdmagnetfeld ähnelt oberhalb der Erdoberfläche dem einer gigantischen stromführenden Spule. ↑1 Seine Ursache sind vermutlich ungeheure, komplexe Ströme aus geladenen Teilchen im flüssigen äußeren Erdkern. Sie entstehen durch den Temperaturunterschied zwischen dem heißen Erdkern und der kühleren Erdoberfläche. Innere Energie wird umgewandelt: in kinetische und elektrische Energie sowie in die Energie, die im Magnetfeld steckt.
Die Lage der Magnetpole kehrt sich im Mittel alle 250 000 Jahre um. Das hat man z. B. an der Magnetisierung von Eisenbestandteilen im Lavagestein längst vergangener Vulkanausbrüche abgelesen. Die letzte Umpolung liegt 780 000 Jahre zurück, die nächste ist also „überfällig". Der „Polsprung" selbst dauert relativ kurz: 4000 bis 10 000 Jahre.

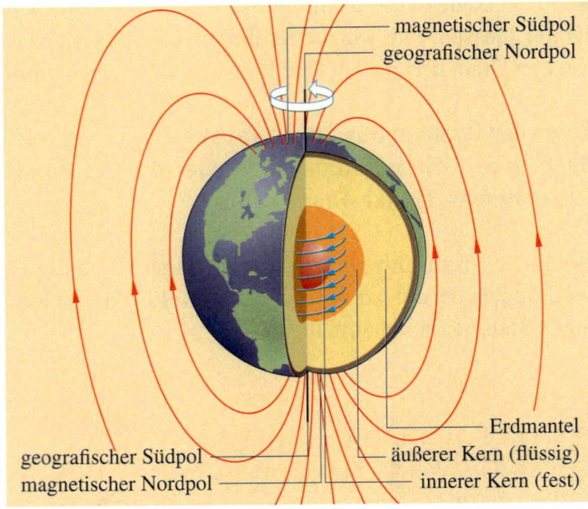

1

Aus der Geschichte Oersteds Entdeckung

Anfang des 19. Jahrhunderts waren Vorstellungen von einer „Einheit der Naturkräfte" verbreitet. Demnach sollte es Zusammenhänge z. B. zwischen Elektrizität und Magnetismus geben. Ein Anhänger dieser Vorstellungen war der Physiker HANS CHRISTIAN OERSTED (1777–1851). 1820 entdeckte er nach langem Suchen die magnetische Wirkung des elektrischen Stroms. ↑2 Dabei spielte der Zufall mit:

Im Physikhörsaal der Kopenhagener Universität versammelten sich die Studenten. Professor Oersted sollte seine Vorlesung halten. „Meine Herren!", wandte er sich an die Studenten. „Die allgemeinen Naturgesetze stehen miteinander in Verbindung und gleichzeitig stehen auch die Naturerscheinungen miteinander in Verbindung." Die heutige Vorlesung befasste sich mit den Zusammenhängen zwischen Wärme und Elektrizität. Auf Anweisung des Professors schaltete Jörgen – der Universitätsdiener – den elektrischen Strom aus der voltaschen galvanischen Batterie ein. Der Strom floss durch den dünnen Platindraht, der unter der Wirkung des Stroms erglühte. Oersted erläuterte den Versuch und nur flüchtig bemerkte er, dass die an einem Faden in der Nähe des Platindrahts aufgehängte Magnetnadel, die wahrscheinlich vom vorhergehenden Versuch zurückgeblieben war, beim Erglühen des Drahts von ihrer Lage abwich. Oersted setzte den Versuch fort, und er hätte die ganze Angelegenheit langsam vergessen, nur als Jörgen einen dickeren Draht verwendete, der sich nicht so stark erhitzte, und Oersted, geleitet von irgendeinem sechsten Sinn, auf die Magnetnadel schaute, wich diese wiederum ab. Als der letzte Student den Hörsaal verlassen hatte, stürzte sich Oersted förmlich auf die Anlage. Immer wieder aufs Neue schaltete er den Strom ein und beobachtete das Ausschlagen der Nadel. Am anderen Tag stellte er mit Jörgen ein großes „galvanisches Gerät" aus zwanzig voltaschen Elementen zusammen, um die Wirkungen des Stroms auf die Magnetnadel möglichst gut beobachten zu können. Die frei aufgehängte Magnetnadel, die in der waagerechten Lage beweglich war, nahm er in die Hand. Die Nadel stabilisierte sich in Nord-Süd-Richtung. Über der Nadel ordnete er einen Leiter in gleicher Richtung wie die Magnetnadel an. Als er den Strom einschaltete, schlug die Nadel aus und verblieb in der neuen Lage, schräg zur Richtung des Leiters.

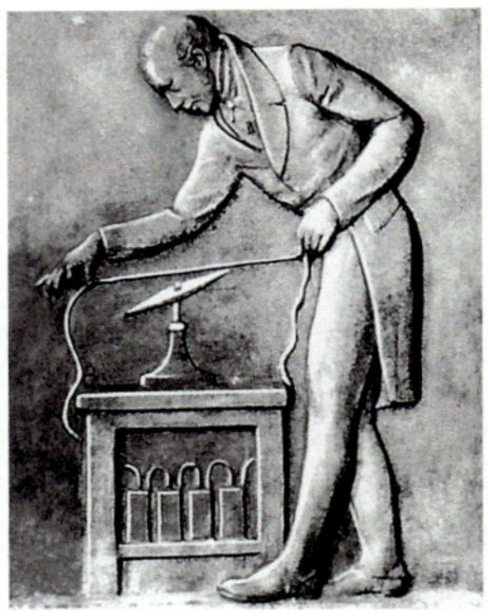

2 Eine Gedenktafel im Deutschen Museum in München zeigt OERSTEDS Versuch.

Aufgaben

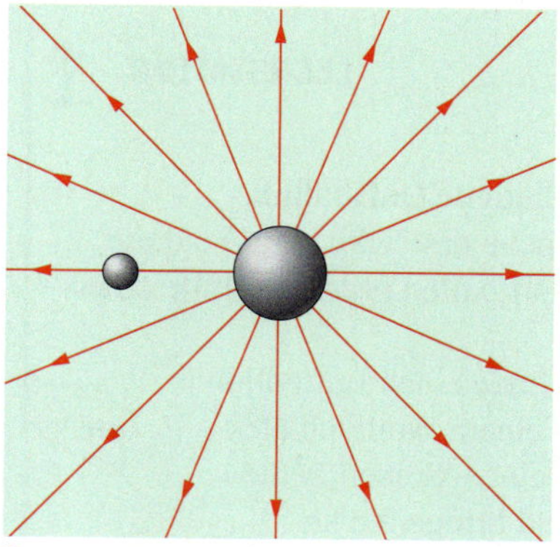
3

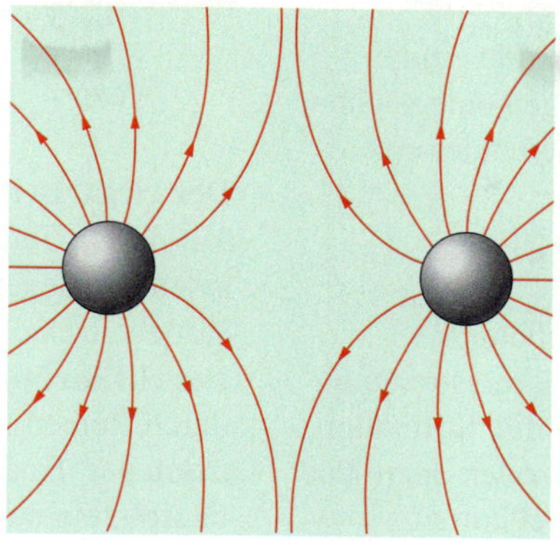
4

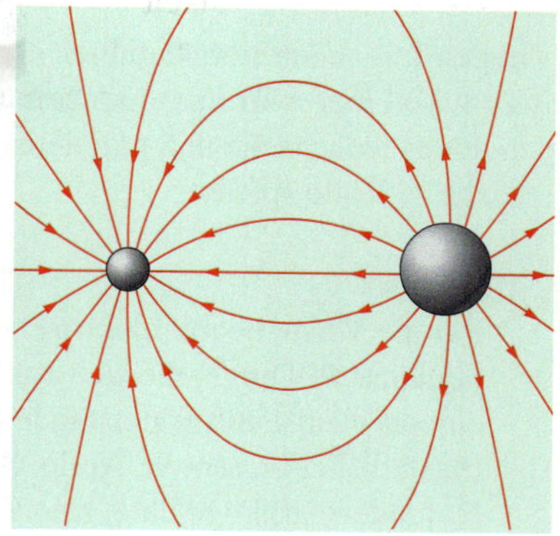
5

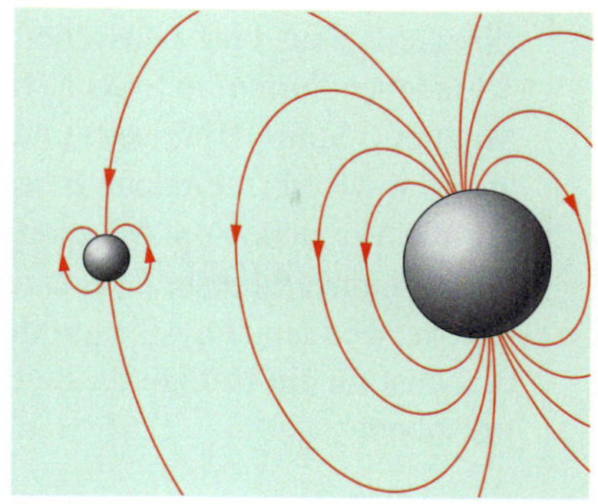
6

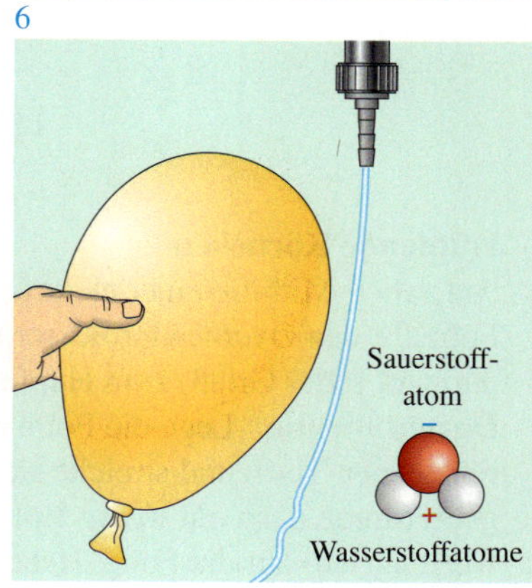

7

8

1 *Feld?* Julia hat wegen einer Erkältung die letzten Physikstunden versäumt. Erkläre ihr, was du unter einem *Feld* verstehst:
Welche Arten von Feldern kennst du?
Welche Gegenstände eignen sich als Probekörper?
Was geschieht, wenn man einen Probekörper in einem Feld, auf das er „reagiert", loslässt?
Was verstehst du unter Feldlinien? Wie bestimmt man ihren Verlauf und ihre Richtung? Was würde es bedeuten, wenn sich Feldlinien schneiden würden? …

2 *Felder, nichts als Felder* Um welche Arten von Feldern könnte es sich jeweils handeln? ↑3–↑6
Gibt es in einigen Bildern mehrere Möglichkeiten?
Beschreibe jeweils, ob es sich um anziehende oder abstoßende Kräfte handelt. (*Tipp:* Setze in Gedanken einen Probekörper jeweils auf verschiedene Feldlinien.)

3 *Der gebogene Wasserstrahl* Ein elektrisch neutraler Wasserstrahl wird wie von Zauberhand gebogen, wenn man ihm einen geladenen Luftballon nähert. ↑7 Wie ist das möglich?
Tipp: In jedem Wassermolekül gibt es elektrisch verschieden geladene Bereiche.

4 *Magnetfeld der Erde*
a Ungleichnamige Pole ziehen sich an. Warum zeigt dann der Nordpol eines Kompasses nach Norden und nicht nach Süden?
b Das Magnetfeld der Erde wird durch gewaltige elektrische Ströme im Erdinnern erzeugt. ↑1 Wie müsste ein Strom aus Elektronen (aus positiven Ionen) dazu verlaufen: im Uhrzeigersinn oder dagegen?

5 *Gravitationsfeldlinien* Ein Satellit bewegt sich im Gravitationsfeld der Erde. ↑8
a Wie verlaufen wohl die Gravitationsfeldlinien? Übertrage die Zeichnung in dein Heft und skizziere die Feldlinien.
b Bewegt sich der Satellit entlang der Feldlinien? Warum fällt er nicht zur Erde?

Experimente

In den folgenden Lernstationen kannst du einige (zum Teil merkwürdige) Erscheinungen untersuchen, in denen elektrische und magnetische Felder eine wichtige Rolle spielen.

Material:

→ Für die Versuche mit elektrischen Feldern brauchst du Dinge, die sich zur Ladungstrennung eignen: Kunststoffgegenstände (Folie, Luftballon, Plastikfüller …) sowie Wolle, Fell oder Haare und Holundermarkkügelchen bzw. Grießkörner.

→ Für die Versuche mit Magnetfeldern brauchst du Eisenfeilspäne, eine Glasscheibe, Magnete verschiedener Form und Stärke (Neodym-Magnete, Magnetit, Stab-, Hufeisen- und Zylindermagnete …) sowie verschiedene Eisen- und Stahlstücke.

→ Für die Versuche zum Magnetfeld stromführender Leiter kannst du feste Drahtanordnungen in Plexiglas verwenden (Physiksammlung). Ferner brauchst du ein Netzgerät, Leitungen und Eisenfeilspäne.

LERNSTATION 1

Der elektrisch geladene Luftballon

Aufgabe: Untersuche das elektrische Feld um einen geladenen Luftballon herum mithilfe eines Wattebauschs.

Durchführung: Lade einen Luftballon durch Reiben mit einem Wolltuch elektrisch auf. Fasere einen kleinen Wattebausch fein auf und bringe ihn an verschiedenen Stellen in die Nähe des geladenen Ballons.

Auswertung: Beschreibe deine Beobachtungen. Skizziere den Verlauf der Feldlinien des elektrischen Felds.

LERNSTATION 2

Hüpfende Körnchen

Aufgabe: Mithilfe einer elektrisch geladenen Folie für den Overheadprojektor kannst du Holundermark (oder Grieß) zum Hüpfen bringen!

Durchführung: Lege die Folie auf einen sauberen ebenen Tisch und streiche sie mit der Hand glatt. Streue dann ein wenig Holundermark (Hartweizengrieß) auf die Folie. Hebe sie jetzt an.

Auswertung: Beschreibe deine Beobachtung und erkläre sie. Wie sieht wohl das Feld in der Nähe der Folie aus?

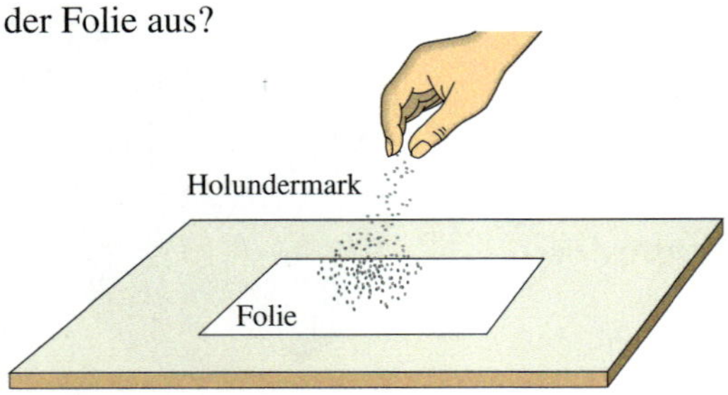

LERNSTATION 3

Der „verzauberte" Wasserstrahl

Aufgabe: Biege einen Wasserstrahl mithilfe eines „Zauberstabs" – ohne den Strahl zu berühren.

Durchführung: Lade einen Kunststoffstab durch Reiben mit einem Fell elektrisch auf. Halte ihn dann in die Nähe eines dünnen Wasserstrahls. Wie kannst du den Strahl am weitesten biegen?

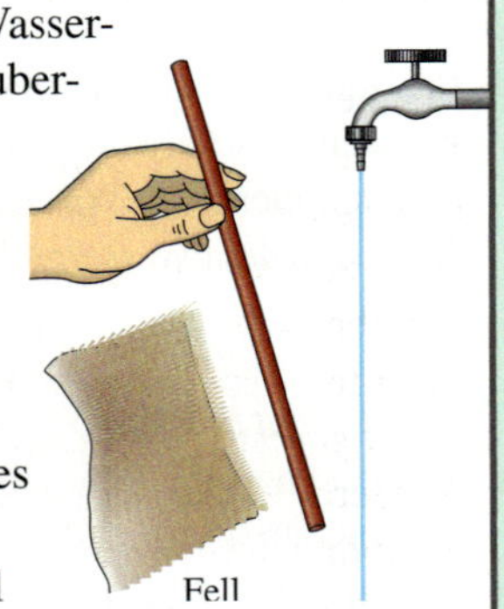

Auswertung: Erkläre, warum der ungeladene Wasserstrahl durch den geladenen Kunststoffstab abgelenkt wird.

Tipp: In jedem Wassermolekül gibt es verschieden geladene Bereiche.

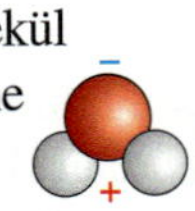

Experimente

LERNSTATION 4

Ein geheimnisvoller Ring

Mit Wassertropfen kann man ein Elektroskop elektrisch aufladen: Aus einem Metallgefäß tropft Wasser in einen Metallbecher, der auf dem Metallteller des Elektroskops steht. Die Wassertropfen fallen dabei durch einen elektrisch geladenen Ring, der sich dicht unter dem tropfenden Gefäß befindet.

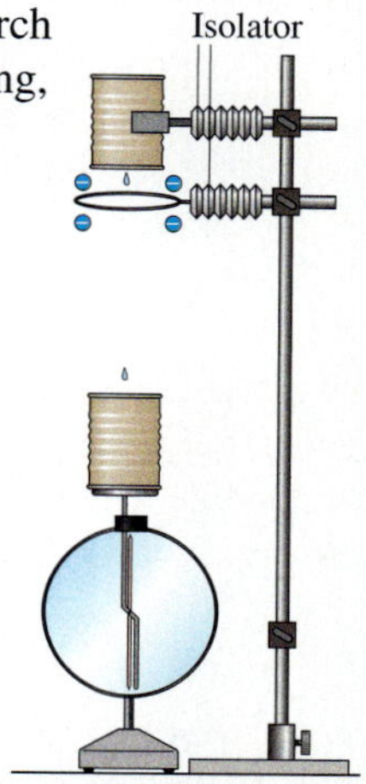

Aufgabe: Überlege dir, weshalb der Zeiger des Elektroskops ausschlägt.

Tipp: Wasser ist ein (schlechter) Leiter, es enthält frei bewegliche geladene Teilchen.

Wie könntest du zeigen, dass keine Ladungen vom Ring an die Wassertropfen abgegeben werden?

LERNSTATION 5

Magnetisieren – die Holzhammermethode

Aufgabe: Eine unmagnetische Stativstange aus Stahl kannst du einfach magnetisieren: mithilfe einiger kräftiger Hammerschläge.

Durchführung: Bestimme zunächst den Winkel zwischen den Feldlinien des Erdmagnetfelds und dem Fußboden im Physikraum. Du brauchst dazu eine Kompassnadel, die sich um die waagerechte Achse drehen kann.

Halte dann die unmagnetische Stativstange parallel zur Feldlinienrichtung. Jetzt schlägst du am besten mit einem Holzhammer mehrfach kräftig auf das Ende der Stange (nicht auf die Finger!) – und schon ist sie magnetisiert.

Auswertung: Weise nach, dass die Stange tatsächlich magnetisiert ist. Erkläre, weshalb sie zum Magneten geworden ist.

Wie kannst du die Stativstange wieder entmagnetisieren?

LERNSTATION 6

Feldlinienbilder verschiedener Magnete

Aufgabe: Untersuche die Felder verschiedener Magnete mithilfe von Eisenfeilspänen.

Durchführung: Lege zwei Stabmagnete so nahe nebeneinander auf den Tisch, dass sie gerade nicht zusammengezogen werden. Lege eine Glasscheibe auf die Magnete und streue gleichmäßig Eisenfeilspäne darüber. Klopfe zum Schluss leicht gegen die Scheibe. Was beobachtest du? Wiederhole den Versuch auch mit anderen Magnetkombinationen. Stelle vorher jeweils Hypothesen zur Anordnung der Eisenfeilspäne auf und überprüfe sie anschließend.

Auswertung: Skizziere die verschiedenen Anordnungen und die Feldlinienbilder, die sich aus den Anordnungen der Eisenfeilspäne ergeben.

LERNSTATION 7

Magnetfelder stromführender Drähte

Aufgabe: Untersuche das Magnetfeld eines stromführenden Drahts und einer Spule.

Durchführung: Dir stehen verschiedene Draht- und Spulenaufbauten zur Verfügung. Schließe sie an ein Netzgerät an (Überhitzung der Drähte vermeiden!) und untersuche jeweils die Felder mithilfe von Magnetnadeln oder Eisenfeilspänen.

Auswertung: Skizziere jeweils die Anordnung und das Feldlinienbild.

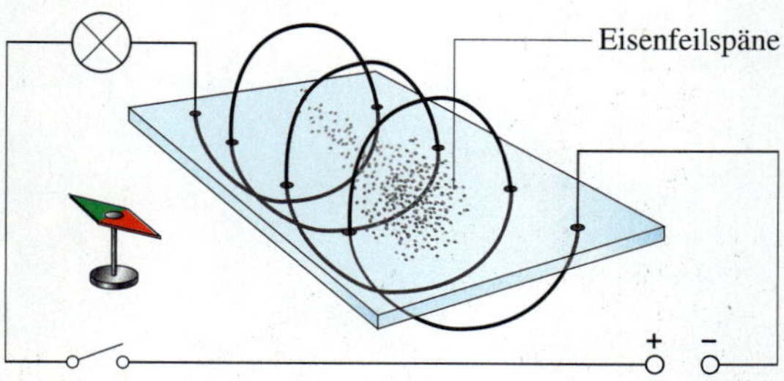

Wundersame Felder

Gravitationskräfte wirken zwischen Planeten ganz ohne Kontakt durch den Weltraum hindurch. Auch elektrische oder magnetische Kräfte können ohne Berührung oder ein „Übertragungsmedium" zwischen Gegenständen wirken.

MICHAEL FARADAY, auf den die Feldlinienvorstellung zurückgeht, schrieb vor 170 Jahren: *Die Kräfte wirken offenbar aus der Ferne. Ihre physikalische Natur ist uns unverständlich. Die Materie ist nicht unentbehrlicher für die physikalischen Linien magnetischer Kraft als für einen Licht- oder Wärmestrahl. Experimentell genommen ist der bloße Raum magnetisch.*

ALBERT EINSTEIN lieferte in diesem Sinn vor rund 100 Jahren einen Ansatz für das Gravitationsfeld: Himmelskörper mit großer Masse verbiegen den (vierdimensionalen) Raum. In einer (zweidimensionalen) Ebene lässt sich das gut darstellen: Die große, schwere Kugel verursacht aufgrund ihrer Masse eine „Delle"; die kleine, leichte Kugel kann die Vertiefung nicht verlassen und umkreist die größere. Nach EINSTEINS Theorie wird sogar Licht durch die „Dellen" im Raum von seinem geraden Weg abgelenkt. Dieser Effekt wird für uns allerdings erst beobachtbar, wenn die verbiegende Masse extrem groß ist. Bei Galaxien ist das der Fall: Sie können als „Gravitationslinsen" das Licht einer dahinter liegenden Galaxie so ablenken, dass es auf verschiedenen Wegen zur Erde gelangt. Wir sehen dann mehrere virtuelle Bilder der hinteren Galaxie.

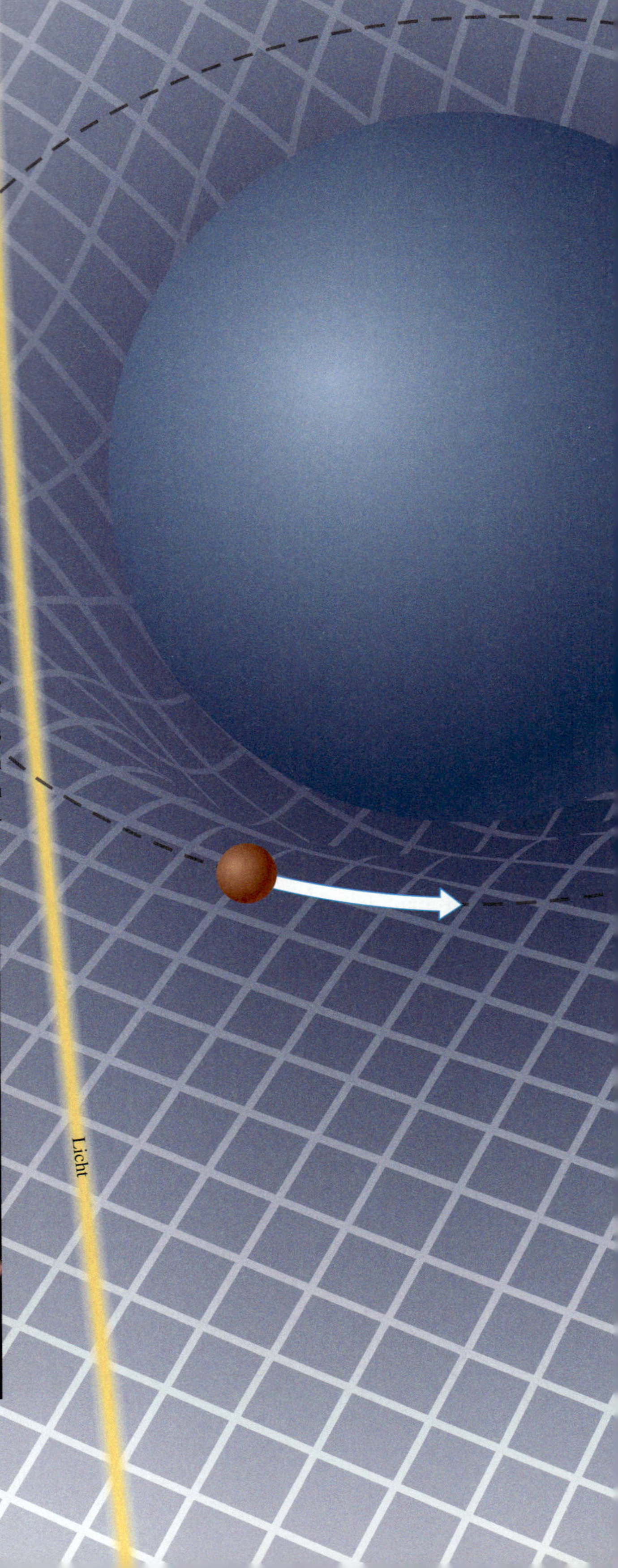

Besonders wundersam können elektrische und magnetische Felder sein, die sich zeitlich sehr rasch ändern. Einmal entstanden, erzeugen sie sich in raschem Wechsel gegenseitig und breiten sich als *elektromagnetische Strahlung* mit Lichtgeschwindigkeit (rund $300\,000\ \frac{\text{km}}{\text{s}}$) aus. Die Strahlung deines Handys, der Rundfunk oder die Strahlung im Mikrowellenherd sind Beispiele dafür.
Um die elektromagnetische Strahlung beim Handy zu erzeugen, lässt man die frei beweglichen Elektronen in der Antenne Milliarden Mal pro Sekunde hin- und herschwingen. Die dabei erzeugten Felder verändern sich im selben Takt, ihre Frequenz (lat. *frequens:* häufig, wiederholt) liegt im Gigahertz-Bereich.
Auch bei Licht handelt es sich um elektromagnetische Strahlung. Sie entsteht in Atomen.

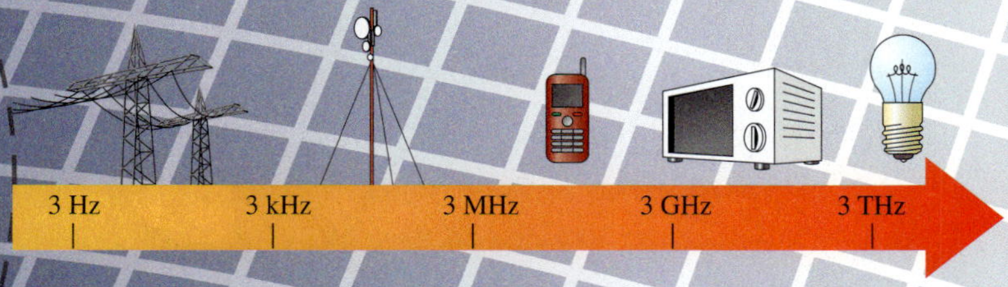

Da in elektrischen und magnetischen Feldern Energie gespeichert ist, transportiert elektromagnetische Strahlung Energie. Besonders deutlich wird das beim Mikrowellenherd, in dem Speisen mithilfe elektromagnetischer Strahlung erhitzt werden.

Die Welt der kleinsten Teilchen (Elektronen, Protonen …) unterscheidet sich in vielen Dingen von der Welt, die wir mit bloßem Auge sehen. In der Teilchenphysik beschreibt man auch die elektromagnetische Strahlung durch Teilchen: die Photonen. *Beispiel:* Bei der Annäherung zweier Elektronen werden Photonen „abgefeuert“, der Stoß bzw. Rückstoß treibt die Elektronen wieder auseinander.

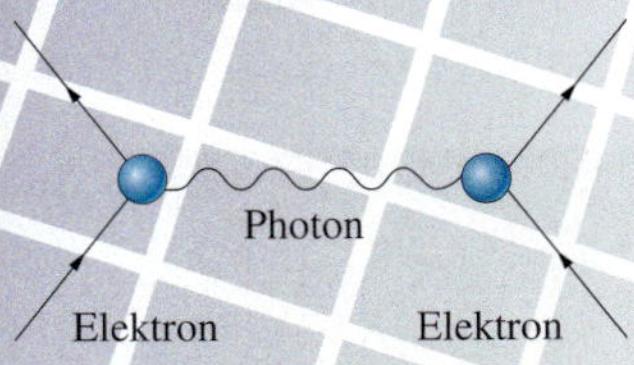

Bei einer Supernova, also der Explosion eines Sterns, ändert sich das Gravitationsfeld in kurzer Zeit sehr stark. Die theoretische Physik sagt für diesen Fall eine Gravitationsstrahlung voraus, die sich mit Lichtgeschwindigkeit im Weltraum ausbreitet. Die experimentelle Bestätigung dieser Strahlung ist ein brandaktuelles Forschungsgebiet der Astrophysik.

Dass sich die Welt im Kleinen (Atome) wie im Großen (Weltall) unserer Alltagserfahrung entzieht, macht sie für viele Menschen umso interessanter. Als Naturwissenschaftler erforschen sie das Unvorstellbare und bedienen sich dabei des mächtigsten Hilfsmittels, das der menschliche Geist zur Erfassung abstrakter Welten geschaffen hat: der Mathematik.

Magnetfeld: Kräfte auf stromführende Leiter

Bei modernen Autos mit Hybridantrieb (lat. *hybrida:* Mischling) unterstützt ein Elektromotor den Verbrennungsmotor beim Antrieb. ↑1 Der Elektromotor soll helfen, den Benzinverbrauch zu senken und damit weniger Kohlenstoffdioxid an die Atmosphäre abzugeben.

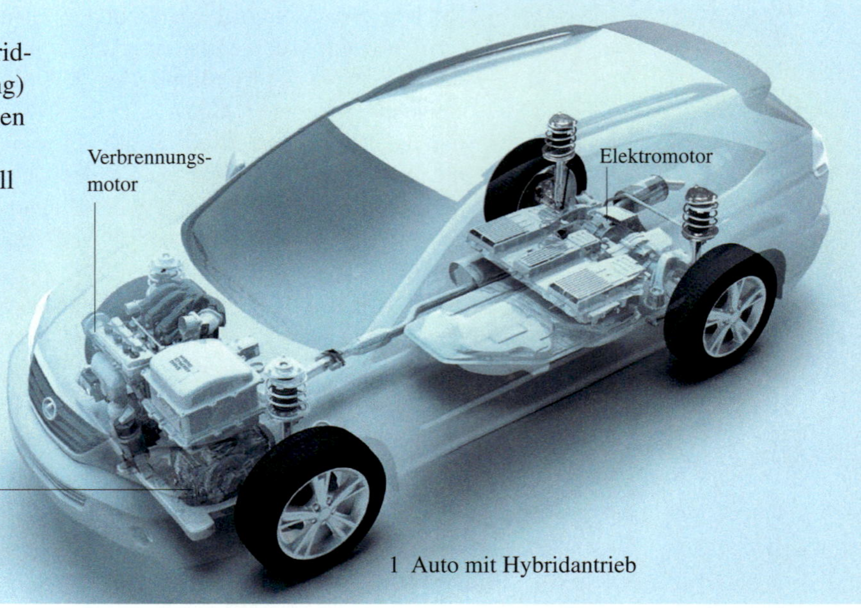

1 Auto mit Hybridantrieb

2 Mikroelektromotor (0,08 W)

Elektromotoren gibt es in ganz unterschiedlichen Größen und „Leistungsklassen". ↑2↑3 In den meisten Fällen ist ihr Grundprinzip das gleiche: Ein Magnetfeld bewirkt, dass eine stromführende Spule rotiert. Auch wenn es nicht danach aussieht – elektrodynamische Lautsprecher funktionieren ähnlich wie Elektromotoren! ↑4

Elektromotoren und elektrodynamische Lautsprecher wandeln elektrische in kinetische Energie um. Voraussetzung dafür sind elektrische Ströme und Magnetfelder. Aber wie funktionieren diese Geräte eigentlich genau? Um diese Frage zu beantworten, werden wir untersuchen, wie sich ein stromführender Draht bzw. eine Drahtwindung in einem Magnetfeld verhält.

3 Elektromotor für Schiffsantriebe (bis zu 36 MW)

4 Lautsprecher

Experiment

1 Magnetkräfte auf eine stromführende Aluminiumstange

Aluminium gehört nicht zu den Materialien, die von Magneten angezogen oder abgestoßen werden. Die Aluminiumstange, die wir für unseren Versuch brauchen, „spürt" daher im Feld eines Magneten zunächst keine Magnetkräfte. ↑5 Das kann sich allerdings schlagartig ändern, wenn man den Strom durch die Metallschienen und die Stange hindurch anschaltet. Je nachdem, wie man den Magneten legt oder hält, wird die Stange unterschiedlich bewegt.

a Versuche die stromführende Stange mithilfe des Magneten zu bewegen. ↑6 Kannst du den Magneten so halten, dass die Stange zu ihm hingezogen wird?

b Bei welcher Position und Ausrichtung des Magneten erreichst du eine maximale Wirkung?

c Ändert sich der Antrieb, wenn du die Stromstärke veränderst oder die Stromrichtung umkehrst? Beschreibe jeweils, was du beobachtest.

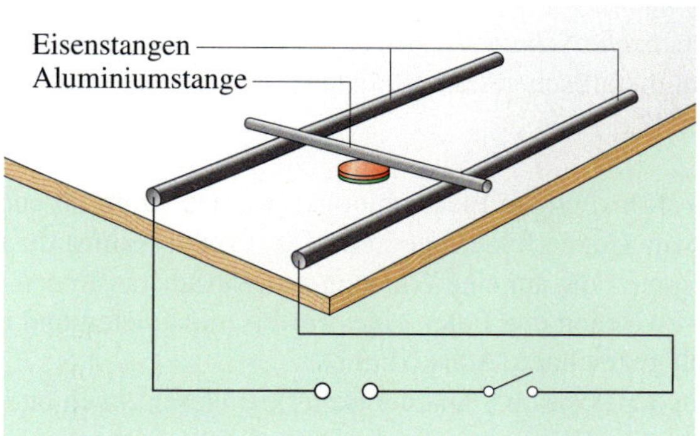

5

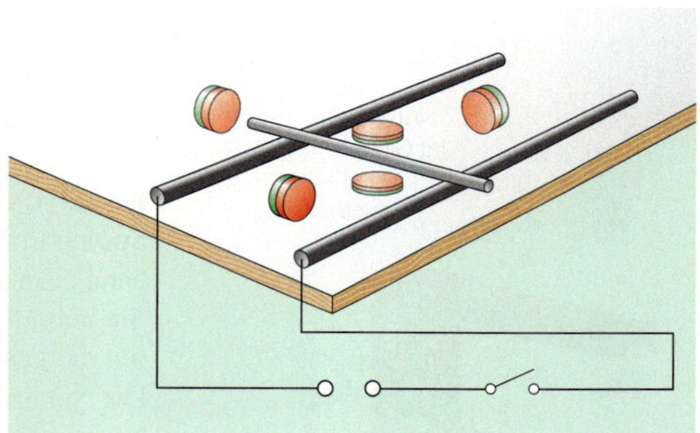

6

GRUNDLAGEN: Stromführende Leiter in einem Magnetfeld

▶ Die Drähte in den Spulen von Elektromotoren sind in der Regel aus Kupfer und nicht aus Eisen (oder Stahl). Obwohl Kupfer nicht magnetisch ist, können die Drähte doch durch magnetische Kräfte bewegt werden – dazu muss jedoch ein elektrischer Strom fließen.

Auf einen stromführenden Draht wirken im Feld eines Magneten Kräfte, wenn der Draht nicht parallel zu den Feldlinien gerichtet ist.

Diese Kräfte sind (bei sonst gleichen Bedingungen) umso größer,
- je größer die Stromstärke ist,
- je „stärker" das Magnetfeld am Ort des Drahts ist,
- je länger das im Feld befindliche Drahtstück ist,
- je mehr sich der Winkel zwischen Feldlinien und Draht 90° nähert.

Die Richtung der Kraft auf einen stromführenden Draht, der senkrecht zu den Magnetfeldlinien ausgerichtet ist, lässt sich mithilfe der „Linke-Hand-Regel" vorhersagen: ↑7

Man hält den Daumen der linken Hand in Richtung des Elektronenstroms und den Zeigefinger in Richtung der Feldlinien (vom Nord- zum Südpol). Der senkrecht dazu gerichtete Mittelfinger weist dann in Richtung der Magnetkraft auf den Draht. ◀

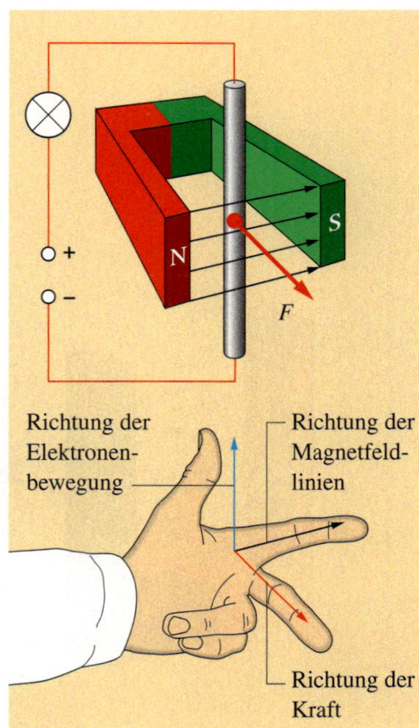

7 Kraft auf einen stromführenden Draht im Feld eines Magneten

Experiment

1

1 Die zitternde Glühwendel
Mit einem starken Stabmagneten kannst du die Glühwendel einer Glühlampe schwingen lassen. ↑1
Schalte die Glühlampe (230 V, Klarglas) ein. *Achtung:* Setze als Schutz für deine Augen eine dunkle Sonnenbrille auf! Halte den Magneten mit einem Pol an die Lampe und beobachte die Glühwendel. Kannst du deine Beobachtung erklären?

Aufgaben

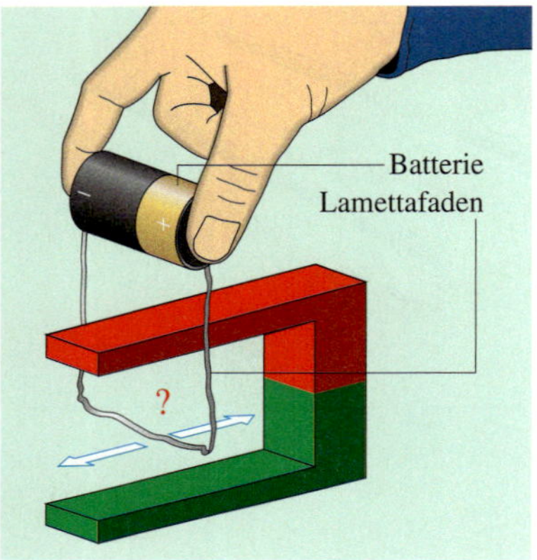

2

2 *Eine elektromagnetische Schaukel* Unsere stromführende „Schaukel" besteht aus einem metallischen Lamettafaden. ↑2 In welche Richtung wird sie ausgelenkt?

3 ▶ *Die rotierende Minispule* In Elektromotoren werden stromführende Spulen mithilfe von Magnetfeldern gedreht. Das Prinzip kannst du anhand einer „Minispule", die nur eine Windung hat, selbst herausfinden. ↑3 Sie befindet sich zwischen den Polen eines Hufeisenmagneten und ist um die gestrichelt gezeichnete Achse drehbar.

a Die Spule wird in der Position 1 an eine Batterie angeschlossen und beginnt sich zu drehen. Wie kommt es dazu? In welche Richtungen wirken die Magnetkräfte auf die einzelnen geraden Drahtabschnitte?

b Die Spule hat sich um 90° im Uhrzeigersinn gedreht (Position 2). Wird sie in dieser Stellung von Magnetkräften weiter angetrieben? Überlege dir wieder die Kräfte auf die einzelnen Drahtabschnitte.

c Die Spule dreht sich noch ein wenig im Uhrzeigersinn weiter, gelangt aber nicht bis zur Position 3. Erkläre, weshalb die Spule gebremst wird: Untersuche dazu die Kräfte, die auf die Drahtabschnitte in der Position 3 wirken würden.

d Wie könnte man dafür sorgen, dass sich die Spule doch bis zur Position weiterdreht? Überlege auch, wie man die Spule dauerhaft rotieren lassen könnte. ◀

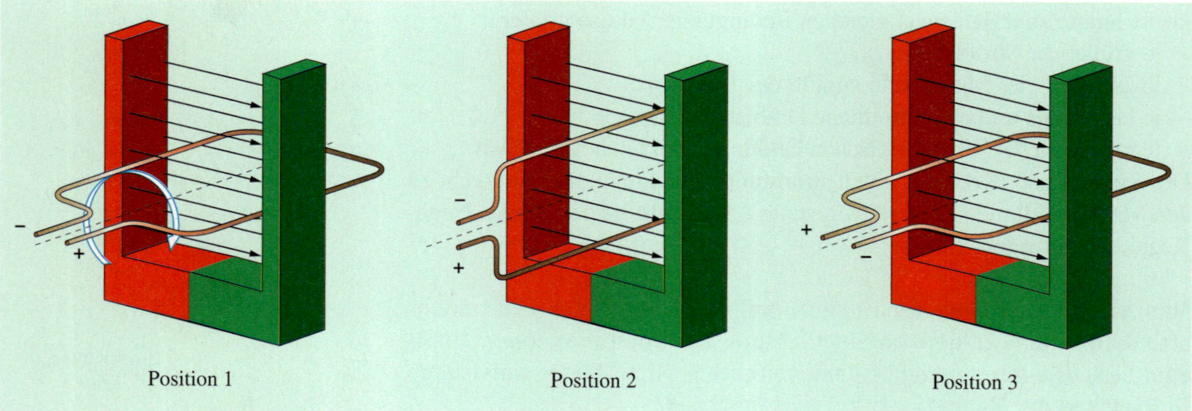

3 Stromführende Spule im Magnetfeld

Experiment

4 Ein einfacher Elektromotor – selbst gebaut ↑4

Material: 1,5-V-Batterie, Scheibenmagnet, zwei Büroklammern, Klebestreifen, 100 cm lackierter Kupferdraht, Sandpapier

Aufbau: Befestige zunächst den Magneten und die Büroklammern an der Batterie. Wickle den Draht zu einer ovalen Spule mit etwa 10 bis 15 Windungen. Die Spule soll zwischen die beiden Büroklammern passen und mithilfe der beiden Spulenenden eingehängt werden. Damit sich die Spule dreht, muss sie immer wieder einen „Stoß" bekommen, der Strom darf nicht ständig fließen. Um das zu erreichen, entfernst du den Lack an den beiden Drahtenden zum Teil (mit feinem Sandpapier oder einem Messer).

Durchführung: Hänge die Spule in das Büroklammergestell ein. Drehe sie so, dass die Anschlüsse Kontakt haben. Lass die Spule dann los!

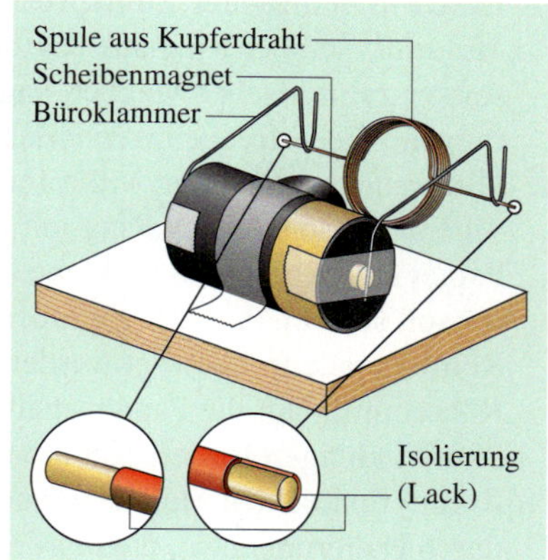

4 Elektromotor zum Selbstbau

GRUNDLAGEN: Der Elektromotor

▶ In den meisten Elektromotoren, die mit Gleichstrom betrieben werden, dreht sich eine stromführende Spule (der Rotor) infolge magnetischer Kräfte, die durch das Feld eines fest stehenden Magneten (der Stator) bewirkt werden. ↑5

Die Drahtenden der Rotorspule sind mit Halbringen aus Metall verbunden, die gegeneinander isoliert sind. Sie bilden den Polwender, der überhaupt erst das gleichmäßige Drehen des Rotors ermöglicht. Seine Funktion können wir im Modell erklären. ↑6 Die einfache Spule wird in der oberen Stellung durch die Magnetkräfte auf die Drahtabschnitte A und B im Uhrzeigersinn gedreht. Bei unveränderter Polung der Spulenanschlüsse würde auch in der um 180° gedrehten Stellung eine Kraft nach oben auf den Drahtabschnitt A wirken und auf B eine Kraft nach unten – also jeweils in die „falsche" Richtung. Der Polwender sorgt allerdings dafür, dass die Spulenanschlüsse in der senkrechten Stellung der Spule umgepolt werden, sodass der Strom die Richtung wechselt. Dann haben die Kräfte auf die Drahtabschnitte A und B auch in der unteren Stellung die „richtige" Richtung.

Elektromotoren wandeln elektrische Energie in kinetische um. Eine stromführende Spule wird durch die Kräfte im Feld eines Magneten gedreht. Der Polwender sorgt dafür, dass die Stromrichtung in den Drahtwicklungen der rotierenden Spule stets im richtigen Moment umgekehrt wird, sodass die Drehrichtung immer gleich bleibt.

Zur Erzeugung des Magnetfelds verwendet man in Gleichstrommotoren Dauer- oder Elektromagnete. Bei Wechselstrommotoren wechseln die Pole des felderzeugenden Elektromagneten im gleichen Takt wie die Stromrichtung in der Spule: Dazu schließt man den Elektromagneten am einfachsten an die gleiche Wechselspannungsquelle an wie die Spule.

Die Drahtwindungen der Rotorspule sind in der Regel um einen Weicheisenkern („Anker") gewickelt, dessen Magnetpole mit der Stromrichtung wechseln. ◀

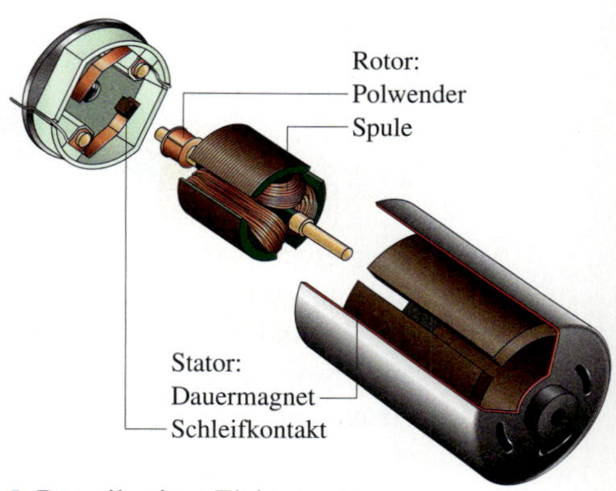

5 Bauteile eines Elektromotors

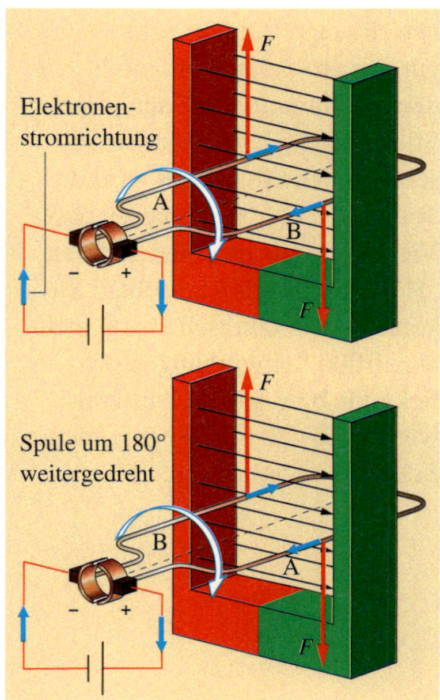

6 Elektromotor (Modell)

Experiment

1 Elektrodynamischer Lautsprecher – selbst gebaut
Material: stabiler Ring aus Karton, dünnes Papier, starker zylindrischer Magnet, Isolierdraht, Halterungen, Niederfrequenzverstärker und Tonquelle (Tonfrequenzgenerator, Mikrofon, MP3-Player)
Aufbau: Bespanne den Ring mit Papier. Forme aus Papier eine Röhre und verklebe sie. Ihr Durchmesser soll so sein, dass der Zylindermagnet in der Röhre gerade frei bewegt werden kann. Klebe die Röhre mittig auf die Papierscheibe. Wickle rund 200 Windungen Isolierdraht um das freie Ende der Röhre. Fixiere den Magneten und den Kartonring durch Halterungen so, dass das offene Ende der Papierröhre den Magneten umschließt.
Durchführung: Schließe die verstärkte Tonquelle an die Enden der Drahtspule an.

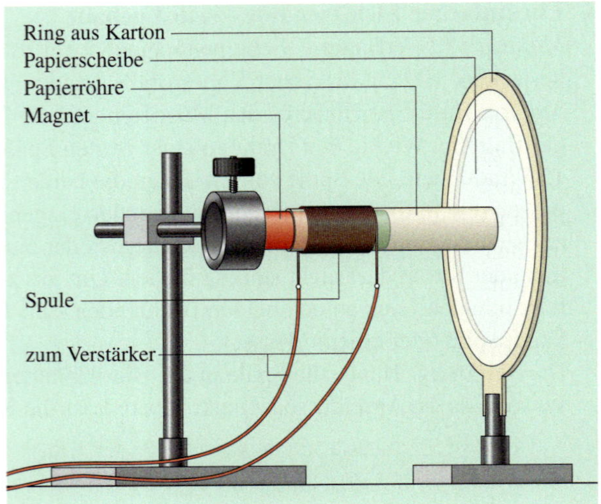

1

Interessantes

Wir hören etwas, wenn das Trommelfell in unserem Ohr durch Schallwellen in rasche Schwingungen versetzt wird (s. die beiden letzten Seiten des Buchs). „Rasch" bedeutet, dass das Trommelfell zwischen rund 20- und 20 000-mal pro Sekunde hin- und herschwingt. Bei 440 Schwingungen pro Sekunde hörst du z. B. den „Kammerton" a', den viele Stimmgabeln erzeugen. Bei rascheren Schwingungen wird der Ton höher, bei langsameren tiefer. Viele Tiere haben einen anderen „Hörbereich" als Menschen: Sie können auch Ultraschall von mehr als 20 000 Schwingungen pro Sekunde bzw. Infraschall von weniger als 20 Schwingungen pro Sekunde wahrnehmen.

GRUNDLAGEN: Der elektrodynamische Lautsprecher

▶ Bei elektrodynamischen Lautsprechern wird eine stromführende Spule durch magnetische Kräfte im Feld eines Dauermagneten bewegt. ↑2 Allerdings wird sie nicht wie beim Elektromotor im Kreis gedreht, sondern schwingt hin und her. Die Stromstärke schwankt bei der Übertragung von Sprache oder Musik sehr rasch (bis zu 20 000-mal pro Sekunde!). Je nach Stromstärke und -richtung wird die Spule zwischen den Magnetpolen ein wenig nach links oder nach rechts bewegt. Die Lautsprechermembran ist mit der Spule fest verbunden und überträgt die Schwingungen auf die Luft. In der Luft breiten sich dann Schallwellen aus: Wenn sie dein Ohr erreichen, hörst du etwas (s. *Interessantes*).

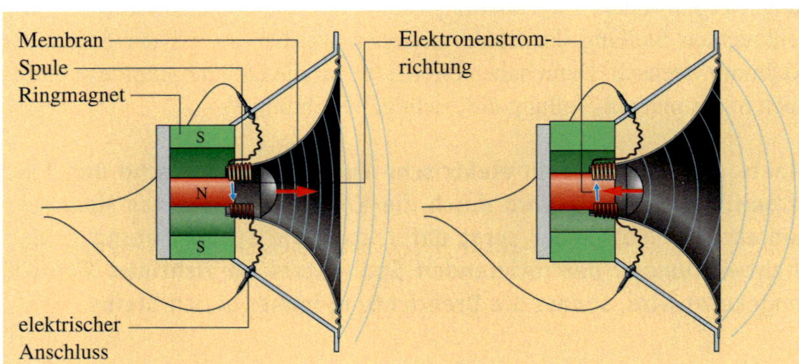

2 Elektrodynamischer Lautsprecher: Aufbau und Wirkungsweise

Elektrodynamische Lautsprecher wandeln elektrische Energie in Schall um. Stromstärkeschwankungen in einer Spule führen dazu, dass diese im Feld eines Dauermagneten rasch hin- und herschwingt. Der mit der schwingenden Spule fest verbundene Lautsprecherkonus erzeugt über die Membran den hörbaren Schall. ◀

Aufgaben

2 *Die rotierende Minispule: Ströme, Felder, Kräfte*

a Übertrage die drei Stellungen der Minispule (siehe Aufgabe 3, S. 20) sowie die Magnetfeldlinien in dein Heft. *Tipp:* Den Magneten selbst musst du nicht zeichnen.

b Ergänze in deiner Zeichnung den Polwender, die Schleifkontakte und die elektrische Energiequelle mit den zugehörigen Leitungen.

c Zeichne in den drei Stellungen jeweils die Richtung des Elektronenstroms und die Kräfte auf die verschiedenen Leiterstücke ein.

3 *Der rotierende Elektromagnet* Wir haben die Funktion eines Elektromotors bisher mithilfe der Kräfte erklärt, die stromführende Leiter durch ein Magnetfeld erfahren. Es geht aber auch anders: Man kann die Rotorspule mit Weicheisenkern auch als Elektromagneten auffassen. ↑3

a Beschreibe mithilfe dieser Betrachtungsweise, wie der Elektromotor funktioniert. Welche Aufgabe besitzt der Polwender?

b In der waagerechten Stellung ist der rotierende Elektromagnet abgeschaltet. ↑4 Bleibt er in diesem „toten Punkt" stehen? Begründe deine Antwort.

c Kann dieser Elektromotor auch mit einem Wechselstrom in der Spule betrieben werden?

4 *Ein etwas anderer Motor* Kannst du diesen Motor zum Laufen bringen? ↑5 Das Feld des stehenden Magneten soll durch zwei Spulen erzeugt werden.

a Übertrage die Zeichnung ins Heft. Zeichne den Polwender an der richtigen Stelle und in der richtigen Lage ein. Ergänze die fehlenden Leitungen und die elektrische Energiequelle.

b Läuft der Motor auch mit Wechselstrom?

5 *Ein merkwürdiger Elektromotor* ↑6 Eine Eisenschraube ist auf einen starken Scheibenmagneten aus Neodym gestellt und an den Boden einer Batterie gehängt worden. Verbindet man den Pluspol der Batterie und den Magneten durch einen Draht, drehen sich Magnet und Schraube. (Probiere es selbst aus!) Hast du eine Erklärung für die Drehung?

6 *Lautsprecher erklärt* Fertige zwei Schnittzeichnungen des elektrodynamischen Lautsprechers an: Zeichne je nach Stromrichtung die Magnetfeldlinien und die Kräfte auf die Spule ein. Warum schwingt der Lautsprecherkonus hin und her?

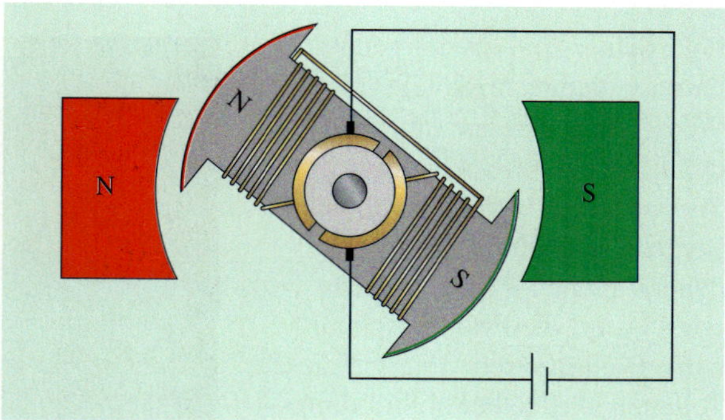

3

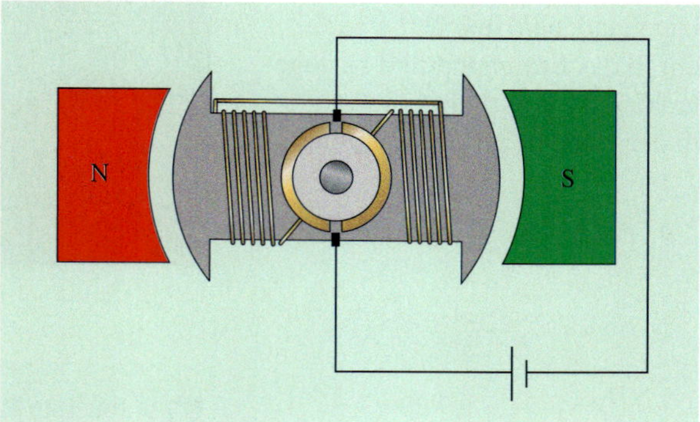

4

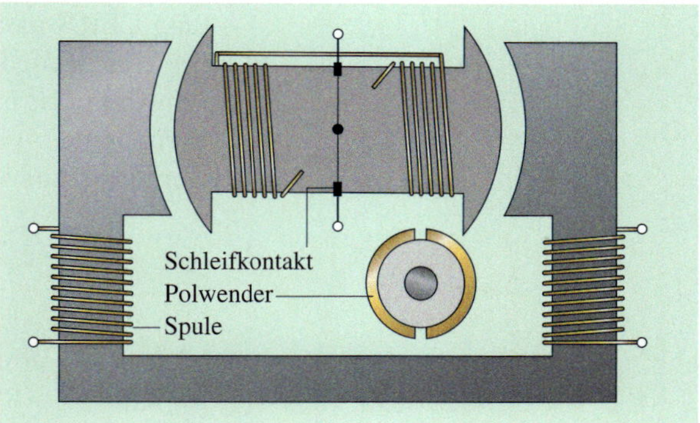

5

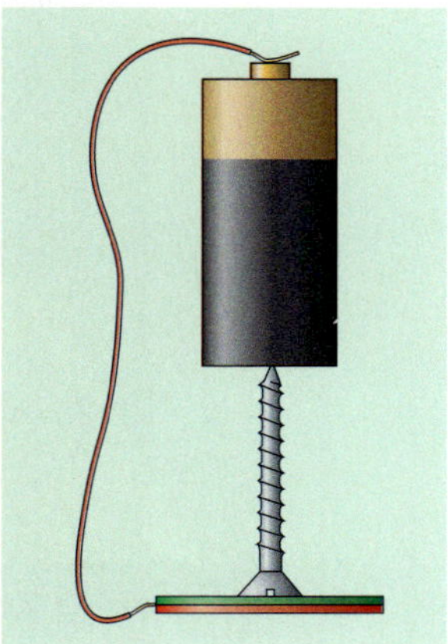
6

Lorentzkraft

Polarlichter sind faszinierende, lautlose Naturschauspiele. ↑1 Wer je eines gesehen hat, wird den Eindruck nie mehr vergessen. Sie entstehen, wenn ein von der Sonne ausgehender Strom geladener Teilchen – der „Sonnenwind" – auf die Erdatmosphäre trifft. Die kinetische Energie dieser Teilchen wird dabei in Strahlungsenergie umgewandelt.
Die geladenen Teilchen werden durch das Erdmagnetfeld so abgelenkt, dass Polarlichter meist nur in der Nähe der Pole auftreten.

1 Polarlicht

Die teuerste Rennstrecke der Welt ist nicht für die Formel 1 gebaut worden – sondern für geladene Teilchen! In der Großforschungseinrichtung CERN in der Nähe von Genf (Schweiz) werden Protonen in einem der ringförmigen Tunnel durch elektrische Felder fast bis zur Lichtgeschwindigkeit beschleunigt, bevor sie bei Experimenten auf andere Teilchen prallen. ↑2 Magnetfelder, die von supraleitenden Spulen erzeugt werden, halten sie auf ihrer kreisförmigen Bahn.

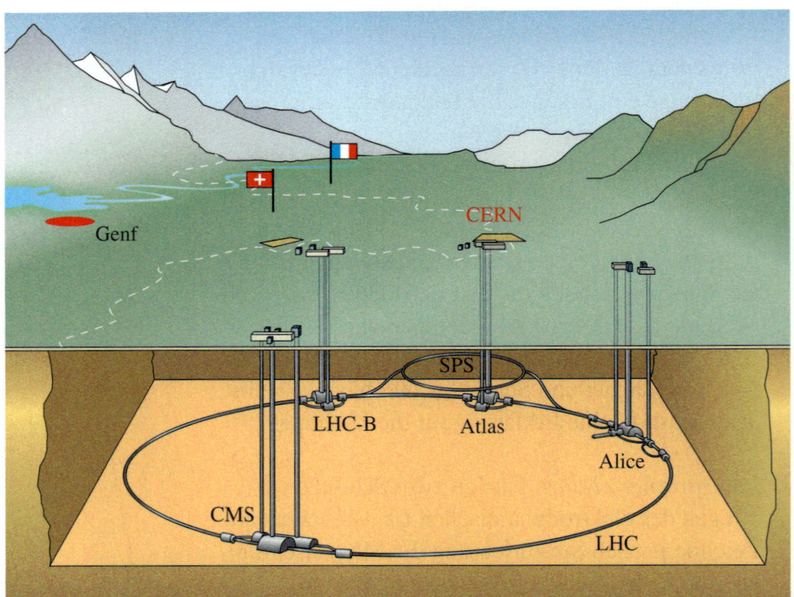

2 *Large Hadron Collider (LHC)* – „Rennstrecke" für geladene Teilchen

Ein weiteres Milliardenprojekt ist der *internationale thermonukleare Experimentalreaktor*, kurz: ITER. ↑3 Er soll den Weg (lat. *iter*) zu einer wirtschaftlichen Nutzung der Kernfusion zeigen. In dem ringförmigen Hohlraum muss ein Plasma – das ist ein Gas aus geladenen Teilchen – bei einer Temperatur von 100 Millionen Kelvin eingeschlossen werden! Zum Vergleich: Die Temperatur im Kern der Sonne beträgt „nur" 15 Millionen Kelvin. Bei diesen extremen Temperaturen würde jedes Wandmaterial sofort schmelzen. Deshalb hält man das Plasma mithilfe starker Magnetfelder „gefangen", ohne dass es die Wände berührt.

Du weißt bereits, dass auf stromführende Drähte im Feld eines Magneten Kräfte wirken können. Ohne strömende Elektronen treten die Kräfte nicht auf. Braucht man für die Kräfte eigentlich einen Draht? Oder wirken im Feld eines Magneten Kräfte auch auf freie strömende Elektronen? In den folgenden Experimenten und Aufgaben stehen freie strömende Elektronen und die Kräfte auf sie im Blickpunkt.

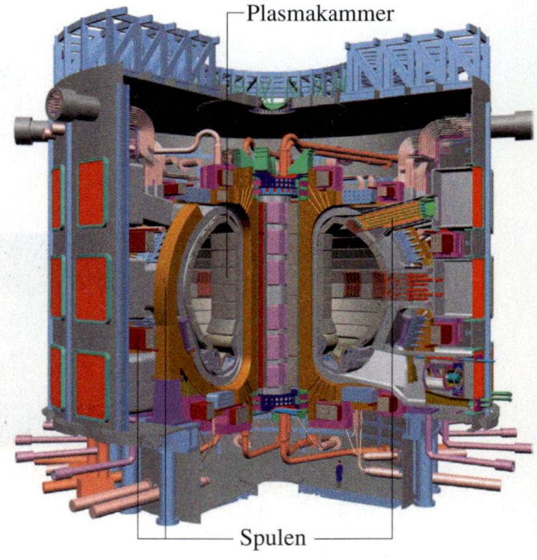

3 Fusionsreaktor ITER

Experimente

1 Geheimnisvolle Plasmakugel ↑4

In der Plasmakugel befinden sich ein Gas unter geringem Druck und freie Elektronen. Diese bewegen sich – beschleunigt durch ein elektrisches Feld – mit hoher Geschwindigkeit hin und her. Wenn die Elektronen mit Gasteilchen zusammenstoßen, bringen sie diese zum Leuchten, sodass man die „Spur" der Elektronen sehen kann.

Halte einmal einen starken Magneten und einmal einen elektrisch geladenen Kunststoffstab in die Nähe der Plasmakugel.

Was beobachtest du?

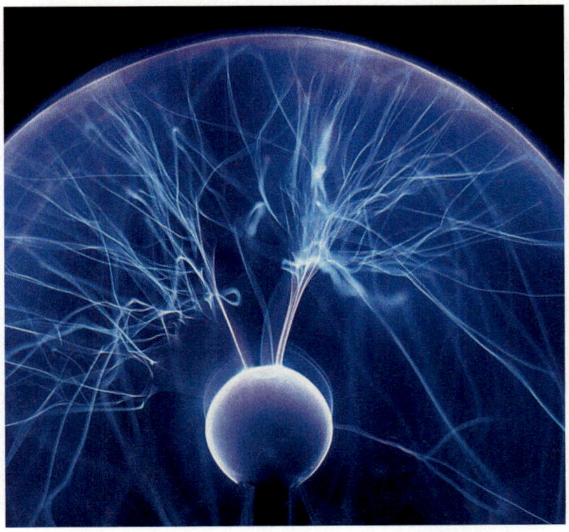
4

2 Edison-Effekt

Eine Glühlampe ist keine Plasmakugel, aber man kann auch in ihr freie Elektronen erzeugen. ↑5 Die Glühwendel ist über ein sehr empfindliches Strommessgerät mit der Alufolie auf der dünnen Glashülle verbunden.

a Kannst du bei ausgeschalteter Lampe einen Strom messen?

b Schalte die Lampe ein: Jetzt kannst du einen Strom messen. Verändert sich die Stromstärke, wenn du die Versorgungsspannung änderst? Wie kommt der Strom wohl zustande?

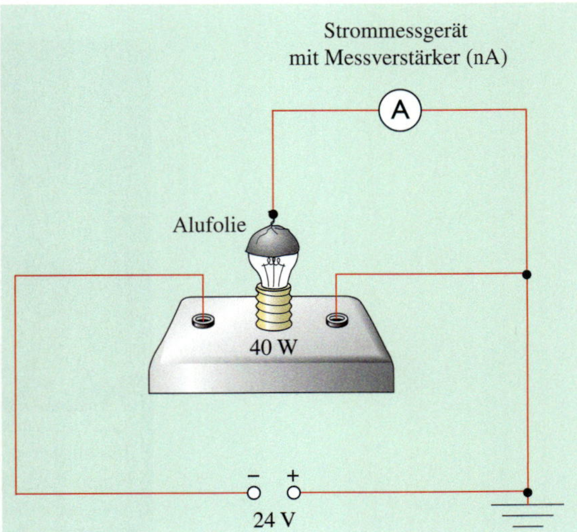

5

Aufgaben

1 ▶ *Seltsame Leuchterscheinungen* ↑1 Die Glasröhre enthält links und rechts je eine Elektrode aus Metall. ↑2 Sie sind an die Pole eines Hochspannungsnetzgeräts angeschlossen. Pumpt man die Luft langsam aus der Röhre, beobachtet man schwache Leuchterscheinungen. Wie werden die Ströme aus Elektronen bzw. Ionen abgelenkt, wenn man einen starken Magneten von außen an die Röhre hält? ◀

1

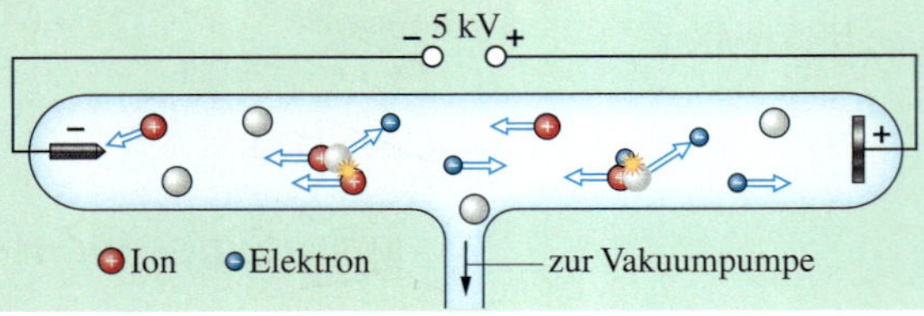

In der eingeschlossenen Luft sind geladene Teilchen (Ionen und Elektronen) vorhanden. Sie werden durch das elektrische Feld zwischen den Elektroden beschleunigt. Beim Zusammenstoß mit Luftatomen kann ein Teil ihrer kinetischen Energie in Licht umgewandelt werden. Dadurch wird die „Spur" der geladenen Teilchen sichtbar.

2

2 ▶ *Fadenstrahlrohr* ↑3 Elektronen werden in die Hohlkugel aus Glas geschossen. Wenn sie gegen Atome des eingeschlossenen Gases stoßen, kann ein Teil ihrer kinetischen Energie in Licht umgewandelt werden, sodass die „Spur" des Elektronenstrahls sichtbar wird.
Sind die beiden großen Spulen angeschlossen, erzeugen sie ein Magnetfeld in der Kugel.

a Überlege zunächst, welche Energieumwandlungen vom Entstehen des Strahls ausgehend bis zu den Leuchterscheinungen stattfinden.

b Wie wird der Strahl (bei ausgeschalteten Spulen) abgelenkt, wenn man:
- einer der Metallplatten eine negativ (positiv) geladene Metallkugel nähert,
- dem Strahl einen Stabmagneten nähert? ◀

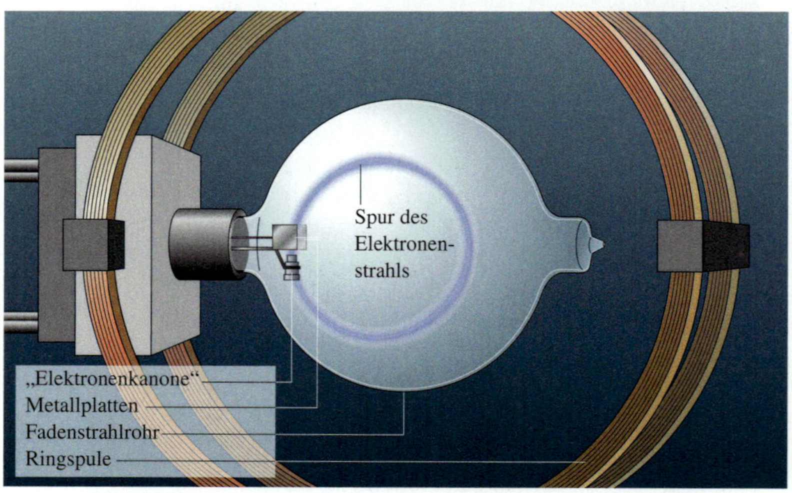

3 Fadenstrahlrohr (Spulen eingeschaltet)

GRUNDLAGEN: Die Lorentzkraft

▶ Ein elektrisches Feld bewirkt Kräfte auf Elektronen und andere elektrisch geladene Teilchen – unabhängig davon, ob sich die Teilchen bewegen oder nicht. Aus dem Feldlinienbild können wir die Kräfte ablesen: Die Feldlinie durch einen Punkt des Raums gibt die Richtung der Kraft auf ein positiv geladenes Teilchen an diesem Ort an. Mit der Feldliniendichte in der Umgebung des Orts beschreibt man die Größe (den Betrag) der Kraft. Mithilfe dieser Kraft kann man ein geladenes Teilchen beschleunigen.
Ein Magnetfeld hat auf ruhende geladene Teilchen keine Wirkung. Bewegte geladene Teilchen können dagegen eine Kraft erfahren: die *Lorentzkraft*.

Die Lorentzkraft kann auf bewegte geladene Teilchen im Feld eines Magneten wirken.

„Schießt" man Elektronen senkrecht zu den Feldlinien in ein Magnetfeld ein, so wirkt die Lorentzkraft *senkrecht* zur Feldlinienrichtung und *senkrecht* zur Bewegungsrichtung! ↑4 Da die Kraft nicht in Bewegungsrichtung wirkt, werden die Elektronen weder schneller noch langsamer.

Bewegen sich geladene Teilchen im Feld eines Magneten senkrecht zu den Feldlinien, werden sie durch die Lorentzkraft senkrecht zur Bewegungs- und zur Feldlinienrichtung abgelenkt. Die Kraftrichtung erhält man bei bewegten Elektronen mithilfe der Linke-Hand-Regel. ↑4

Bei positiv geladenen Teilchen ist die Lorentzkraft genau entgegengesetzt gerichtet. Man würde dafür eine „Rechte-Hand-Regel" formulieren.
Die Lorentzkraft ist umso größer, je stärker das Magnetfeld ist und je schneller die geladenen Teilchen sind. Bei einem rechten Winkel zwischen Bewegungs- und Feldlinienrichtung ist sie am größten, bei parallelen Richtungen ist sie gleich null. ◀

Interessantes

HENDRIK ANTON LORENTZ (1853 bis 1928) war ein führender Physiker seiner Zeit. Er entwickelte u. a. die elektromagnetische Theorie des Lichts und die Elektronentheorie der Materie. 1902 erhielt er mit PIETER ZEEMAN den Physik-Nobelpreis für bahnbrechende Forschungen über den Zusammenhang zwischen optischen und elektromagnetischen Erscheinungen.

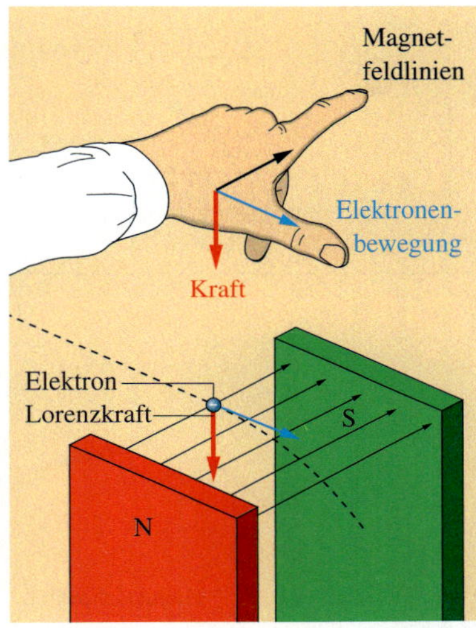

4 Lorentzkraft auf Elektronen

Aufgabe

3 *Rührende Lorentzkräfte* In einer Salzlösung (Kupfersulfat in Wasser) stehen positive und negative Ionen für einen elektrischen Strom als Ladungsträger zur Verfügung. ↑5 Sie werden durch das elektrische Feld zwischen den ringförmigen Elektroden in Bewegung gesetzt und durch das Feld des Magneten abgelenkt

a Das Netzgerät wird eingeschaltet – und schon geht es los: Beobachte die Salzlösung!

b Was verändert sich, wenn die Spannung umgepolt wird?

c Die Salzlösung rotiert, weil sich ihre freien Ladungsträger auf Kreisbahnen zwischen den Elektroden bewegen. Erkläre, wie es zu dieser Kreisbewegung kommt. Die Zeichnung hilft dir dabei.

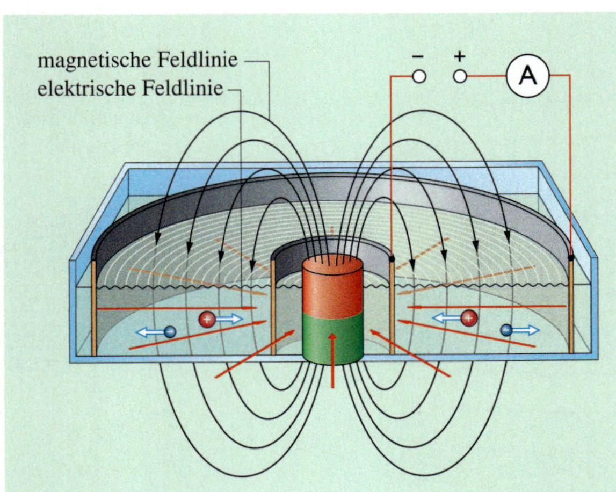

5

Aufgaben

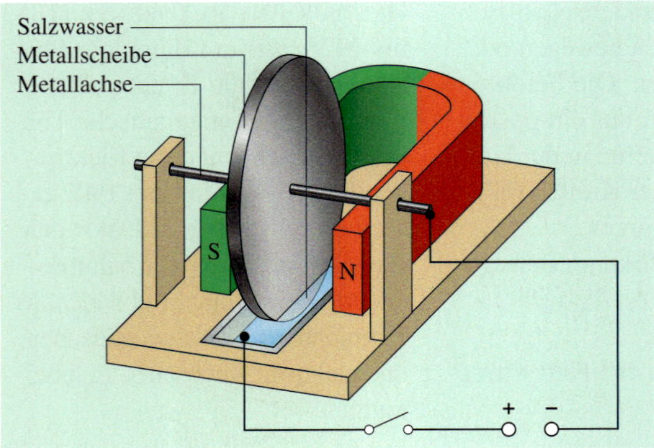

1

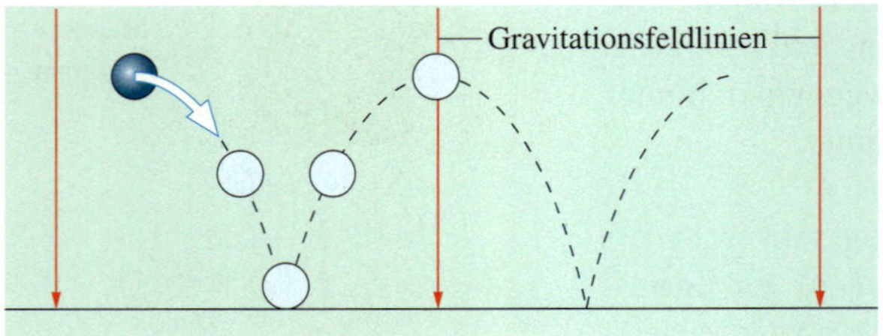

2

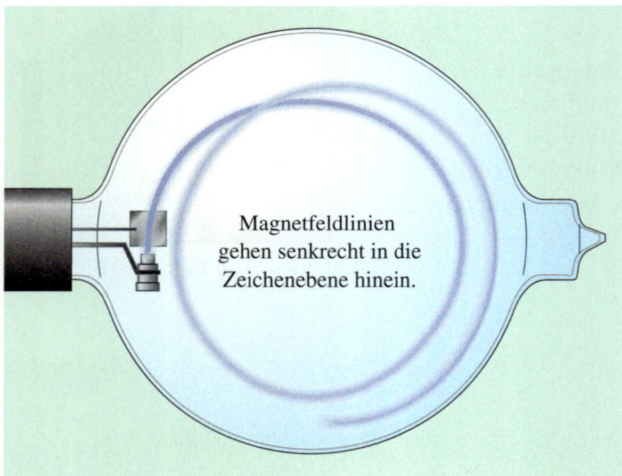

3

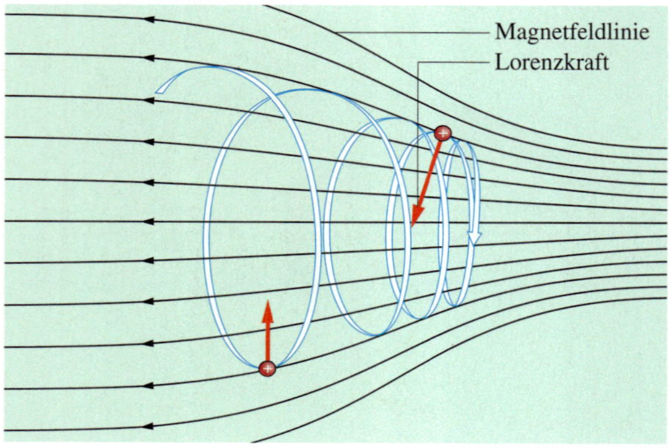

4

1 *Ein seltsamer Motor* Die Metallscheibe dreht sich, wenn der Schalter geschlossen wird. ↑1
Wie kommt die Bewegung zustande?

2 *Elektronenkarussell* Der Elektronenstrahl in einem Fadenstrahlrohr kann kreisförmig gebogen werden (s. S. 26 ↑3).

a Wie muss das Magnetfeld, das die beiden großen stromführenden Spulen erzeugen, dazu beschaffen sein?

b Beschreibe die Lorentzkraft durch das Spulenmagnetfeld, die auf ein einzelnes Elektron an verschiedenen Stellen seiner Bahn wirkt. Wird das Elektron durch die Lorentzkraft schneller oder langsamer?

c *Gravitationskraft zum Vergleich:* Ein Flummi wird senkrecht zu den Feldlinien des Gravitationsfelds der Erde geworfen. ↑2 Warum bewegt er sich trotzdem nicht auf einer Kreisbahn?
Tipp: Wie wirken die Kräfte an den markierten Stellen auf den Ball?

d Wenn die Elektronen im Fadenstrahlrohr schräg zu den Magnetfeldlinien „abgeschossen“ werden, formt der Strahl eine Schraubenlinie. ↑3
Wie kommt es dazu?
Tipp: „Zerlege“ die Bewegung der Elektronen in Gedanken in einen Anteil (eine *Komponente*) senkrecht zu den Feldlinien und einen Anteil parallel zu den Feldlinien.

3 *Magnetischer Spiegel* Ein positiv geladenes Teilchen wird schräg in ein Magnetfeld „geschossen“ und auf eine schraubenförmige Bahn gelenkt (s. Aufgabe 2 d). ↑4 Das Magnetfeld wird nach rechts hin immer stärker.

a In zwei Bahnpunkten ist die Lorentzkraft auf das Teilchen eingezeichnet. Warum ändert sich ihr Betrag und ihre Richtung? Weshalb wird die Schraubenlinie immer enger?

b Während sich das geladene Teilchen immer weiter im Kreis bewegt, kommt die Bewegung nach rechts erst zum Erliegen und kehrt sich dann sogar um – daher der Name „magnetischer Spiegel“. Wie ist das möglich?

c Wie müssten die Magnetfeldlinien beim „magnetischen Spiegel“ links fortgesetzt werden, um das positiv geladene Teilchen im Feld einzuschließen? (Man spricht in diesem Fall von einer „magnetischen Flasche“.)

Aus der Technik Oszilloskop und Röhrenfernseher

▶ **Oszilloskop** Mit diesem wichtigen Anzeigegerät in der Physik lässt sich der zeitliche Verlauf von Spannungen sichtbar machen. ↑5 Zwei Ablenkplatten sind in einer luftleeren Glasröhre so angeordnet, dass der Elektronenstrahl durch elektrische Felder abgelenkt werden kann. ↑6 ↑7 Auf einem Leuchtschirm wird der Auftreffpunkt sichtbar.

Beispiele: Wenn die untere *y*-Ablenkplatte durch eine Spannung am Signaleingang positiv und die obere negativ aufgeladen wird, wird der Elektronenstrahl nach unten abgelenkt. Je größer die Spannung ist, desto größer ist die Ablenkung. Wird die Spannung umgepolt, so wird der Strahl nach oben gelenkt. Bei einer Wechselspannung, deren Polung in langsamer Folge immer wieder wechselt, „wandert" der Leuchtpunkt von unten nach oben und wieder zurück. Bei sehr rasch aufeinanderfolgenden Umpolungen sieht man einen senkrechten Leuchtstrich auf dem Bildschirm.

Das senkrechte Plattenpaar ist für die Seitenablenkung verantwortlich. Mithilfe einer „Sägezahnspannung" an den Platten kann man den Leuchtpunkt von links nach rechts laufen lassen. Hat er rechts seinen Endpunkt erreicht (obere „Zacke" der Spannung), springt er nach links zurück (untere „Zacke"). Liegt zugleich eine Wechselspannung am Signaleingang, erhält man eine „Schlangenlinie" auf dem Bildschirm.

5 Oszilloskop (Anzeige der Spannung am Mikrofon)

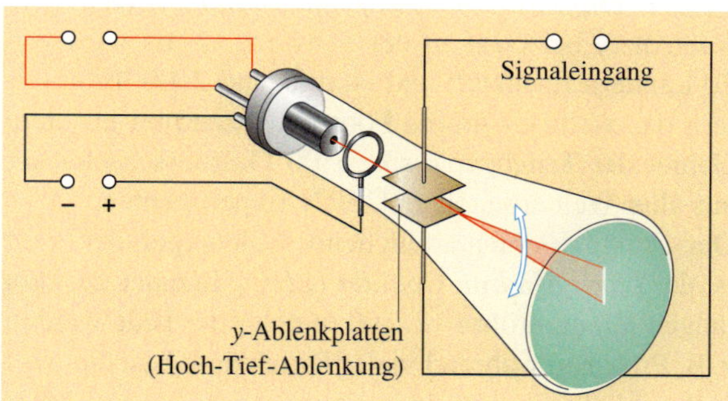

6

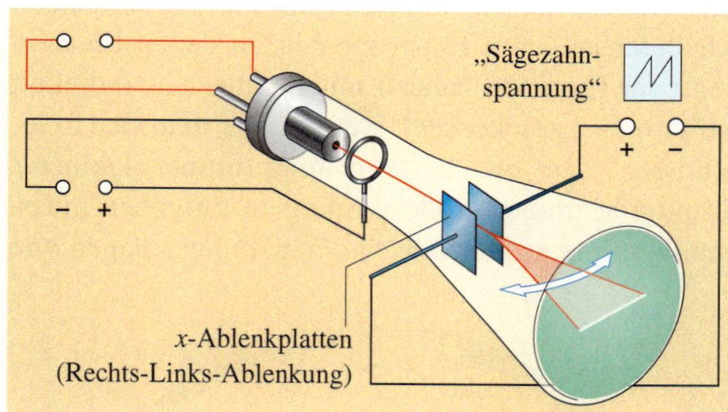

7

Röhrenfernseher Bis vor wenigen Jahren stand noch in fast jedem Haushalt in Deutschland ein Röhrenfernseher. ↑8 Inzwischen werden diese Geräte immer mehr durch LCD- und Plasmabildschirme verdrängt.

Auch bei Röhrenfernsehern werden Elektronenstrahlen abgelenkt. Im Gegensatz zum Oszilloskop verwendet man dazu aber Magnetfelder, die durch Elektromagnete erzeugt werden. Drei Elektronenstrahlen „tasten" gleichzeitig mindestens 50-mal pro Sekunde Zeile für Zeile den Bildschirm ab und bringen dabei winzige Farbpünktchen (Rot, Grün, Blau) zum Leuchten. Unser Auge nimmt die einzelnen Leuchtpunkte nicht getrennt voneinander wahr, sondern als ein zusammenhängendes Bild. ◀

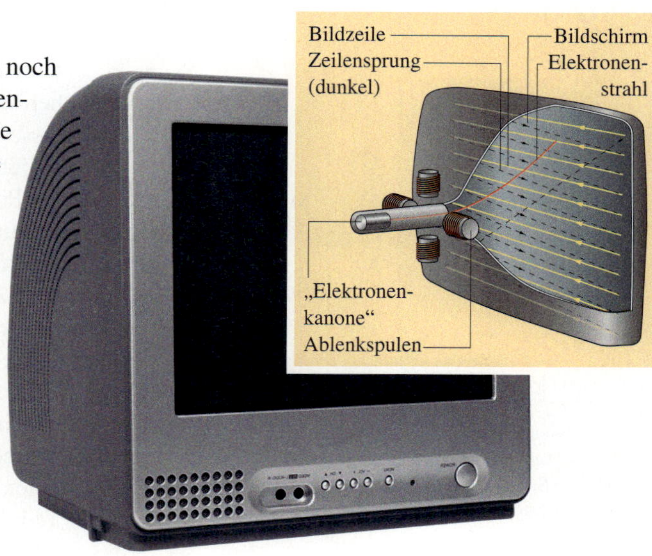

8 Röhrenfernseher

Aus der Forschung Der größte Teilchenbeschleuniger der Welt[V]

1 Luftaufnahme von CERN (Beschleuniger angedeutet)

2 Im Tunnel: Der *Large Hadron Collider (LHC)*

Das Wissen über den Aufbau der Atome verdanken wir unter anderem Experimenten, in denen Elektronen oder Protonen nahezu mit Lichtgeschwindigkeit auf Atome „geschossen" werden. Da man den „Geschossen" für die Untersuchung immer kleinerer Strukturen immer größere Energien mitgeben muss, benötigt man großtechnische Forschungsanlagen wie CERN *(Organisation Européenne pour la Recherche Nucléaire)* bei Genf in der Schweiz. ↑1 Es wird von 20 Ländern finanziert und ist mit rund 2600 Mitarbeitern das weltweit größte Forschungszentrum auf dem Gebiet der Teilchenphysik. 6500 Gastwissenschaftler aus aller Welt arbeiten an CERN-Experimenten.

Der größte Elementarteilchenbeschleuniger der Welt ist der *Large Hadron Collider (LHC)*. In einer 27,7 km langen Vakuumröhre ↑2 100 m unter der Erde werden z. B. Protonen während vieler Durchläufe beschleunigt und schließlich mit einer Energie von bis zu 7 TeV paarweise zum Zusammenstoß gebracht. In einer Sekunde finden bis zu 40 Millionen Zusammenstöße statt. Dabei herrschen dann aus Sicht der Energie Zustände, wie sie möglicherweise direkt nach dem Urknall geherrscht haben. Große Detektoren spüren die Ergebnisse der Zusammenstöße auf und versorgen mehrere Großrechner mit gewaltigen Datenfluten. ↑3

Im Prinzip wechseln sich Beschleunigungs- und Ablenkungsphasen ständig ab. ↑4 Die Protonen werden durch elektrische Felder (E) immer wieder beschleunigt. Zwischen den Beschleunigungsabschnitten zwingen extrem starke Magnetfelder (M) supraleitender Spulen die Protonen auf eine Kreisbahn.

Die Protonen durchlaufen offene, geradlinige Strecken (O), in denen Messgeräte oder Ablenkmagnete (A) angebracht werden können, die sie aus der Röhre herausleiten. Dort, wo sich die Zusammenstöße mit anderen Teilchen ereignen, befinden sich Detektoren (D): CMS, Atlas, Alice.

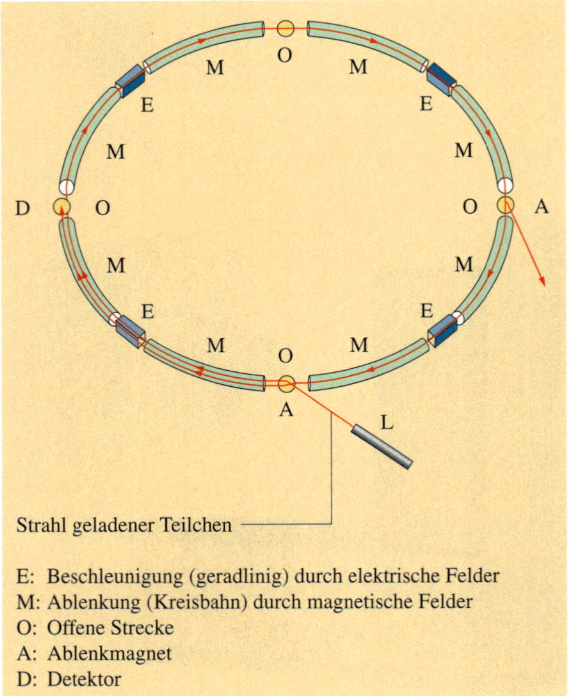

4 Prinzip des Beschleunigers

3 *Compact Muon Solenoid (CMS)*, Detektor für den LHC

Ein Elektronvolt (1 eV) ist die Energie eines Teilchens, das die Elementarladung 1 e trägt und im Vakuum durch die Spannung 1 V beschleunigt wurde. In der Elementarteilchenphysik übliche Vielfache dieser Einheit sind:

1 MeV = $1 \cdot 10^6$ eV

1 GeV = $1 \cdot 10^9$ eV

1 TeV = $1 \cdot 10^{12}$ eV

Aus der Umwelttechnik Elektrostatische Staubfilter[V]

Bei der Verbrennung der Kohle in einem Kraftwerk fallen pro Tag rund 10 t Asche an, die früher zum großen Teil als „Flugasche" über hohe Schornsteine in die Atmosphäre geblasen wurde. Heute filtert man den Rauch und die Abgase in Elektrofilteranlagen, die bis zu 99,9 % der Flugasche abscheiden. ↑5 ↑6 Eine Elektrode „sprüht" Elektronen ab, die sich auf den Ascheteilchen absetzen und diese damit negativ aufladen. Die geladenen Ascheteilchen werden durch ein elektrisches Feld beschleunigt und an den positiv geladenen Metallplatten („Niederschlagselektroden") aufgefangen. Die Metallplatten werden hin und her gerüttelt, sodass die Asche in den Aschetrichter fällt und eingesammelt werden kann.

5 Elektrofilteranlage eines Kraftwerks

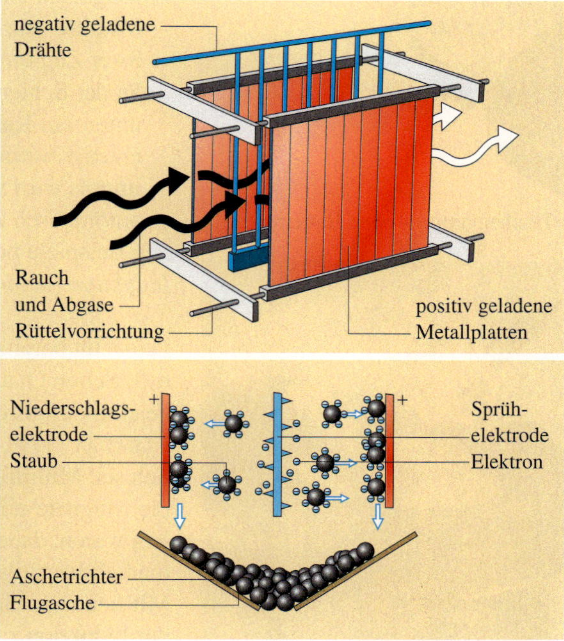

6 Prinzip der Elektrofilteranlage

Induktion

Spannung durch Induktion

Hat dein Fahrrad auch einen elektrodynamischen Tacho?
An einer Speiche des Vorderrads ist ein kleiner Magnet befestigt. ↑1
Bei jeder Umdrehung erzeugt er im Sensor, der im Wesentlichen aus einer Spule besteht, kurzzeitig eine elektrische Spannung. Aus diesen „Spannungsimpulsen" berechnet dann ein kleiner Computer am Lenker die augenblickliche Geschwindigkeit, den zurückgelegten Weg …
Wie kann denn ein Magnet Spannungen erzeugen?

1 „Signalgeber" beim Fahrradtacho

2 Taschenlampe – ohne Batterie

3 Elektrodynamisches Mikrofon

Spannungen (und Ströme) werden nicht nur bei Fahrradtachos ↑1 mithilfe von Magneten erzeugt. *Beispiele:*

- Keine Batterien, kein Akku – und doch immer einsatzbereit: ↑2 Bei dieser Taschenlampe reichen 15 bis 30 Sekunden Schütteln aus, um 5 Minuten lang helles Licht zu erzeugen. Ein starker Magnet „schießt" beim Schütteln immer wieder durch die Spule hindurch.
- In einem elektrodynamischen Mikrofon ↑3 wird Schall mithilfe eines Magneten und einer Spule in Spannungsschwankungen umgewandelt.
- Mithilfe von Induktionssicherungen wird verhindert, dass ein führerloser Zug ein Haltesignal überfährt. Steht ein Signal auf Rot, wird ein an der Schiene befestigter Elektromagnet eingeschaltet. In einer Spule unten am Rahmen der Lokomotive wird ein kurzer Spannungsimpuls erzeugt, wenn sie am Elektromagneten vorbeifährt. Dieser Spannungsimpuls wird vom Bordcomputer registriert und veranlasst ihn, den Zug automatisch zu stoppen.

Die Beispiele beruhen alle auf dem gleichen physikalischen Vorgang: der *Induktion* (lat. *inducere:* hineinführen).

Du weißt bereits, dass elektrischer Strom magnetische Wirkungen hervorruft. Schon OERSTED stellte 1820 fest, dass eine Kompassnadel in der Nähe eines stromführenden Leiters abgelenkt wird. Der Engländer MICHAEL FARADAY (1791–1867) vermutete bald darauf, dass eine Umkehrung möglich sei: Mithilfe von Magneten wollte er elektrischen Strom erzeugen. Da die Magnete noch sehr schwach und Strommessgeräte recht unempfindlich waren, dauerte es rund 10 Jahre, bis Faraday seine Vermutung experimentell bestätigen konnte.
Mit heutigen Geräten wird es dir viel schneller gelingen, das Phänomen der Induktion zu untersuchen.

Experimente

▶ Bei den folgenden Experimenten geht es darum, mithilfe von Magneten in einem Draht Strom zu erzeugen – ohne dass der Draht an eine Batterie oder ein Netzgerät angeschlossen wird!

1 Auf den Spuren FARADAYS

Material: ein starker Zylinder- oder Hufeisenmagnet, ein 2-m-Kabel mit Bananenstecker, eine Spule mit 1000 Windungen, ein Vielfachmessgerät mit Messverstärker, eine Glühlampe für kleine Stromstärken (z. B. 3,8 V; 70 mA), 2 Krokodilklemmen, Kabel

a Erzeuge mithilfe des Dauermagneten in dem 2-m-Kabel Strom. Verwende zum Nachweis das Vielfachmessgerät. Versuche möglichst viele Wege zu finden. *Beispiel:* Ziehe eine Kabelschlinge über einem Magnetpol zusammen. Verändert sich etwas, wenn du das Kabel vorher in mehrere Windungen legst?

b Schließe die Lampe an das 2-m-Kabel an. Bringst du sie zum Leuchten?

c Schließe die Lampe an die Spule an und versuche sie leuchten zu lassen.

2 Induktion ohne Bewegung

Material: eine Batterie, ein Taster, mehrere Kabel mit Bananenstecker, ein 2-m-Kabel, eine Spule mit 600 Windungen, ein Eisenjoch, eine Leuchtdiode, 2 Krokodilklemmen

Bringe die Diode zum Leuchten, ohne sie an die Batterie anzuschließen. Nur der Taster darf bewegt werden. ◀

GRUNDLAGEN: Spannung erzeugen durch Induktion

▶ Wenn man eine Drahtwindung im Feld eines Magneten geschickt bewegt, kann zwischen den Drahtenden eine Spannung auftreten. Sie wird als *Induktionsspannung* bezeichnet. Was wir unter „geschickt" verstehen, wird im Feldlinienmodell deutlich: ↑4 ↑5 Die Anzahl der gezeichneten Feldlinien (s. *Übrigens*), die den Windungsquerschnitt durchsetzen, muss sich verändern. Dies kann auch geschehen, wenn sich anstelle der Drahtwindung der Magnet bewegt!

Bei Verwendung von Elektromagneten lässt sich zwischen den Enden der Drahtwindung auch ohne Bewegung eine Induktionsspannung erzeugen: Der Magnet wird ein- oder ausgeschaltet. ↑6 Wieder verändert sich die Anzahl der Feldlinien, die den Windungsquerschnitt durchsetzen.

Induktionsgesetz: Während sich die Anzahl der Magnetfeldlinien ändert, die die Querschnittsfläche einer Drahtwindung durchsetzen, tritt zwischen den Drahtenden eine Induktionsspannung auf.

Bei einer Spule tritt an jeder Windung des Drahts eine Induktionsspannung auf. Die einzelnen Spannungen der in Reihe „geschalteten" Drahtwindungen summieren sich zur Gesamtspannung. ◀

Übrigens

Man kann sich durch jeden Punkt im Feld eines Magneten eine Feldlinie vorstellen – es gibt also unendlich viele Feldlinien! In Feldlinienbildern werden daher nicht alle Feldlinien gezeichnet, sondern nur eine kleine Auswahl. Je nach Stärke des Magnetfelds liegen die ausgewählten Feldlinien dichter zusammen oder weiter auseinander.

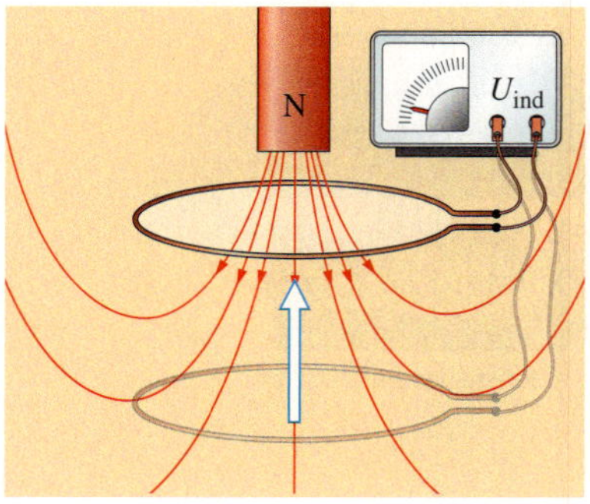

4

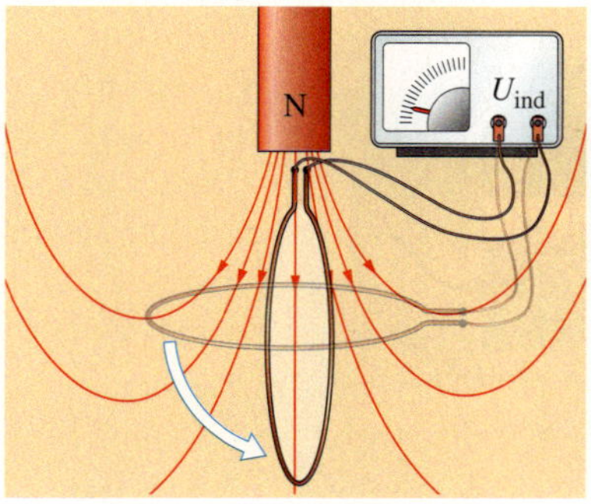

5

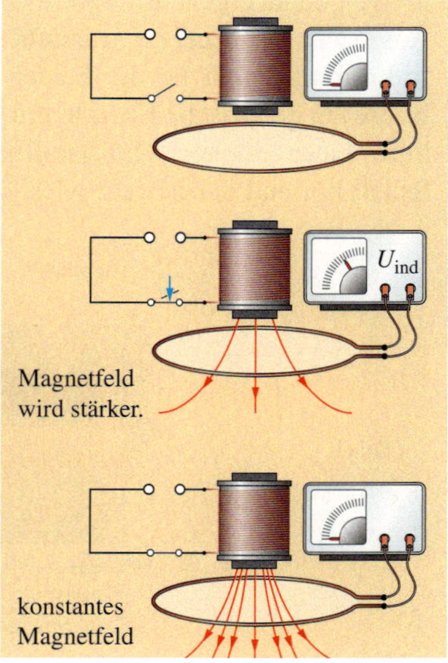

6

GRUNDLAGEN: Die Größe der Induktionsspannung

▶ Bei der Größe der Induktionsspannung spielt auch die Geschwindigkeit der Veränderungen eine wichtige Rolle:
- Je rascher man den Magnetpol auf die Spule zu bewegt, desto größer ist die Induktionsspannung. ↑1
- Je rascher man die Stromstärke des Elektromagneten erhöht, desto größer ist die Induktionsspannung. ↑2

Im Feldlinienmodell gilt offenbar:

Je rascher sich die Anzahl der Magnetfeldlinien verändert, die die Querschnittsfläche einer Drahtwindung durchsetzen, desto größer ist die Induktionsspannung. ◀

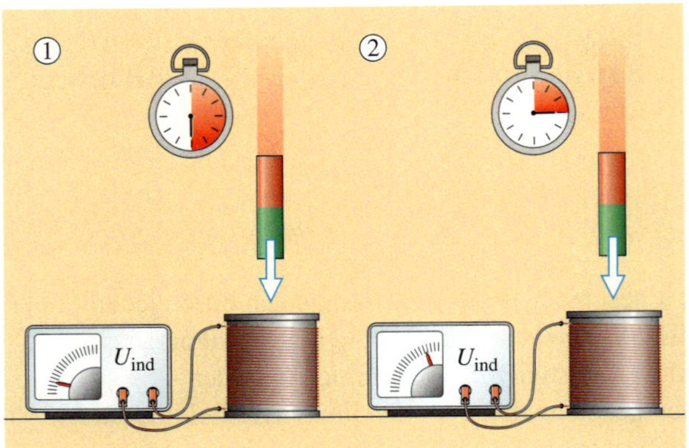

1

2

Aus der Technik Elektrodynamische Mikrofone[V]

▶ Bei Liveveranstaltungen werden oft elektrodynamische Mikrofone eingesetzt. Sie sind robust und benötigen keine eigene Energieversorgung.
Aus Sicht der Energie wandeln elektrodynamische Mikrofone Schall (s. die beiden letzten Seiten des Buchs) in elektrische Energie um. Das geschieht mithilfe einer dünnen Kunststoffmembran, die vom Schall hin und her bewegt wird. ↑3 Sie ist mit einer beweglichen Spule verbunden, die in das Feld eines Dauermagneten „eintaucht". Man spricht daher auch von „Tauchspulmikrofonen". Wenn der Schall die Membran und damit die Spule in Schwingungen versetzt, wird in der Spule eine Wechselspannung induziert. Die Induktionsspannung ändert sich im Rhythmus der Membranschwingungen und stellt ein elektrisches „Abbild" von Sprache und Musik dar. ◀

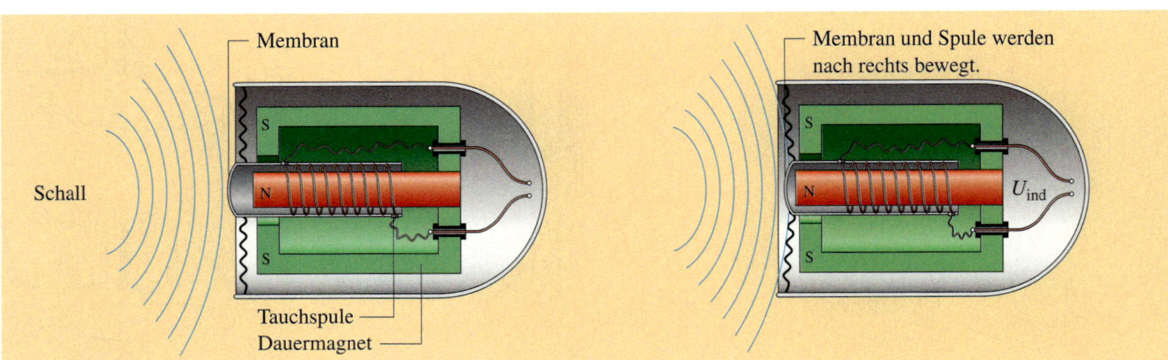

3 Tauchspulmikrofon (Prinzip)

Aus der Technik Informationsspeicher Festplatte[V]

▶ Festplattenlaufwerke *(Hard Disc Drive, HDD)* dienen z. B. im Computer zur Speicherung großer Datenmengen. ↑4 Die Festplatten sind Aluminiumscheiben, die mit einer sehr dünnen Schicht aus einer Eisenlegierung überzogen sind. Diese Legierung hat die Eigenschaft, dass sie – einmal magnetisiert – ihre Magnetisierung lange behält, wenn sie nicht erneut in ein Magnetfeld gelangt.
Um Daten speichern zu können, werden sie zunächst in veränderliche elektrische Ströme umgewandelt. Diese erzeugen mithilfe des Schreib-Lese-Kopfs, im Prinzip ein kleiner Elektromagnet aus Spule und Kern, unterschiedlich starke Magnetfelder. ↑5 Der Schreib-Lese-Kopf wird über die sehr rasch rotierende Aluminiumscheibe (bis zu 15 000 Umdrehungen pro Minute!) bewegt, sodass immer andere winzige „Zellen" der Legierungsschicht magnetisiert werden – entweder in die eine Richtung oder entgegegesetzt dazu. Die magnetisierten Zellen ergeben Muster, in denen die ursprünglichen Daten stecken. Die Magnetmuster sind nur wenige tausendstel Millimeter groß. ↑6
Beim „Lesen" der Daten wird der Schreib-Lese-Kopf wieder über die rotierende Aluminiumscheibe geführt. ↑7 In seiner Spule wird durch das ständig wechselnde Magnetfeld eine veränderliche Spannung induziert. Die Spannungsschwankungen enthalten die zuvor gespeicherten Informationen. ◀

Je nach Magnetisierungsrichtung entspricht eine Zelle den Zahlen 0 oder 1 und stellt damit die kleinste Informationseinheit dar: ein „Bit". Die Buchstaben, Ziffern und Sonderzeichen eines Textes werden durch größere Informationseinheiten dargestellt. So ordnen z. B. viele Textverarbeitungsprogramme jedem Zeichen eine 8-stellige Dualzahl zu, die in acht zusammengehörenden Zellen magnetisch gespeichert wird. *Beispiel:* A entspricht im ASCII-Kode der Dualzahl 01000001.
Jedes Zeichen belegt dann ein „Byte" an Speicherplatz auf der Festplatte. Für Bilder sind oft mehrere Hundert oder Tausend Bytes (Kilobytes, kB) erforderlich, bei hochaufgelösten Fotos einer Digitalkamera sind es sogar einige Millionen Bytes (Megabytes, MB). Moderne Festplatten besitzen einen Speicherplatz von mehreren 100 Milliarden Bytes (Gigabytes, GB).

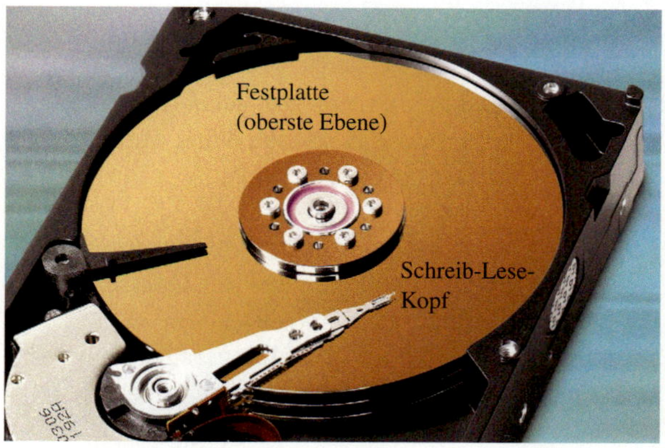

4 Festplattenlaufwerk

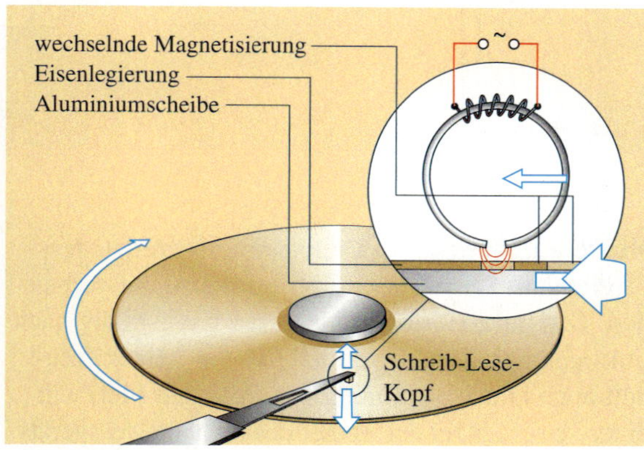

5 Speichern von Daten (Prinzip)

6 Magnetisierte Zellen auf der Festplatte

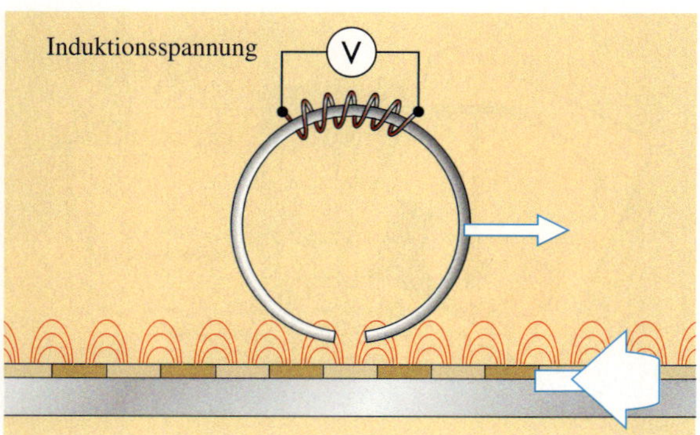

7 Lesen von Daten (Prinzip)

Aufgaben

Aufgabe 1a

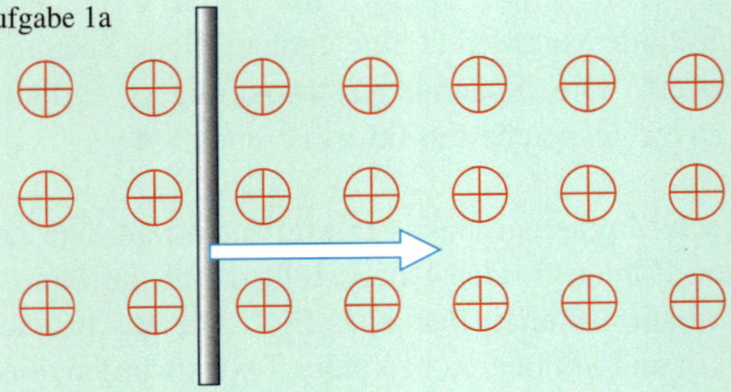

Um Feldlinien zu zeichnen, die die Zeichenebene senkrecht durchdringen, verwenden wir folgende Symbole:

⊕ Die Feldlinie weist vom Betrachter weg.

⊙ Die Feldlinie weist zum Betrachter hin.

Die Symbole gehen darauf zurück, dass man sich die Feldlinien als Pfeile vorstellt, die die Zeichenebene senkrecht durchstoßen.

Aufgabe 1c

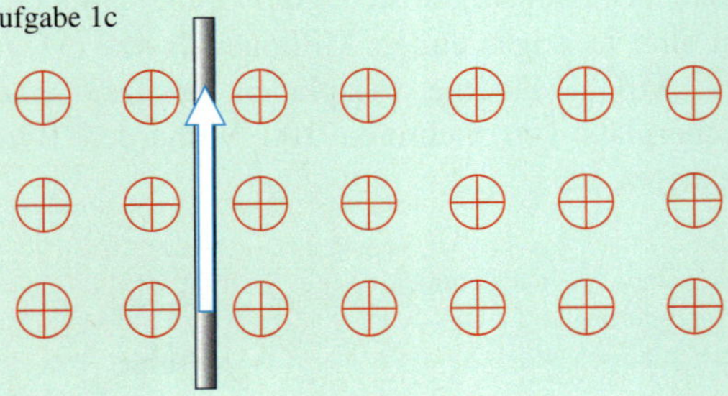

1

1 *„Warm-up“* Eine Alustange wird quer zu den Feldlinien durch ein Magnetfeld bewegt. ↑1

a Zwischen den Enden der Alustange tritt eine Spannung auf. Erkläre, wie es dazu kommt. An welchem Ende entsteht Elektronenüberschuss an welchem Elektronenmangel?

b Theoretisch könnte man mit der Stange eine Glühlampe leuchten lassen. Wie müsste man die Stange bewegen, damit die Spannung besonders groß wird? Woher stammt die elektrische Energie?

c Kommt es auch zu einer Induktionsspannung zwischen den Enden, wenn die Alustange nach oben bewegt wird? Begründe deine Antwort.

2 ▶ *Induktion oder keine Induktion?* ↑2 Gib zu jedem Vorgang an, ob in der Drahtwindung eine Spannung induziert wird oder nicht. Begründe deine Vermutung jeweils kurz. ◀

3 ▶ *Schüttellampe* Auf der Seite 32 haben wir dir eine batterielose Taschenlampe vorgestellt. Erkläre, wie die Spannung beim Schütteln entsteht. ◀

4 ▶ *Tauchspulmikrofon*[V]

a Erkläre in wenigen Sätzen die Funktionsweise des Tauchspulmikrofons.

b Könnte man das Mikrofon „umgekehrt“ als Lautsprecher verwenden? Begründe deine Antwort. ◀

Musteraufgabe: Zwei Drehspulmessgeräte (Messbereich „mA“) sind über Kabel miteinander verbunden. Das linke Gerät wird jetzt rasch ein wenig nach links gekippt, der Zeiger bleibt wegen seiner Trägheit noch in der ursprünglichen Position. Merkwürdigerweise schlägt der Zeiger des rechten Messgeräts dabei aus. Wie kommt es dazu?

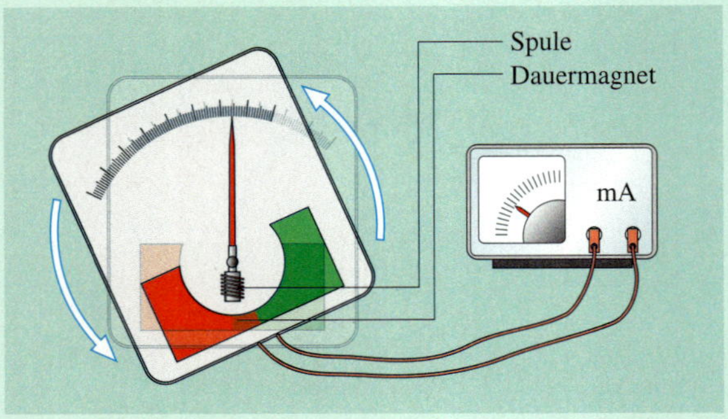

Lösung: Beim Kippen des linken Messgeräts ändert sich die Anzahl der Feldlinien, die den Querschnitt der Messspule durchsetzen. Dadurch wird eine Spannung induziert. Da beide Messgeräte einen geschlossenen Stromkreis bilden, kommt es zu einem Induktionsstrom, der im rechten Messgerät zur Zeigerdrehung führt.

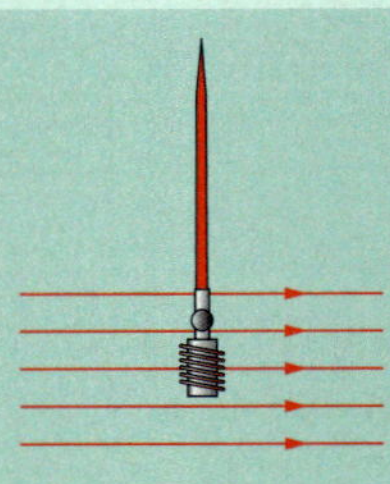

Magnetfeldlinien (fast) parallel zum Spulenquerschnitt.

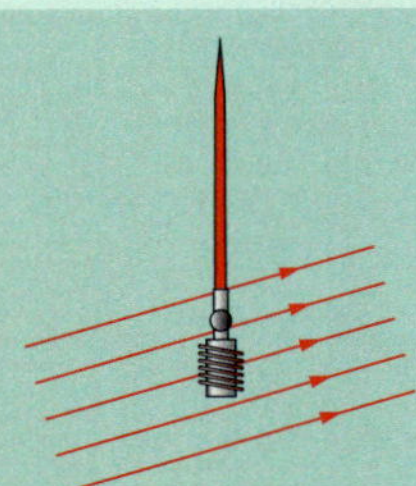

Magnetfeldlinien durchdringen den Spulenquerschnitt.

Aufgaben

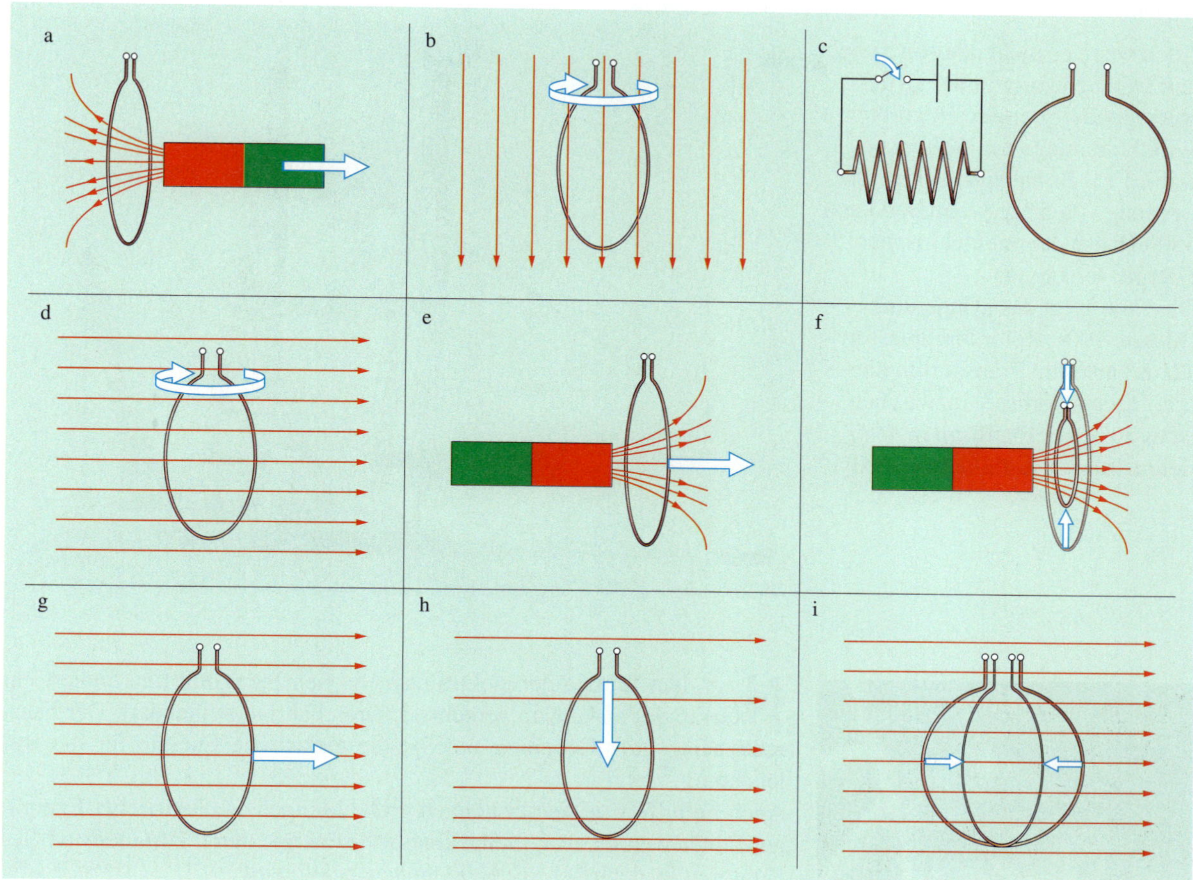

2

5 ▶ *Zugsicherheit* Wie funktioniert die Induktionssicherung bei Eisenbahnen? ↑3
Recherchiere im Internet (*Stichworte:* Indusi, punktförmiges Zugbeeinflussungssystem, PZB) und bereite ein Kurzreferat zum Thema vor. ◀

6 ▶ *Geschwindigkeitsmessung durch Induktion* Ein elektrodynamischer Fahrradtachometer besteht aus vielen Teilen. ↑4 Der Sensor ist per Kabel oder Funk mit dem Computer verbunden.
Beschreibe, wie der Fahrradtacho funktioniert. ◀

3 Induktionssicherung (Spule am Wagenboden)

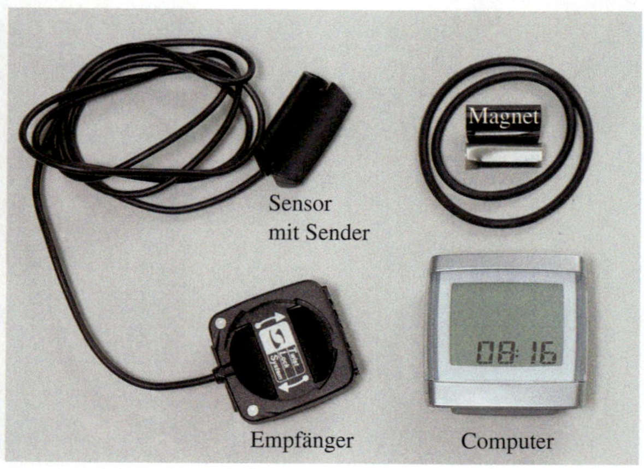

4 Teile eines Fahrradtachometers

Generatoren

Auch wenn es nicht den Anschein hat: Der Generator in der „Kraftwerksgondel“ der derzeit größten Windkraftanlage der Welt ist gewaltig! ↑1 Er hat eine elektrische Leistung von 5 Megawatt und kann 4500 Haushalte mit elektrischer Energie versorgen.
Das Foto zeigt das „Ungetüm“ (Masse: 900 t, Rotordurchmesser: 126 m) auf dem Transport in die schottische Nordsee. Inzwischen ist es auf einer Plattform in 44 m tiefem Wasser installiert worden.

1

Nach dem Prinzip der elektromagnetischen Induktion funktioniert ein Gerät, das an keinem verkehrssicheren Fahrrad fehlen darf: Der Fahrraddynamo oder Generator erzeugt die elektrische Energie für die Beleuchtung. ↑2 ↑3
Auch mithilfe von Wasser können große Mengen an elektrischer Energie gewonnen werden, wenn seine kinetische Energie durch Turbinen und Generatoren in elektrische Energie umgewandelt wird. ↑4
Mit Generatoren kann man mechanische Energie in elektrische umwandeln. Es gibt sie in verschiedenen Ausführungen, aber alle arbeiten nach demselben Prinzip. Um ihre Wirkungsweise zu verstehen, untersuchen wir – einfache Modellmotoren!

2 Dynamo am Reifen

3 Dynamo in der Nabe

4 Generatoren im Wasserkraftwerk (Hoover-Stausee)

Experimente

1 ▶ So funktionierten die ersten Generatoren
Versetze den Dauermagneten neben der Spule in Drehung. ↑5 Beschreibe und erkläre, wie sich die angezeigte Spannung zeitlich verändert. ◀

2 ▶ Mal Generator, mal Elektromotor
a Betreibe die Anordnung ↑6 als Generator. Wie wird sich die Spannung verändern, wenn du an der Kurbel drehst? Überlege erst und probiere es dann aus.

b Welchen Unterschied im zeitlichen Spannungsverlauf erwartest du, wenn anstelle des Polwenders Schleifringe verwendet werden? ↑7
Überprüfe deine Vermutung (auch mithilfe eines Oszilloskops).

c Wie musst du die Anordnung verändern, damit du sie als Elektromotor betreiben kannst? Probiere deine Idee aus. *Tipp:* Verwende das Netzgerät als elektrische Energiequelle. ◀

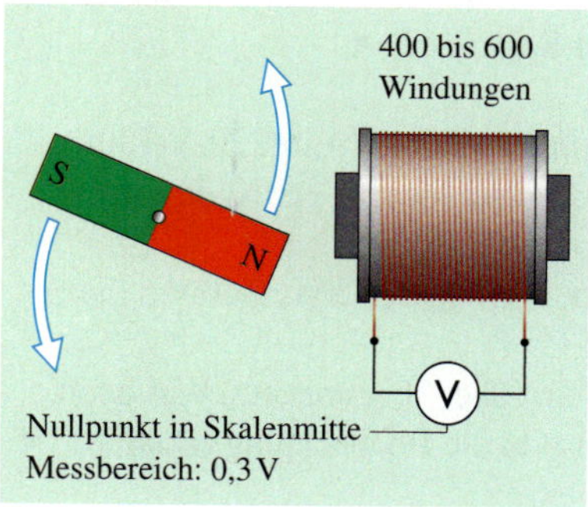

5

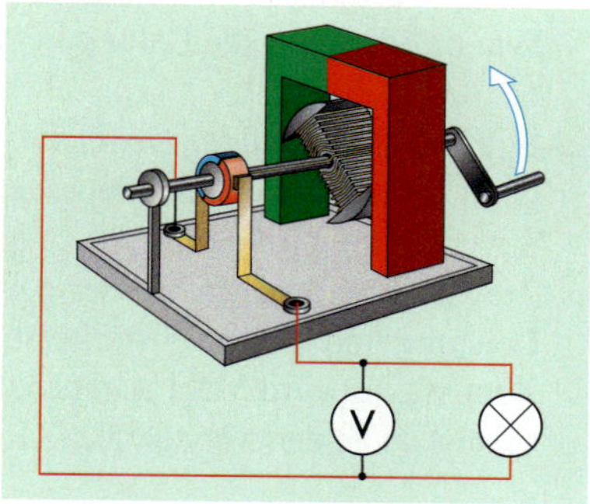

6

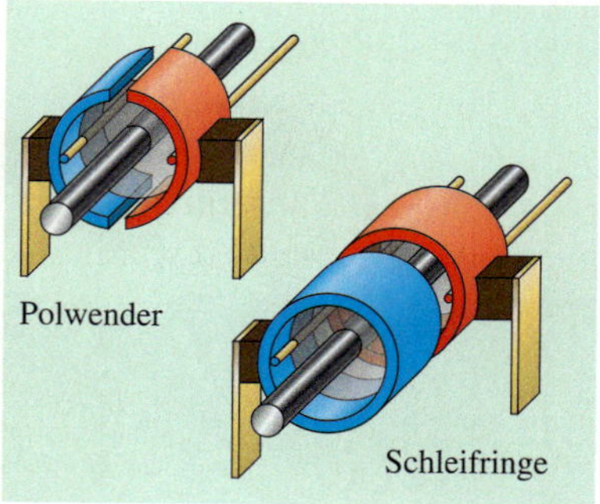

7

GRUNDLAGEN: So funktioniert ein Generator

▶ Ein Generator besteht im Wesentlichen aus einem Magneten und Spulen. ↑8 Wie beim Elektromotor heißt das fest stehende Bauteil *Stator*, das drehbare *Rotor*. Ändert sich die Anzahl der Magnetfeldlinien in den Spulen, so misst man zwischen ihren Anschlüssen eine Induktionsspannung. Die Induktionsspannung ist nicht konstant. ↑9 Die Polung hängt davon ab, ob die Anzahl der Feldlinien, die den Spulenquerschnitt durchdringen, zu- oder abnimmt. Die maximal erreichte Spannung ist umso höher, je schneller sich der Rotor dreht.

Im Generator werden eine Spule und ein Magnet so gegeneinander bewegt, dass durch Induktion eine Wechselspannung entsteht. In einem angeschlossenen Stromkreis entsteht dadurch Wechselstrom. ◀

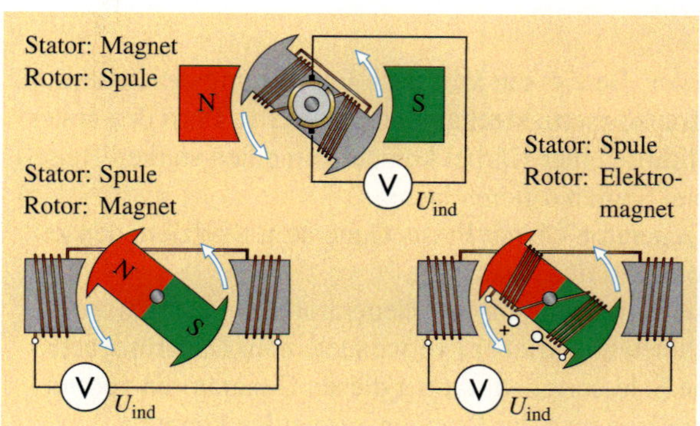

8 Verschiedene Generatoren

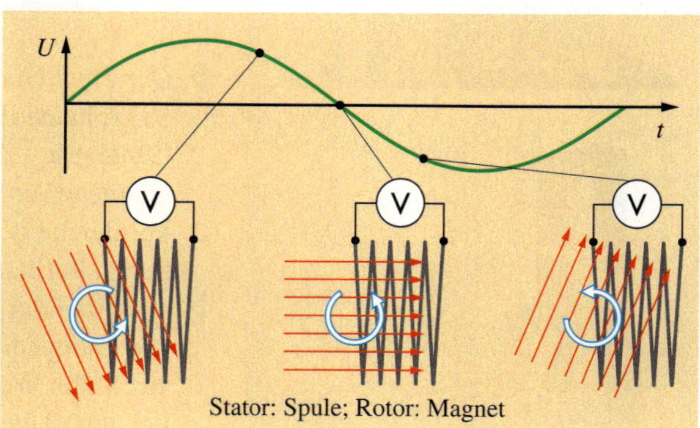

9 Induktionsspannung am Generator (Zeichnung vereinfacht)

Aufgaben

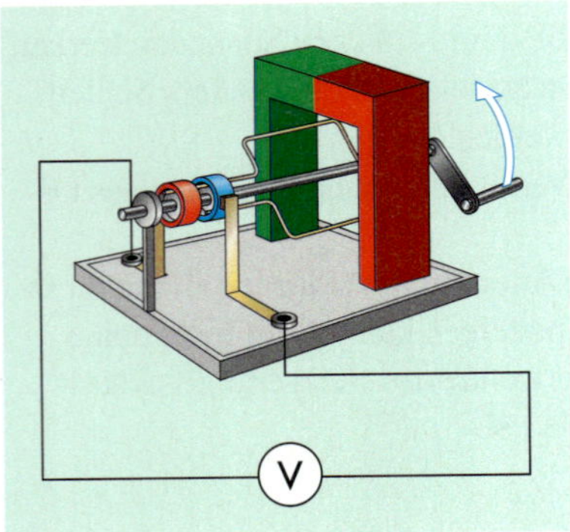

1

1 ▶ *Induktion oder Lorentzkraft* Zwischen den Polen eines Hufeisenmagneten wird eine „Minispule" langsam gedreht. ↑1 Die Spannung zwischen den Schleifkontakten wird gemessen.
a Skizziere den Spannungsverlauf während einer Umdrehung der Spule.
b Erkläre mithilfe des Induktionsgesetzes, warum eine Spannung an den Enden der Spule entsteht. Wie kommt es zur Umpolung?
c Erkläre diesmal mithilfe der Lorentzkraft, warum eine Spannung an den Enden der Spule entsteht. Wie kommt es zur Umpolung?
d Bei der Wechselspannung im Haushaltsnetz wiederholt sich der Spannungsverlauf, wie er von dir skizziert wurde, 50-mal in jeder Sekunde. Wie oft wechselt die Polung in einer Sekunde? ◀

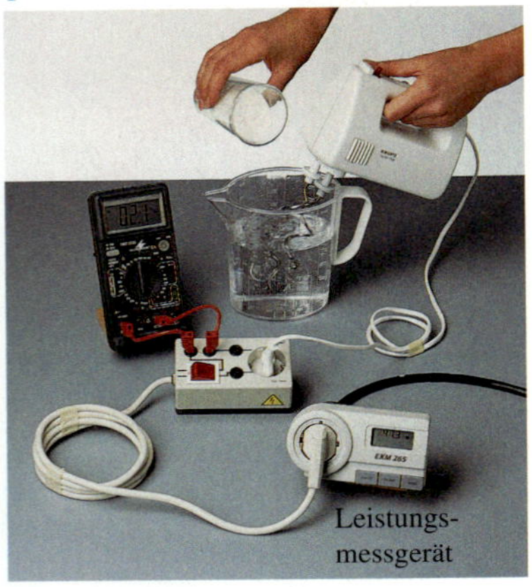

2

2 ▶ *Elektromotor oder Generator (Lehrerversuch)* Ein 230-V-Rührgerät ist an ein Leistungsmessgerät angeschlossen. ↑2 Auch die Stromstärke wird gemessen.
a Zunächst wird nur in Wasser gerührt. Lies an den Messgeräten die Leistung und die Stromstärke ab.
b Zum Wasser wird Mehl gegeben, bis ein zäher Teig entsteht. Was beobachtest du an den Messgeräten? Kannst du die Beobachtung erklären? ◀

3 ▶ *Energieumwandlungen beim Generator*
a Generatoren werden in der Technik auf unterschiedliche Weise angetrieben. Suche nach verschiedenen Beispielen und gib jeweils die „ursprüngliche" Energiequelle und -form an.
b Wenn man die Anschlüsse eines Generators mit einem dicken Kupferdraht „kurzschließt", muss man besonders kräftig drehen. Probiere es selbst einmal aus! Warum fällt das Drehen jetzt so schwer? ◀

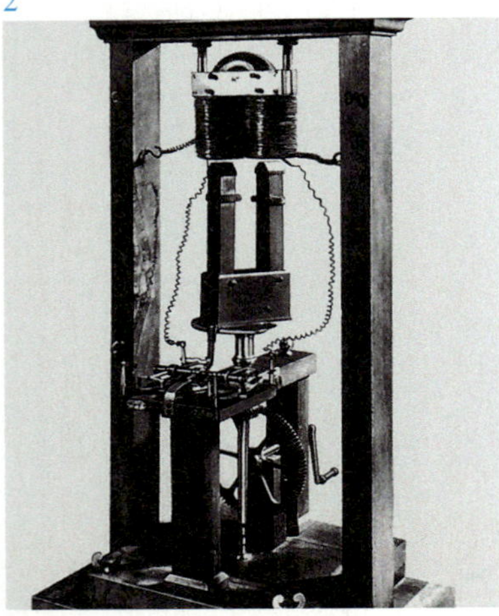
3

4 *Wirkungsgrad eines Generators* Der Wirkungsgrad eines kleinen Generators soll bestimmt werden:
Auf der Achse des Generators ist ein Faden aufgerollt, an dem ein Wägestück ($m = 500\,\mathrm{g}$) hängt. Wenn es absinkt, wird die Schnur abgerollt und der Generator angetrieben. Am Generator ist eine Lampe angeschlossen. Stromstärke und Spannung an der Lampe werden gemessen.
a Fertige eine Versuchsskizze mit elektrischem Schaltplan an.
b Das Wägestück sinkt in 2,8 s um 1,0 m ab. Die Spannung an der Lampe beträgt 5,6 V, die Stromstärke 285 mA. Berechne den Wirkungsgrad des Generators.

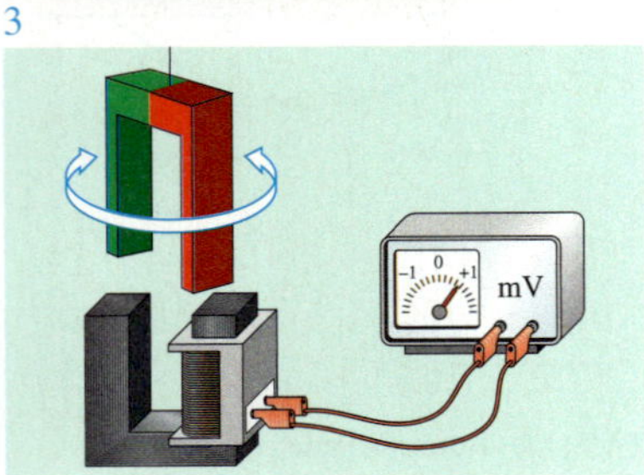

4

5 *Der erste Generator* Bereits ein Jahr nach Entdeckung der Induktion, 1832, baute der französische Mechaniker Hippolyte Pixii den ersten Generator. ↑3 Mithilfe einer Kurbel konnte man einen starken Bügelmagneten vor zwei Spulen rotieren lassen.
a Vergleiche den Generator ↑4 mit Pixiis Generator. Skizziere den zeitlichen Verlauf der Induktionsspannung.
b Auch bei der zweiten Generation von Generatoren (manche wurden von Dampfmaschinen angetrieben) verwendete man Dauermagnete aus Stahl. Welche Schwierigkeit trat bei diesen Generatoren vermutlich auf? Überlege, wie man das Problem vermeiden könnte.

Aus der Technik Generatoren in Kraftwerken

5 Der Rotor (Elektromagnet) wird in den Stator eingeschoben.

6 Generatormontage

▶ In Elektrizitätswerken stehen riesige Generatoren. ↑5↑7 Sie erzeugen z. B. eine Spannung von 27 kV und können über eine Million Menschen mit elektrischer Energie versorgen (elektrische Leistung: 1,5 GW). In ihrem Innern wird ein gewaltiger Elektromagnet gedreht. Die Induktionsspulen sind fest montiert und werden vom Magnetfeld des rotierenden Elektromagneten durchsetzt. Dadurch kommt es zur Induktion.

Angetrieben werden die Generatoren mithilfe von Dampfturbinen: Heißer Wasserdampf wird unter hohem Druck gegen die Schaufeln der Turbinenräder geleitet. Über eine gemeinsame Welle drehen die rotierenden Turbinenräder den Elektromagneten.
Die elektrische Energie für den Elektromagneten liefert ein kleiner angekoppelter Generator (die „Erregermaschine"). ◀

7 Anlage komplett montiert, Gesamtlänge 65 m

Transformatoren

Stellt man eine mobile Zahnbürste in die Basis, so wird ihr Akku aufgeladen. ↑1 Es muss also von außen elektrische Energie in das Gerät geleitet werden. Bei modernen Akkuzahnbürsten sucht man allerdings umsonst nach Zuleitungen und Kontakten. Wie funktioniert die Energieversorgung?

1

2

An unseren Steckdosen liegt eine elektrische Spannung von 230 V an. Für viele Zwecke, wie z. B. den Betrieb einer Halogenlampe oder das Laden eines Handys, benötigt man jedoch viel kleinere Spannungen. Sie werden von einem *Netzteil* bereitgestellt. ↑2 Es enthält einen Transformator, der die 230-V-Spannung in eine niedrige Spannung umwandelt. ↑3 Es gibt aber auch Transformatoren, die die Spannung erhöhen: ↑4 In Kraftwerken wird für den Energietransport in Fernleitungen die Spannung auf bis zu 380 kV „hochgespannt".

Im Prinzip besteht jeder Transformator aus zwei Spulen auf einem gemeinsamen Eisenkern. ↑5 Obwohl es zwischen den Spulen keine leitende Verbindung gibt, lässt sich elektrische Energie von einer Spule auf die andere übertragen und die Spannung verändern. Wie das gelingt, kannst du in den folgenden Experimenten untersuchen.

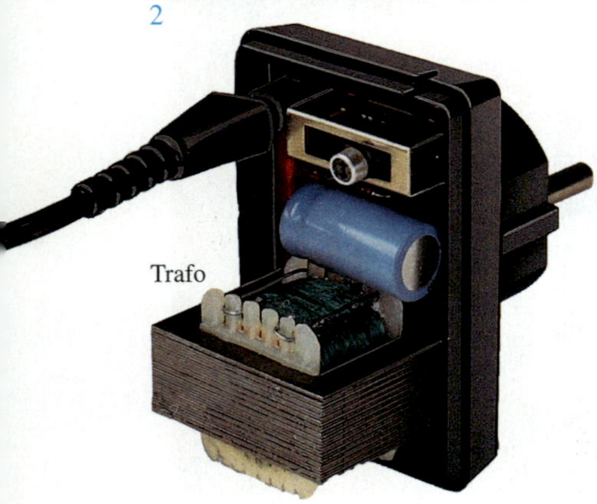

3 Geöffnetes Netzteil

4 Hochspannungstransformator

GRUNDLAGEN: Aufbau eines Transformators

▶ Ein Transformator besteht im Prinzip aus zwei Spulen mit einem gemeinsamen Eisenkern. ↑5
Wenn an die Anschlüsse der *Primärspule* (Feldspule) eine Wechselspannung angelegt wird, tritt zwischen den Anschlüssen der *Sekundärspule* (Induktionsspule) ebenfalls eine Wechselspannung auf. ◀

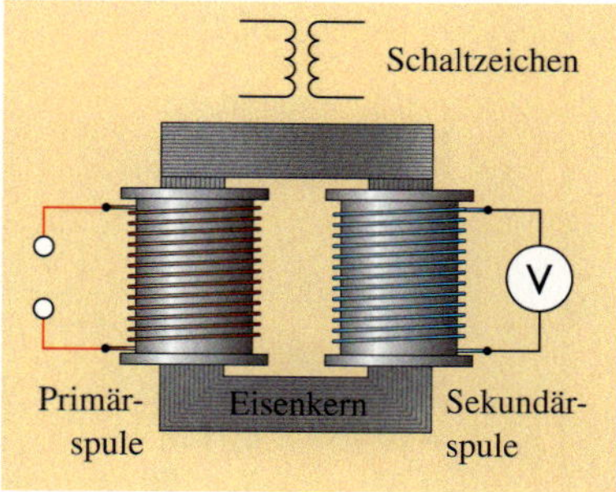

5 Transformator

Experimente

1 ▶ Der Transformator als „Umspanner"
Um mit einem Transformator Spannungen zu senken oder zu erhöhen, kommt es auf die Windungszahlen der Spulen an. Welchen Einfluss sie haben, sollst du in diesem Experiment untersuchen. ↑6
Zur Verfügung stehen dir zwei Spulen mit 250 Windungen, eine mit 500 Windungen und eine mit 1000 Windungen.

a Lege an die Primärspule (Windungszahl $N_1 = 250$) eine Wechselspannung von $U_1 = 6$ V. Miss die Spannung U_2 zwischen den Anschlüssen der Sekundärspule (Windungszahl $N_2 = 250$). Was fällt dir auf?

b Wie sind die Windungszahlen N_1 und N_2 zu wählen, damit die Spannung U_2 kleiner ist als U_1? Probiere es mit verschiedenen Spulenkombinationen aus. Notiere die Werte von N_1, N_2 und U_2, wenn es gelingt.

c Wie sind die Windungszahlen N_1 und N_2 zu wählen, damit die Spannung U_2 größer ist als U_1? ◀

2 ▶ Der Transformator wird belastet
Im ersten Versuch hast du nur die Spannungen an den Spulen gemessen – und wie sieht es mit den Stromstärken aus?
Für die folgenden Aufträge brauchst du verschiedene Spulen mit den Windungszahlverhältnissen 1 : 1, 1 : 2 und 1 : 3 sowie einen geschlossenen U-Kern aus Eisen.

a Baue zunächst einen Transformator mit $N_1 = N_2$ (z. B. 300) auf und lege die Wechselspannung von 6,0 V an die Primärspule an. ↑6 Miss diesmal die Stromstärke I_1 in der Primärspule. Versuche dein Ergebnis mithilfe des Energiesatzes zu erklären.

b Belaste nun den Trafo, indem du eine Lampe (3,5 V; 0,2 A) statt des Spannungsmessgeräts an die Sekundärspule anschließt. ↑7 Miss die Stromstärken I_1 und I_2 in beiden Spulen. Was fällt dir auf (vergleiche auch mit Teil a)?

c Schließe die Sekundärspule kurz, indem du ihre Anschlüsse direkt mit einem Kabel verbindest. Wie verändern sich dadurch die Stromstärken in den beiden Spulen?

d Miss für verschiedene Spulenkombinationen N_1 und N_2 die Stromstärke I_1 in der Primärspule und die Stromstärke I_2 in der kurzgeschlossenen Sekundärspule. Notiere deine Messwerte in einer Tabelle. Erkennst du einen mathematischen Zusammenhang zwischen den Stromstärken und den Windungszahlen der Spulen? ◀

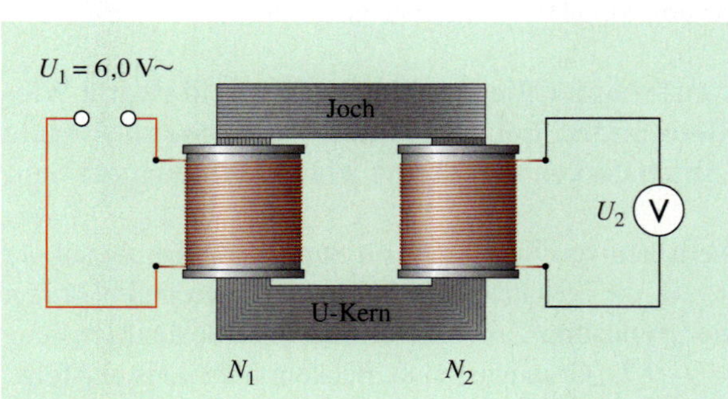

6

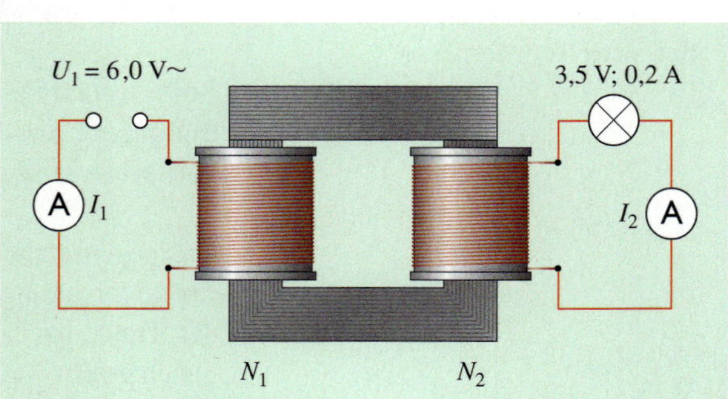

7

GRUNDLAGEN: So funktioniert ein Transformator

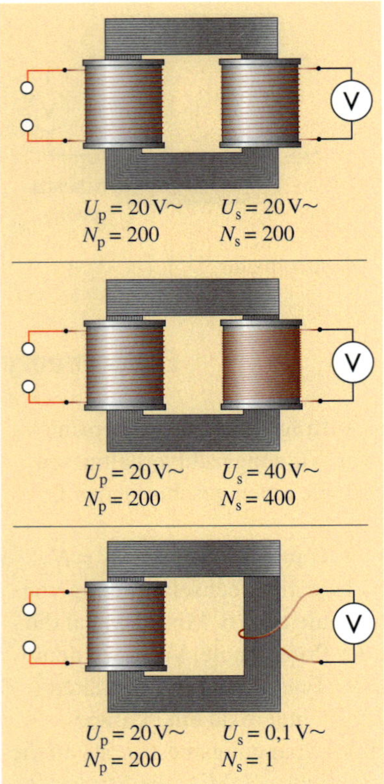

1 Unbelasteter Transformator

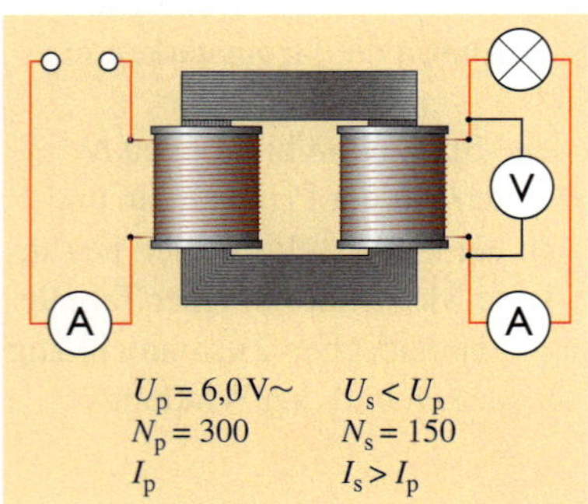

2 Belasteter Transformator

▶ Wenn an die Primärspule des Transformators eine Wechselspannung U_p angelegt wird, fließt in ihr ein Wechselstrom I_p. Er erzeugt in der Spule ein magnetisches Wechselfeld, das vom geschlossenen Eisenkern verstärkt und durch die Sekundärspule hindurchgeführt wird. Das magnetische Wechselfeld ruft zwischen den Anschlüssen der Sekundärspule eine Induktionsspannung U_s hervor.

Beim Transformator ruft der Wechselstrom in der Primärspule ein magnetisches Wechselfeld im Eisenkern hervor. Die Feldänderungen bewirken eine Wechselspannung an der Sekundärspule.

Unbelasteter Transformator An die Sekundärspule sei zunächst kein elektrisches Bauteil angeschlossen. Besitzt sie genauso viele Windungen wie die Primärspule, ist die Sekundärspannung genauso groß wie die Primärspannung. ↑1 Hat die Sekundärspule doppelt so viele Windungen, so ist auch die Sekundärspannung doppelt so groß wie die Primärspannung: In jeder Spulenwindung wird die gleiche Spannung induziert.

Beim unbelasteten Transformator liegt an der Spule mit größerer Windungszahl auch die größere Spannung. Die Spannungen an den Spulen stehen im gleichen Verhältnis wie ihre Windungszahlen.

Da kein „Verbraucher" an die Sekundärspule angeschlossen ist, überträgt der unbelastete Transformator keine elektrische Energie von der Primär- auf die Sekundärspule. Also wird in der Primärspule kaum Energie umgewandelt: Die elektrische Leistung $P_p = U_p \cdot I_p$ ist sehr klein. Da die Primärspannung U_p deutlich größer als 0 V ist (z. B. 6 V oder 230 V), bedeutet die geringe Leistung eine geringe Primärstromstärke I_p.

Belasteter Transformator Wenn man z. B. eine Lampe an die Sekundärspule anschließt, fließt im Sekundärkreis ein Wechselstrom. ↑2 Die Energie für die leuchtende Lampe überträgt der belastete Transformator von der Primärspule zur Sekundärspule. Also wird jetzt in der Primärspule Energie umgewandelt: Die elektrische Leistung P_p ist größer als beim unbelasteten Transformator. Bei gleicher Primärspannung wie zuvor bedeutet die größere Leistung auch eine größere Primärstromstärke I_p.
Wenn die Sekundärspule eine kleinere Windungszahl hat als die Primärspule, ist die Sekundärspannung *kleiner* als die Primärspannung – und die Sekundärstromstärke *größer* als die Primärstromstärke!

Beim belasteten Transformator fließt in der Spule mit kleinerer Windungszahl der größere Strom. Bei kurzgeschlossener Sekundärspule verhalten sich die Stromstärken umgekehrt wie die Windungszahlen.

Das gegensätzliche Verhalten von Spannung und Stromstärke beruht auf der Energieerhaltung. Ist z. B. die Sekundärspule kurzgeschlossen und überträgt der Trafo die Energie „verlustfrei", so sind Primär- und Sekundärleistung gleich groß: $P_p = P_s = U_s \cdot I_s$ (s. Grundwissen 8). Bei konstanter Leistung folgt: höhere Sekundärspannung → niedrigere Sekundärstromstärke. ◀

Aufgaben

1 ▶ *Elektrische Zahnbürste* Wie wird die Akkuzahnbürste ↑1 (S. 42) geladen? Welchen Vorteil hat diese Lademethode? ◀

2 ▶ *Alles klar?* Weshalb kann man einen Trafo nicht mit Gleichspannung betreiben? Warum können bei Transformatoren gefährliche Spannungen auftreten, auch wenn man nur ein 6-V-Netzgerät verwendet? Warum fließt beim unbelasteten Trafo kaum Strom durch die Primärspule? ◀

3 *Klingeltrafo* ↑3 Der Trafo für eine Klingel wird mit 230 V betrieben und hat eine Sekundärspannung von 5 V. Welches ist die Primärspule, welches die Sekundärspule? Begründe deine Antwort.

4 ▶ *Achtung: Hochspannung!* ↑4 Die Sekundärspule hat 48-mal so viele Windungen wie die Primärspule. Berechne, wie hoch die Spannung zwischen den Anschlüssen der Sekundärspule ist. ◀

5 ▶ *Achtung: „Hochstrom"!* Beim Elektroschweißen bringt man eine Metallelektrode, die an einen Trafo angeschlossen ist, zum Glühen. Ein Versuch zeigt im Prinzip, wie das gelingt. ↑5 Warum glüht der Nagel nach kurzer Zeit auf und schmilzt durch? Wie unterscheidet sich der Trafo vom Hochspannungstrafo ↑4? ◀

6 *Ohm und der Trafo* Der Physiklehrer zeigt seiner Klasse zum ersten Mal einen Transformator und will sie beeindrucken, indem er aus 5 V Wechselspannung 250 V „zaubern" will.

a Die Primärspule hat 100 Windungen: Wie viele Windungen muss die Sekundärspule haben? Was braucht der Lehrer noch für sein Experiment?

b Die schlaue Vanessa wundert sich: „Bei einer 50-mal so großen Spannung müsste durch einen Widerstand nach dem ohmschen Gesetz auch 50-mal so viel Strom fließen!" Der Lehrer: „Ja, und?" Vanessa grübelt eine Zeit lang und meint dann: „Damit wäre doch der Energieerhaltungssatz verletzt!?" Kannst du den Widerspruch auflösen?

7 *100 % Wirkungsgrad?* Auch beim Transformator wird die zugeführte elektrische Energie nicht vollständig genutzt.
Überlege, welche unerwünschten Energieumwandlungen auftreten können.

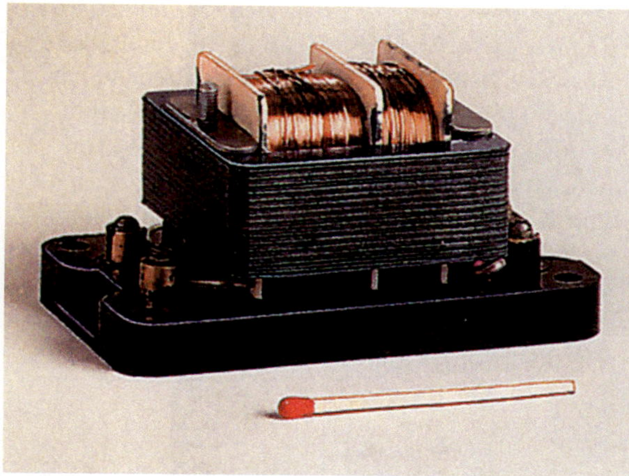

3 Klingeltrafo

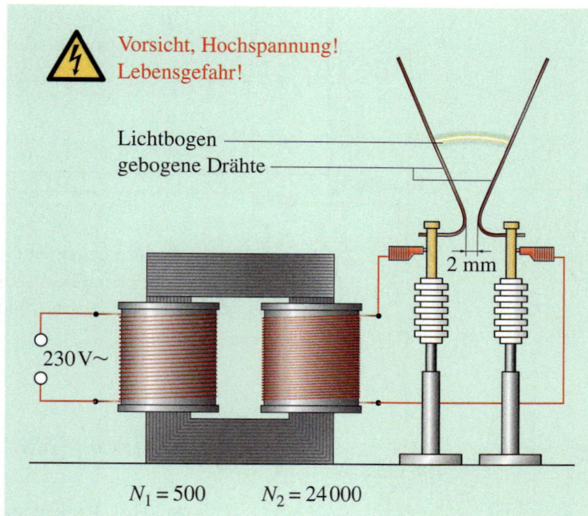

4 Hochspannungstrafo

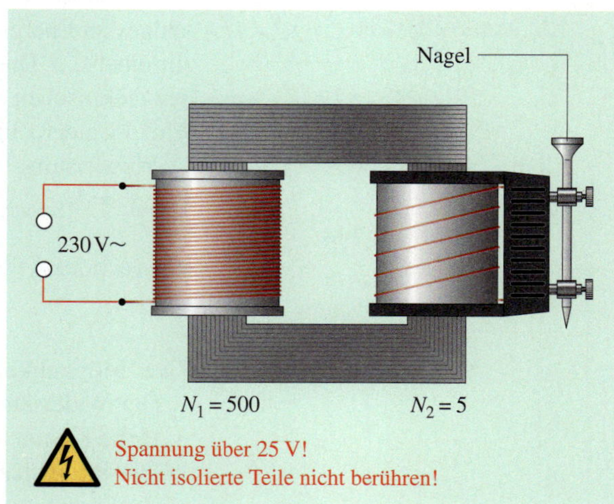

5 Hochstromtrafo

Aufgabe

1 ▶ *Energieübertragung durch Hochspannung (Lehrerversuch)* Überlandleitungen stören das Landschaftsbild und sind wegen der hohen Spannungen (bis 380 kV!) lebensgefährlich. Warum wird elektrische Energie trotzdem mithilfe von Hochspannung übertragen?
Zur Klärung werden zwei Modellversuche durchgeführt. ↑1 ↑2 Das Kraftwerk wird jeweils durch ein 6-V-Netzgerät dargestellt, die Überlandleitungen durch zwei lange Konstantandrähte, die Haushalte durch eine Glühlampe (6 V; 3 W).

a In Schaltung ↑1 wird die Stromstärke und die Spannung an der Lampe gemessen. Warum leuchtet die Lampe nicht?

b In Schaltung ↑2 wird die Spannung am Beginn der Übertragungsstrecke hochtransformiert und an ihrem Ende wieder heruntertransformiert. Wie groß sind Spannung und Stromstärke an der Lampe? Warum ist die Stromstärke in den Überlandleitungen viel geringer als in Schaltung ↑1? Welchen Vorteil hat die geringere Stromstärke für die Energieübertragung? ◀

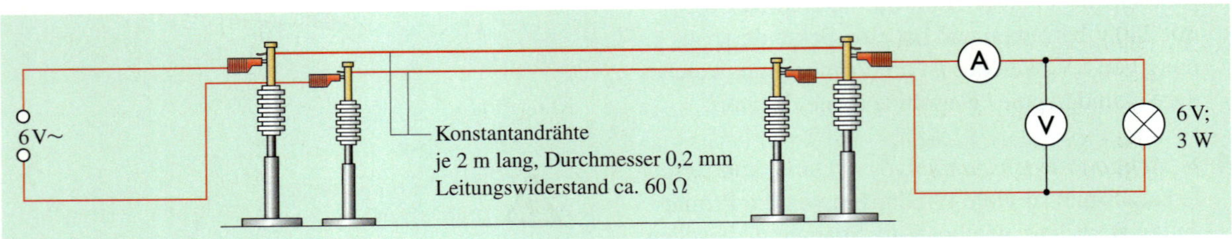

1

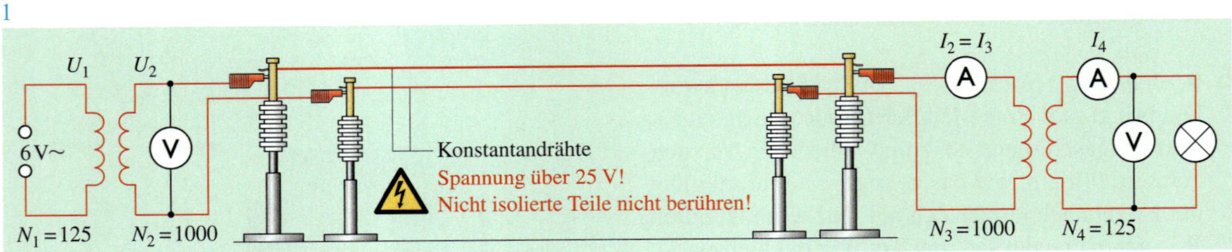

2

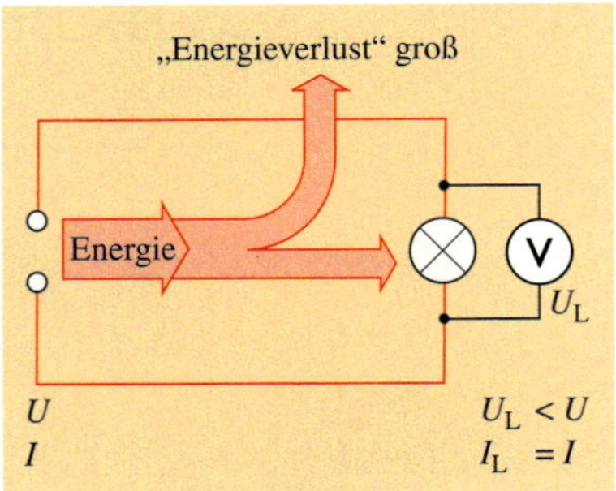

3

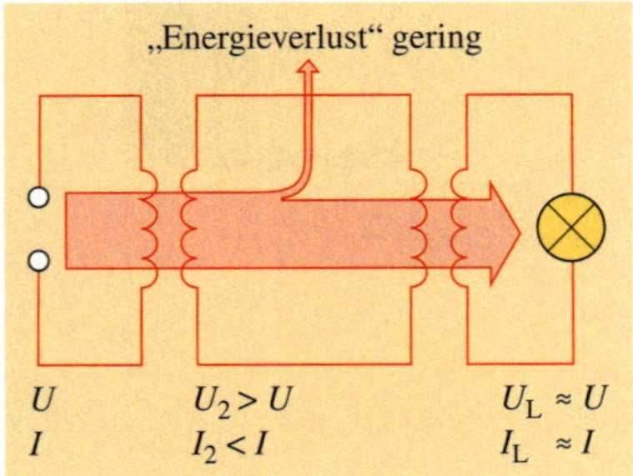

4

GRUNDLAGEN: Energieübertragung mit Hochspannung

▶ Bei Elektrogeräten kann man den elektrischen Widerstand der Zuleitungen meist vernachlässigen, da er viel kleiner ist als der Widerstand der Geräte selbst. Bei kilometerlangen Fernleitungen ist er aber so groß, dass einiges an Energie erforderlich ist, um die Elektronen in den Leitungen anzutreiben. ↑3 Die Teilspannung dafür beträgt $U_{\text{Leitung}} = I \cdot R_{\text{Leitung}}$. Durch den elektrischen Strom werden die Leitungen erwärmt: Elektrische Energie wird in innere Energie umgewandelt und als Wärme abgegeben. Für die „Verlustleistung" – also die pro Sekunde umgewandelte Energie – gilt:
$P_{\text{Verlust}} = U_{\text{Leitung}} \cdot I = I \cdot R_{\text{Leitung}} \cdot I = R_{\text{Leitung}} \cdot I^2$.

Die Verlustleistung von Leitungen wächst mit dem Quadrat der Stromstärke.

Zwei Möglichkeiten bieten sich zur Verringerung der Verlustleistung an:
– Der Widerstand wird durch möglichst dicke Leitungen gering gehalten. Hohe Kosten und die große Belastung der Masten setzen dabei Grenzen.
– Die Stromstärke in den Fernleitungen wird durch Hochtransformieren der Spannung verringert. ↑4 ◀

Aufgaben

2 ▶ *Verringerung von Verlusten*

a An 220-kV-Fernleitungen ist die Spannung fast 1000-mal so hoch wie an der Steckdose. Wie stark verringert sich dadurch die relative Verlustleistung auf dem „Transportweg"?

b Die Generatorspannung eines Kernkraftwerks (Leistung: 1,3 GW) wird auf 380 kV hochtransformiert. Die Trafos des Umspannwerks haben einen Wirkungsgrad von 98 %.
Wie groß darf der Widerstand der Fernleitungen zu den umliegenden Städten höchstens sein, wenn die relative Verlustleistung nicht mehr als 3 % betragen soll? Wie groß ist die Teilspannung an den Fernleitungen? ◀

Musteraufgabe: ▶ Der Generator eines Großkraftwerks hat eine Leistung von 700 MW bei einer Spannung von 70 kV. Die Energie wird über Fernleitungen zu einer 25 km entfernten Stadt geleitet. Der Widerstand beträgt 0,10 Ω pro Kilometer Leitung.

a Die Spannung wird nicht transformiert. Berechne die Verlustleistung P_V der Leitungen. Welcher Anteil der Kraftwerksleistung bleibt „auf der Strecke"?

b Die Spannung wird auf 380 kV hochtransformiert. Berechne die absolute und die relative Verlustleistung P_V der Leitungen.
Hinweis: Der Transformator besitzt einen Wirkungsgrad von 95,0 %.

Lösung:

a $P_V = R_{\text{Leitung}} \cdot I^2$

$R_{\text{Leitung}} = 2 \cdot 25\ \text{km} \cdot 0{,}10\ \frac{\Omega}{\text{km}} = 5{,}0\ \Omega$

$I = \frac{P}{U}$; $I = \frac{700 \cdot 10^6\ \text{W}}{70 \cdot 10^3\ \text{V}} = 10 \cdot 10^3\ \text{A}$

$P_V = 5{,}0\ \Omega \cdot (10 \cdot 10^3\ \text{A})^2 = 5{,}0 \cdot 10^2\ \text{MW}$

Relativer Verlust: $\frac{500}{700} = 71\ \%$

b Leistung der Sekundärspule:

$P = 0{,}950 \cdot 700\ \text{MW} = 665\ \text{MW}$

Verlust beim Transformieren: 35 MW

$I = \frac{P}{U}$; $I = \frac{665 \cdot 10^6\ \text{W}}{380 \cdot 10^3\ \text{V}} = 1{,}75 \cdot 10^3\ \text{A}$

$P_V = 5{,}0\ \Omega \cdot (1{,}75 \cdot 10^3\ \text{A})^2 = 15\ \text{MW}$

Absoluter Verlust: 35 MW + 15 MW = 50 MW

Relativer Verlust: $\frac{50}{700} = 7{,}1\ \%$ ◀

Aus der Geschichte Erste Stromleitung Miesbach–München

Im Jahr 1882 versetzte bei der ersten deutschen Elektrizitätsausstellung in München ein Versuch des Ingenieurs OSKAR VON MILLER die Besucher in Erstaunen. ↑5 Das Erstaunliche an seiner Vorführung war, dass die Energiequelle für den Motor 57 km weit entfernt stand. Der Motor in München war nämlich über eine kilometerlange Doppelleitung aus Telegrafendraht mit einem Gleichstromgenerator in Miesbach verbunden. Der Generator in Miesbach wurde von einer Dampfmaschine angetrieben und erzeugte eine elektrische Spannung von 1,5 bis 2,0 kV. Von der in Miesbach erzeugten elektrischen Energie kamen allerdings nicht mehr als 25 % bei dem Motor in München an, 75 % der Energie blieben buchstäblich auf der Strecke.

Neun Jahre später führte MILLER auf einer Ausstellung in Frankfurt ein weiteres aufsehenerregendes Experiment durch. Diesmal wurde elektrische Energie über eine 174 km lange Leitung von Lauffen am Neckar nach Frankfurt (Main) übertragen. Dabei setzte MILLER keine Gleichspannung mehr ein: Der Generator erzeugte 55 V Wechselspannung, die durch einen Trafo auf 8,5 kV erhöht wurde. Die Sekundärspule war mit der Fernleitung nach Frankfurt verbunden. Am Ende dieser Leitung wurde die Spannung auf 65 V heruntertransformiert. Dass die Energieübertragung mit Wechselspannung der Gleichspannung überlegen war, war bald bewiesen: Auf der Ausstellung leuchteten 1000 Glühlampen auf und ein 10 m hoher Wasserfall begann zu rauschen. Die Übertragungsverluste betrugen nur (!) noch 25 %.

Die Spannung war eine außerordentliche. Plötzlich fing der Motor an, sich zu drehen, immer schneller … und der Wasserfall, den der Motor betreiben sollte, kam in Betrieb. Die Überraschung kann sich heute niemand mehr vorstellen.

5 Zitat: OSKAR VON MILLER (1932)

Induktionsströme – Regel von Lenz

Bei Induktionsherden findet die Erwärmung nur dort statt, wo sie gebraucht wird – im Topf oder in der Pfanne. ↑1 Die Herdplatte selbst bleibt kalt (nur der heiße Pfannenboden erwärmt die Platte.) Ursache für die Erwärmung der Pfanne sind Induktionsströme in ihrem Boden.

1 Heiß und kalt auf dem Induktionsherd

Bei modernen Hometrainern stellt man elektronisch ein, wie schwer das Treten gehen soll. ↑2 Je schwerer, desto stärker wird die Schwungscheibe aus Metall abgebremst. Dazu werden in ihr durch Induktion elektrische „Wirbelströme" erzeugt, die sie erwärmen. Die vom Sportler abgegebene Energie wird also in innere Energie der Schwungscheibe umgewandelt, ohne dass durch Reibung ein Materialverschleiß eintritt. Dieses Bremsprinzip funktioniert auch in einem viel größeren Maßstab: Ein ICE kann ebenfalls damit abgebremst werden.
Die Schleifkontakte von Elektromotoren werden durch Funkenbildung rasch verschlissen, wenn durch den Rotor große Ströme fließen. Die Rotoren leistungsfähiger Industriemotoren haben deshalb statt der Spulen einen Metallzylinder. ↑3 In ihm werden ohne (!) Zuleitungen elektrische Ströme durch Induktion erzeugt.
Immer wenn in einem Leiter Strom induziert wird, kommen im Feld eines Magneten Kräfte ins Spiel. Elektrische und mechanische Energie werden ineinander umgewandelt. Mit den damit verbundenen Erscheinungen kannst du dich in den folgenden Experimenten beschäftigen.

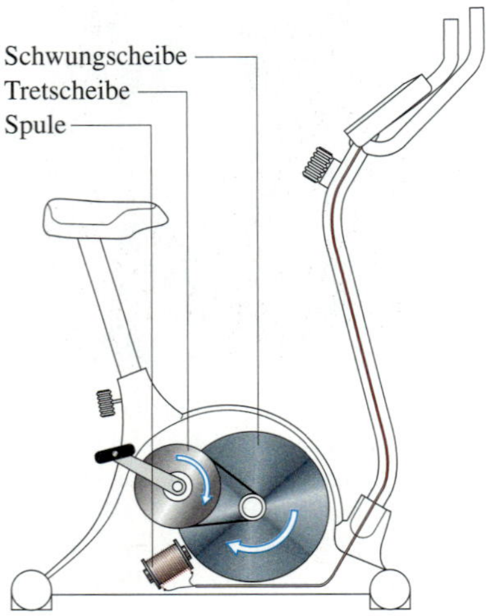

2 Hometrainer mit „Wirbelstrombremse"

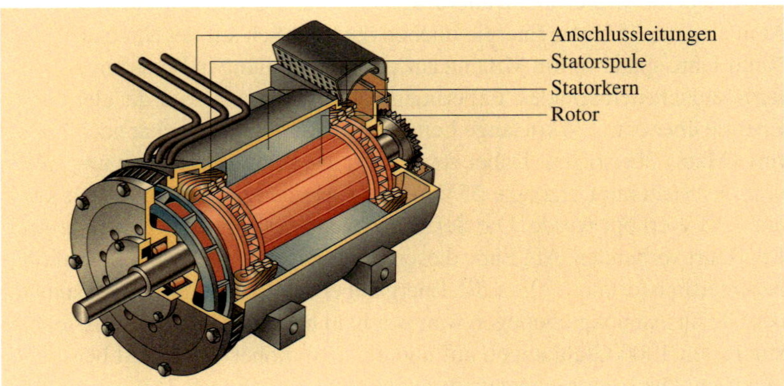

3 Elektrischer Hochleistungsmotor

Experimente

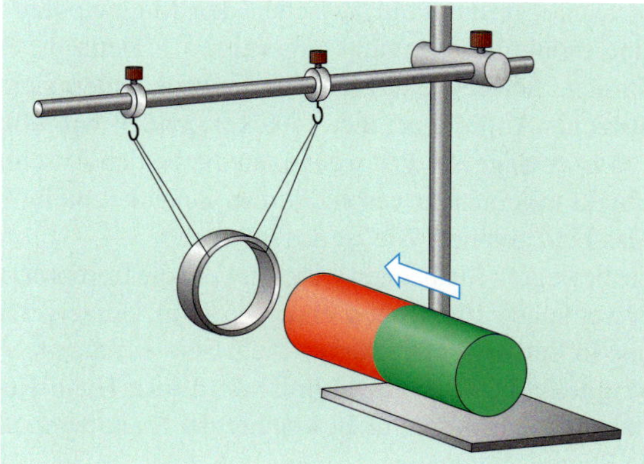

4

1 Ein seltsames Ringpendel ↑4
Kernstück dieses Pendels ist ein leitender geschlossener Ring. Forme ihn z. B. aus Alufolie, sodass er den (starken) Magneten gerade umfasst.

a Was wird wohl geschehen, wenn du den Magneten rasch dem Ring näherst, ohne ihn zu berühren? Überlege erst und probiere es dann aus. Kannst du deine Beobachtung erklären?

b Starte diesmal mit dem Magneten im Ring. Was beobachtest du, wenn du den Magneten rasch herausziehst?

c Durchtrenne den Ring unten mit einer Schere und biege ihn ein wenig auf (die Enden dürfen sich nicht berühren). Führe den Magneten rasch in den offenen Ring hinein bzw. ziehe ihn wieder heraus. Geschieht dasselbe wie beim geschlossenen Ring?

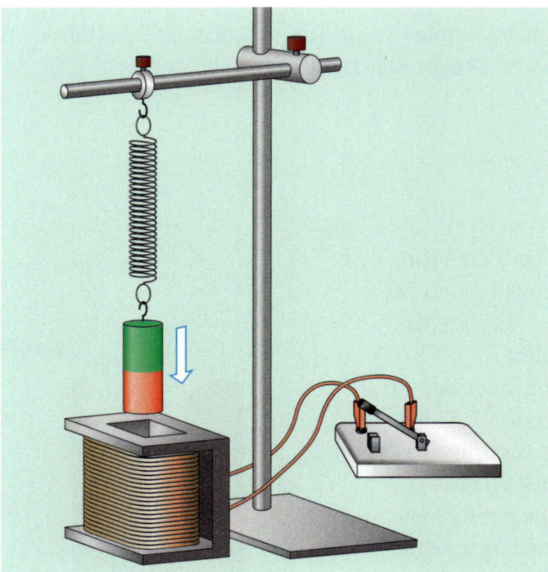

6

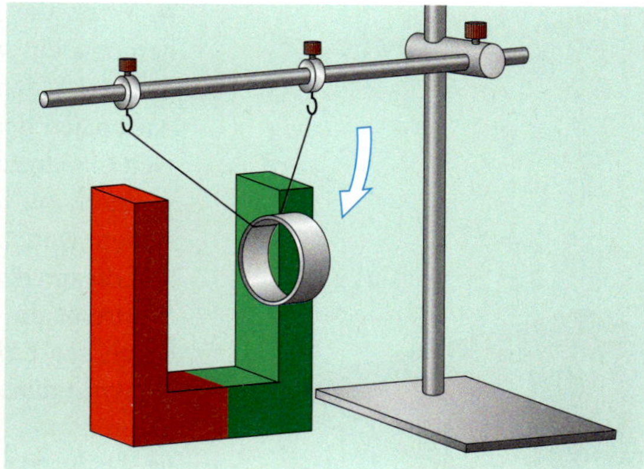

5

2 Noch ein Ringpendel ↑5
Für dein Pendel brauchst du zwei gleich große Ringe aus Aluminium (Kupfer): einen geschlossenen und einen, der an einer Stelle durchtrennt ist. Lass einmal den geschlossenen Ring in das Feld zwischen den Magnetpolen hineinpendeln, einmal den offenen. Vergleiche deine Beobachtungen. Kannst du den Unterschied erklären?

3 Tauchspulmagnetpendel ↑6
An einem Federpendel hängt ein Magnet, der beim Schwingen immer wieder in eine Spule eintaucht. Lass das Pendel einmal bei geöffnetem und einmal bei geschlossenem Schalter schwingen. Erkennst du einen Unterschied in der Bewegung? Wie kannst du deine Beobachtung erklären?

4 ▶ Wirbelstrombremse ↑7
Baue das Modell einer Wirbelstrombremse auf. Versetze die Scheibe einmal bei ausgeschaltetem und einmal bei eingeschaltetem Elektromagneten in Drehung. Was beobachtest du? ◀

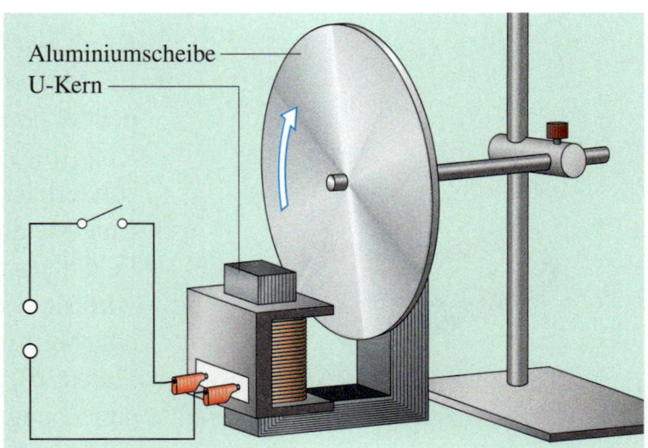

7

GRUNDLAGEN: Induktionsströme und Regel von LENZ

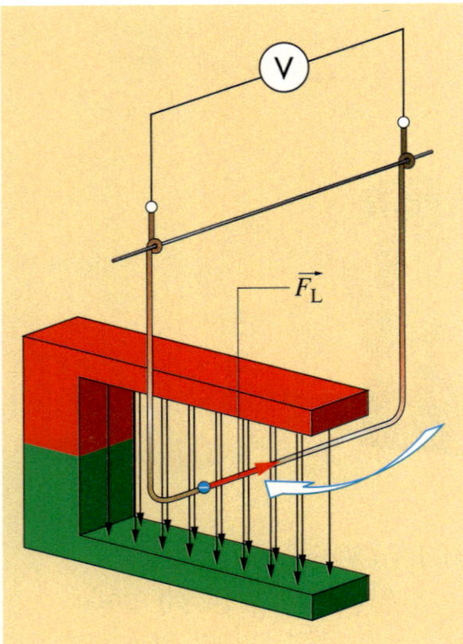

1

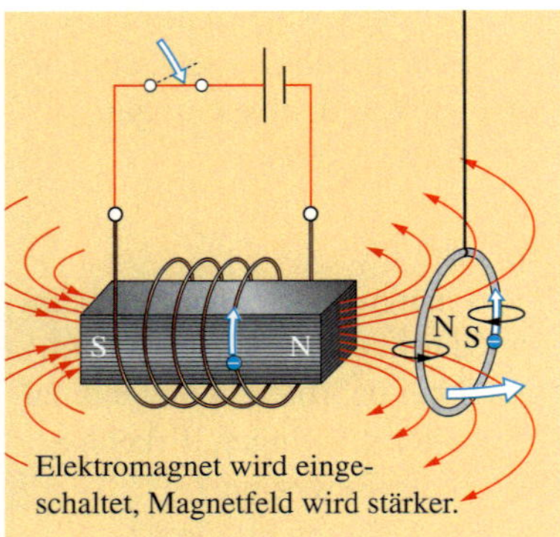

2

▶ Wenn die Leiterschaukel in das Feld zwischen den Magnetpolen hineinpendelt, wird eine Induktionsspannung angezeigt. ↑1 Denn die Anzahl der Magnetfeldlinien, die den Leiterkreis durchsetzen, ändert sich ja. Ansonsten geschieht nichts Auffälliges, die Schaukel pendelt wie üblich weiter. Ganz anders sieht es dagegen aus, wenn man die beiden Anschlüsse durch ein Kabel direkt miteinander verbindet: Die Schaukel bleibt fast stehen, wenn sie in das Feld gelangt. Wie ist das möglich?
Auf die mit der Stange bewegten Elektronen wirkt im Feld die Lorentzkraft: Sie treibt die frei beweglichen Elektronen entgegen dem Uhrzeigersinn durch den Leiterkreis. In der bewegten Stange fließt also ein Strom. Auf sie wirkt daher im Magnetfeld eine Kraft. Mithilfe der Linke-Hand-Regel erkennt man, dass sie entgegengesetzt zur Bewegung der Stange gerichtet ist. Dadurch wird die Stange abgebremst.
Das Abbremsen lässt sich auch aus dem Energieerhaltungssatz ableiten: Durch den elektrischen Strom werden die Stange und die Kabel erwärmt, ihre innere Energie nimmt zu. Die dafür nötige Energie wird der kinetischen Energie der pendelnden Stange entnommen.

Bei unserem zweiten Beispiel wird ein Pendel nicht berührungslos abgebremst, sondern beschleunigt. ↑2 Wenn man den Elektromagneten einschaltet, ändert sich die Anzahl der Feldlinien im Metallring. Daher kommt es zur Induktion, durch den Ring fließt ein Strom. Er bewirkt, dass sich der Ring wie ein Magnet verhält. Sein Nordpol ist dem Nordpol des Elektromagneten zugewandt, sodass der Ring von der Spule weggestoßen wird.

Nicht nur in unseren beiden Beispielen haben Induktionsströme Kräfte zur Folge, die der Induktionsursache entgegenwirken. Induktionsursache ist jeweils die Veränderung der Feldlinienanzahl, die den Leiterkreis durchsetzen. Dass es sich um eine allgemeine Gesetzmäßigkeit handelt, entdeckte 1834 der Physiker EMIL LENZ aus St. Petersburg.

Ein Induktionsstrom ist immer so gerichtet, dass er der Induktionsursache entgegenwirkt (Regel von LENZ). ◀

Aufgabe

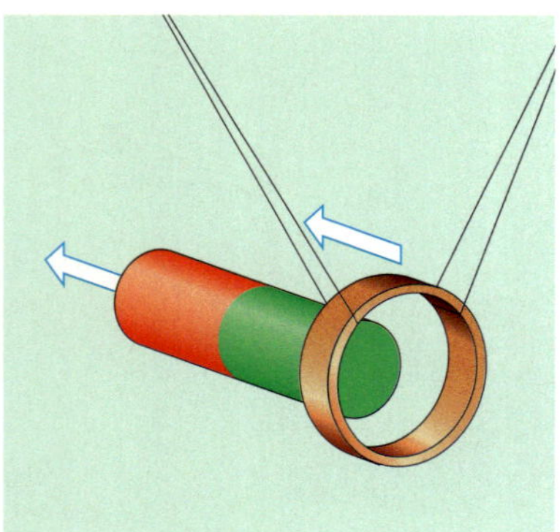

3

1 *Regel von LENZ*

a Ein Magnet wird aus einem Ringpendel herausgezogen – und der Ring folgt ihm. ↑3 Erkläre das sonderbare Verhalten.

b Eine Metallscheibe dreht sich im Feld eines Magneten. ↑4 Dabei wird sie wie von Geisterhand abgebremst! Kannst du das erklären? *Tipp:* Betrachte zur Vereinfachung nur den eingezeichneten Leiterkreis („Tortenstück“).

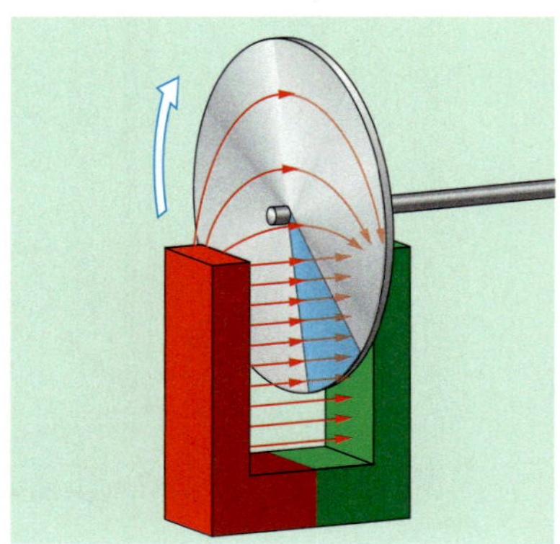

4

Probier's mal!

2 Der fallende Magnet
Wird der Magnet in beiden Rohren gleich schnell fallen? ↑5 Überlege erst und probiere es dann aus!
Tipps: Der Versuch gelingt besonders gut mit einem starken Zylindermagneten aus Neodym (Physiksammlung).
Fange den Magneten am unteren Rohrende jeweils mit der Hand auf, damit er nicht beschädigt wird.

3 Eine magnetische Aluminiumscheibe?
Der Magnet wird über der Aluminiumscheibe im Kreis herumgeführt. ↑6 Eigentlich dürfte die unmagnetische Aluminiumscheibe davon überhaupt nichts „spüren" – oder doch?
Probiere es selbst einmal aus!
Versuche zum Schluss deine Beobachtung zu erklären. Überlege dir dabei auch, weshalb der Teller mit Wasser gefüllt sein sollte.

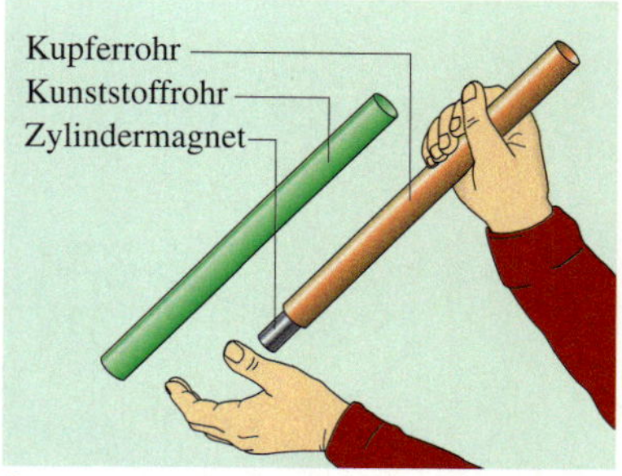

5

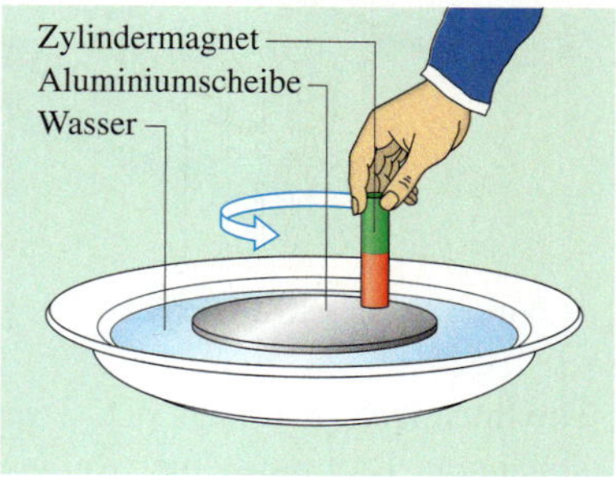

6

Aus der Technik Elektrische Hochleistungsmotoren

▶ Induktion ermöglicht es, Hochleistungselektromotoren ohne Schleifkontakte zu betreiben. Sie besitzen drei fest mit dem Motorgehäuse verbundene Elektromagnete, die durch je eine eigene Leitung und eine gemeinsame „Rückleitung" an die elektrische Energiequelle angeschlossen werden. ↑7
Drei Wechselströme („Drehstrom") erzeugen in den Spulen zeitlich versetzt anwachsende und abklingende Magnetfelder, sodass die Magnetpole scheinbar um den Metallzylinder „herumwandern". Im Rotor werden dadurch Induktionsströme erzeugt. Nach der Regel von LENZ wirken sie der Induktionsursache entgegen: also dem Unterschied zwischen den Drehgeschwindigkeiten der Pole und des Rotors. Der Rotor folgt daher den „wandernden" Polen und dreht sich mit.
Da der Rotor nicht synchron folgt, spricht man auch vom *Asynchronmotor*. ◀

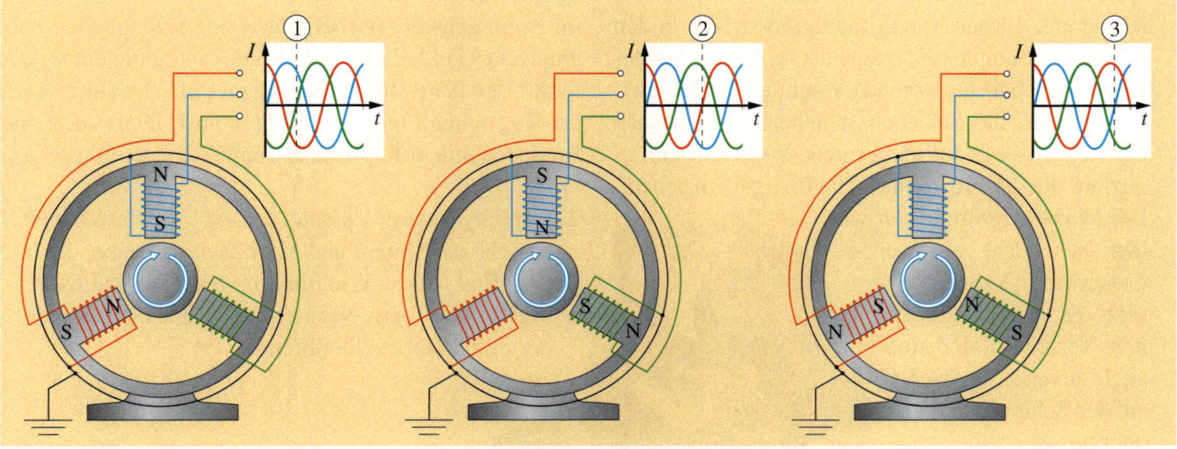

7 Asynchronmotor (Aufbau)

Aus der Technik Gebremst von Wirbelströmen

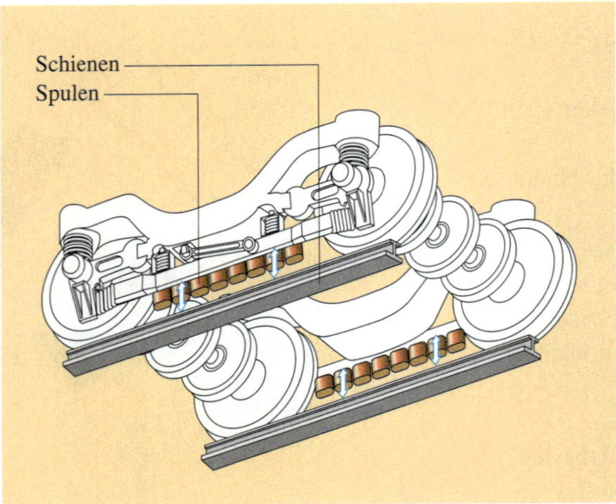

1 Wirbelstrombremse (Schiene)

2

Die Intercityexpresszüge ICE-3 verfügen über drei unabhängige Bremssysteme: Reibungsbremsen, Motorbremsen und *Wirbelstrombremsen.*

- Die Reibungsbremsen funktionieren wie die im Auto: An innen belüfteten Scheiben reiben Bremsbeläge, die von hydraulisch betriebenen Bremskolben bewegt werden. Sie werden beim ICE für die letzte Phase vor dem Stillstand und Notfälle verwendet.
- Bei der Motorbremse wird der Elektromotor des ICE umgeschaltet und dient dann als Generator. Kinetische Energie wird in elektrische zurückverwandelt und in das Stromnetz der Bahn eingespeist.
- ▶ Die Wirbelstrombremsen nutzen die elektrische Leitfähigkeit der Eisenschienen. ↑1 Zwischen den Radachsen des ICE befinden sich Rahmen mit starken Elektromagneten. Sie werden beim Einschalten der Bremse ganz nahe über die Schienen abgesenkt, ohne diese zu berühren. Die Bremswirkung kommt jetzt durch wirbelförmige Induktionsströme in den Schienen zustande (die magnetische Anziehung des Eisens ist dabei eher störend). Wenn sich die Magnetfelder durch die Schienen schieben, werden nach der Regel von LENZ immer neue Wirbelströme induziert, die dem ICE kinetische Energie entziehen. Die Wirbelstrombremsen werden besonders bei hohen Geschwindigkeiten eingesetzt. Sie unterliegen keinem Verschleiß und sind auch zuverlässig, wenn auf den Schienen Schnee oder nasses Laub liegt.

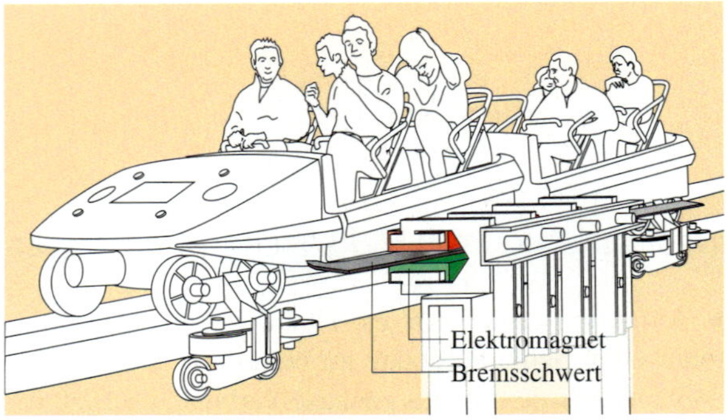

3 Wirbelstrombremse bei der Achterbahn

Auch in modernen Achterbahnen werden Wirbelstrombremsen eingesetzt. ↑2 Am Zug ist ein „Bremsschwert“ aus Metall festgeschraubt. ↑3 Statt Bremsbacken sind an der Schiene starke Magnete angebracht. Sobald der Zug durch das Magnetfeld fährt, entstehen im Bremsschwert Wirbelströme. Sie erzeugen ein magnetisches Feld, das dem Induktionsvorgang entgegenwirkt: der Fahrt durch das Magnetfeld. Dadurch wird der Zug schnell und sanft abgebremst. Diese moderne Bremstechnik ermöglicht extreme Schienenführungen.

1 *Scheibenbremse – einmal anders* ↑4 Diese Bremse besteht aus Spulen und einer Metallscheibe, die mit dem Rad rotiert. Wie funktioniert diese Bremse? Welche Vor- bzw. Nachteile besitzt sie gegenüber der üblichen Scheibenbremse? ◀

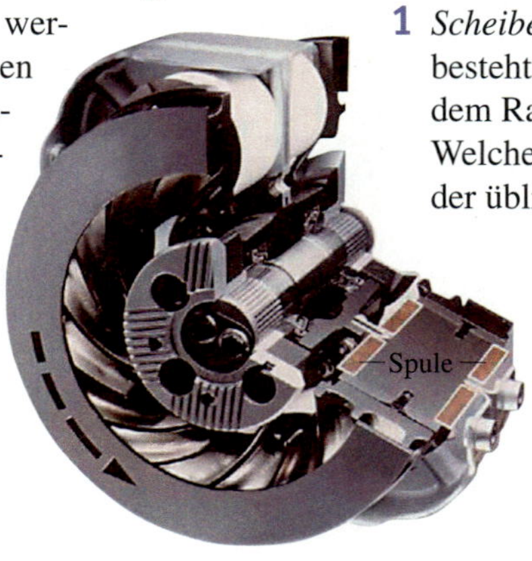

4 Scheibenbremse – mit Wirbelströmen

Aufgaben

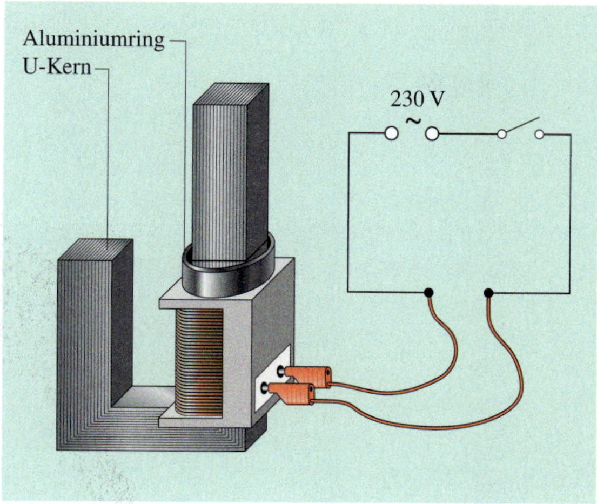

5

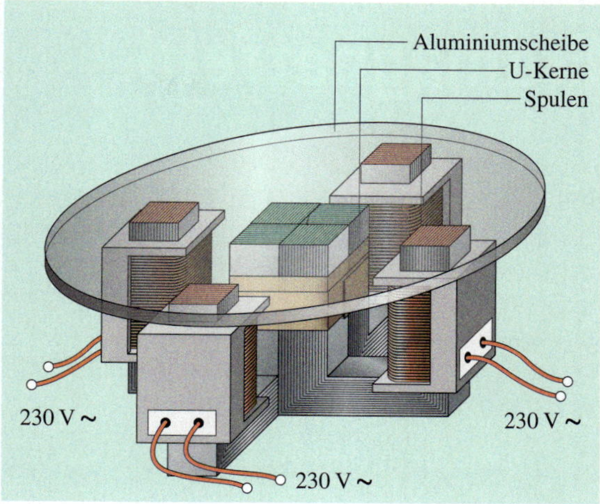

6

2 *Thomsonscher Ringversuch* ↑5 Dein Lehrer legt an die Spule (ca. 600 Windungen) kurzzeitig eine Wechselspannung von 230 V. Was geschieht dann? Versuche deine Beobachtung zu erklären.

3 *Die schwebende Scheibe* Vier geplättete U-Kerne werden zu einem Kreuz zusammengestellt und in der Mitte mit Paketband zusammengebunden. ↑6 Außen werden bei ausgeschalteter Energieversorgung Spulen aufgesteckt (500 Windungen; 230 V). Sie sind so zu schalten, dass bei eingeschaltetem Strom die vier inneren und die vier äußeren Pole der U-Kerne jeweils gleich sind. Eine Aluscheibe wird von oben auf die U-Kerne gelegt. Was geschieht, wenn der Strom eingeschaltet wird?

4 *Induktion im Supraleiter* Supraleiter verlieren beim Unterschreiten einer bestimmten Temperatur sprunghaft ihren elektrischen Widerstand. So ist der zylindrische Körper ↑7 bei –200 °C supraleitend geworden. Wenn man den würfelförmigen Dauermagneten auf ihn herabfallen lässt, schlägt der Magnet erstaunlicherweise nicht auf, sondern schwebt über dem Supraleiter. Wie ist das wohl möglich?

7

5 *Das „verbeulte" Magnetfeld* Ein Kupferring wird aus dem Bereich, der von den Magnetfeldlinien durchsetzt wird, mit konstanter Geschwindigkeit herausgezogen. ↑8

a Warum ist eine Kraft notwendig, um den Ring herauszuziehen? Argumentiere auf zwei Arten: aus Sicht der Energie und mithilfe der Lorentzkraft.

b Beim Herausziehen wird das Magnetfeld gewissermaßen „mitgezogen". ↑9 Wie kannst du das erklären?

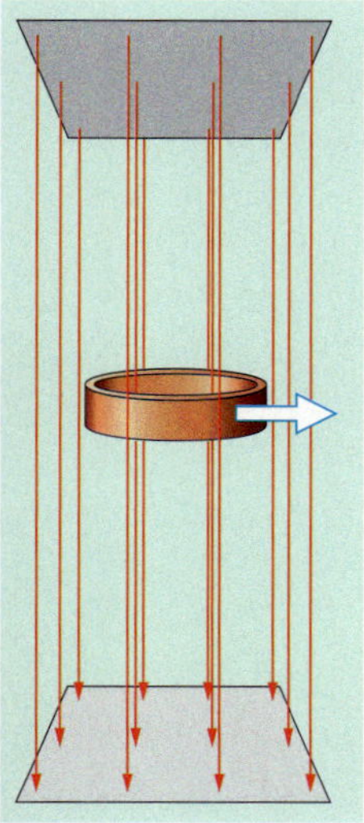
8

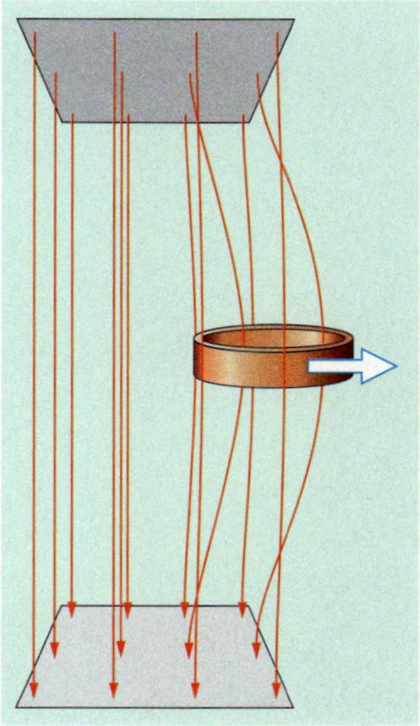
9

Sonnenwind und Erdmagnetfeld

Als zentrale Energiequelle des Planetensystems versorgt uns die Sonne nicht nur mit elektromagnetischer Strahlung (Licht …), sondern sendet auch einen Strom aus geladenen Teilchen aus. ↑1 Dieser „Sonnenwind“ besteht hauptsächlich aus Elektronen und Protonen und hat eine Geschwindigkeit von 300 bis 800 $\frac{km}{s}$! Wenn er die Erdoberfläche direkt erreichen könnte, würde er alles Leben auf unserem Planeten gefährden. Ähnlich wie die Strahlung radioaktiver Körper würde die Teilchenstrahlung irreparable Zellschäden anrichten und die genetische Erbsubstanz der Lebewesen verändern. Zum Glück hat die Erde ein Schutzschild: Da sich die geladenen Teilchen des Sonnenwinds nur parallel zu Feldlinien des Erdmagnetfelds vorwärts bewegen können – bei senkrechter Bewegung „treten“ sie in Kreisbahnen auf der Stelle –, werden sie an der Erde vorbeigelenkt. Allerdings verformt der Sonnenwind das Erdmagnetfeld. Wie ein Leiter, der durch ein Magnetfeld gezogen wird (s. Aufgabe 5, S. 53), „staucht“ der Sonnenwind die Feldlinien vor der Erde auf etwa 10 Erdradien zusammen und „zieht“ sie hinter der Erde weit in den Weltraum mit. Es bildet sich ein „Schweif“ von rund 100 Erdradien Länge. Da der Sonnenwind unregelmäßig „bläst“, flattert der Schweif wie eine Fahne im Wind.

Im „Windschatten“ der Erde können geladene Teilchen zur Erde zurückströmen. Sie bilden die Plasmaschicht (als Plasma bezeichnet man ein Gas, das nur aus geladenen Teilchen besteht). Wenn sich mit der Zeit immer mehr Plasma in der Schicht ansammelt, weicht es parallel zu den Feldlinien des Erdmagnetfelds aus und gelangt dabei zu den Magnetpolen der Erde. Da die Feldlinien hier nahezu senkrecht zur Erdoberfläche verlaufen, kann das strömende Plasma bis in die höheren Atmosphärenschichten eindringen. Bei Zusammenstößen mit den Atomen und Molekülen in der Ionosphäre gibt es dabei Energie ab, die diese Teilchen dann als Licht wieder aussenden: Ein Polarlicht entsteht. ↑2↑3 Seine schnell wechselnden Muster spiegeln letztendlich die Verhältnisse im flatternden Magnetschweif wider.

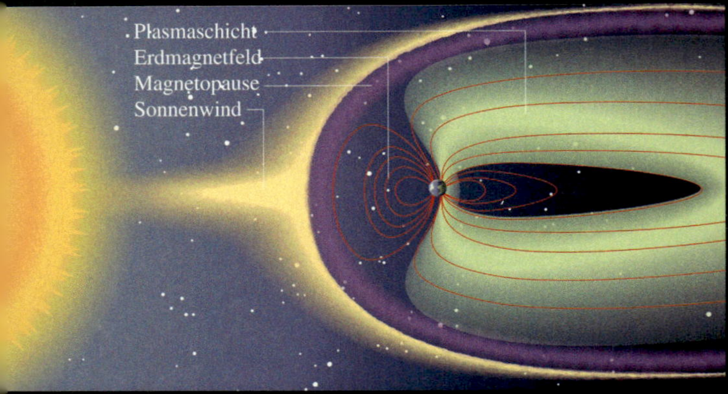

1 Sonnenwind und Erdmagnetfeld

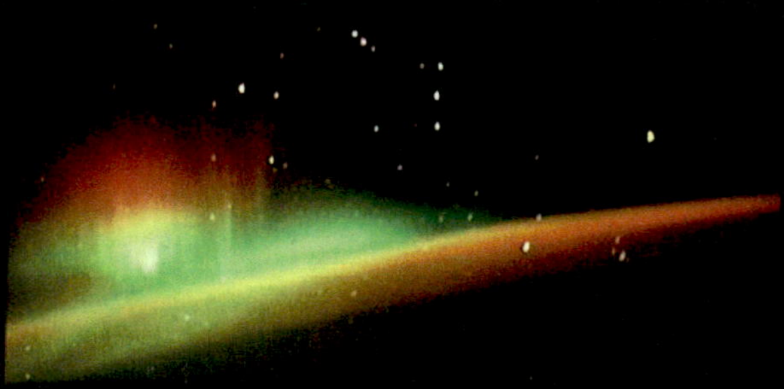

2, 3 Polarlichter – von der Erdoberfläche und vom Weltraum aus gesehen

Der Sonnenwind „bläst" nicht immer gleich stark: Bei Eruptionen stößt die Sonne gewaltige Gasmassen aus. ↑4 Diese „Böen" können die Feldlinien des Erdmagnetfelds so stark stauchen, dass Kompassnadeln erzittern. Die Polarlichter dringen dann z. B. auf der Nordhalbkugel weiter nach Süden vor, sodass man auch in Deutschland oder den USA in den Genuss dieses spektakulären Himmelsschauspiels kommen kann.

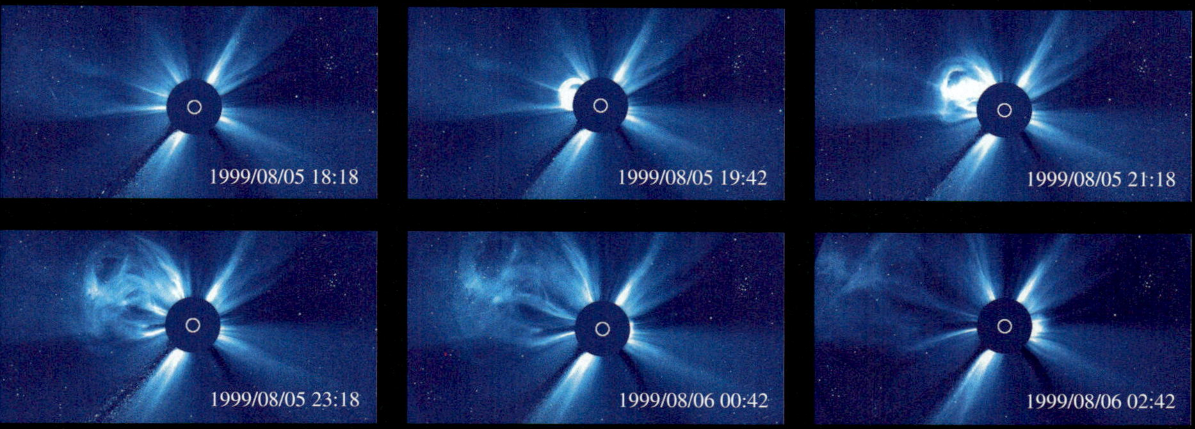

4 Durch die Explosion auf der Sonne wird Plasma ins All geschleudert – eine „Sonnenwindböe" entsteht.

Unter „Weltraumwetter" fasst man alle Phänomene zusammen, die durch die elektromagnetische Strahlung und die Teilchenströme von der Sonne sowie anderen Sternen hervorgerufen werden. Im Internet gibt es dazu „Weltraumwetterberichte". ↑5

Die energiereiche Teilchenstrahlung ist für Astronauten besonders gefährlich: Sie kann die Schutzanzüge einfach durchschlagen. Die Auswirkungen der kosmischen Strahlung auf die Technik sind vielfältig: Sie reichen von einer Störung des Handy- bzw. Rundfunkempfangs bis zur Zerstörung von Satelliten. Geladene Teilchenströme können in den Schaltkreisen der Satelliten durch Induktion Überspannungsschäden hervorrufen. Um dies zu verhindern, werden Satelliten kurz vor dem Eintreffen einer Sonnenwindböe in den Stand-by-Zustand versetzt: Empfindliche Stromkreise werden abgeschaltet.

1989 haben heftige „Magnetstürme" in den Transformatoren des Kraftwerks von Quebec (Kanada) so große Spannungsänderungen hervorgerufen, dass es zu einer Selbstabschaltung kam. Das Stromnetz brach für neun Stunden zusammen.

Um rechtzeitig auf starke Sonnenwinde reagieren zu können, gibt es u. a. das Solarobservatorium SOHO. ↑6 Dieser „Wächtersatellit" umkreist die Sonne in 1,5 Millionen Kilometer Entfernung. Er registriert Sonnenausbrüche und meldet sie an die Erde. Für eine Reaktion auf einem Plasmaausstoß bleiben dann einige Tage Zeit.

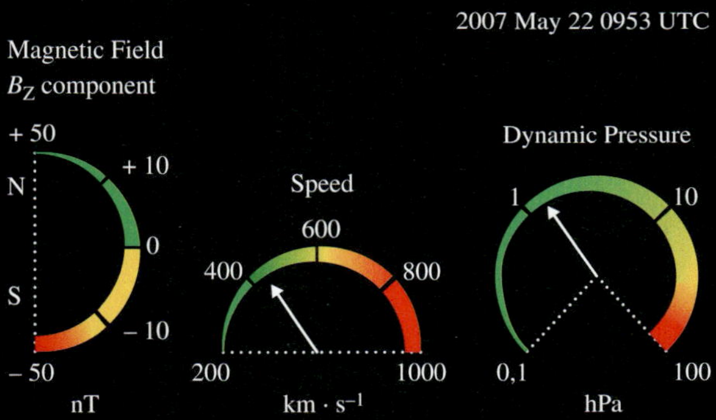

5 Auszug aus einem „Weltraumwetterbericht"

6 SOHO (Solar and Heliospheric Observatory)

Auf einen Blick

Magnetische und elektrische Felder Das *elektrische Feld* um einen geladenen Körper herum bewirkt, dass geladene Körper in seiner Umgebung eine elektrische Kraft erfahren. ↑1

▶ Das *magnetische Feld* um einen Magneten herum bewirkt, dass Magnete und Körper aus Eisen (Nickel, Cobalt) in seiner Umgebung eine magnetische Kraft erfahren. ↑2 Auch um einen stromführenden geraden Draht herum besteht ein magnetisches Feld. ↑3 ◀

Feldlinien sind eine Modellvorstellung, um Felder zu veranschaulichen und ihre Kraftwirkungen zu beschreiben. Durch jeden Punkt in der Umgebung eines Magneten (geladenen Gegenstands, Körpers mit Masse) kann man sich eine Feldlinie vorstellen. Feldlinien schneiden sich nie. Je größer die Kräfte in einem Feldbereich sind, desto dichter zeichnen wir die Feldlinien.

▶ Felder können Energie speichern und wieder abgeben. ◀

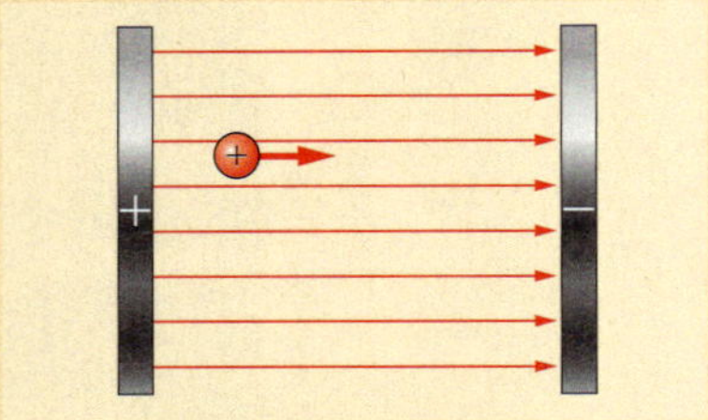

1 Elektrisches Feld

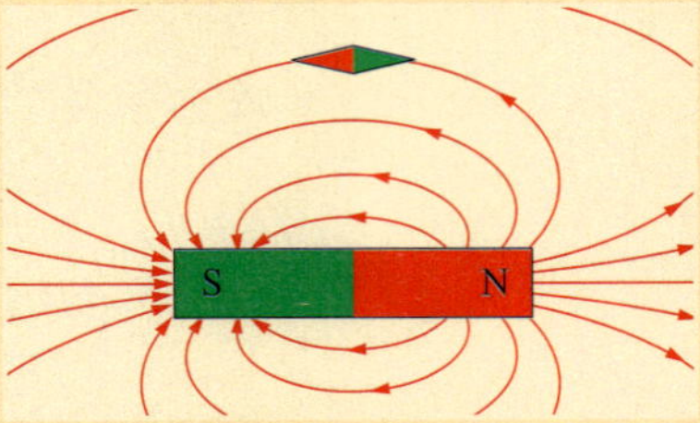

2 Magnetisches Feld

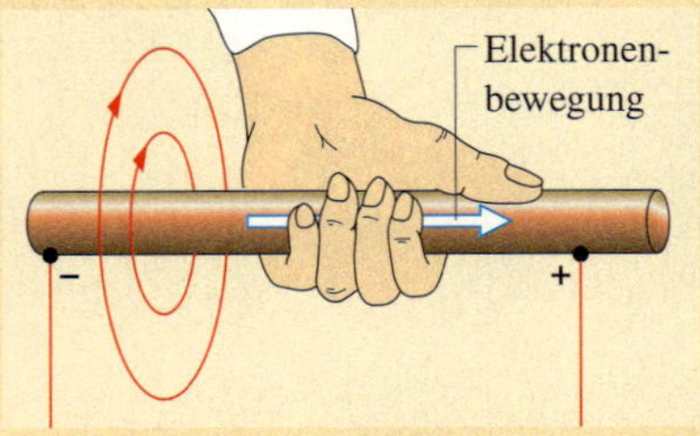

3 „Linke-Faust-Regel“

Magnetische Kräfte auf elektrische Ströme ▶ Auf stromführende Drähte wirken in Magnetfeldern Kräfte. Diese Kräfte sind umso größer, je größer die Stromstärke ist, je stärker das Magnetfeld ist, je länger das Drahtstück im Feld ist und je näher der Winkel zwischen Feldlinien und Draht an 90° liegt. Die Kraftrichtung auf einen stromführenden Draht (senkrecht zu den Magnetfeldlinien) wird durch die „Linke-Hand-Regel“ beschrieben. ↑4

Im *Elektromotor* wird eine stromführende Spule durch die Magnetkräfte gedreht. ↑5 Der Polwender sorgt dafür, dass die Stromrichtung in der Spule stets im richtigen Moment wechselt, sodass die Drehrichtung gleich bleibt.

Im *elektrodynamischen Lautsprecher* führen Stromstärkeschwankungen dazu, dass eine Spule im Feld eines Dauermagneten rasch hin- und herschwingt. ↑6 Der Lautsprecherkonus erzeugt über die Membran den Schall.

Die *Lorentzkraft* wirkt auf bewegte geladene Teilchen im Feld eines Magneten. Elektronen, die sich senkrecht zu den Feldlinien bewegen, werden gemäß der „Linke-Hand-Regel“ abgelenkt. ◀

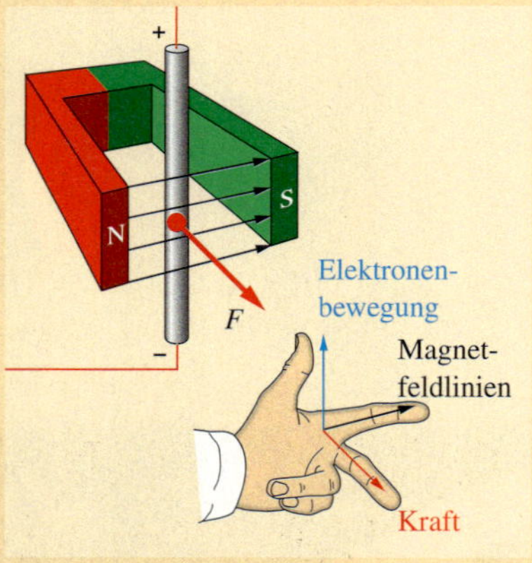

4 Kraft auf stromführenden Draht („Linke-Hand-Regel“)

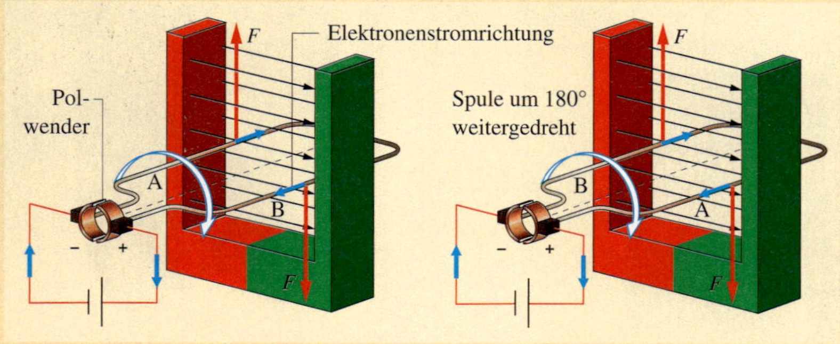

5 Elektromotor (Prinzip)

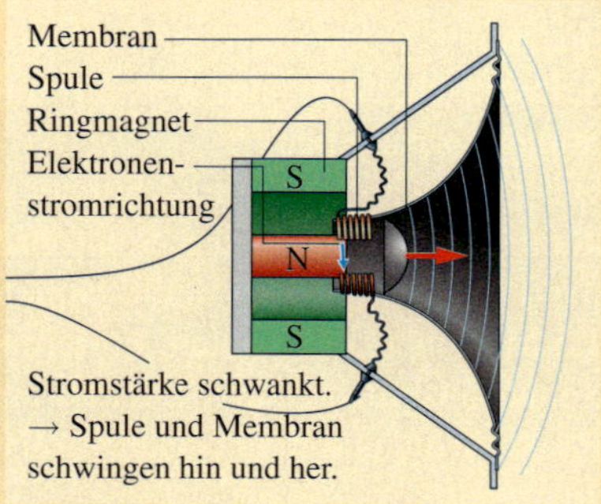

6 Lautsprecher (Prinzip)

Induktion ▶ Während sich die Anzahl der gezeichneten Magnetfeldlinien ändert, die die Querschnittsfläche von Drahtwindungen durchsetzen, tritt zwischen den Drahtenden eine Induktionsspannung auf *(Induktionsgesetz).* ↑7 Je rascher die Änderung erfolgt, desto größer ist die Induktionsspannung.
Im *Generator* werden eine Spule und ein Magnet so gegeneinander bewegt, dass durch Induktion eine Wechselspannung entsteht. ↑8 In einem angeschlossenen Stromkreis entsteht dadurch Wechselstrom.
Beim *Transformator* ↑9 ruft der Wechselstrom in der Primärspule ein magnetisches Wechselfeld im Eisenkern hervor. Das Wechselfeld bewirkt eine Wechselspannung an der Sekundärspule.

- Beim unbelasteten Transformator liegt an der Spule mit größerer Windungszahl auch die größere Spannung. Die Spannungen an den Spulen stehen im gleichen Verhältnis wie ihre Windungszahlen.
- Beim belasteten Transformator fließt in der Spule mit kleinerer Windungszahl der größere Strom. Bei kurzgeschlossener Sekundärspule verhalten sich die Stromstärken umgekehrt wie die Windungszahlen.

Die Stromstärke I in Fernleitungen wird durch Hochtransformieren der Spannung verringert. Dadurch sinkt die Verlustleistung $P = R \cdot I^2$ der Leitungen.
Induktionsströme sind immer so gerichtet, dass sie der Induktionsursache entgegenwirken *(Regel von Lenz).* ◀

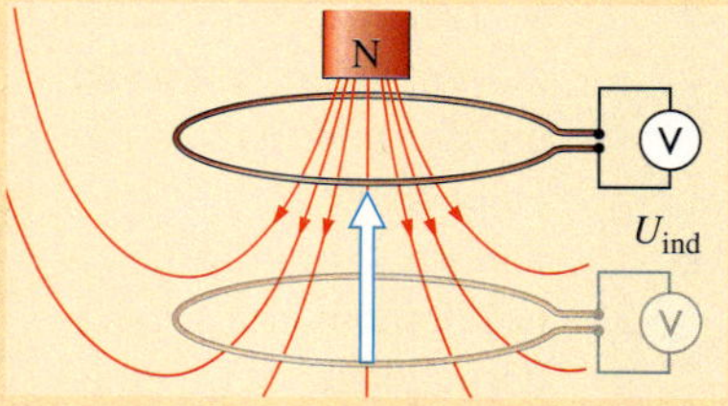

7 Induktion

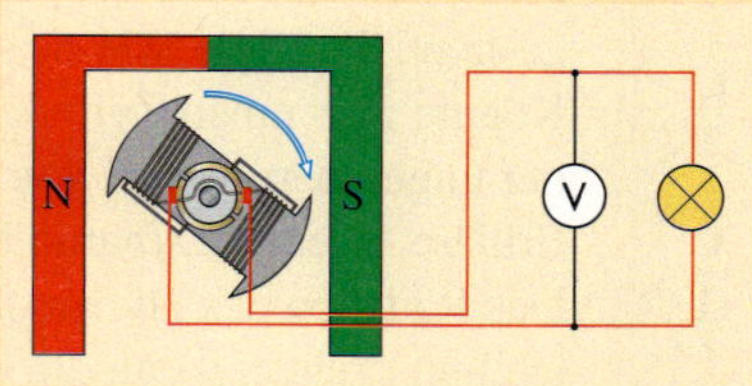

8 Generator (Prinzip)

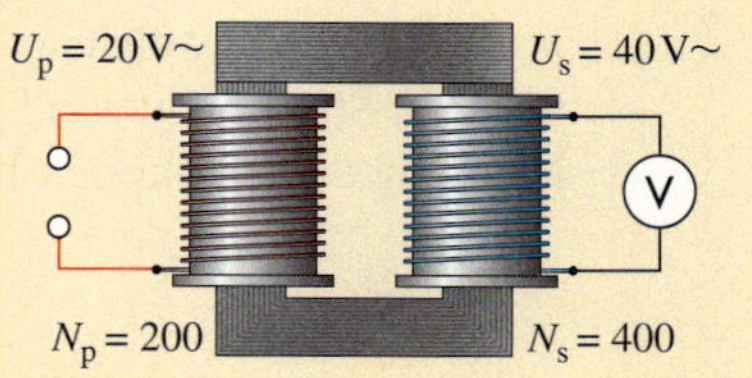

9 Transformator

Alles klar?

1 *Magnetfeld* Eisenfeilspäne zeigen verschiedene Magnetfelder an. ↑10 Übertrage die Linien in dein Heft und ergänze die „Feldverursacher".

2 *Felder* Vergleiche in einer Tabelle magnetisches, elektrisches und Gravitationsfeld.

3 *„Leiterschaukel"* In welcher Richtung fließen die Elektronen durch den Draht? ↑11

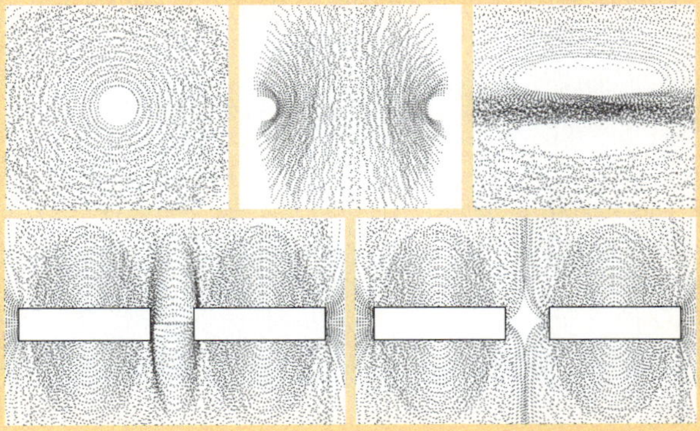
10

4 ▶ *Elektromotor* Welche Aufgabe haben Stator, Rotor und Polwender eines Elektromotors? ◀

5 *Umspanner* Ein Trafo soll die Wechselspannung von 230 V auf 19 V senken. Dafür stehen Spulen mit 125, 250, 500, 750, 1500 und 3000 Windungen zur Verfügung. Welche Spulenkombinationen sind sinnvoll?

6 *Ringpendel* Was geschieht, wenn der Elektromagnet eingeschaltet wird? ↑12 Begründe deine Antwort.

7 ▶ *Motorbremse* Zum Bremsen einer Straßenbahn werden die Anschlüsse des Motors von der Oberleitung getrennt und über einen Widerstand verbunden. Der Motor arbeitet jetzt als Generator. Wie kommt die Bremswirkung zustande? ◀

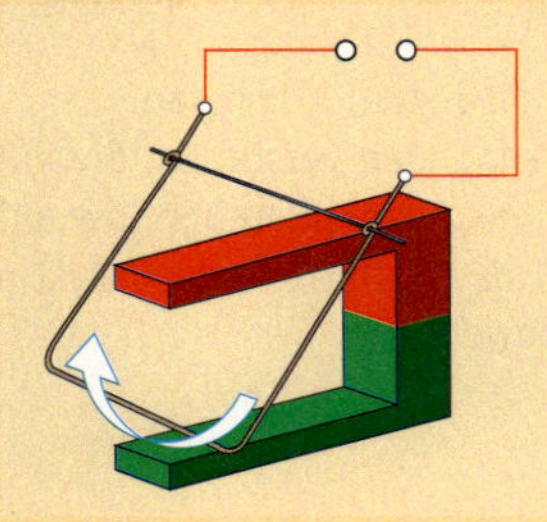
11

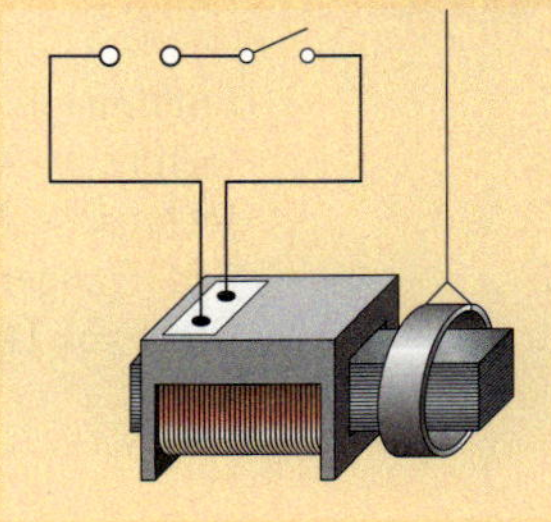
12

Check up

1 ▶ *Fahrraddynamo* Bei diesem Generator rotiert ein Zylindermagnet in einer Spule. ↑1

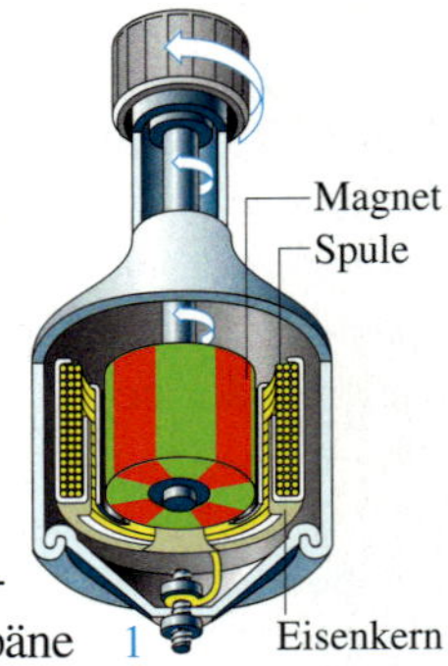

1

a Auf die Grundfläche eines demontierten Zylindermagneten wird eine Glasplatte gelegt und darüber werden Eisenfeilspäne gestreut. Skizziere, wie sie sich anordnen.

b Könnte man einen Zylindermagneten mit einer ungeraden Anzahl von Polen erzeugen?

c Erkläre, wie der Dynamo funktioniert. ◀

d Das Rädchen des Dynamos lässt sich viel leichter drehen, wenn die Kabel abgetrennt sind. Wie ist das möglich?

2 ▶ *Induktion* In welchen Drahtwindungen wird ein Strom induziert? ↑2 Gib jeweils die Richtung des Elektronenstroms an. ◀

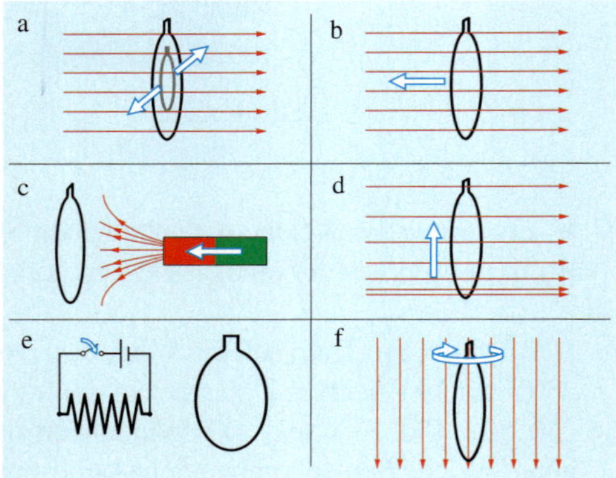

2

❯ Die Lösungen findest du im Anhang.

3 ▶ *Generator* Eine „Minispule“ wird im Magnetfeld gedreht. ↑3

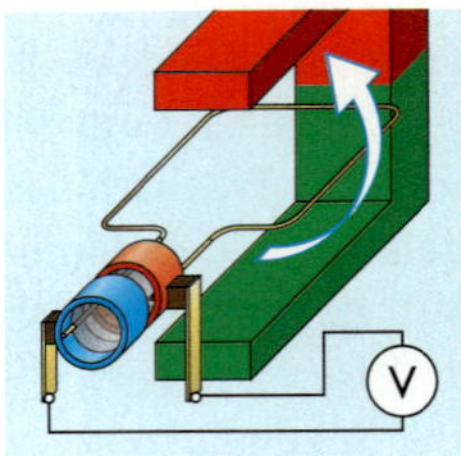
3

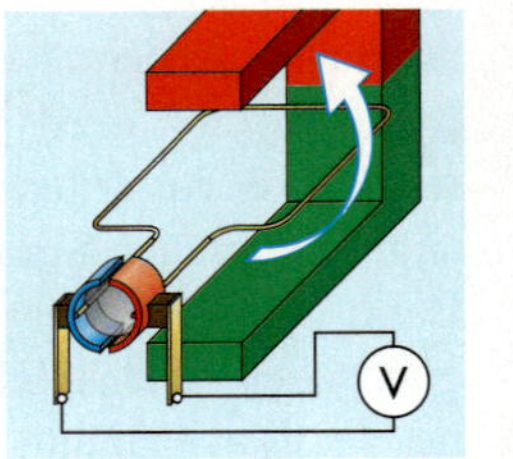
4

a Erkläre die Induktionsspannung erst mithilfe der Lorentzkraft und dann mithilfe des Induktionsgesetzes.

b Der Generator lässt sich mit Schleifringen oder mit einem Polwender aufbauen. ↑3↑4 In welchem Fall entsteht Gleich-, in welchem Wechselspannung?

c Eignen sich die beiden Generatoren auch als Elektromotoren? ◀

4 ▶ *Spulen „drosseln“ Wechselströme* Betreibt man eine Spule mit Eisenkern mit einer Wechselspannung von 6 V, ist die Stromstärke viel kleiner als bei 6-V-Gleichspannung.

a Erkläre das Phänomen. *Tipp:* Betrachte die wechselstromführende Spule als Primär- und Sekundärspule zugleich.

b In manchen Hotelbädern findet man Steckdosen, an denen ein Rasierapparat funktioniert, aber kein Föhn. Grund dafür ist eine Drosselspule hinter der Steckdose. Erkläre, wie diese „Sicherung“ funktioniert. ◀

5 ▶ *Transformator* Mit einem speziellen Trafo ist eine 4,5-V-Lampe an die Steckdose angeschlossen. Die Spule, die mit Netzspannung betrieben wird, hat 500 Windungen. Wie funktioniert die Vorrichtung? Skizziere den Aufbau in deinem Heft. ◀

Schätze deine Kenntnisse und Fähigkeiten ein.

Ordne dazu deiner Lösung im Heft ein Smiley zu:

☺ Ich konnte die Aufgabe richtig lösen.
😐 Ich konnte die Aufgabe nicht komplett lösen.
☹ Ich konnte die Aufgabe nicht lösen.

Aufgabe	Fähigkeit	Hilfe findest du auf Seite …
1	Feldlinien eines Magneten skizzieren.	10, 15, 56
3	Technische Anwendungen verstehen, die auf der Lorentzkraft beruhen.	27, 39, 56
1, 3, 4, 5	Technische Anwendungen verstehen, die auf der Induktion beruhen.	33, 39, 44, 57
2	Bedingungen für das Auftreten von Induktion erkennen.	33, 57
1, 4	Regel von LENZ anwenden.	50, 57

Kinematik und Dynamik geradliniger Bewegungen

Bälle sind ein einfaches und doch immer wieder faszinierendes Spielzeug der Menschen.
Für manche Ballkünstler scheinen ganz andere physikalische Gesetze zu gelten als für „Normalsterbliche". Oder ist es einfach das größere Geschick im Spiel mit den Gesetzen, die doch für alle gleich sind?
Fragen über Fragen: Wie reagiert mein Ball, wenn ich Kraft einsetze, um ihn in Bewegung zu bringen? Was ist anders, wenn ich mit einem leichteren Ball spiele? Kommt die Leichtigkeit der Brasilianer beim Ballspielen etwa daher, dass bei ihnen die Erdanziehungskraft geringer ist, die den Ball zu Boden zieht? Fällt ein Baseball anders als das „Rugby-Ei" oder ein Volleyball? …
Du merkst schon: Im Spiel mit dem Ball ist eine Menge physikalischer „Ernst" versteckt. Über die Bewegung von Flugzeugen, Schiffen, Autos und Motorrädern und all den anderen bewegten Dingen gibt es viel zu erfahren, wenn man die Wirkung einer konstanten Kraft auf einen Ball verstanden hat. Es ist sogar möglich, Berechnungen durchzuführen und die Bewegungen der Dinge vorherzusagen und übersichtlich darzustellen!

Darstellung von Bewegungen in Diagrammen

Zeit und Ort

Als die Bilder laufen lernten: Ganz ohne Filmtechnik gelang es EADWEARD MUYBRIDGE bereits 1884 durch gekonnte Fotografie, Bewegungsabläufe auf Film festzuhalten. ↑1 ↑2

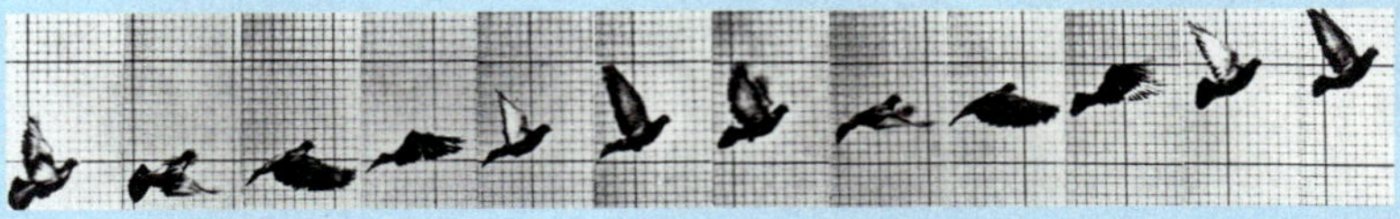

1 Startende Taube

2 Sportler beim Hochsprung

Wenn wir einen Bewegungsvorgang „einfangen" wollen, nehmen wir einen Film davon auf. Möchte ein Physiker anderen anschaulich klarmachen, wie eine Bewegung verläuft oder weitergehen wird, erstellt er einen Trickfilm davon und spricht von einer Animation. Wenn du nach dem Urlaub das Video einer rasanten Skifahrt vorführen kannst, brauchst du über diese Abfahrt nicht mehr so viel zu erzählen. Ganz egal, welche Technik hinter den Filmen steckt, das Grundprinzip ist dabei immer das gleiche: Jedes einzelne Bild gibt einen Moment der Bewegung wieder. Betrachtet man die Bilder in der richtigen Reihenfolge, entsteht der Eindruck, die Bewegung zu sehen.

Bilderreihen und Filme bieten Wissenschaftlern weitreichende Möglichkeiten. Mithilfe von Markierungen an den Bildern können die zurückgelegten Strecken gemessen werden. Und wenn zwischen zwei Bildern immer die gleiche Zeitspanne liegt, läuft gewissermaßen eine Uhr zur Zeitmessung mit. Aus diesen Daten kann man dann z. B. auf Geschwindigkeiten und Beschleunigungen schließen.

Dass man mithilfe von Bildersequenzen sehr gut Information über Bewegungen festhalten und weitergeben kann, ist klar. Doch wie gelingt eine ähnlich anschauliche Informationsübermittlung, wenn die vielen Bilder oder die zum Abspielen erforderliche Technik nicht vorhanden sind? Hier können Diagramme helfen, die die Bewegungen kurz und übersichtlich darstellen. Oft ist es aber gar nicht so leicht, die Diagramme zu erstellen oder richtig zu „lesen". Im folgenden Kapitel kannst du es üben.

Probier's mal!

1 Der bewegte Punkt
Erstelle aus einzelnen Bildern einen „Trickfilm“, in dem sich ein roter Punkt langsam von links in die Mitte bewegt, dort kurz stehen bleibt und dann schnell nach oben verschwindet.
a Erste Möglichkeit: Erstelle Bilder am Computer und organisiere die Wiedergabe als Bildfolge mithilfe einer geeigneten Software.
b Zweite Möglichkeit: Zeichne kleine Bilder selbst und baue ein Daumenkino daraus.

2 ▶ Schulweg im Diagramm
Untersuche deinen Schulweg einmal etwas genauer: Nimm eine Stoppuhr mit und starte sie, wenn du das Haus verlässt. Notiere kurz, von wann bis wann welche Fortbewegungsart (Laufen, Radfahren, mit konstanter Geschwindigkeit, beschleunigt …) vorliegt und welche Strecken du dabei jeweils ungefähr zurücklegst. Notiere auch Pausen bzw. Wartephasen. Halte die Uhr an, wenn du an deiner Schule angekommen bist.
a Fasse deinen Schulweg in einem Diagramm zusammen, in dem festgehalten ist, wann du wie weit von zu Hause weg bist.
b Tauscht in eurer Klasse die Diagramme aus und vergleicht damit eure Schulwege. ◀

Aufgaben

3 ▶ *Radfahren im Diagramm (1)* Ordne den Diagrammen ↑3 die passenden Radfahrsituationen a bis d zu. Begründe jeweils deine Wahl.
Tipp: Bergab wird schneller gefahren als bergauf.
a Eine Zeit lang bergab, dann genauso lange bergauf.
b Eine gerade Strecke bergauf, dann die gleiche Strecke bergab.
c Eine Zeit lang bergauf, dann genauso lange bergab.
d Eine gerade Strecke bergab, dann die gleiche Strecke bergauf. ◀

4 ▶ *Radfahren im Diagramm (2)* Skizziere verschiedene Diagramme wie in Aufgabe 1 zu den Radfahrsituationen a bis d.
Tipp: Je steiler es bergab (bergauf) geht, desto schneller (langsamer) wird gefahren.
a Eine Zeit lang flach bergab, dann genauso lange steiler bergab.
b Eine gerade Strecke steil bergauf, dann genauso weit flacher bergauf.
c Eine Zeit lang bergauf, dann genauso lange bergab.
d Eine Strecke bergab, dann genauso weit flacher bergab.
e Kannst du zu den Situationen auch jeweils zwei prinzipiell verschiedene Diagramme zeichnen? ◀

5 ▶ *Science-Fiction im Diagramm* Captain Kirk fliegt mit einer Landefähre in 10 min von seinem Raumschiff, der Enterprise, zu einem 800 km entfernten Planeten. Dort hält er sich 20 min lang auf und lässt sich dann zum Raumschiff in null Komma nichts zurückbeamen. Das Schiff ändert in den nächsten 30 min seine Umlaufbahn und ist danach 600 km weiter vom Planeten entfernt als zu Beginn.
Zeichne ein Diagramm, in dem festgehalten ist, wann Captain Kirk wie weit vom Planeten entfernt ist. Welche Besonderheit ist nur in Science-Fiction-Geschichten möglich? ◀

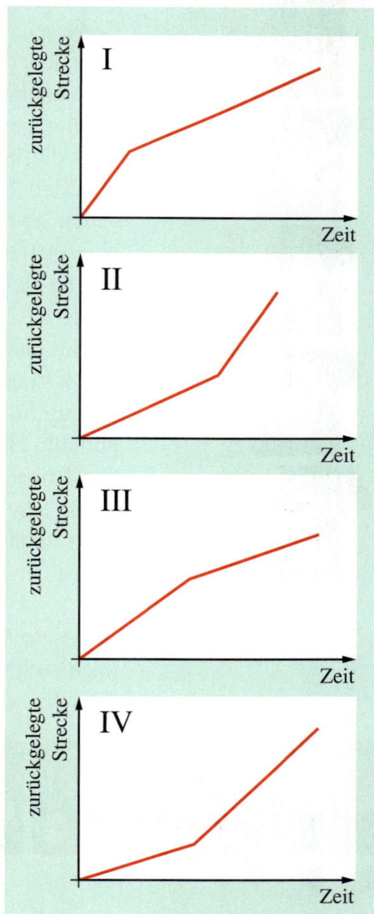

3

Methode

Zeit-Ort-Diagramme bilden reale Bewegungen ab

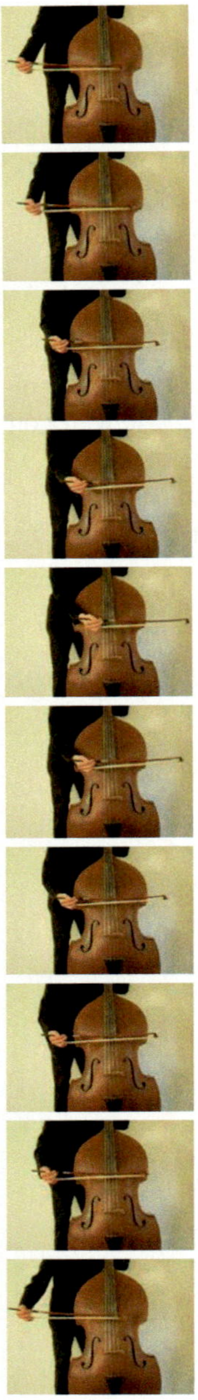

1

▶ Eine Reihe von Filmbildern gibt bereits einen guten Überblick über eine Bewegung. ↑1 Bei Bewegungen, die wie die des Bogens und der Hand entlang einer geraden Linie verlaufen, lässt sich das Wesentliche sogar in einem einzelnen Bild zusammenfassen – dem *Zeit-Ort-Diagramm.* ↑8 Wie man es aus den Filmbildern gewinnt, wird dir im Folgenden erläutert.

1 Wir markieren in den Bildern das betrachtete Objekt – die Hand des Musikers – durch einen Balken senkrecht zur Bewegungsrichtung. Wenn die Bilder in gleichmäßigen Abständen aneinandergereiht werden, entsteht eine Treppenlinie. ↑2

2 Je mehr Bilder eingesetzt werden, desto feiner ist die Treppenlinie unterteilt. ↑3
Wenn man die Bildausschnitte gleich groß ließe, würde die Bildfolge insgesamt länger werden. Bilder zu gleichen Zeiten würden bei verschieden vielen Einzelbildern nicht mehr nebeneinanderliegen, die Bilderfolgen wären nicht gut vergleichbar. Deshalb haben wir den Bildausschnitt mit zunehmender Anzahl der Einzelbilder immer kleiner gewählt. Auf diese Weise wird erreicht, dass die konstante Gesamtlänge der Bilderfolge ein Maß für die Dauer der Bewegung ist. Zwischen zwei Bildern der Reihe ↑2 liegt jeweils eine drittel Sekunde. Reihe ↑3 besteht aus doppelt so vielen Aufnahmen, die Zeit zwischen zwei Bildern ist also nur noch halb so groß (eine sechstel Sekunde).
Es ist deutlich zu sehen, dass die feinere Unterteilung mehr Information über die Bewegung enthält: Beim „Aufstrich" bremst der Musiker den Bogen einmal ab (Einzelbilder 5 und 6). Das ist in der 10er-Reihe nicht zu erkennen. Ob er ganz anhält und den Ton unterbricht, ist jedoch selbst der 20er-Reihe nicht zu entnehmen.

3 In unserem Kulturkreis lesen wir Zeilen von links nach rechts. Daher drehen wir die Bilderfolge so, dass die zeitliche Abfolge nach rechts verläuft. ↑4

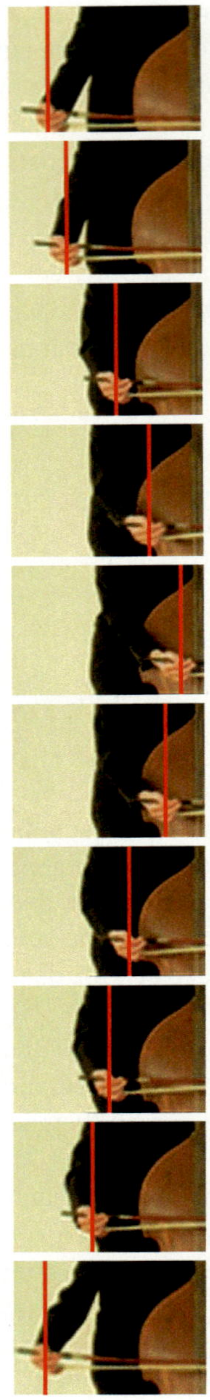

2 10 Bilder

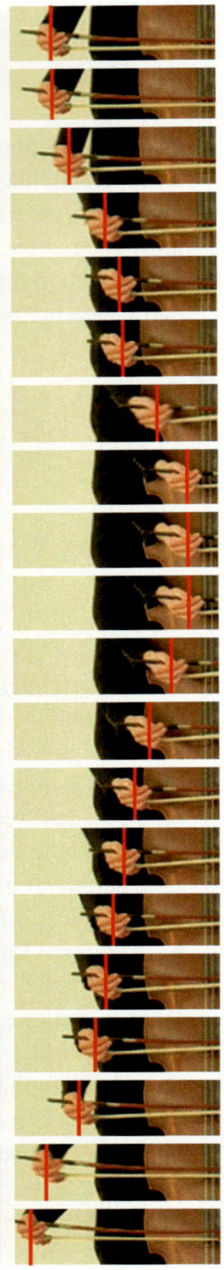

3 20 Bilder

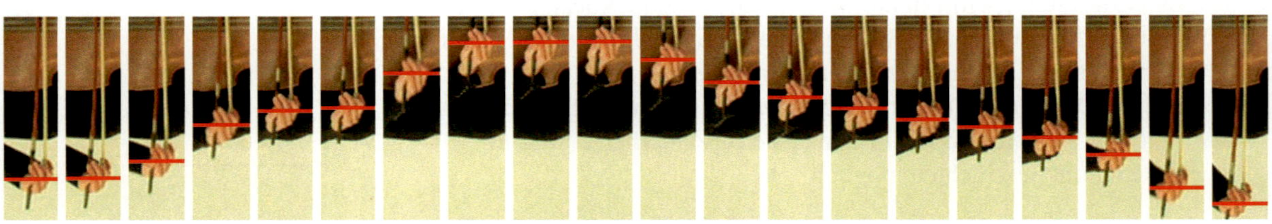

4 20 Bilder, gedreht

Zeit-Ort-Diagramme bilden reale Bewegungen ab

4 Für den Bewegungsverlauf unnötige Informationen werden „ausgeblendet“, d. h., alles außer dem markierten Obiekt wird verdeckt. ↑5

5 20 Bilder, gedreht und „bereinigt“

5 Damit wir das Diagramm später auch zahlenmäßig auswerten können, betten wir die „bereinigte“ Bilderfolge in ein Zeit-Ort-Koordinatensystem ein. ↑6 Die Einteilung der Zeitachse wird durch die Gesamtdauer der Bewegung bestimmt.

Um zur Einteilung der Ortachse zu gelangen, muss der Maßstab der filmischen Abbilder bestimmt werden. In unserem Beispiel gelingt dies, indem wir die Länge des Bogens in den Bildern mit seiner bekannten tatsächlichen Länge vergleichen.

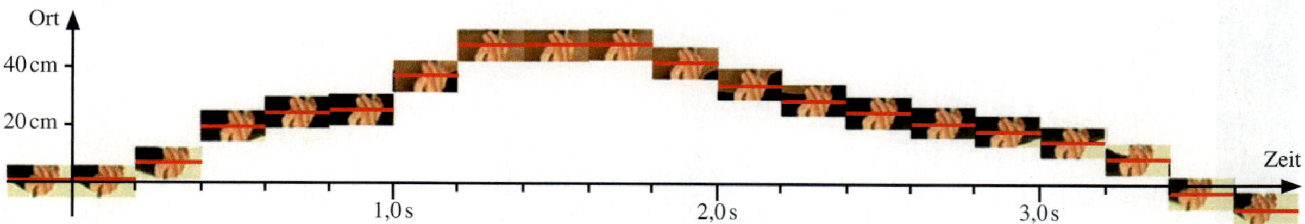

6

6 Wenn das Diagramm eigentlich zu breit oder zu lang für den dafür bereitgestellten Platz ist, kann man die Achseneinteilungen strecken oder stauchen. ↑7

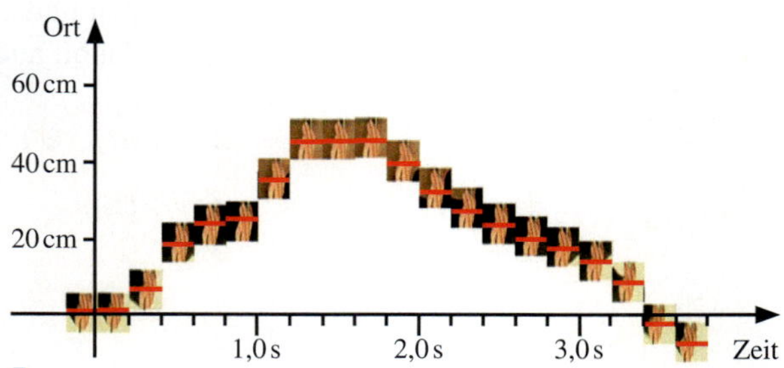

7

Bei sehr großer Bilderzahl und sehr kleinen Zeitabständen (in unserem Beispiel 30 Bilder pro Sekunde) verschmelzen die „Treppenstufen“ zu einer Linie. ↑8 Wir bezeichnen sie als *Graphen* der Bewegung.
Aus dem Diagramm ↑8 kann man genau ablesen, wie der Bassist spielt:

- Das zweimalige Ansteigen (A, C) des Graphen, unterbrochen von einem kurzen horizontalen Bereich (B), stellt zwei ca. 0,4 s dauernde getrennte Noten beim „Aufstrich“ dar.
- Nach einer kurzen Pause (D, ca. 0,5 s) folgt ein längerer Ton (E, ca. 1,7 s) beim „Abstrich“.
- Zu Beginn und Ende dieses Tons ist die Linie steiler: Der Bogen wird etwas schneller über die Seite gestrichen. ◀

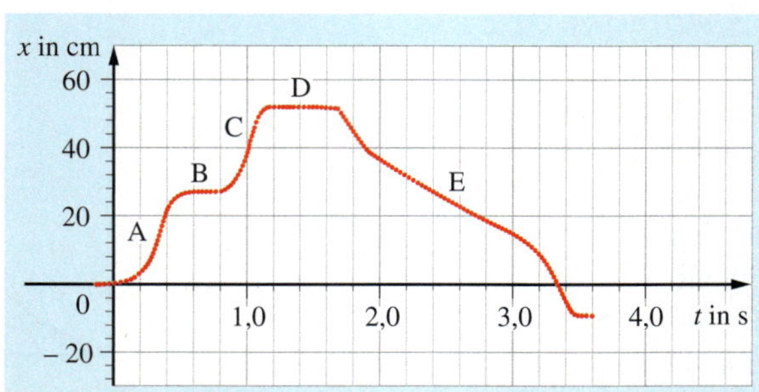

8 Zeit-Ort-Diagramm der Handbewegung

GRUNDLAGEN: Zeit und Ort – Wertetabellen und Diagramme

1

2 3

Am einfachsten lassen sich Bewegungen erfassen und beschreiben, die entlang einer geraden Linie stattfinden (geradlinige Bewegungen): ein 100-m-Lauf, der Fall einer Münze, eine rasante „Fahrstuhlfahrt" auf dem Jahrmarkt … ↑1–↑3 Wo der bewegte Körper zu welchem Zeitpunkt ist, kann durch die Angabe eines einzigen Werts angegeben werden: beim 100-m-Lauf die aktuelle Entfernung zur Startlinie, bei der Münze und beim „Fahrstuhl" die Höhe über dem Erdboden.
Wenn ein Speerwerfer sein Sportgerät durch die Luft schleudert, sind dagegen zur Beschreibung des Orts in jedem Moment zwei Werte anzugeben: die Flughöhe und die Flugweite. Noch aufwendiger wird es bei einem Fußballspiel: Hier müssten drei Werte – Entfernung von der Grundlinie und von der Seitenlinie sowie Flughöhe – angegeben werden, um genau zu wissen, wo der Ball ist. Bei vielen Bewegungen ist allerdings nur eine einzige Ortsangabe von Interesse, sodass die gleichen Methoden wie bei geradlinigen Bewegungen angewendet werden können.

▶ **Die grundlegenden Informationen über die geradlinige Bewegung eines Gegenstands sind in den Zeit-Ort-Wertepaaren enthalten.**

Die Wertepaare werden zu einer Wertetabelle zusammengefasst und in ein Koordinatensystem eingetragen. ↑4 Üblicherweise stellt die „Rechtsachse" die Zeit dar und die „Hochachse" den Ort (auch bei horizontalen Bewegungen!). Die Punkte werden durch einen möglichst glatten Graphen verbunden: Da kein Körper zum gleichen Zeitpunkt an einem Ort verschwinden und an einem anderen wieder auftauchen kann, sind „Stufen" nicht erlaubt; auch „Knicke" sind genau genommen nicht sinnvoll.

Zeit in s	0,0	2,0	4,0	6,0	8,0	10,0	12,0	14,0	16,0	18,0	20,0	22,0
Ort (Höhe) in m	0	6	19	32	45	57	60	59	38	30	6	0

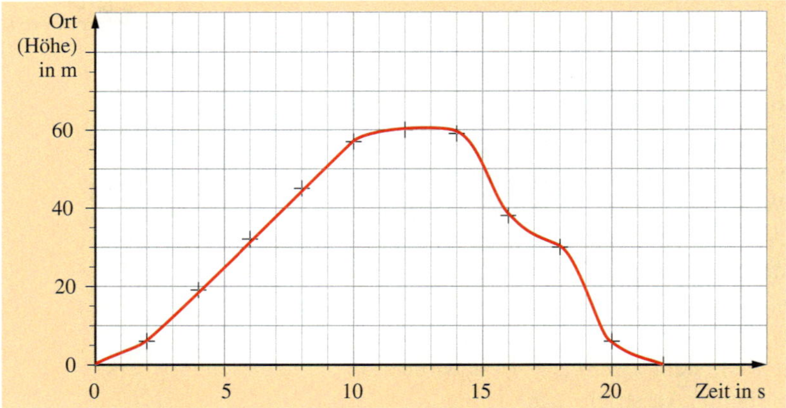

4 Fahrt mit dem Fallturm: Zeit-Ort-Wertetabelle und Zeit-Ort-Diagramm

Die Darstellung von Zeit-Ort-Wertepaaren ($t|x$) mithilfe eines Graphen in einem Koordinatensystem nennen wir Zeit-Ort-Diagramm oder kurz t-x-Diagramm. ◀

Schon gewusst?

Der *Ort* eines bewegten Gegenstands wird oft mit x, gelegentlich aber auch mit anderen Buchstaben bezeichnet: h, s, r, y, z …
Ein Ort x ist eine *Koordinate*, d. h. eine Lageangabe relativ zu einem Nullpunkt.
Eine *Ortsänderung* oder *Ortsdifferenz* $\Delta x = x_{\text{Ende}} - x_{\text{Anfang}}$ ist die Differenz zweier Koordinaten.
Orte und Ortsdifferenzen können sowohl ein positives als auch ein negatives Vorzeichen haben.

Das aus 12 Wertepaaren gewonnene Zeit-Ort-Diagramm ↑4 ist nicht sehr genau, weil die Zeitspanne von 2,0 s zwischen zwei Punkten relativ lang ist. Daher ist gar nicht sicher, ob sich die Fahrt tatsächlich so abgespielt hat, wie es der Graph zeigt. Eine genauere Darstellung ist nur mit mehr Wertepaaren möglich. ↑5

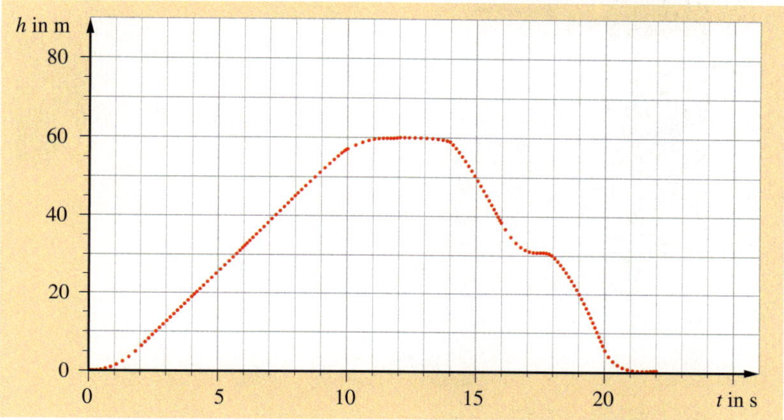

5 Zeit-Ort-Diagramm zur Fahrt mit dem Fallturm (130 Messwertepaare)

Aufgaben

1 ▶ *Zeit-Ort-Diagramm auswerten* ↑5 Was kann man so alles aus dem Diagramm über die rasante „Fahrstuhlfahrt" erfahren?

a Welche Höhe ist nach 17,0 s erreicht?

b Wann ist der Wagen in 42 m Höhe?

c Wie groß ist die Höhenzunahme Δh und die Geschwindigkeit zwischen 3,0 s und 9,0 s? Vergleiche in diesem Zeitintervall Durchschnittsgeschwindigkeit und Momentangeschwindigkeit.

d Wie groß ist Δh und die Durchschnittsgeschwindigkeit v_D zwischen 9,0 s und 11,0 s?

e Wann ist die Fahrt am schnellsten? Wie lange ist die Plattform in Ruhe?

f Welche Bedeutung hat es, wenn der Graph waagerecht verläuft? Welche Bedeutung hat ein geradlinig an- bzw. absteigender Verlauf?

g Welche Bedeutung hat es, wenn der Graph „steiler" bzw. „flacher" wird?

h Fasse die Antworten zu den Teilen f und g mit Diagrammen zu den verschiedenen Situationen in einer Merktabelle übersichtlich zusammen. ◀

2 ▶ *Fallende Münze* ↑2 Zur Analyse der Bewegung steht eine kleine Wertetabelle zur Verfügung. ↑6

t in s	0,0	0,1	0,2	0,3	0,4	0,5
y in cm	150	145	130	105	70	25

6

a Zeichne ein *t*-*y*-Diagramm.

b Wann ist $y = 1$ m?

c Wo ist die Münze nach 0,15 s? Wann schlägt sie auf?

d Bestimme die Durchschnittsgeschwindigkeit in den Zeitintervallen von 0,0 s bis 0,1 s; 0,1 s bis 0,2 s … Stelle die Ergebnisse in einer Tabelle dar und zeichne damit ein *t*-*v*-Diagramm.

e Anhand des *t*-*v*-Diagramms kannst du jetzt Beschleunigungen bestimmen (s. Grundwissen 7). Verwende verschiedene Kombinationen von Geschwindigkeiten und Zeiten zur Berechnung. Was fällt dir auf?

f Mit welcher Geschwindigkeit schlägt die Münze auf? *Tipp:* Verwende die Aufschlagzeit aus Teil c.

g Die Gewichtskraft auf die Münze beträgt 57 mN. Handelt es sich um eine 5 ct, 10 ct, 20 ct, 50 ct oder 1 € Münze? *Tipp:* S. Grundwissen 7. ◀

Zeit und Geschwindigkeit

Um lückenlos kontrollieren zu können, ob sich Lkw-Fahrer an ihre Vorschriften halten, werden seit 2006 digitale Fahrtenschreiber in neu zugelassene Fahrzeuge über 3,5 t eingebaut. ↑1
Was wird in ihnen gespeichert?

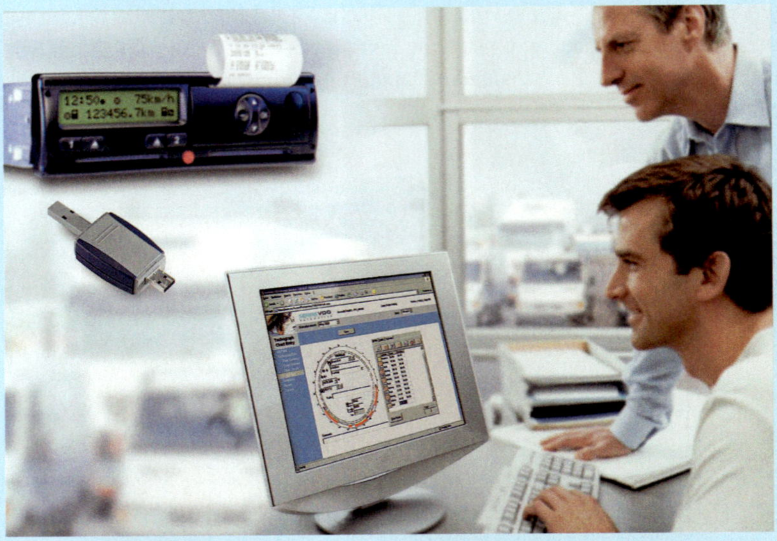

1 Digitaler Fahrtenschreiber

Über den Sensor eines digitalen Fahrtenschreibers wird jede Sekunde die Geschwindigkeit des Fahrzeugs gemessen und zusammen mit dem Zeitpunkt und dem Kilometerstand gespeichert. ↑1 Die Daten können entweder ausgedruckt oder auf einen Computer übertragen werden. In beiden Fällen sieht der Kontrolleur mit wenigen Blicken, ob die zulässige Höchstgeschwindigkeit des Fahrzeugs eingehalten wurde und regelmäßig ausreichende Pausen gemacht wurden.
Zur Identifizierung von Tätern werden in der Kriminalistik auch Stimmanalysen durchgeführt. Voraussetzung dafür ist, dass vom Täter eine Stimmprobe vorliegt. Man erhält sie, indem gesprochene Worte des Täters mit einem Mikrofon aufgenommen werden und das zeitabhängige Ausgangssignal – in der Regel eine Spannung – abgespeichert wird. Die Soundkarten eines Computers speichert z. B. in einer Sekunde 44,1 Millionen Spannungswerte ab. Der zeitliche Verlauf des Signals kann dann leicht in einem Diagramm dargestellt werden. ↑2 Die durch Induktion erzeugte Ausgangsspannung eines elektrodynamischen Mikrofons ist direkt proportional zur Geschwindigkeit der Mikrofonmembran. Die Stimmprobe stellt also ein Zeit-Geschwindigkeit-Diagramm dar. Mithilfe komplexer mathematischer Methoden gelingt es, daraus textunabhängige Merkmale der Stimme zu bestimmen und für Vergleiche zu nutzen.

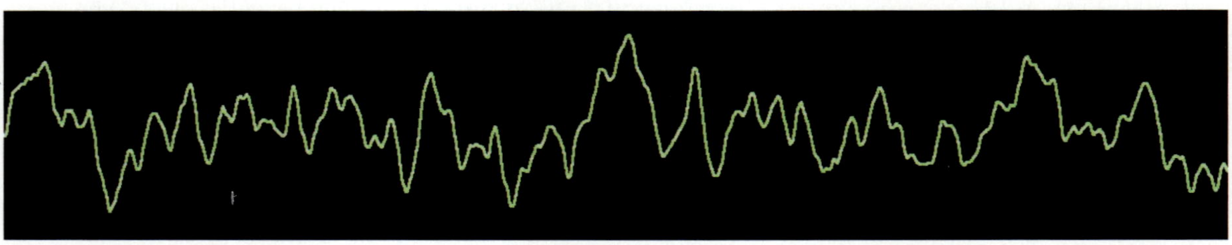

2 Stimmprobe: Zeit-Spannung- bzw. Zeit-Geschwindigkeit-Diagramm

GRUNDLAGEN: Zeit-Geschwindigkeit-Diagramme

▶ **Auch die gemeinsame Erfassung von Zeit t und Geschwindigkeit v enthält Information über die Bewegung eines Gegenstands. Aus den Wertepaaren $(t|v)$ erhält man ein Zeit-Geschwindigkeit-Diagramm, kurz t-v-Diagramm.** ↑3

Wie bei den meisten Diagrammen mit zeitabhängigen Größen wählt man auch hier die Zeit als Rechtsachse.
Die Geschwindigkeit kann nicht plötzlich von einem Wert zum anderen „springen“: In t-v-Graphen treten keine senkrechten Sprünge auf. ↑3 ◀

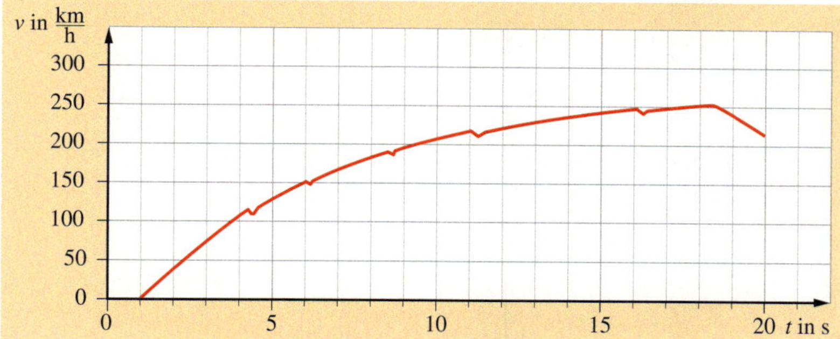

3 Zeit-Geschwindigkeit-Diagramm eines beschleunigenden Motorrads

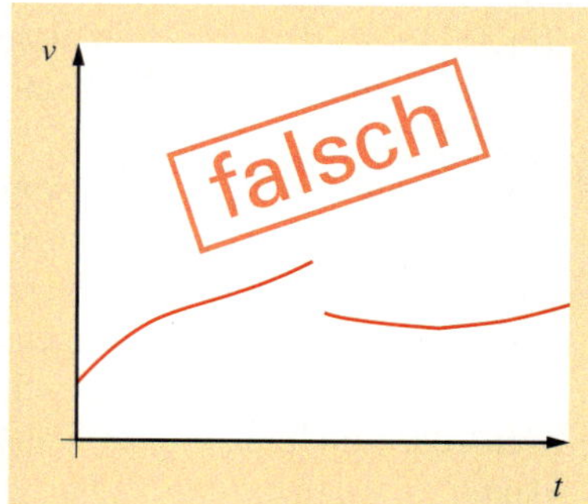

4 Keine Geschwindigkeitssprünge

Aufgabe

Musteraufgabe: ▶ Werte das (vereinfachte) t-v-Diagramm einer Autofahrt aus. ↑5

a Welche Strecke wurde zurückgelegt? Wie groß war die Durchschnittsgeschwindigkeit?

b Welche Bedeutung hat der Flächeninhalt eines Kästchens (Breite: 1 min, Höhe: 10 $\frac{\text{km}}{\text{h}}$)?
Aus wie vielen kleinen Kästchen besteht die Fläche unter dem Graphen? Was fällt dir auf?

c Stehen die „Stufen“ im Diagramm nicht im Widerspruch zu den Grundlagen oben auf dieser Seite?

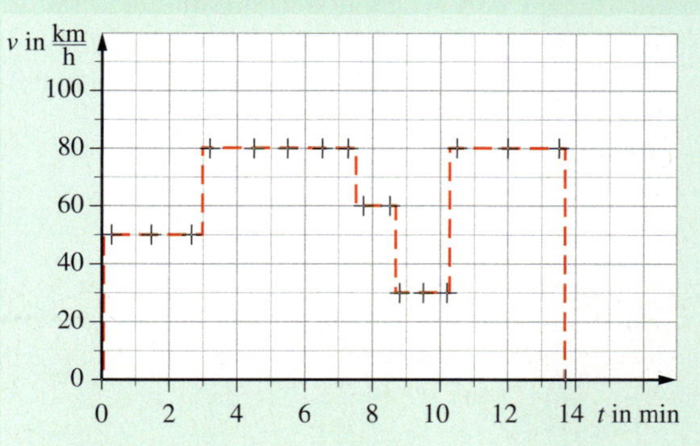

5 t-v-Diagramm einer Autofahrt

Lösung:

a Zurückgelegte Strecke: $\Delta s = v \cdot \Delta t$

3,0 min mit 50 $\frac{\text{km}}{\text{h}}$: $\Delta s_1 = 50\,\frac{\text{km}}{\text{h}} \cdot \frac{3{,}0}{60}\,\text{h} = 2{,}5\,\text{km}$

4,5 min mit 80 $\frac{\text{km}}{\text{h}}$: $\Delta s_2 = 80\,\frac{\text{km}}{\text{h}} \cdot \frac{4{,}5}{60}\,\text{h} = 6{,}0\,\text{km}$

1,0 min mit 60 $\frac{\text{km}}{\text{h}}$: $\Delta s_3 = 60\,\frac{\text{km}}{\text{h}} \cdot \frac{1{,}0}{60}\,\text{h} = 1{,}0\,\text{km}$

2,0 min mit 30 $\frac{\text{km}}{\text{h}}$: $\Delta s_4 = 30\,\frac{\text{km}}{\text{h}} \cdot \frac{2{,}0}{60}\,\text{h} = 1{,}0\,\text{km}$

3,0 min mit 80 $\frac{\text{km}}{\text{h}}$: $\Delta s_5 = 80\,\frac{\text{km}}{\text{h}} \cdot \frac{3{,}0}{60}\,\text{h} = 4{,}0\,\text{km}$

14,5 km in 13,5 min: $v_D = \frac{14{,}5}{\frac{13{,}5}{60}}\,\frac{\text{km}}{\text{h}} = 64{,}4\,\frac{\text{km}}{\text{h}}$

b Fläche eines Kästchens: $A = \frac{1}{60}\,\text{h} \cdot 10\,\frac{\text{km}}{\text{h}} = \frac{1}{6}\,\text{km}$
Diese Strecke wird bei einer einminütigen Fahrt mit 10 $\frac{\text{km}}{\text{h}}$ zurückgelegt.
Insgesamt zählt man 87 Kästchen unter dem Graphen: $87 \cdot \frac{1}{6}\,\text{km} = 14{,}5\,\text{km}$. Das ist die Gesamtstrecke!

c Eigentlich ist dies schon ein Widerspruch, doch sind hier die Beschleunigungsphasen im Vergleich zur Gesamtdauer so kurz, dass das Ansteigen und Abfallen des Graphen im gewählten Maßstab senkrecht erscheint. ◀

Aufgaben

1 ▶ *Motorradtest* Der Ort eines Motorrads wurde in Abständen von 0,01 s über GPS gemessen und daraus die Geschwindigkeit bestimmt. Was kann man aus dem *t*-*v*-Diagramm ↑3 auf Seite 67 ablesen?

a Bestimme den Maßstab der Achsen des *t*-*v*-Diagramms in der Form „1 mm für …“.

b Wie erkennst du einen Gangwechsel? Erkläre den Zusammenhang zwischen Vorgang und Graphen.

c Wie lange braucht das Motorrad, um von 0 auf 100 $\frac{\text{km}}{\text{h}}$ zu beschleunigen? Wie groß ist die Beschleunigung (in $\frac{\text{m}}{\text{s}^2}$)? Verändert sie sich in dieser Phase?

d Bestimme die mittlere Beschleunigung im 4. Gang. ◀

2 ▶ *Bedeutungsvolle Zusammenhänge*

a Welche Bedeutung haben waagerechte Bereiche des *t*-*v*-Graphen für die Beschleunigung? Was bedeutet ein geradlinig an- bzw. absteigender *t*-*v*-Graph?

b Welche Bedeutung für die Beschleunigung hat es, wenn der *t*-*v*-Graph immer steiler ansteigt? Was bedeutet es, wenn er immer „flacher „wird?

c Fasse die Antworten zu den Teilen a und b mit Diagrammen zu den verschiedenen Situationen in einer Merktabelle übersichtlich zusammen. ◀

3 *Golfschlag* Obwohl die Bewegung des Schlageisens ↑1 nicht geradlinig ist, kann ihm durch den Quotienten $v = \frac{\Delta s}{\Delta t}$ eine Geschwindigkeit zugeordnet werden. Wie sieht wohl das *t*-*v*-Diagramm aus?

a Erstelle aus den nummerierten Schlägerpositionen ein *t*-*v*-Diagramm. *Hinweise:* Im tiefsten Punkt (Ballschlag) ist die Geschwindigkeit am größten: $v_{max} = 30\ \frac{\text{m}}{\text{s}}$. Die Zeitschritte sind immer gleich groß.

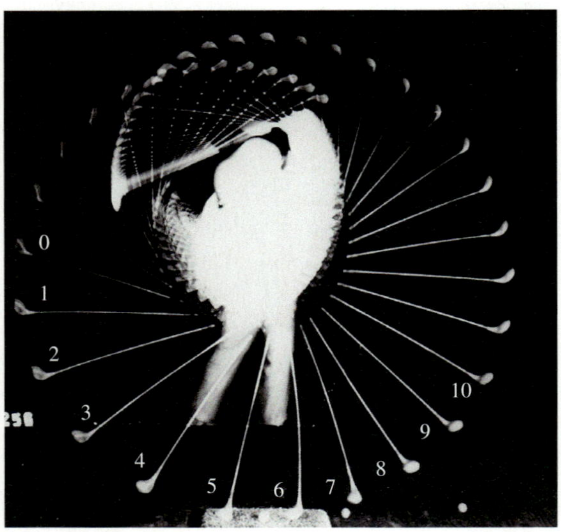

1

b Der Ball übernimmt in 0,2 ms die Geschwindigkeit des Schlageisens. Wie groß ist seine Beschleunigung? Vergleiche sie mit der Fallbeschleunigung *g*.

c *Knobelei:* Der Spieler ist 1,80 m groß. In welchem zeitlichen Abstand wurde „geblitzt“?

4 ▶ *Kontrabass* Die Bewegung des Bogens über die Saiten eines Kontrabasses können wir jetzt durch ein *t*-*x*- und ein *t*-*v*-Diagramm darstellen. ↑2 ↑3

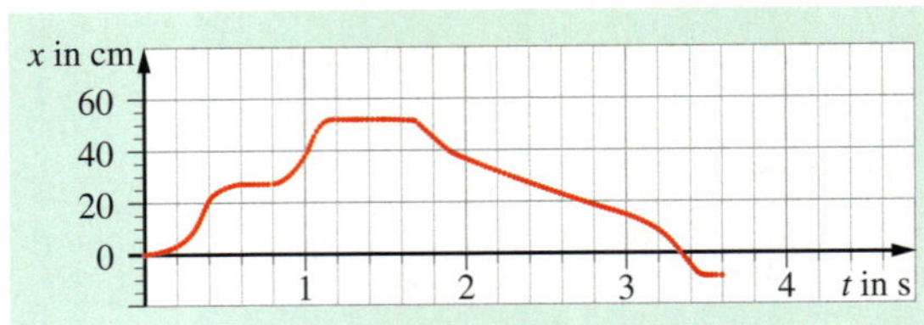

2

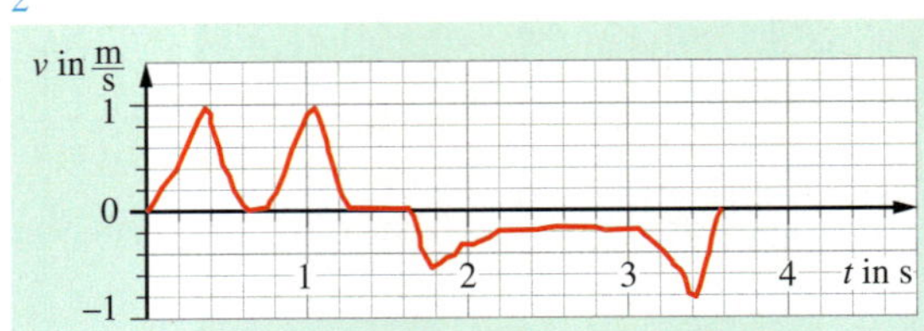

3

a Beschreibe die Bewegung in Worten.

b Der Bogen wurde mit gleichbleibender Kraft auf die Saite gepresst. Der Ton klingt umso lauter, je schneller der Bogen über die Saite streicht. Wie veränderte sich die Lautstärke während der Bewegung?

c Bestimme die Fläche des ersten „Dreiecks“ aus Graphen und *t*-Achse. Welche Bedeutung hat der Wert? ◀

5 ▶ *Autotest* Ein Auto ($m = 1500$ kg) wird beschleunigt. ↑4 Werte das *t*-*v*-Diagramm aus.

a Wie lange dauert die Beschleunigung von 150 $\frac{\text{km}}{\text{h}}$ auf 180 $\frac{\text{km}}{\text{h}}$? Um welchen Wert nimmt die kinetische Energie dabei zu? Wie groß ist die Motorleistung in dieser Phase, wie groß ist sie bei der Beschleunigung von 0 auf 90 $\frac{\text{km}}{\text{h}}$?

b Erkläre den „Zacken“ zu Beginn. ◀

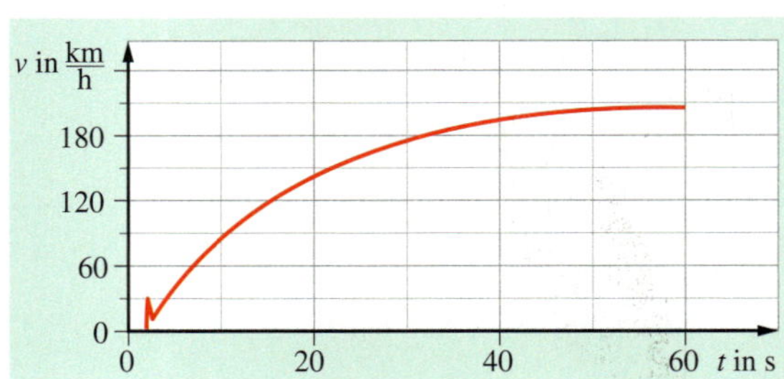

4

Aus der Technik Geschwindigkeitsmessung

5 Speichenmagnet und Sensor

6 Bremssystem beim Motorrad

7 Pitot-Rohr

Moderne Fahrradtachometer messen mit einem Speichenmagneten als Impulsgeber und einem Sensor, wie lange es dauert, bis sich das Rollrad einmal gedreht hat. ↑5 Dabei legt das Fahrrad eine Strecke zurück, die genauso lang ist wie der Umfang des Rads. Der Umfang ist im Chip des Tachos gespeichert. Die Geschwindigkeitsmessung wird also auf eine kombinierte Strecken- und Zeitmessung zurückgeführt, die nicht genauer als auf „eine Radumdrehung" sein kann. Um die Genauigkeit zu erhöhen, werden bei Autos und Motorrädern oft mehrere Impulsgeber pro Umdrehung eingesetzt. Bei Fahrzeugen mit ABS können die ABS-Zahnkränze als Impulsgeber dienen, was je nach Modell 50 bis 100 Impulse pro Umdrehung ergibt. ↑6

Andere Systeme messen die Geschwindigkeit nicht über Weg und Zeit, sondern direkt. Wenn beispielsweise die rotierende Radachse eines Autos einen Generator antreibt, ist dessen elektrische Spannung ein Maß für die Geschwindigkeit. Die Geschwindigkeit von Flugzeugen relativ zur umgebenden Luft wird mit Pitot-Rohren (Prandtl-Rohren) bestimmt. ↑7 Bewegt sich das Rohr durch die Luft, so treten in der Anordnung Druckdifferenzen auf, die ein direktes Maß für die Geschwindigkeit sind.

Im Sport werden zunehmend Radargeräte eingesetzt, um Ballgeschwindigkeiten zu bestimmen. ↑8 Sie senden elektromagnetische Strahlung aus, die vom Ball zum Teil reflektiert und von einem Sensor aufgenommen wird. Wie sehr sich das reflektierte Signal vom ursprünglichen unterscheidet, hängt von der Bewegung des Balls ab. Aus einem Vergleich von Ausgangs- und Eingangssignal kann die Geschwindigkeit berechnet werden. Das gleiche Prinzip liegt Radarpistolen zugrunde, mit denen man die Geschwindigkeiten von Fahrzeugen messen kann. ↑9

8 Geschwindigkeitsmessung mit Radar

9 Radarpistole (Spielzeugausführung)

Bewegungen unter konstanter Krafteinwirkung

Wie Vorhersagen möglich werden

Vorhersagen von Bewegungen gelingen relativ leicht, wenn sich wiederholende Vorgänge zugrunde liegen, wie z. B. Planeten- und Mondbewegungen. Dann genügt eine ausreichend lange und genaue Beobachtung der Objekte. Bewegen sie sich in der Zukunft genauso wie während der Beobachtung, sind Vorhersagen möglich. So gelang es den Forschern der Antike, die Zeitpunkte von Sonnenwenden zu bestimmen und sogar kommender Sonnenfinsternisse vorherzusagen. ↑1

1 Wintersonnenwende in Stonehenge

2

Viele Autos sind mit Bordcomputern ausgerüstet, die eine Fülle von Informationen liefern. ↑2 Unter anderem werden Voraussagen über die Entfernung und die Zeit bis zum gewünschten Ziel gegeben. Dies kann natürlich nur unter gewissen Annahmen gelingen: Im Computer sind viele Daten über Straßen gespeichert; Erfahrungswerte sind eingespeichert, wo wie schnell gefahren wird … Daraus kann eine Abschätzung der noch zu fahrenden Zeit und Entfernung berechnet werden.

Bei der Neuentwicklung eines Flugzeugs wie des A380 ↑3 liegen vor dem Jungfernflug noch keine in der Realität getesteten Informationen über wichtige Daten vor: Wie lang ist die mindestens benötigte Startstrecke? Wie lange dauert der Startvorgang? Und dennoch können Forscher und Ingenieure dazu Vorhersagen machen. Ihnen kommt zugute, dass nahezu der gesamte Startvorgang eine physikalisch sehr einfache Bewegung ist. Wenn der „Schub“ der Triebwerke bekannt ist, lassen sich zuverlässige Vorhersagen treffen. Wie hängen Kraft, Beschleunigung, Geschwindigkeit, zurückgelegte Strecke und Beschleunigungsdauer zusammen?

3

GRUNDLAGEN: Bewegungen bei Kräftegleichgewicht

▶ Am einfachsten gelingt die Voraussage eines Bewegungsverlaufs, wenn die Geschwindigkeit des bewegten Körpers zu jeder Zeit gleich bleibt. Nach dem Trägheitssatz (s. Grundwissen 7) ist dies genau dann der Fall, wenn auf den bewegten Körper keine Kraft einwirkt oder sich mehrere Kräfte im Gleichgewicht befinden.

Wirkt auf einen bewegten Gegenstand keine Kraft oder heben sich mehrere Kräfte in ihrer Wirkung auf, so gilt:
zurückgelegte Strecke = Geschwindigkeit · benötigte Zeit
$$\Delta s = v \cdot \Delta t$$ ◀

Bei Flugzeugen auf Reiseflughöhe liegt oft sogar ein doppeltes Kräftegleichgewicht vor. ↑4 Nach unten wirkt die Gewichtskraft, die durch die Auftriebskraft auf die Flügel ausgeglichen wird: Das Flugzeug verbleibt in der aktuellen Flughöhe, Steig- und Sinkgeschwindigkeit sind gleich null. Nach vorne wirkt die Schubkraft durch die Luft: Sie ist nach dem Wechselwirkungsprinzip genauso groß wie die Schubkraft durch die Triebwerke und entgegengesetzt dazu gerichtet. Nach hinten wirkt die Reibungskraft der Luft. Solange beide „Luftkräfte" gleich groß sind, fliegt das Flugzeug mit konstanter Geschwindigkeit. Es ist dann sehr einfach und zuverlässig vorauszusagen, wann das Flugzeug am Ziel sein wird. ↑5

4 Vier Kräfte im Gleichgewicht

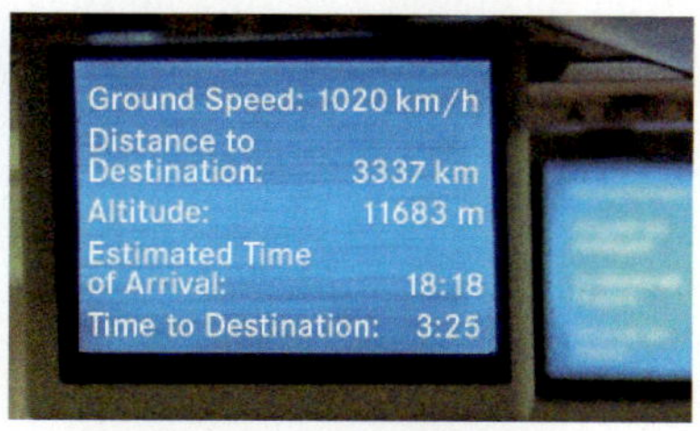

5 Abschätzung der Ankunftzeit

Aufgaben

1 ▶ *Flight information* ↑5 Welche mathematische Formel wird verwendet, um „Time to Destination" zu berechnen? Wie spät ist es gerade? ◀

2 ▶ *Nervenkitzel* Thea liest auf der Homepage des Oktoberfests 2006 über das Fahrgeschäft „Powertower 2": *Aus knapp 70 m in etwas weniger als fünf Sekunden sicher nach unten – das sind ungefähr 80 $\frac{km}{h}$ und damit absoluter Weltrekord.*
Sie vermutet gleich, dass da etwas nicht stimmt!
a Wie weit kommt man in 5 s bei 80 $\frac{\text{km}}{\text{h}}$? Rechne nach und erkläre den Unterschied zur Beschreibung des Fahrgeschäfts.
b Berechne die Durchschnittsgeschwindigkeit v_D für die beschriebene Bewegung und formuliere eine physikalisch korrekte Beschreibung. ◀

3 *Es geht voran!* Du bist mit dem Fahrrad noch 1,6 km von der Schule entfernt, der Tacho zeigt 24 $\frac{\text{km}}{\text{h}}$ an.
a Wann wirst du voraussichtlich an der Schule ankommen? Von welcher Annahme gehst du bei deiner Rechnung aus?
b Was muss du tun, um schon in 3 min anzukommen? Welche äußeren Einflüsse können dir dabei behilflich sein? *Hinweis:* Verwende Fachbegriffe!

4 *So schnell wie der Computer?* Berechne, welche Fahrzeit der Bordcomputer eines Autos anzeigt, wenn noch zu fahren sind:
8,0 km Landstraße, davon 3,0 km Baustelle (Geschwindigkeitsbegrenzung auf 60 $\frac{\text{km}}{\text{h}}$), und 1,5 km Dorfstraße, 35 % davon Tempo-30-Zone.

Probier's mal!

1 Wettrollen
Baue zwei Rollbahnen: Eine davon führt auf dem kürzesten Weg vom Start zum Ziel, die andere ist nach unten „durchgeknickt". ↑1
Zwei gleiche Kugeln sollen auf beiden Bahnen gleichzeitig losrollen. Was vermutest du: Auf welcher Bahn kommt die Kugel schneller an? Schreibe deine Überlegungen erst auf. Starte dann das Wettrollen. Hattest du recht?

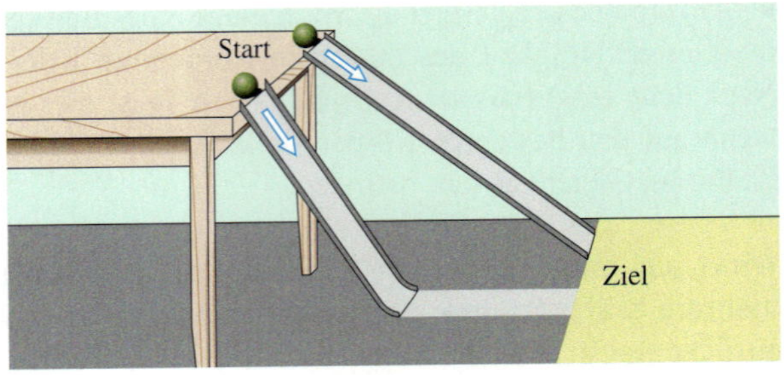

1

Aufgaben

2 *Schau nach vorne!* Theo fährt mit seinem Fahrrad draußen im Hof – gefährlich nahe am Bach.

a Bei welchem Ausruf würde sich seine Großmutter vermutlich die größten Sorgen machen?
- Ich bin 3 m vom Bach entfernt!
- Ich fahre mit 20 $\frac{\text{km}}{\text{h}}$ auf den Bach zu!
- Ich bin noch 10 m vom Bach entfernt und fahre mit 15 $\frac{\text{km}}{\text{h}}$ darauf zu!

Begründe deine Auswahl. Gehe dabei auch darauf ein, warum du dich nicht für die anderen Aussagen entschieden hast.

b Formuliere einen noch „gefährlicheren" Ausruf.

3 *Pendelbewegung* Lena beobachtet im Deutschen Museum fasziniert die Schwingung eines 64 m (!) langen Pendels. Die Kugel unten am Seil ist immer 4,0 s vom äußersten Punkt bis zur Mitte unterwegs. Eine Physikstudentin erklärt Lena, dass die Auslenkung x der pendelnden Kugel relativ gut durch die Formel $x = 2{,}5\,\text{m} - 0{,}193\,\frac{\text{m}}{\text{s}^2}\,t^2 + 0{,}002\,48\,\frac{\text{m}}{\text{s}^4}\,t^4$ berechnet werden kann. ↑2 Dabei ist t die Zeit (in Sekunden) und x der Abstand der Kugel zur Mitte.

a Warum ist die Pendelschwingung streng genommen keine geradlinige Bewegung? Weshalb können wir sie dennoch (näherungsweise) als geradlinige Bewegung betrachten?

b Wie lange braucht die Kugel vom rechten äußeren Punkt zum linken? Nach welcher Zeit wiederholt sich die Schwingung immer wieder?

c Die Kugel ist im äußeren Punkt angekommen. Erstelle für die folgenden 4,0 s eine Wertetabelle mit der Zeit t und der Auslenkung x der Kugel (runde die x-Werte auf 0,1 m). Zeichne das t-x-Diagramm.

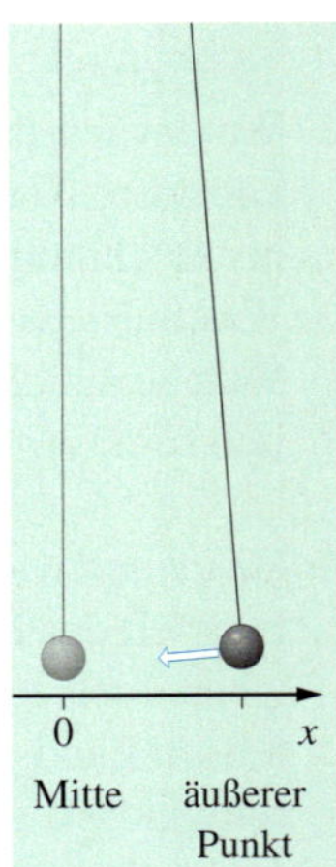

2

d Setzte das t-x-Diagramm bis 20,0 s fort – ohne zu rechnen!

e Wo und wann erreicht die Kugel die größte Geschwindigkeit? Wie zeigt sich dies im Diagramm?

f Wo und wann ist die Kugel in Ruhe? Wie zeigt sich dies im Diagramm?

4 ▶ *Start des A380* Jedes der vier Treibwerke erzeugt eine maximale Schubkraft von 311 kN, die Startmasse beträgt 590 t.

a Berechne die Arbeit, die die Triebwerke bei vollem Schub auf der 3,0 km langen Startbahn verrichten. Wie groß ist die kinetische Energie und die Geschwindigkeit des Flugzeugs nach 3,0 km?

b Wie lang muss die Startbahn aus Sicherheitsgründen mindestens sein, damit das Flugzeug an ihrem Ende eine Geschwindigkeit erreichen kann, die 35 % über der Abhebegeschwindigkeit von 260 $\frac{\text{km}}{\text{h}}$ liegt?

c Kannst du mithilfe von Energiebetrachtungen auch die Zeit bis zum Abheben vorhersagen?
Wenn ja: Wie bist du vorgegangen?
Wenn nein: Aus welcher grundlegenden Gesetzmäßigkeit heraus könnte man zur Antwort gelangen? ◀

5 ▶ *Physikheft* Da hat jemand so Einiges durcheinandergebracht: Verbessere die falschen Merksätze (in deinem Heft).

a Ohne Kraft keine Bewegung.

b Bei gleicher Kraft wird der Körper mit der größeren Masse stärker beschleunigt.

c Bei gleicher Kraft ist die Beschleunigung umso größer, je schneller der Körper ist.

d Beschleunigung gleich Kraft durch Masse. ◀

GRUNDLAGEN: Zurückgelegte Strecke bei konstanter Beschleunigung

Wenn sich die Geschwindigkeit v eines bewegten Körpers verändert, ist es nicht mehr sinnvoll, mit der Beziehung $\Delta s = v \cdot \Delta t$ in die Zukunft zu rechnen. Es ist ja unklar, welcher Wert für v eingesetzt werden soll! Würde man die Durchschnittsgeschwindigkeit v_D in der betrachteten Zeitspanne einsetzen, erhielte man tatsächlich die zurückgelegte Strecke Δs. Doch wie gelingt es, v_D im Voraus zu bestimmen?

▶ Bei konstanter Kraft und Masse ist nach dem Bewegungsgesetz $F = m \cdot a$ („Kraft gleich Masse mal Beschleunigung“) auch die Beschleunigung konstant: $a = \frac{F}{m}$. Damit kann man berechnen, wie sich die Geschwindigkeit v in der Zeitspanne Δt ändert: $\Delta v = a \cdot \Delta t = \frac{F}{m} \cdot \Delta t$. Wenn man die Anfangsgeschwindigkeit v_{Start} kennt, ist also zunächst einmal die nach der Zeitspanne Δt erreichte Endgeschwindigkeit v_{Ende} berechenbar!
Wie man bei konstanter Beschleunigung daraus zur Durchschnittsgeschwindigkeit v_D gelangt, wird anhand des t-v-Diagramms ↑3 verständlich: v_D ist die gerade zur „Halbzeit“ der Beobachtung erreichte Geschwindigkeit. Sie lässt sich als Mittelwert von v_{Start} und v_{Ende} berechnen.

Wenn ein Körper in der Zeitspanne $\Delta t = t_{Ende} - t_{Start}$ durch eine konstante Kraft beschleunigt wird, gilt für seine Durchschnittsgeschwindigkeit v_D in dieser Zeitspanne: $v_D = \frac{1}{2}(v_{Start} + v_{Ende})$.

Das t-v-Diagramm ↑3 hilft zwar, diesen Zusammenhang zu verstehen – es ist aber kein mathematischer Beweis. Dazu wären vertiefte Methoden nötig, die über dieses Buch hinausgehen. Und im Fall einer nicht konstanten Beschleunigung ist die Formel sogar in der Regel falsch!
In jedem Fall richtig ist die Berechnung der zurückgelegten Strecke Δs. ↑4

Ist die Durchschnittsgeschwindigkeit v_D bekannt, so kann die in der Zeitspanne Δt zurückgelegte Strecke Δs berechnet werden: $\Delta s = v_D \cdot \Delta t$. ◀

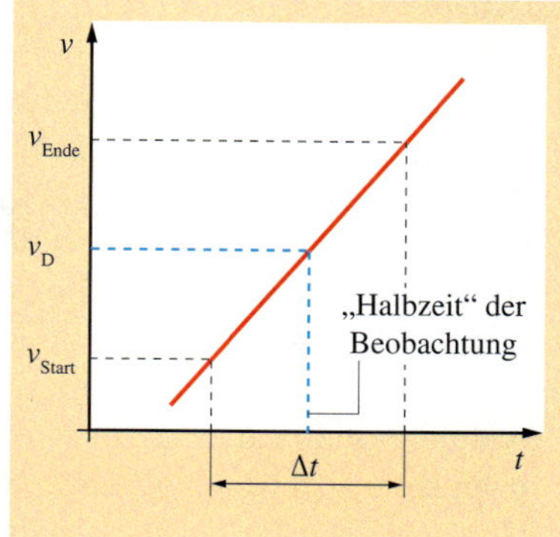

3 t-v-Diagramm bei konstanter Beschleunigung

Ein ICE durchfährt eine Baustelle mit 3,0 $\frac{m}{s}$ und beschleunigt anschließend konstant mit $a = 0{,}40\ \frac{m}{s^2}$ über eine Dauer von $\Delta t = 70$ s.
Wie groß ist die Geschwindigkeitsänderung Δv des Zugs?
Wie groß ist seine Durchschnittsgeschwindigkeit v_D und die zurückgelegte Strecke Δs?
Lösungen:
$\Delta v = a \cdot \Delta t$
$\Delta v = 0{,}40\ \frac{m}{s^2} \cdot 70\ s = 28\ \frac{m}{s}$

$v_D = \frac{1}{2}(v_{Start} + v_{Ende})$
$v_D = \frac{1}{2}(3{,}0\ \frac{m}{s} + 28\ \frac{m}{s}) \approx 16\ \frac{m}{s}$

$\Delta s = v_D \cdot \Delta t$
$\Delta s = 16\ \frac{m}{s} \cdot 70\ s = 1{,}1$ km

4 Beispielrechnung

GRUNDLAGEN: Rechnen mit SI-Einheiten

Um die Verständigung in der Physik zu vereinfachen, gibt es ein internationales Einheitensystem (Système international d'Unités). Jede physikalische Größe hat darin genau eine Einheit. ↑5 Wenn du beim Rechnen alle Größen in SI-Einheiten angibst, trägt jedes Rechenergebnis automatisch auch eine SI-Einheit. In diesem Fall kannst du einfach mit den Zahlenwerten der Größen rechnen und die richtige Einheit dann am Ende jedes Terms dazuschreiben. ↑6 Eine Gefahr bei diesem Vorgehen ist allerdings, dass man einen Fehler in einer Formel nicht so leicht erkennt. Deshalb kann eine Kontrolle, ob die richtige Einheit herauskommt, sinnvoll sein.

Größe	SI-Einheit	Vielfache
m	1 kg	1 t = 1000 kg
s	1 m	1 km = 1000 m
t	1 s	1 h = 3600 s
v	$1\ \frac{m}{s}$	$1\ \frac{km}{h} = \frac{1}{3{,}6}\ \frac{m}{s}$
a	$1\ \frac{m}{s^2}$	
F	$1\ N = 1\ kg\ \frac{m}{s^2}$	
E	$1\ J = 1\ kg\ \frac{m^2}{s^2}$	

5 Einige Größen und ihre SI-Einheiten

Ein Lkw ($m = 35$ t) beschleunigt mit einer Kraft von $F = 0{,}75$ kN aus dem Stand ($v_{Start} = 0\ \frac{km}{h}$). Wann erreicht er die Geschwindigkeit $v_{Ende} = 30\ \frac{km}{h}$?
Lösung: $v_{Ende} = a \cdot \Delta t$. Wegen $a = \frac{F}{m}$ gilt also: $v_{Ende} = \frac{F}{m} \cdot \Delta t$.
Daraus folgt: $\Delta t = v_{Ende} \cdot \frac{m}{F}$. Einsetzen ergibt: $\Delta t = \frac{\frac{30}{3{,}6} \cdot 35 \cdot 10^3}{0{,}75 \cdot 10^3}\ s = 3{,}9 \cdot 10^2$ s.

6 Beispiel: einfacheres Rechnen mit SI-Einheiten

Aufgabe

1 ▶ *Fahrbahnexperiment* Durchschnittsgeschwindigkeit, Startgeschwindigkeit, Endgeschwindigkeit, Beschleunigung … Der Grundlagentext „Zurückgelegte Strecke bei konstanter Beschleunigung" steckte voller Begriffe! Im folgenden Fahrbahnexperiment kannst du sie auch einmal „live" beobachten und nicht nur davon lesen.
Auf der horizontal ausgerichteten Luftkissenfahrbahn kann sich bei eingeschaltetem Gebläse ein kleiner Wagen nahezu reibungsfrei bewegen. ↑1
Er wird immer am gleichen Startpunkt losgelassen und dann durch ein kleines Wägestück beschleunigt. Entlang des Wegs sind zwei Lichtschranken aufgestellt.

a Wie lange braucht der Wagen von der ersten zur zweiten Lichtschranke? Wie lang ist diese Strecke? Berechne die Durchschnittsgeschwindigkeit.

b Wie lange braucht der Wagen, um die erste bzw. die zweite Lichtschranke zu passieren? Wie schnell ist er in diesen Momenten?

c Berechne die Durchschnittsgeschwindigkeit und die Beschleunigung mithilfe der Momentangeschwindigkeiten.

d Berechne die Beschleunigung einmal anders: Du brauchst dazu die beschleunigende Gewichtskraft auf das Wägestück und die Gesamtmasse der beschleunigten Körper. Vergleiche mit dem Ergebnis aus Teil c. ◀

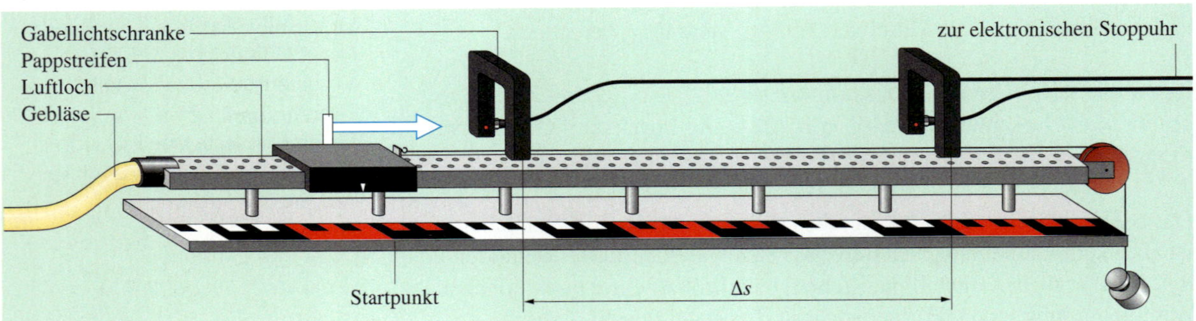

1

Aus der Verkehrstechnik Anfahren mit konstanter Beschleunigung

Wenn du in einem fahrenden Bus oder Zug stehst, fällt es dir nicht immer leicht, das Gleichgewicht zu halten. Daher sind überall Haltestangen und Griffe angebracht. Die Gleichgewichtsprobleme sind physikalisch leicht zu erklären. Sie treten immer dann auf, wenn das Verkehrsmittel seinen Bewegungszustand ändert. Dein Körper ist träge – natürlich nur im physikalischen Sinn – und möchte den Bewegungszustand beibehalten. Dieser Zwiespalt zwischen Trägheit und Bewegungsänderung des Busses oder Zugs ist es, der dich aus dem Gleichgewicht bringt. Physikalisch spricht man von einer „scheinbaren Kraft im beschleunigten System", die dich nach hinten (beim Anfahren) oder vorne (beim Abbremsen) fallen lässt. Um diese unvermeidbaren Scheinkräfte möglichst unbemerkbar zu machen, sind moderne U-Bahnen mit einer ausgefeilten elektronischen Regelungstechnik versehen. ↑2 Beim Anfahren und Abbremsen wird die Beschleunigung möglichst konstant gehalten, damit auch die Scheinkräfte gleich bleiben. Darauf kann sich unser Körper besser einstellen als auf ständig wechselnde Beschleunigungen. Nur zu Beginn und am Ende spürt man noch ein „Ruckeln". Um es abzuschwächen, wird die Beschleunigung nicht plötzlich, sondern allmählich auf den gewünschten Wert geregelt.

2 U-Bahn in München

Aufgaben

2 *Voyager 1* Die Raumsonde erreichte am 15. August 2006 eine Entfernung von 100 AE zur Sonne. (Die astronomische Einheit 1 AE bezeichnet den mittleren Abstand Erde–Sonne.) Mit einer Geschwindigkeit von 17 $\frac{km}{s}$ nähert sich Voyager 1 der Grenze unseres Sonnensystems, der *Heliopause*. ↑3

a Unter welcher Bedingung ist die Geschwindigkeit der Raumsonde konstant?

b Informiere dich, wie groß 1 AE ist. Wie viele astronomische Einheiten legt Voyager 1 in einem Jahr zurück?

c Nimm ein mal an, Voyager 1 wäre die ganze Zeit mit der jetzigen Geschwindigkeit unterwegs gewesen: Wann wäre sie dann gestartet? Recherchiere den genauen Startzeitpunkt. Vergleiche und erkläre den Unterschied.

d In rund 10 Jahren wird Voyager 1 den interstellaren Raum erreichen. Wie weit ist die Sonde dann von der Sonne entfernt?

e *Alpha Centauri* ist mit einer Entfernung von vier Lichtjahren der nahste Nachbarstern unseres Sonnensystems. Wie lange würde eine Reise von der Erde dorthin mit einer Geschwindigkeit von 17 $\frac{km}{s}$ dauern? *Hinweis:* Ein Lichtjahr ist die Strecke, die das Licht in einem Jahr zurücklegt.

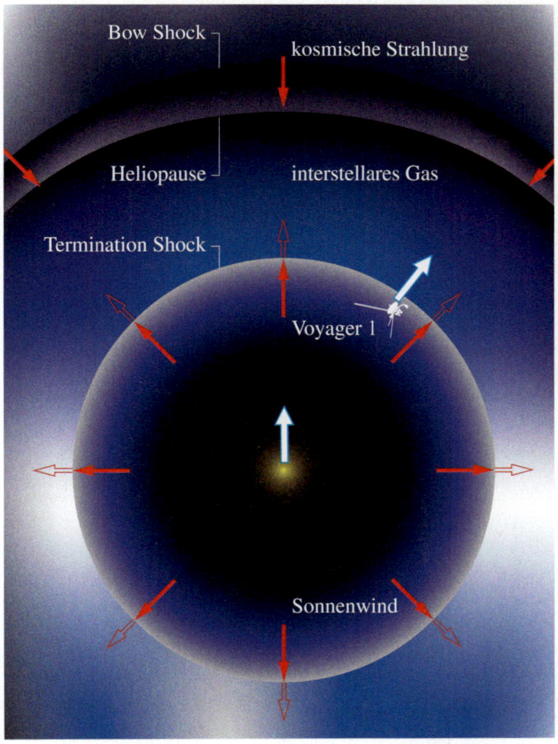

3 Auf dem Weg zum interstellaren Raum

3 ▶ *Von Ionen angetrieben* Die amerikanische Raumsonde *Deep Space 1* (1998–2001) und die europäische Sonde *SMART-1* (2003–2006) waren mit Ionentriebwerken ausgestattet. ↑4 Dieser zukunftsträchtige Antrieb ermöglicht sehr lange Beschleunigungsphasen bei geringem Treibstoffverbrauch. Allerdings ist die Schubkraft sehr klein: Sie betrug nur 0,07 N (das ist etwa so viel wie die Gewichtskraft auf eine Postkarte!). Damit wurde bei SMART-1 eine Masse von 370 kg beschleunigt.

a Welche Beschleunigung erreichte SMART-1?

b Die Geschwindigkeit von Deep Space 1 nahm in einer Woche um 310 $\frac{km}{h}$ zu. Damit kannst du auch die Masse dieser Sonde berechnen.

c Sonden dieser Bauart können ungefähr 7 Monate lang ununterbrochen beschleunigen. Welche Strecken würden sie jeweils zurücklegen, wenn sie eine Anfangsgeschwindigkeit von 2,6 $\frac{km}{s}$ „mitbringen"?

d Genauer betrachtet wird bei gleichbleibender Schubkraft die Beschleunigung der Sonden mit der Zeit immer größer. Wie ist das möglich?

e Stelle dir einmal vor, dass die Schubkraft beliebig lange zur Verfügung steht. Wie würde dann eine Reise zum Mars verlaufen? Berechne auch, wie lange die Reise dauern würde. ◀

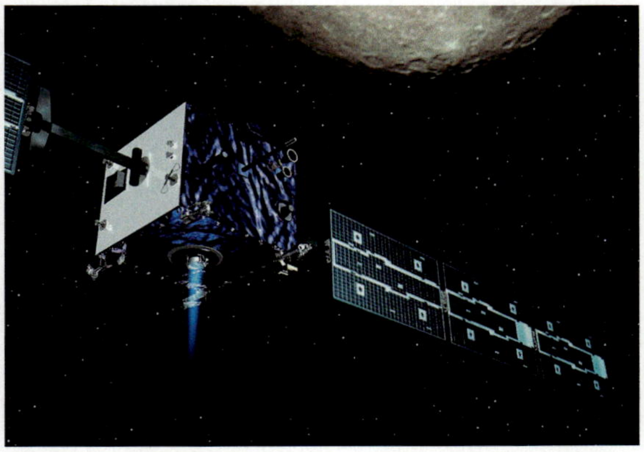

4 SMART-1 mit Ionentriebwerk

GRUNDLAGEN: Abbremsen – mit sinnvollen Vorzeichen

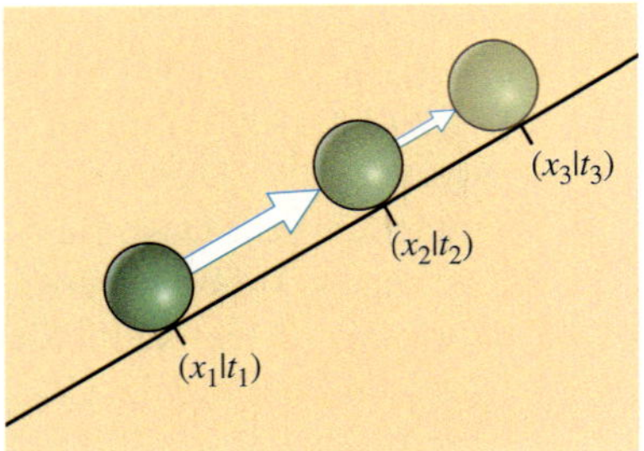

1

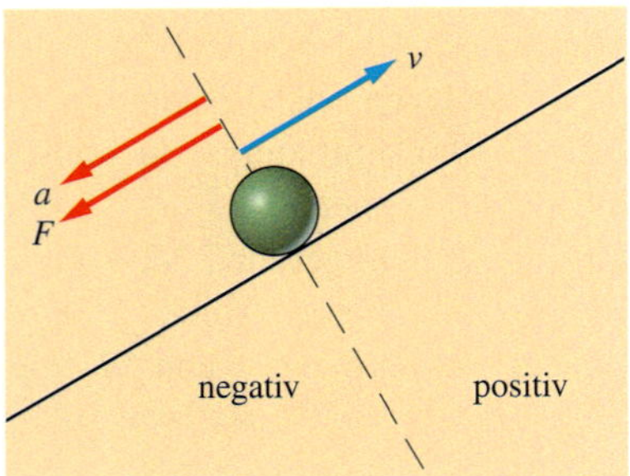

2

▶ Eine Kugel ist angestoßen worden und rollt eine Rampe hinauf. ↑1 Jetzt wirkt nur eine konstante Kraft entlang der Rampe nach unten auf die Kugel, durch die sie abgebremst wird. Die mathematische Beschreibung des Abbremsens ist etwas schwieriger als in den bisherigen Fällen, weil die konstante Kraft *entgegengesetzt* zur Bewegungsrichtung wirkt.
Beim Hochrollen nimmt die Geschwindigkeit der Kugel ab, Δv ist also negativ. Damit ist auch die Beschleunigung $a = \frac{\Delta v}{\Delta t}$ negativ (Δt ist positiv). Und nach dem Bewegungsgesetz $F = m \cdot a$ ist die Kraft F dann ebenfalls negativ!
Welche Vorzeichen die verschiedenen Bewegungsgrößen tragen, lässt sich an einer „Pfeilzeichnung" verdeutlichen: ↑2
- Die ursprüngliche Bewegungsrichtung ist als positive Richtung festgelegt.
- Größen für die Bewegung in positiver Richtung tragen positive Vorzeichen: die Geschwindigkeit v beim Hochrollen.
- Größen für die Bewegung in negativer Richtung tragen negative Vorzeichen: die Kraft F und die Beschleunigung a.

Mit diesen Festlegungen lassen sich Bewegungen, die durch eine konstante Kraft abgebremst werden, genauso berechnen wie konstant beschleunigte Bewegungen. ◀

Aufgaben

Musteraufgabe: ▶ Herr Reinhard fährt mit seinem Auto ($m_A = 850\,\text{kg}$) mit einer Geschwindigkeit von $90\,\frac{\text{km}}{\text{h}}$ auf ein 40 m entferntes Ortsschild zu. Um auf die innerorts zulässige Höchstgeschwindigkeit zu kommen, drückt der Fahrer ($m_F = 80\,\text{kg}$) das Bremspedal, bis die Geschwindigkeit exakt $50\,\frac{\text{km}}{\text{h}}$ beträgt. Die konstante Bremskraft beträgt 5,5 kN. Gelingt das Abbremsen noch vor dem Ortsschild?

a Was ändert sich während des Abbremsens, was bleibt gleich?
b Berechne die Beschleunigung, die durch die Bremskraft bewirkt wird. Überlege dir das Vorzeichen.
c Wie schnell ist das Auto nach 1,3 s?
d Wie schnell ist das Auto zur „Halbzeit" des Bremsvorgangs? Was folgt daraus für die Durchschnittsgeschwindigkeit beim Abbremsen?
e Nach welcher Zeit erreicht das Auto $50\,\frac{\text{km}}{\text{h}}$?
f Berechne, welche Strecke das Auto in der Abbremszeit zurücklegt. Ist sie größer als 40 m?

Lösung:

a Ort und Geschwindigkeit des Autos ändern sich. Gesamtmasse und Bremskraft bleiben gleich groß. Wegen $a = \frac{F}{m}$ bleibt auch die Beschleunigung gleich groß.

b Wenn man die Fahrtrichtung als positive Richtung festlegt, ist es sinnvoll, Kraft und Beschleunigung mit negativem Vorzeichen anzugeben.

$$a = \frac{F}{m};\quad a = \frac{-5{,}5 \cdot 10^3}{850 + 80}\,\frac{\text{m}}{\text{s}^2} = -5{,}9\,\frac{\text{m}}{\text{s}^2}$$

c $\Delta v = a \cdot \Delta t;\quad \Delta v = -5{,}9 \cdot 1{,}3\,\frac{\text{m}}{\text{s}} = -7{,}7\,\frac{\text{m}}{\text{s}} = -28\,\frac{\text{km}}{\text{h}}$

Das Auto bremst in 1,3 s auf $62\,\frac{\text{km}}{\text{h}}$ ab.

d Die Geschwindigkeit zur „Halbzeit" beträgt $70\,\frac{\text{km}}{\text{h}}$. Sie ist gleich dem Mittelwert aus Anfangsgeschwindigkeit ($90\,\frac{\text{km}}{\text{h}}$) und Endgeschwindigkeit ($50\,\frac{\text{km}}{\text{h}}$), da es sich um eine Bewegung mit konstanter Beschleunigung handelt.
Die Geschwindigkeit zur Halbzeit ist gleich der Durchschnittsgeschwindigkeit v_D beim Abbremsen.

e $\Delta v = a \cdot \Delta t;\quad \Delta t = \frac{\Delta v}{a} = \frac{v_{\text{Ende}} - v_{\text{Anfang}}}{a}$

$$\Delta t = \frac{\frac{50}{3{,}6} - \frac{60}{3{,}6}}{-5{,}9}\,\text{s} = 1{,}9\,\text{s}$$

f $\Delta s = v_D \cdot \Delta t;\quad \Delta s = \frac{70}{3{,}6} \cdot 1{,}9\,\text{m} = 37\,\text{m}$

Das Auto erreicht 3 m vor dem Ortsschild $50\,\frac{\text{km}}{\text{h}}$. ◀

Aufgaben

1 *Schiffsbremsung* Nach Vorgabe der *International Maritime Organisation* (IMO) müssen Motorschiffe aus voller Fahrt innerhalb von 15 Schiffslängen zum Stehen kommen können. Was bedeutet das für das derzeit größte Containerschiff der Welt, die 397 m lange *Emma Maersk*? ↑3
Hinweise: Wenn das Schiff voll beladen ist, beträgt seine Masse 0,19 Millionen Tonnen. Bei voller Fahrt hat es eine Geschwindigkeit von 27 Knoten ($1\ \text{kn} = 1{,}852\ \frac{\text{km}}{\text{h}}$).

a Wie groß muss die Bremskraft der Emma Maersk mindestens sein, um die Vorgabe der IMO zu erreichen?
Hinweis: Gehe von einer konstanten Bremskraft aus.

b Bei einem Bremsmanöver beträgt die Bremskraft gleichbleibend 0,30 MN bis zum Stillstand. Wie lange dauert das Abbremsen?

c Wie lange würde es dauern, das Schiff mit einer Antriebskraft von $F = 150$ kN auf volle Fahrt zu bringen?
Berechne auch die Beschleunigungsstrecke.

3

2 *Freestyle-Schanze (für Experten)* ↑4 Bevor Oscar die Schanze selbst testet, möchte er abschätzen, wie hoch und wie lange er fliegen wird. Aus seiner Erfahrung heraus schätzt er, dass er mit rund $12\ \frac{\text{m}}{\text{s}}$ den Absprung erreicht. Mit Ausrüstung beträgt seine Masse etwa 65 kg. Da der Absprung sehr steil ist, geht er von einer nahezu senkrechten Bewegung aus. ↑5 Außerdem nimmt er an, dass er 5,0 m unter der Absprunghöhe landet.

a Wie groß ist die Gewichtskraft, mit der Oscar in der Flugphase von der Erde angezogen wird?
Zur Erinnerung: Die Gewichtskraft auf eine Schokoladentafel von 102 g beträgt 1 N.

b Wie lange dauert es nach dem Absprung, bis Oscar durch die Gewichtskraft auf $0\ \frac{\text{m}}{\text{s}}$ abgebremst wird?

c Wie groß ist die Durchschnittsgeschwindigkeit v_D in der Zeit vom Absprung bis zum Erreichen des höchsten Punkts? Wie hoch wird der Sprung?

d Berechne mithilfe des Energiesatzes die Landegeschwindigkeit und daraus die Durchschnittsgeschwindigkeit in der Fallphase.
Wie lange dauert der ganze Sprung?

4

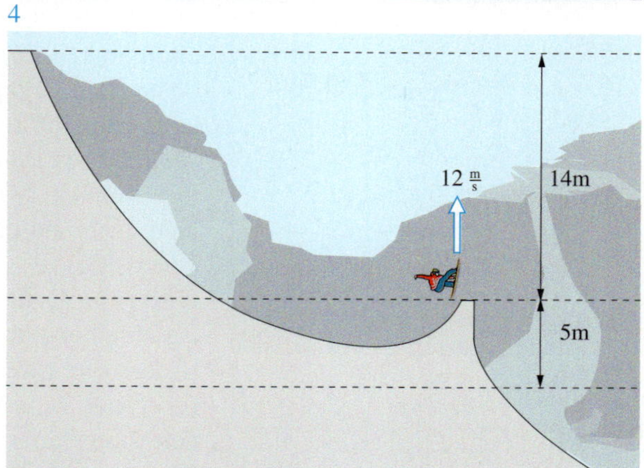

5

Bewegungsfunktionen

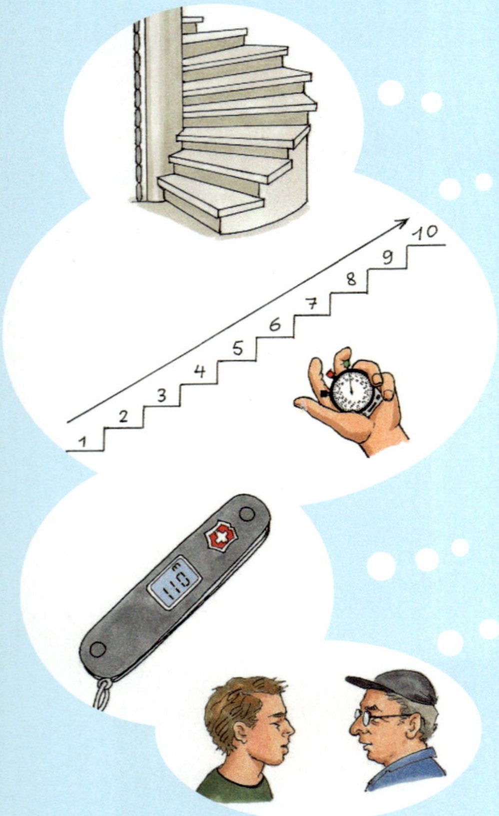

Frage in einer Physikprüfung:
Wie können Sie mit einer Stoppuhr und einem Taschenmesser die Höhe eines Turms bestimmen?

Nach einer Weile beginnt der Student:
Wenn der Turm eine Treppe besitzt, könnte ich beim Hinaufsteigen die Höhe in Messerlängen abzählen und oben in Meter umrechnen.
Ich könnte auch die Höhe von zehn Treppenstufen messen, die Zeit stoppen, die ich brauche, um zehn Stufen hinaufzusteigen, und daraus meine Steiggeschwindigkeit v bestimmen. Wenn ich dann den ganzen Turm mit eben dieser Geschwindigkeit aufsteige und die benötigte Zeit Δt messe, kann ich aus $\Delta h = v \cdot \Delta t$ die Höhe berechnen.
Oder ich könnte – wenn es ein modernes Bergsteiger-Taschenmesser mit Höhenanzeige ist – die Höhe oben auf dem Turm und am Boden messen. Die Differenz ist gleich der Höhe des Turms.
Sehr einfach wäre es, an der Tür des Hausmeisters zu klopfen und ihm zu sagen: „Wenn Sie ein schönes neues Taschenmesser brauchen, gebe ich Ihnen dieses hier – vorausgesetzt, sie verraten mir die Höhe des Turms!“

Welche Antwort wollte der Prüfer eigentlich hören?

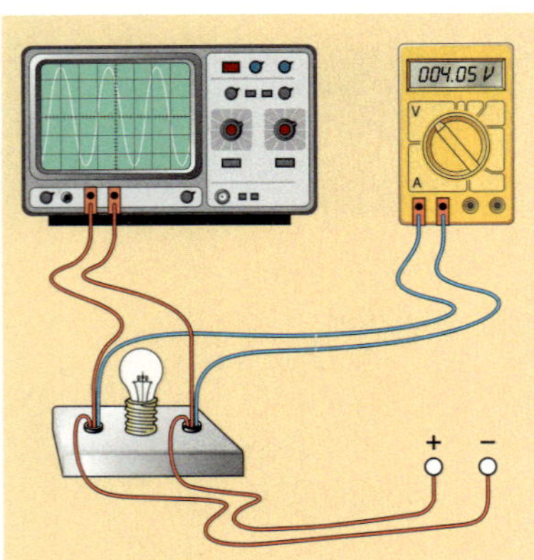

1

Mathematik	2					
Schulaufgaben	2	1	3	4		
Exen	4	2	2	1	1	4
mündlich	1	5				

2

Was kann das Oszilloskop, was das Spannungsmessgerät nicht kann? ↑1 Was enthält die Sammlung aller Mathematiknoten eines Schuljahrs, das der Zeugnisnote nicht zu entnehmen ist? ↑2 Und welche Gemeinsamkeit verbindet diese Fragen?
Das Spannungsmessgerät zeigt nur einen Wert der Spannung an, am Oszilloskop wird dagegen der zeitliche Verlauf der Spannung während einer einstellbaren Zeitspanne angezeigt. Genauso ist es mit den Mathematiknoten: Im Zeugnis steht ein einzelner Endwert, die Notizen enthalten die komplette Information über die Entwicklung der schulischen Leistung während des Schuljahrs. Damit wären wir schon bei der wesentlichen Gemeinsamkeit: Mit dem Oszilloskop und den Notizen schränkt man sich nicht mehr auf einzelne Werte ein, sondern betrachtet den zeitlichen Verlauf als Ganzes.
Um etwas Ähnliches wird es im Folgenden auch bei der mathematischen Beschreibung von Bewegungen gehen. Wir haben bisher immer die zurückgelegte Strecke oder die Geschwindigkeit zu einer bestimmten Zeit berechnet. Mithilfe der Bewegungsfunktionen wird es uns möglich sein, den gesamten zeitlichen Verlauf während einer Zeitspanne „auf einen Blick“ zu erfassen.

Probier's mal!

1 Freier Fall
Wie hängen Fallzeit und -höhe bei einem fallenden Körper zusammen? Um das zu untersuchen, brauchst du jetzt einen kleinen, massiven Gegenstand (Kugel, Schraubenmutter …).

a Lass deinen Gegenstand aus nicht zu kleinen Höhen fallen (z. B. 1,0 m; 2,0 m; 3,0 m; 4,0 m; 5,0 m). *Achtung:* Lehne dich nicht zu weit über das Geländer o. Ä. und pass auf, dass der Gegenstand niemandem auf den Kopf fällt!
Notiere jeweils die Fallhöhe Δh und stoppe die Fallzeit Δt. *Tipp:* Damit dein Ergebnis möglichst genau wird, solltest du die Fallzeit mehrmals messen und anschließend den Mittelwert bilden.

b Berechne aus der Fallhöhe Δh mithilfe der Formel $\frac{1}{2} m \cdot v^2 = m \cdot g \cdot \Delta h$ (Energieerhaltung; s. Jahrgangsstufe 8) die Aufprallgeschwindigkeit v.

c Erstelle eine dreizeilige Δt-Δh-v-Tabelle und zeichne damit ein Δt-Δh- und ein Δt-v-Diagramm. Beschreibe die Graphen.

GRUNDLAGEN: Gewichtskraft und Fallbeschleunigung

Alle Körper ziehen sich aufgrund ihrer Masse gegenseitig an. Die Gravitationskraft wird allerdings erst deutlich bemerkbar, wenn mindestens einer der Körper eine sehr große Masse hat. Daher spüren wir im Alltag immer nur die Gravitationskraft, die die Erde ausübt. Wir bezeichnen sie auch als *Gewichtskraft* auf einen Körper. Sie ist immer zum Erdmittelpunkt hin gerichtet.
Die Gravitationskraft nimmt mit zunehmendem Abstand zwischen den Körperschwerpunkten ab. Nur wenn sich dieser Abstand während einer Bewegung nicht allzu sehr ändert, braucht die Änderung der Gravitationskraft nicht berücksichtigt zu werden. Dies ist der Fall, solange wir uns in „normalen" Lebensbereichen auf und über der Erdoberfläche befinden. Für Satelliten und Raumfahrzeuge auf ihren kreisähnlichen Bahnen um die Erde herum ist die Gewichtskraft zwar kleiner, aber während der Bewegung verändert sie sich nur wenig.
▶ Je größer die Masse eines fallenden Gegenstands ist, desto größer ist die Gewichtskraft auf ihn, die ihn beschleunigt. ↑3 Eine größere Masse bedeutet aber auch gleichzeitig eine größere Trägheit: Der schwerere Gegenstand „widersetzt" sich der durch die Gewichtskraft hervorgerufenen Bewegungsänderung stärker. Beide Effekte gleichen sich gegenseitig aus.

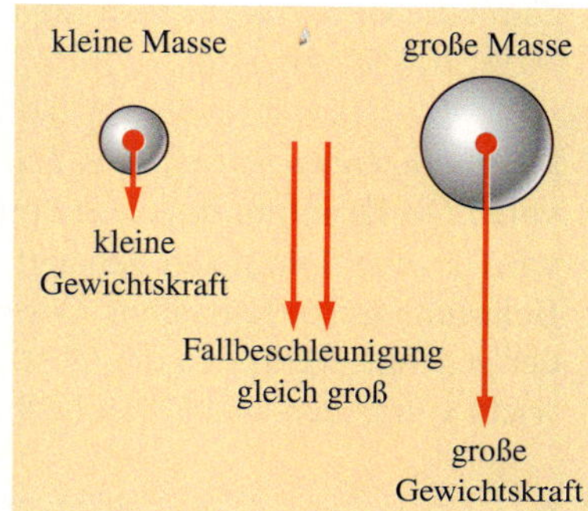

3

Die Fallbeschleunigung g, die durch die Gewichtskraft F_G verursacht wird, ist für alle Körper gleich groß.
In Mitteleuropa beträgt sie: $g = 9{,}81\ \frac{\text{m}}{\text{s}^2}$.

Das Bewegungsgesetz $F = m \cdot a$ lautet für Fallbewegungen, bei denen nur die Gewichtskraft eine Rolle spielt: $F_G = m \cdot g$.
Die Gewichtskraft wirkt jederzeit – also auch, wenn der Körper gar nicht fällt, sondern z. B. von dir durch die Kraft deiner Armmuskeln in Ruhe gehalten wird. Dann beschreibt die Gleichung $F_G = m \cdot g$ auch die Größe der Kraft, mit der du den Körper im Kräftegleichgewicht hältst. ◀

Übrigens

Die Gravitationskräfte zwischen einem Ball und der Erde sind gleich groß. ↑4 Für die Beschleunigungen gilt das nicht:
Der Ball wird mit der Fallbeschleunigung schneller.
Aus der Gleichung $a = \frac{F}{m}$ folgt, dass die Beschleunigung der Erde wegen ihrer riesigen Masse praktisch gleich null ist.

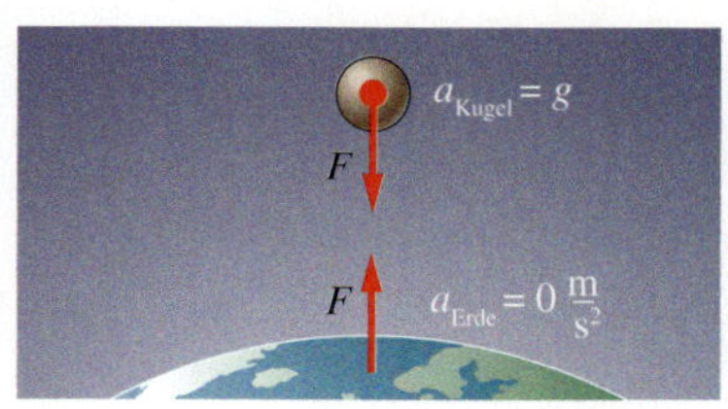

4

Aufgaben

1 *Gravitationskraft (für Experten)* Die Gravitationskraft zwischen zwei Körpern nimmt mit zunehmender Entfernung der Körperschwerpunkte ab: doppelte Entfernung → ein Viertel der Gravitationskraft; dreifache Entfernung → ein Neuntel der Gravitationskraft; vierfache Entfernung → ein Sechzehntel der Gravitationskraft.
Spürt man als Passagier eines Flugzeugs die Abnahme der Gewichtskraft?

a Ein Mensch steigt mit dem Flugzeug von Meereshöhe bis in eine Höhe von 12 000 m auf. Um wie viel Prozent ändert sich sein Abstand zum Erdmittelpunkt?

b Wie hoch müsste er von Meereshöhe aufsteigen, damit die Gewichtskraft auf ihn um 1 % (5 %, 10 %, 50 %, 100 %) abnimmt?

2 ▶ *Masse, Gewichtskraft und Federdehnung* Ein voller Obstkorb mit der Gesamtmasse $m = 12\,\text{kg}$ wird an eine Spiralfeder gehängt, die sich bei 10 N Belastung um 3,0 cm dehnt. Wie weit wird die Feder gedehnt, wenn sich der Obstkorb im Gleichgewicht von Feder- und Gewichtskraft befindet? ◀

3 ▶ *Übertrieben?* Hans behauptet, bei einem Sturz vom Gerüst 2 s lang gefallen zu sein.

a Mit welcher Geschwindigkeit v_{Ende} müsste er dann aufgeprallt sein? Wie groß wäre seine Durchschnittsgeschwindigkeit v_D gewesen? Aus welcher Höhe wäre er gefallen?

b Tatsächlich landete er mit einer Geschwindigkeit von $4{,}5\,\frac{\text{m}}{\text{s}}$. Berechne die Falldauer und -höhe. ◀

4 *Nicht ganz freier Fall* Über einer festen Rolle liegt ein Faden, an dessen Enden Wägestücke angebunden sind. ↑1
Wie bewegen sich die Wägestücke, wenn man sie loslässt?

1

a Das schwerere Wägestück wird als *Fallkörper* bezeichnet, das leichtere als *Bremskörper*.
Warum ist das sinnvoll?

b Nimm einmal an, dass m sehr viel kleiner als M ist (z. B. $m = 1\,\text{mg}$, $M = 1\,\text{kg}$). Wie groß ist in diesem Fall die Beschleunigung der Wägestücke?

c Wenn beide Massen gleich groß sind, setzen sich die Wägestücke erst in Bewegung, wenn man eines davon anstößt. Wie verläuft die weitere Bewegungin diesem Fall?

d Wie groß ist die Beschleunigung der Wägestücke, wenn M um 50 % größer als m ist ($M = \frac{3}{2}\,m$)?

2

3

GRUNDLAGEN: Freier Fall und senkrechter Wurf

Ein Kletterer fällt, bis ihn sein Seil auffängt. ↑2 Die Sportlerin wirft den Volleyball zum Aufschlag senkrecht nach oben. ↑3 So unterschiedlich beide Bewegungen aussehen, es verbinden sie doch zwei wesentliche Gemeinsamkeiten:

– Wenn die bewegten Körper sich selbst überlassen sind, wirkt hauptsächlich die Gewichtskraft (die Luftreibung ist dagegen vergleichsweise gering).
– Die Bewegungen verlaufen in senkrechter Richtung, d. h. parallel zur Gewichtskraft.

Physikalisch gesehen handelt es sich daher um gleichartige Bewegungen! Geschichtlich bedingt hat sich jedoch der folgende Sprachgebrauch „eingebürgert“:

▶ **Fällt ein zuvor ruhender Gegenstand allein unter dem Einfluss der Gewichtskraft, spricht man von einem freien Fall.**
Wird ein Gegenstand senkrecht nach oben oder unten geworfen (gestoßen, geschossen …) und fällt danach frei, so heißt die Bewegung senkrechter Wurf. ◀

GRUNDLAGEN: Falldauer und -tiefe beim freien Fall

Welche Zeit Δt vergeht beim freien Fall aus der Höhe Δh bis zum Aufprall? Wie bei vielen physikalischen Fragestellungen kann man sowohl experimentell als auch theoretisch zur Lösung kommen. Manchmal stehen – so wie hier – sogar verschiedene theoretische Ansätze zur Verfügung, um zur Antwort zu gelangen. ↑4

Ansatz: Energieerhaltungssatz

Ausgangspunkt ist die vollständige Energieumwandlung von potenzieller in kinetische Energie:
$E_{pot} = E_{kin}$ bzw. $m \cdot g \cdot \Delta h = \frac{1}{2} m \cdot v_{Ende}{}^2$.
Damit gilt zum einen für die Geschwindigkeit v nach einem freien Fall aus vorgegebener Höhe Δh:
$v_{Ende}{}^2 = 2\,g \cdot \Delta h$.
Da die Beschleunigung g konstant ist und $v_{Start} = 0\,\frac{m}{s}$ gilt (freier Fall), folgt zum anderen aus der Definition der Beschleunigung:
$g = \frac{v_{Ende} - v_{Start}}{\Delta t} = \frac{v_{Ende}}{\Delta t}$ bzw. $v_{Ende} = g \cdot \Delta t$.
Ein Vergleich der beiden Ergebnisse zeigt:
$2\,g \cdot \Delta h = g^2 \cdot (\Delta t)^2$ bzw. $(\Delta t)^2 = \frac{2 \cdot \Delta h}{g}$.

Ansatz: Durchschnittsgeschwindigkeit

Ausgangspunkt ist die Durchschnittsgeschwindigkeit bei Bewegungen mit konstanter Beschleunigung:
$v_D = \frac{1}{2}(v_{Start} + v_{Ende})$.
Da beim freien Fall $v_{Start} = 0\,\frac{m}{s}$ gilt (Bewegung aus der Ruhe heraus), folgt zum einen:
$v_D = \frac{1}{2} v_{Ende}$.
Da die Beschleunigung g konstant ist und $v_{Start} = 0\,\frac{m}{s}$ gilt (freier Fall), folgt zum anderen aus der Definition der Beschleunigung:
$g = \frac{v_{Ende} - v_{Start}}{\Delta t} = \frac{v_{Ende}}{\Delta t}$ bzw. $v_{Ende} = g \cdot \Delta t$.
Für die Falldauer Δt gilt daher:
$\Delta h = v_D \cdot \Delta t = \frac{1}{2} v_{Ende} \cdot \Delta t = \frac{1}{2} g \cdot \Delta t \cdot \Delta t = \frac{1}{2} g \cdot (\Delta t)^2$.

4

Beim freien Fall ist das Quadrat der Falldauer proportional zur Falltiefe:

$$(\Delta t)^2 = \frac{2\,\Delta h}{g} \text{ bzw. } \Delta h = \frac{g}{2}(\Delta t)^2.$$

Aufgaben

5 *Knobeleien mit Äpfeln*

a Zwei Äpfel beginnen gleichzeitig vom Baum zu fallen: der eine aus 3,4 m Höhe, der andere von 1,3 m darüber. Welche Zeitspanne liegt zwischen dem ersten und zweiten Aufprall?

b Zwei Äpfel beginnen gleichzeitig vom Baum zu fallen. Der eine hing 2,8 m hoch und schlägt 0,12 s vor dem anderen auf. Wie hoch hing der zweite Apfel?

c *Für Experten:* Zwei Äpfel beginnen gleichzeitig vom Baum zu fallen. Der eine hing 1,9 m höher und prallt 0,21 s später auf. Wie hoch hingen die Äpfel?

6 *Brunnentiefe* Anna lässt einen Stein in einen Brunnenschacht fallen. Nach 3,0 s hört sie ihn in das Wasser platschen. Sie denkt sich: „Aha! Der Brunnen ist weniger als 44 m tief."

a Wie kommt sie zu ihrer Schätzung?

b Der Reiseführer erklärt, dass der Brunnen 41 m tief ist. Welche physikalische Größe lässt sich damit aus Annas Messung bestimmen? Berechne sie.

7 ▶ *Senkrechter Wurf nach unten* Herbert filmt seine Schwestern, die am See auf einem 3-m-Brett sitzen und mit Schleudern Steine ins Wasser schießen. Sie vergleichen, bei wem es höher spritzt.

a Als er den Film zu Hause nachbearbeitet, fällt ihm auf, dass ein besonders großer Stein auf 12 Bildern in der Luft zu sehen ist. Wie lang ist dieser Stein geflogen?
Hinweis: Die Kamera hat 30 Bilder pro Sekunde aufgenommen.

b Wie groß ist die Durchschnittsgeschwindigkeit v_D des Steins? Um welchen Betrag Δv hat die Geschwindigkeit im Flug zugenommen? Wie groß war die Anfangsgeschwindigkeit v_{Start}? ◀

c Wie hoch wäre die Murmel gekommen, wenn sie senkrecht nach oben abgeschossen worden wäre?

Fallen und Schwerelosigkeit

1 Tandemsprung

So ein Tandemsprung ist für Abenteuerlustige ein faszinierendes Erlebnis. Oben kontrolliert ein erfahrener Fallschirmspringer den Sprung, unten genießt der Passagier die freie Sicht auf die entgegensausende Erde. Der Passagier kann auch deshalb so entspannt „fliegen", weil er seinen Begleiter im Rücken fast nicht spürt. Wie ist das möglich?
Halte doch einmal etwas Schweres in den Armen (z. B. volle Plastikflaschen), steige auf eine Bank und springe herunter. Du wirst sehen: Vor dem Sprung ist der Gegenstand ganz normal schwer, beim Fallen scheint er plötzlich nichts mehr zu wiegen und bei der Landung wird er ganz schwer. Doch nicht nur der Gegenstand in deinen Armen scheint beim Fallen sein Gewicht verloren zu haben: Auch deine Kleidung, deine Arme und Beine – alles an und in dir scheint keine Schwere mehr zu besitzen. Du fühlst dich schwerelos!
Der Grund für die scheinbare Schwerelosigkeit z. B beim Tandemsprung ist ganz einfach: Der Passagier „weicht" vor seinem Begleiter nach unten aus – und zwar mit derselben Geschwindigkeit, die der Begleiter hat. Dadurch kann der Begleiter nicht auf den Passagier drücken.
Etwas Ähnliches kennst du auch vom Busfahren: Solange der Bus die gleiche Geschwindigkeit hat wie du, spürst du die Haltestange in deinem Rücken kaum. Erst wenn der Bus beschleunigt, drückt sie in deinen Rücken.

In der Nähe von Bremen steht der Fallturm des Zentrums für angewandte Raumfahrttechnologie und Mikrogravitation. Er dient dazu, Kurzzeitexperimente unter Schwerelosigkeitsbedingungen durchzuführen. Verglichen mit einem „Ausflug“ ins All, sind die Kosten für die Experimentierzeit im Fallturm viel geringer.
Im Fallturm befindet sich eine 123 m hohe Röhre, aus der die Luft herausgepumpt werden kann. In ihr kann sich eine Fallkapsel bewegen. Bis 2004 ließ man die Kapsel nur von oben nach unten fallen (wo sie in einem Auffangbehälter landet, der mit stecknadelkopfgroßen Styroporkugeln gefüllt ist). Heute wird die Kapsel zu Beginn eines Fallexperiments von einem Katapult nach oben geschossen! Die Flugdauer, während der scheinbar Schwerelosigkeit herrscht, konnte dadurch verdoppelt werden.
Um die Kapsel hochzuschießen, muss das Katapult auf einer kurzen Strecke eine große Geschwindigkeit erreichen. Dazu wird Pressluft von unten in das Katapult geleitet, die unter enormem Druck steht.

2 Fallturm

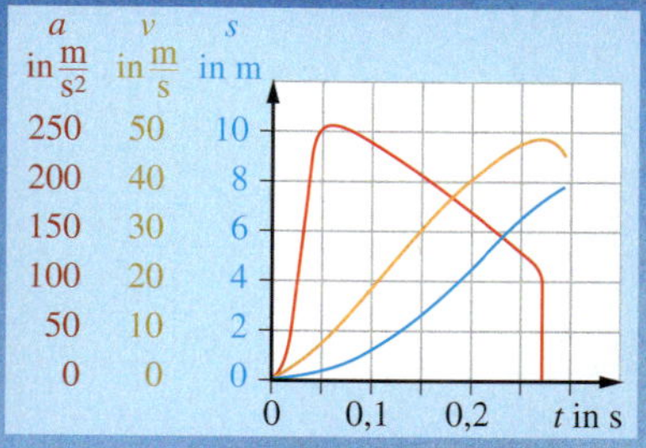

3 Beschleunigung durch das Katapult

Experimente unter Schwerelosigkeit werden auch bei Parabelflügen mit einem speziell ausgerüsteten Flugzeug („Zero G“) durchgeführt. Die Versuche werden dazu im Kabinenraum des Flugzeugs aufgebaut. Während der parabelförmigen Flugphase herrscht an Bord scheinbar Schwerelosigkeit.
Aus einem Bericht über einen Parabelflug:
„Dafür beginnt das Flugzeug in 6000 Meter Höhe einen steilen Aufstieg. Bei 50 Grad Steigung drückt der Pilot die Maschine nach vorn. Nun beschreibt ihr Flug eine Parabel und ab jetzt herrscht Schwerelosigkeit. Das dauert 22 Sekunden – Zeit für die Experimente. Inzwischen stürzt der Jet wieder dem Boden entgegen – bei einem Winkel von 43 Grad Neigung fängt der Pilot die Maschine wieder ab.
22 Sekunden sind genug, um Astronauten zu trainieren oder Experimente zu machen … Insgesamt fliegt die Maschine 31 Parabeln – für die Piloten im Cockpit Schwerstarbeit: ESA-Astronaut Philippe Perrin steuert die Auf- und Abwärtsbewegungen, Luftwaffentestpilot Gilles Le Barzic die seitliche Richtung des Flugzeugs. Auf jedem Scheitelpunkt der Parabel bimmelt ein Warnsignal, rote Lampen blinken. Das Flugzeug hat jetzt nur noch eine Geschwindigkeit von etwas mehr als 200 Kilometer pro Stunde, eigentlich zu langsam zum Fliegen. Es fliegt auch gar nicht mehr – es wird quasi ‚geworfen‘. Dann rasen die Äcker und Felder der Normandie im Cockpitfenster auf die Forscher zu, während die Maschine im Sturzflug schnell wieder Geschwindigkeit zulegt. Anschließend fangen die Piloten die Maschine wieder ab und die Prozedur beginnt von vorne.“

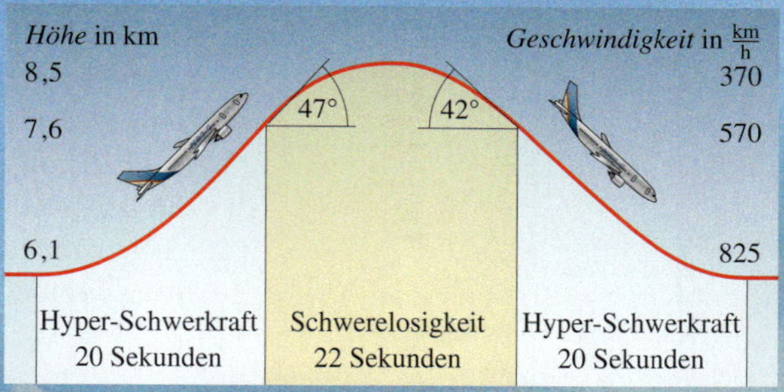

5 Parabelflug

4 Zero-G

Experimente

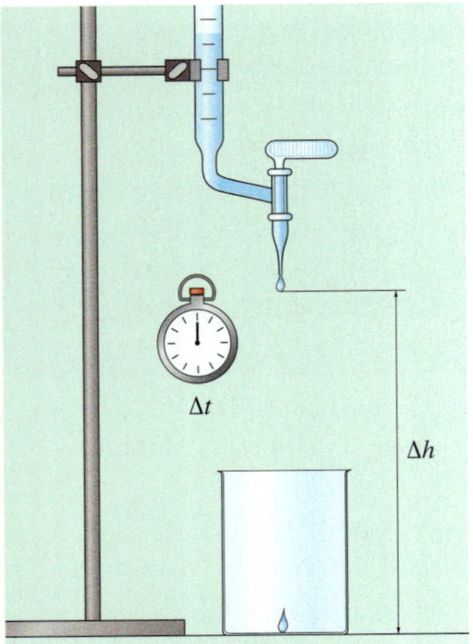

1

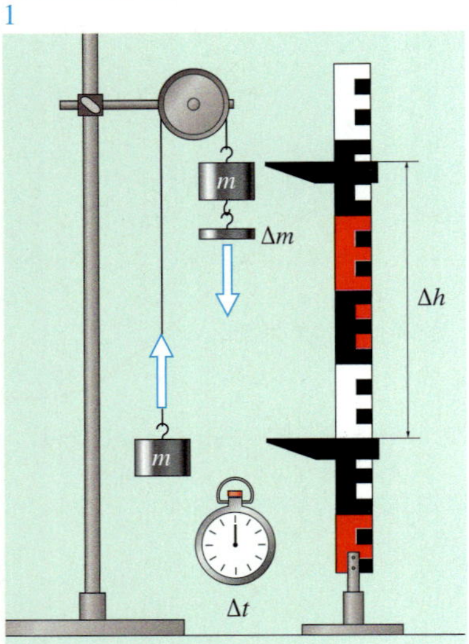

2

1 Von fallenden Wassertropfen zur Fallbeschleunigung

a Lass aus einer Pipette Wassertropfen in ein Gefäß fallen. ↑1 Wähle die Aufeinanderfolge der Tropfen so, dass sich der nachfolgende Tropfen gerade dann von der Pipette ablöst, wenn der vorangehende unten auftrifft.

b Bestimme mit einer Stoppuhr die Falldauer Δt eines Tropfens. *Tipp:* Um eine größere Genauigkeit zu erreichen, solltest du die Zeit für 10 Tropfen messen und dann den Mittelwert bilden.

c Miss auch die Falltiefe Δh.

d Bestimme den Wert der Fallbeschleunigung: $g = \frac{2\,\Delta h}{(\Delta t)^2}$.

2 Atwoodsche Fallmaschine

Oft fallen Körper so schnell, dass es schwierig ist, den Beschleunigungsvorgang direkt zu beobachten. Mit der Fallmaschine nach Atwood lässt sich das Fallen verlangsamen und damit besser untersuchen. ↑2

a Lege über eine feste Rolle einen Faden mit zwei Wägestücken an jedem Ende. Beide Wägestücke sollen die gleiche Masse m haben (Masse vorher bestimmen!). Bringe auf einer Seite eine zusätzliche Scheibe mit einer Masse Δm von wenigen Gramm an.
Lass die Wägestücke los und beobachte ihre Bewegung.

b Berechne nun die beschleunigende Kraft F, die Gesamtmasse M, die durch diese Kraft in Bewegung gesetzt wird, und die Beschleunigung a der Bewegung.

c Überprüfe mit mehreren Falldauer- und Falltiefenmessungen den Zusammenhang:

$$(\Delta t)^2 = \frac{2\,\Delta h}{a}.$$

3 Fallschnur

Der Zusammenhang von Δh und Δt kann mithilfe einer „Fallschnur“ recht leicht überprüft werden. ↑3

An einer etwa 3 m langen Schnur sollen kleine Gegenstände in einem solchen Abstand befestigt werden, dass sie in gleichen zeitlichen Abständen (also in gleichbleibendem, hörbaren Rhythmus) auf dem Boden auftreffen, wenn man die Schnur fallen lässt.

Löse die Aufgabe aber nicht durch Ausprobieren, sondern berechne die geeigneten Abstände vorher!

Tipps: Verwende durchbohrte Kugeln oder Schrauben mit Muttern. Das Experiment ist umso eindrucksvoller, je länger die Schnur ist.

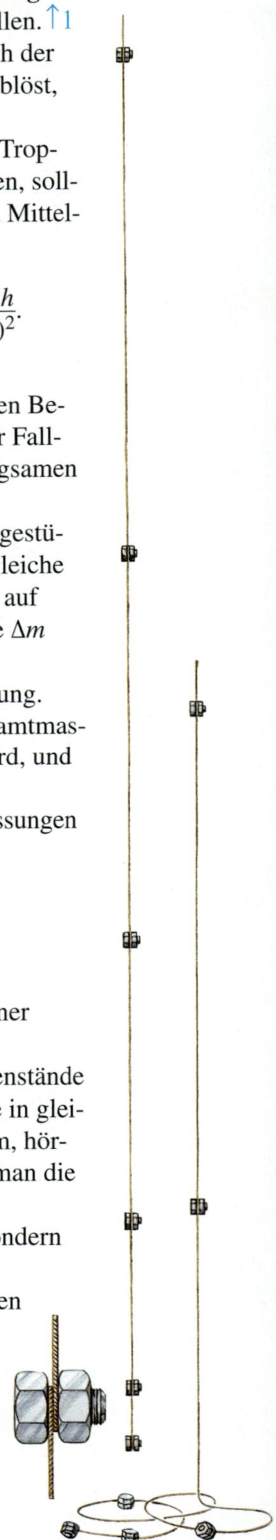
3

Aufgaben

4

4 ▶ *Computerfall* Diesen Versuch solltest du nicht nachmachen! ↑4 Wie verändert sich die Geschwindigkeit des Bildschirms?

a Erstelle eine t-x-Tabelle.
Hinweise: Zwischen zwei Bildern liegen immer 0,08 s. Zur Maßstabsbestimmung kannst du die Fensterhöhe von 1,46 m verwenden.

b Berechne anhand der t-x-Tabelle die mittleren Geschwindigkeiten v_D in den Zeitintervallen zwischen den Momentaufnahmen.
Halte die Ergebnisse in einer t_D-v_D-Tabelle fest, wobei t_D jeweils der mittlere Zeitpunkt des Intervalls sein soll.

c Zeichne das t_D-v_D-Diagramm. Welche geometrische Form erkennst du darin? Welcher Funktionsterm könnte hinter dem Graphen „stecken"?

d Zeichne auch das t-x-Diagramm. Zu welchem Funktionsterm könnte dieser Graph gehören? ◀

5 *Steinschlag* Ein Felsen beginnt, von einem Überhang herabzufallen. ↑5 Wie hängen Fallzeit, Falltiefe und Geschwindigkeit miteinander zusammen?

a Berechne die Geschwindigkeit v nach 0,50 s; 1,0 s; …; 3,5 s und 4,0 s. Trage die Ergebnisse in ein t-v-Koordinatensystem ein (Maßstab: 1,0 cm ≙ 0,50 s; 1,0 cm ≙ 5,0 $\frac{m}{s}$) und zeichne den Graphen.
Welche Regelmäßigkeit erkennst du? Gib den Funktionsterm an, zu dem der Graph gehören könnte.

b Berechne die Falltiefe h nach 0,5 s; 1,0 s; …; 3,5 s und 4,0 s. Trage die Werte in ein t-h-Koordinatensystem ein (1,0 cm ≙ 1,0 s; 1,0 cm ≙ 10 m).
Welcher der folgenden Funktionsterme besitzt einen Graphen, auf dem alle eingetragenen Punkte $(t|h)$ liegen?

I: $h(t) = 9{,}8\,\frac{m}{s} \cdot t$ II: $h(t) = 9{,}8\,\frac{m}{s^2} \cdot t^2$
III: $h(t) = -4{,}9\,\frac{m}{s^2} \cdot t^2$ IV: $h(t) = 4{,}9\,\frac{m}{s^2} \cdot t^2$

6 ▶ *Freier Fall – genau gemessen* Mit einer Fallmaschine kann man die Geschwindigkeiten beim freien Fall sehr genau messen. ↑6
Der „Fallkörper" hat eine viel größere Masse als der andere Körper (der zum Spannen des Fadens dient). Die Drehung der Rolle wird mithilfe eines „Bewegungswandlers" in elektrische Signale umgewandelt, die vom Computer erfasst werden. In kleinen Zeitabständen speichert er, wie weit sich das Rad gedreht hat, und berechnet daraus zu jedem Zeitpunkt Höhe und Geschwindigkeit des „Fallkörpers".
Schlage einen Funktionsterm vor, dessen Graph die Messpunkte im t-v-Diagramm „abdeckt". ◀

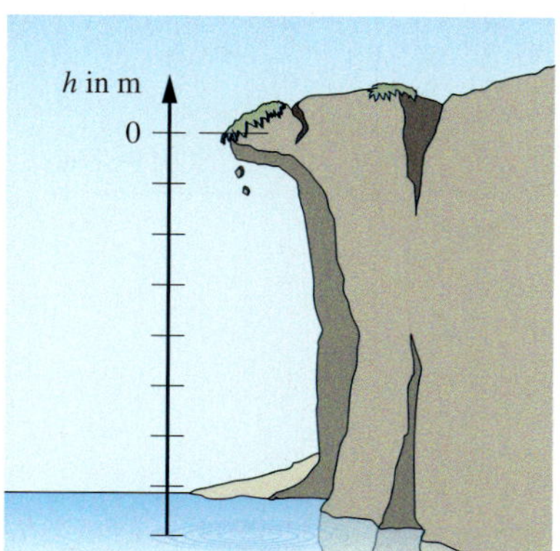

5

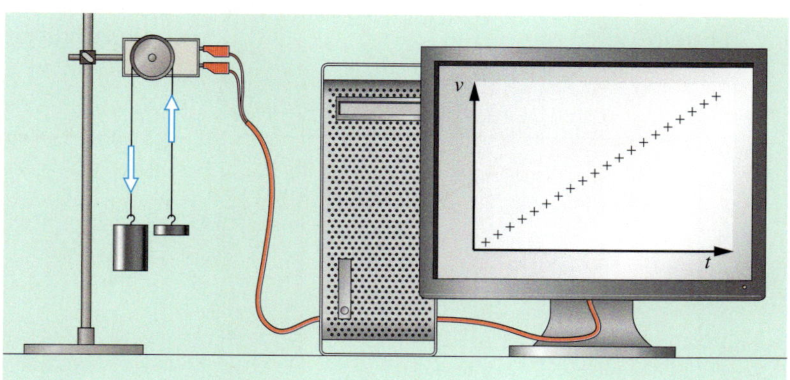

6

GRUNDLAGEN: Bewegungsfunktionen beim freien Fall

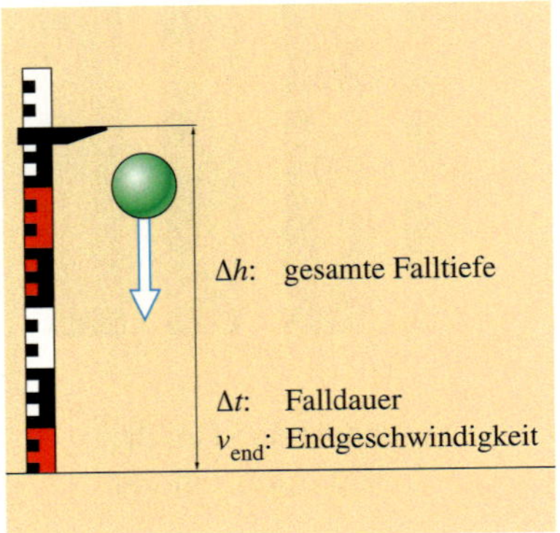

1

▶ Es spielt keine Rolle, aus welcher Höhe ein Körper frei zur Erde fällt. Es gelten stets dieselben Zusammenhänge:

– Endgeschwindigkeit = Fallbeschleunigung · Falldauer ↑1
– Falltiefe = halbe Fallbeschleunigung · (Falldauer)^2

Diese Beziehungen beschreiben aber auch den gesamten Verlauf eines einzelnen freien Falls – nur die Bedeutung der Größen wandelt sich: ↑2

– momentane Geschwindigkeit = Fallbeschleunigung · Zeit seit Start
– momentane Falltiefe = halbe Fallbeschleunigung · (Zeit seit Start)^2

Wir sehen die beiden momentanen Größen *Falltiefe* und *Geschwindigkeit* jetzt als Funktionen an. Die Variable ist die Zeit: Zu jedem Zeitpunkt t gibt es genau eine Geschwindigkeit $v(t)$ und eine Falltiefe $h(t)$. Die in Worten beschriebenen Zusammenhänge liefern die Funktionsterme:

$$v(t) = -g \cdot t \uparrow 3 \quad \text{und} \quad h(t) = -\tfrac{1}{2}\, g \cdot t^2. \uparrow 4$$

Die Terme sind mit negativen Vorzeichen versehen, weil in fast allen Koordinatensystemen „oben“ als positiv und „unten“ als negativ gesehen wird. ◀

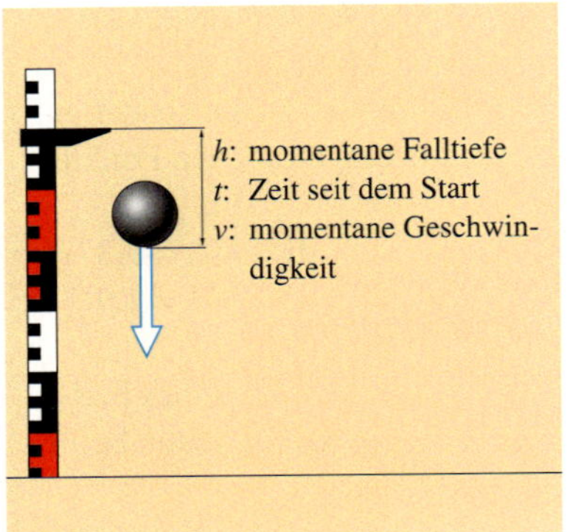

2

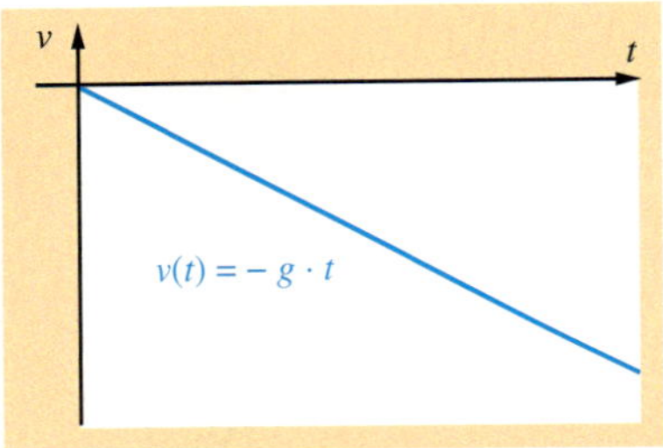

3 Freier Fall: t-v-Diagramm

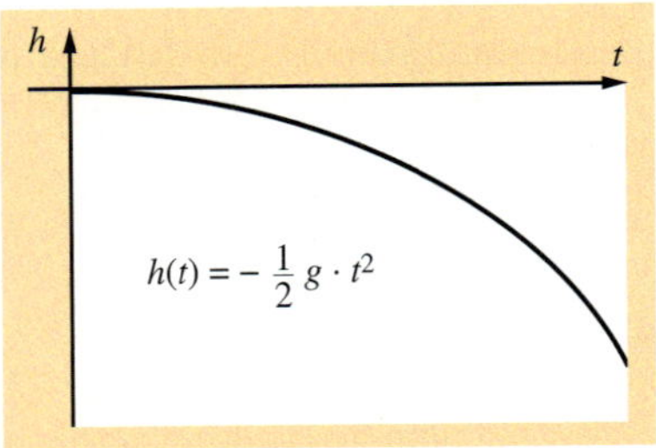

4 Freier Fall: t-h-Diagramm

Aufgabe

1 *Freie Fälle?* Manni behauptet, ihm seien tolle Messungen zum freien Fall gelungen. ↑5 ↑6

a Prüfe, ob das Diagramm ↑5 einen freien Fall darstellt.
– Berechne die Falltiefe für 0,5 s; 1,0 s; 1,5 s; 2,0 s mithilfe des Funktionsterms $h(t) = -\frac{1}{2}\, g \cdot t^2$. Stimmen die Ergebnisse mit den Messwerten überein?
– Löse den Funktionsterm $h(t) = -\frac{1}{2}\, a \cdot t^2$ nach der Beschleunigung a auf. Berechne a für 0,5 s; 1,0 s; 1,5 s; 2,0 s. Gilt $a = g$?

b Begründe (ohne zu rechnen), dass im Diagramm ↑6 kein freier Fall dargestellt ist.
Ist so eine Bewegung überhaupt möglich? Versuche sie zu beschreiben.

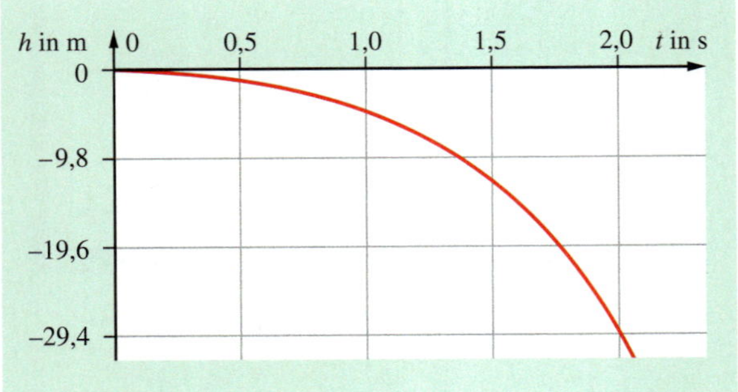

5

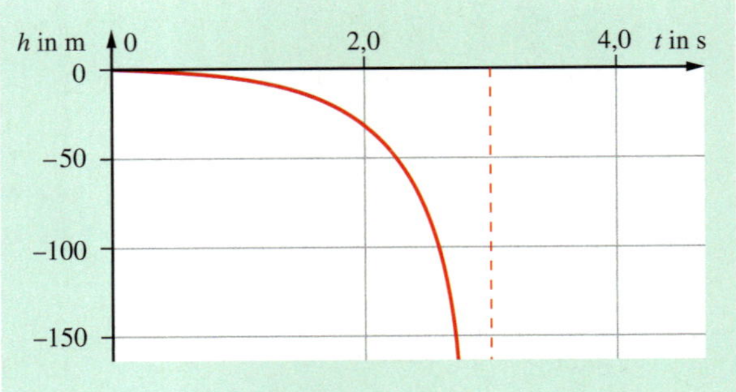

6

Experiment

2 ▶ Bewegungsfunktion: waagerechte beschleunigte Bewegung aus der Ruhe heraus
Auf der Luftkissenfahrbahn wird ein Wagen (Masse M) durch ein absinkendes Wägestück (Masse m) aus der Ruhe beschleunigt. ↑7 Durch die Drehung der Rolle erfasst der angeschlossene Computer, wann der Wagen welche Strecke zurückgelegt hat.

a Bestimme die beschleunigende Kraft und die beschleunigte Masse. Berechne daraus die zu erwartende Beschleunigung.

b Führe den Versuch durch und bestimme die Beschleunigung aus dem t-v-Diagramm. Vergleiche dein Ergebnis mit dem vorab berechneten Wert.

c Lass dir das t-x-Diagramm anzeigen. Suche einen Funktionsterm für $x(t)$. Prüfe deine Vermutungen.

d Führe die Rechnungen und Messungen auch mit anderen Wagenmassen und Wägestücken durch. Vergleiche die verschiedenen Funktionsterme.

e Für Bewegungen mit gleichbleibender Geschwindigkeit gilt:
zurückgelegte Strecke = Geschwindigkeit · benötigte Zeit
Formuliere in Worten und als mathematische Gleichung die entsprechende Beziehung für Bewegungen mit konstanter Beschleunigung, die aus der Ruhe heraus starten. ◀

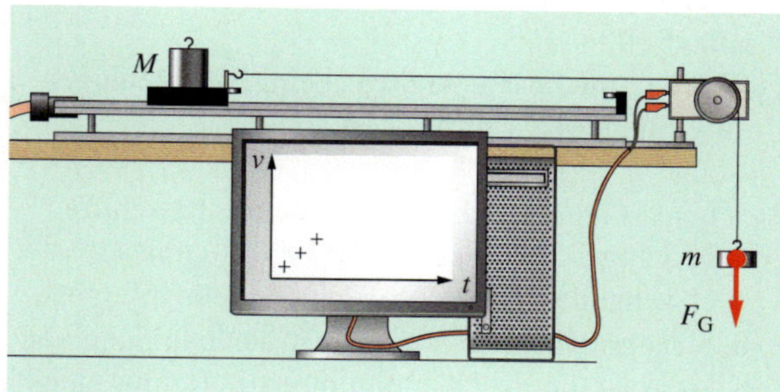

7

GRUNDLAGEN: Bewegungsfunktionen bei konstanter Beschleunigung aus der Ruhe heraus

▶ Ein Minidragster startet mit nahezu konstanter Beschleunigung aus der Ruhe heraus. ↑8 Um seine Bewegungsfunktionen $v(t)$ und $x(t)$ aufzustellen, muss die Beschleunigung a bekannt sein. Dazu kann man Geschwindigkeiten und Zeiten messen und den Quotienten $a = \frac{\Delta v}{\Delta t}$ berechnen. Oder man bestimmt die beschleunigende Kraft F und die beschleunigte Masse m und berechnet den Quotienten $a = \frac{F}{m}$ (Bewegungsgesetz).

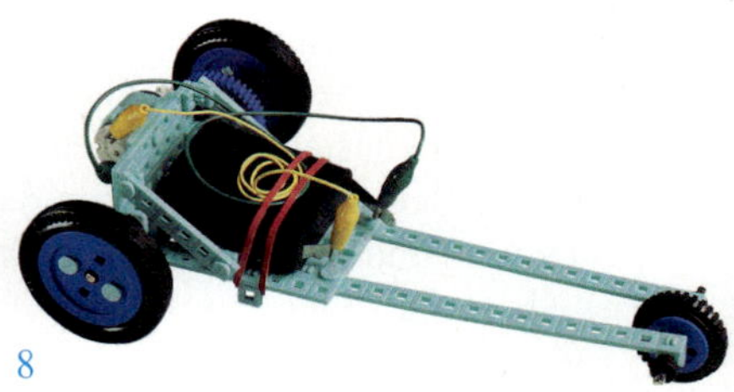
8

Zeit und Geschwindigkeit Bis zur Zeit t ändert sich die Geschwindigkeit des Dragsters um $\Delta v = a \cdot t$. Seine momentane Geschwindigkeit beträgt also: $v(t) = a \cdot t$.

Der Geschwindigkeitsverlauf einer Bewegung mit konstanter Beschleunigung a aus der Ruhe heraus wird beschrieben durch:
$v(t) = a \cdot t$ (Zeit-Geschwindigkeit-Funktion). ↑9

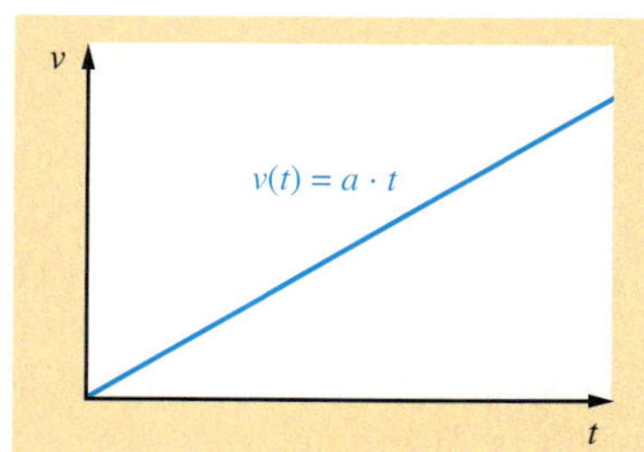

9 t-v-Diagramm

Zeit und Ort Die Durchschnittsgeschwindigkeit v_D des Dragsters bis zur Zeit t beträgt: $v_D = \frac{1}{2}\, v(t)$.
Wir setzen $v(t) = a \cdot t$ ein und erhalten: $v_D = \frac{1}{2}\, a \cdot t$.
Die zugehörige Ortsdifferenz Δx ist gleich dem Produkt aus der Durchschnittsgeschwindigkeit v_D und der Zeit t: $\Delta x = v_D \cdot t = \frac{1}{2}\, a \cdot t^2$. Geht man von einem Start im Ursprung aus [$x(0\,\text{s}) = 0\,\text{m}$], dann gilt:

Der Ortsverlauf einer Bewegung mit konstanter Beschleunigung a aus der Ruhe heraus wird beschrieben durch:
$x(t) = \frac{1}{2}\, a \cdot t^2$ (Zeit-Ort-Funktion). ↑10 ◀

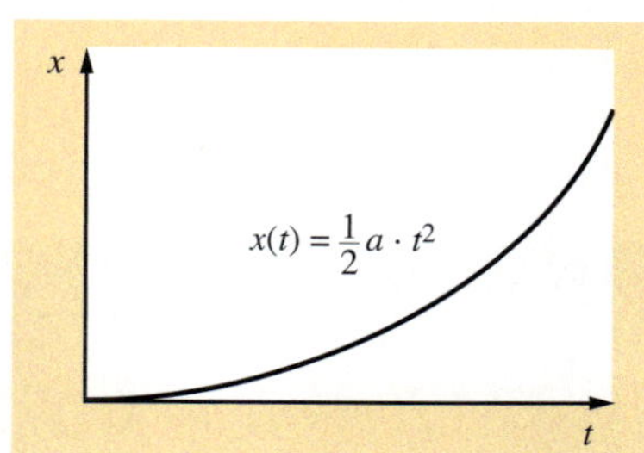

10 t-x-Diagramm

Aufgaben

1 ▶ *Anfahrender Güterzug* Ein beladener Güterzug beschleunigt ziemlich langsam: $a = 0{,}1\,\frac{\text{m}}{\text{s}^2}$.

a Wie lange benötigt der Zug nach einem Halt, bis er eine Geschwindigkeit von $60\,\frac{\text{km}}{\text{h}}$ erreicht hat?

b Welche Strecke legt der Zug in dieser Zeit zurück? ◀

2 ▶ *„Frisiertes" Mofa?* Andreas beschleunigt mit seinem Mofa aus dem Stand 4,0 s lang mit $a = 1{,}5\,\frac{\text{m}}{\text{s}^2}$.

a Erreicht er mehr als die zulässige Geschwindigkeit von $25\,\frac{\text{km}}{\text{h}}$?

b Welche Strecke legt Andreas beim Beschleunigen mit seinem Mofa zurück? ◀

3 *Science-Fiction* In Filmen können Raumschiffe mit Lichtgeschwindigkeit ($300\,000\,\frac{\text{km}}{\text{s}}$) und sogar noch schneller fliegen. Wie lange würde es eigentlich dauern, bis man mit einer Beschleunigung von $8\,\frac{\text{m}}{\text{s}^2}$ (das ist die Beschleunigung eines Rennwagens) rein rechnerisch Lichtgeschwindigkeit erreicht?

4 ▶ *Schnellstart* Zwei Motorradfahrer stehen nebeneinander an der roten Ampel. Als die Ampel umschaltet, geben sie Gas. Der eine erreicht $50\,\frac{\text{km}}{\text{h}}$ nach 4,0 s, der andere sogar schon nach 3,0 s.

a Berechne die beiden Beschleunigungen. *Hinweis:* Gehe von konstanten Beschleunigungen aus.

b Gib die Bewegungsfunktionen für beide Motorradfahrer an und zeichne die zugehörigen Graphen jeweils in ein Diagramm.

c Wie viele Meter Vorsprung hat das schnellere Motorrad nach 3,0 s? *Hinweis:* Löse die Aufgabe grafisch und rechnerisch. ◀

5 ▶ *Fahrbahnversuch* Ein Schlitten fährt auf einer Fahrbahn mit konstanter Beschleunigung an. ↑1 Um seinen Ort zu bestimmen, ist die Fahrbahn in Abständen von 0,4 s belichtet und fotografiert worden.

a Bestimme die Beschleunigung des Schlittens.

b Gib die Bewegungsfunktionen des Schlittens an und zeichne die zugehörigen Diagramme.

c Nach welcher Zeit hat der Schlitten 30 cm zurückgelegt? Wo und wie schnell war er nach 1,0 s? Löse die Aufgabe einmal mithilfe der Bewegungsfunktionen und einmal mithilfe der Diagramme. ◀

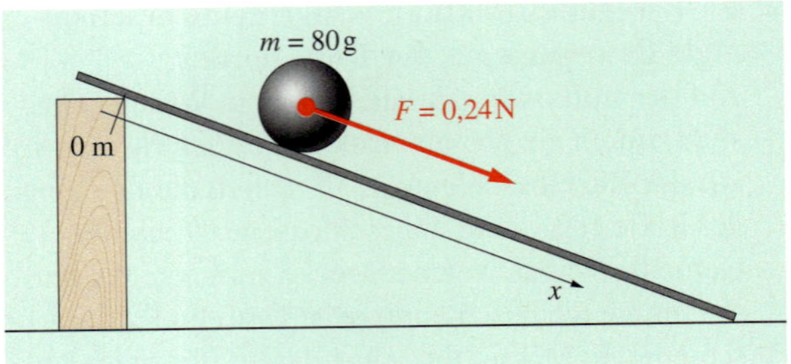

2

6 ▶ *Rampe* Eine Kugel wird oben auf einer Rampe losgelassen und rollt abwärts. ↑2 Wie verläuft die weitere Bewegung?

a Schreibe die Bewegungsfunktionen für den Kugelmittelpunkt auf.

b Skizziere die Graphen der Bewegungsfunktionen. Zeichne beide Koordinatensysteme so untereinander, dass gleiche Zeitpunkte untereinanderliegen.

c Die Rampe endet bei $x = 1{,}0$ m. Wann hat die Kugel das Ende erreicht und wie schnell ist sie in diesem Moment? ◀

7 ▶ *Ein Auto fährt an* Karina fährt mit ihrem Auto (Gesamtmasse: $m = 1{,}0$ t) an der Ampel an. Die beschleunigende Kraft beträgt $F = 3{,}1$ kN.

a Berechne die Beschleunigung des Autos. Gib sie in der SI-Einheit und in der für Autoprospekte üblichen Form an.

b Zeichne den Graphen der Zeit-Geschwindigkeit-Funktion in ein Koordinatensystem (1,0 cm ≙ 3,0 s; 1,0 cm ≙ $25\,\frac{\text{km}}{\text{h}}$).

c Wie schnell wäre das Auto bei unveränderter Beschleunigung nach 6,0 s, 12 s, 15 s, 21 s und 30 s?

d Welche Strecke legt Karina in den ersten 3,0 s bzw. 6,0 s zurück?
Zeichne im Zeit-Geschwindigkeit-Diagramm senkrechte Geraden bei 3,0 s und bei 6,0 s ein und berechne die Fläche der entstehenden Dreiecke. Was fällt dir auf? Formuliere den Zusammenhang.

e Nach welcher Zeit stellt das Zeit-Geschwindigkeit-Diagramm sicher nicht mehr die Wirklichkeit dar? Welche Annahme ist dann nicht mehr erfüllt?

f Skizziere ein t-v-Diagramm, das den Anfahrvorgang realistischer darstellt. ◀

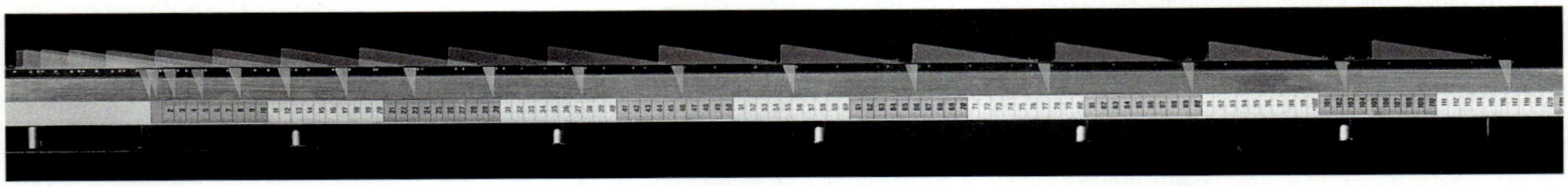

1

GRUNDLAGEN: Bewegungsfunktionen bei konstanter Geschwindigkeit

▶ Ein Flugzeug, das von München nach New York unterwegs ist, überquert die irische Westküste und fliegt nun für eine Weile mit konstanter Geschwindigkeit v_0 und Richtung. Innerhalb einer bestimmten Zeitdauer Δt ist seine Ortsveränderung Δx stets gleich groß: $\Delta x = v_0 \cdot \Delta t$. *Beispiel:* Bei einer Geschwindigkeit von $v_0 = 900\,\frac{\text{km}}{\text{h}}$ legt das Flugzeug in $\Delta t = 1$ min stets $\Delta x = 15$ km zurück.
Um nach Überqueren der Küste den momentanen Ort x des Flugzeugs zu jedem Zeitpunkt t zu beschreiben, lösen wir uns wie beim freien Fall von einer festen Zeitspanne und betrachten stattdessen die Zeit als Variable.

Der Ortsverlauf einer Bewegung mit zeitlich konstanter Geschwindigkeit $v(t) = v_0$ wird beschrieben durch: $x(t) = v_0 \cdot t$. ◀

Aufgaben

8 *Diagramme bei konstanter Geschwindigkeit*
Skizziere das t-x- und das t-v-Diagramm für eine Bewegung mit konstanter Geschwindigkeit.

9 *Seifenkistenrennen* Zwei „Seifenkisten" sind gleichzeitig über die Startlinie gefahren. ↑3 Jede bewegt sich nun mit konstanter Geschwindigkeit fort (die Reibung verhindert, dass sie schneller werden).

a Bestimme mithilfe des Diagramms die Geschwindigkeiten. Stelle die zugehörigen Bewegungsfunktionen auf.

b Löse die folgenden Aufgaben zunächst grafisch und überprüfe dann rechnerisch:
Wie groß ist der Vorsprung der schnelleren „Seifenkiste" nach einer Minute?
In welchem zeitlichen Abstand passieren die beiden „Seifenkisten" die 600-m-Markierung?
Zu welchem Zeitpunkt sind sie 200 m auseinander?
Welche Metermarkierung passieren die beiden „Seifenkisten" in einem Abstand von 20 s?

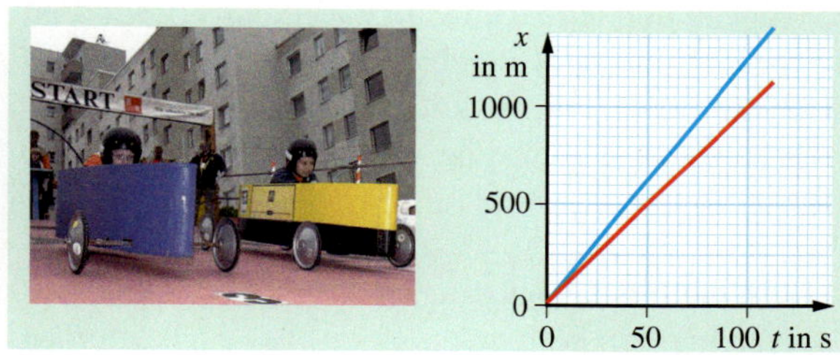

3

10 *Fahrrad gegen Motorrad* Bennie und Ronja veranstalten bei einem Fest auf dem Sportflughafen ein Wettrennen auf der Startbahn. Ronja startet mit ihrem Rennrad weit hinter Bennie, der mit seinem Motorrad an der Startlinie wartet. Als sie mit $40\,\frac{\text{km}}{\text{h}}$ die Markierung passiert, startet auch Bennie und beschleunigt mit $4{,}8\,\frac{\text{m}}{\text{s}^2}$.

a Gib für Bennie und Ronja die Bewegungsfunktionen $v(t)$ und $x(t)$ ab Passieren der Startlinie an.

b Welches t-x-Diagramm stellt das Rennen dar? ↑4 Begründe bei den anderen Diagrammen jeweils, warum sie nicht zum Rennen passen.

c Zeichne mit den vorgegebenen Werten die Graphen zu den Bewegungsfunktionen (für Ronja und Bennie jeweils in ein Diagramm). Beginne immer mit dem Zeitpunkt $t = 0$ s, an dem Ronja an Bennie vorbeifährt, und ende bei $t = 5{,}0$ s.

d Wie lang darf die Rennstrecke höchstens sein, damit Ronja gewinnt? Finde die Antwort anhand deiner Diagramme und durch Rechnung.

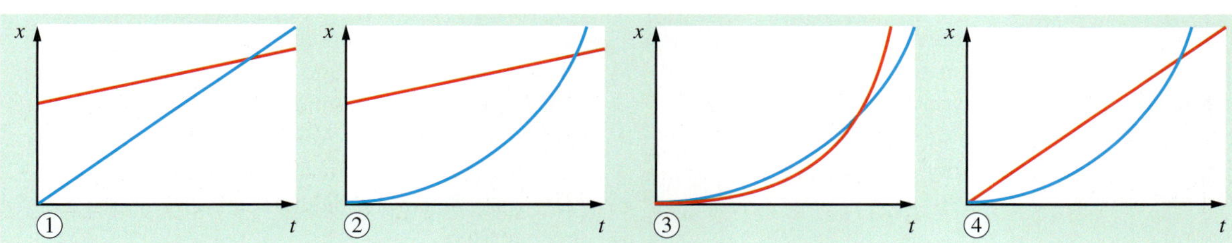

4

Aufgaben zur Vertiefung (Ergänzung)

Die Aufgaben auf diesen beiden Seiten können mit den bisherigen Bewegungsfunktionen nicht gelöst werden. Die nötigen Erweiterungen der Bewegungsfunktionen werden im folgenden Ergänzungstext dargestellt.

Bewegungsfunktionen bei konstanter Beschleunigung mit Anfangsgeschwindigkeit

Bewegungen mit gleichbleibender Beschleunigung beginnen oft nicht im Stillstand:

- Beim Überholen auf der Autobahn beschleunigt ein Auto zusätzlich zur ohnehin schon vorliegenden „Reisegeschwindigkeit".
- Beim Abbremsen liegt ebenfalls schon eine Geschwindigkeit vor, wenn die („negative") Beschleunigung einsetzt.
- Beim Hochwerfen zum Aufschlag verlässt der Tennisball die Hand mit einer Anfangsgeschwindigkeit und wird dann durch die Schwerkraft (Fallbeschleunigung) abgebremst.

Um die Bewegungsfunktionen zu finden, betrachten wir zunächst den Überholvorgang. Ohne zusätzliche Beschleunigung würde für das Auto gelten:
$v(t) = v_0$ und $x(t) = v_0 \cdot t$.
Durch die Beschleunigung ändert sich die Geschwindigkeit bis zum Zeitpunkt t um $\Delta v = a \cdot t$. Die momentane Geschwindigkeit erhält man, wenn diese Änderung zum Ausgangswert v_0 addiert wird.

Der gesamte Geschwindigkeitsverlauf einer Bewegung mit konstanter Beschleunigung a, die bei einer Anfangsgeschwindigkeit v_0 einsetzt, wird beschrieben durch die Zeit-Geschwindigkeit-Funktion $v(t) = v_0 + a \cdot t$. ↑1

Die Ortsdifferenz Δx ergibt sich, wenn man die Durchschnittsgeschwindigkeit v_D, die bis zum Zeitpunkt t erreicht worden ist, mit der Zeit multipliziert:
$\Delta x = v_D \cdot t$.
Die Durchschnittsgeschwindigkeit v_D ist gleich dem Mittelwert aus der Anfangsgeschwindigkeit und der momentanen Geschwindigkeit:
$v_D = \frac{1}{2}(v_0 + v(t))$.
Wir setzen $v(t) = v_0 + a \cdot t$ ein und erhalten:
$v_D = \frac{1}{2}(v_0 + v_0 + a \cdot t) = v_0 + \frac{1}{2} a \cdot t$.
Für die Ortsdifferenz bedeutet dies:
$\Delta x = (v_0 + \frac{1}{2} a \cdot t) \cdot t = v_0 \cdot t + \frac{1}{2} a \cdot t^2$.

Der gesamte Ortsverlauf einer Bewegung mit konstanter Beschleunigung a, die bei einer Anfangsgeschwindigkeit v0 einsetzt, wird beschrieben durch die Ort-Geschwindigkeit-Funktion $x(t) = v_0 \cdot t + \frac{1}{2} a \cdot t^2$. ↑1

Ganz ähnliche Bewegungsfunktionen gelten für das Abbremsen und den senkrechten Wurf eines Balls.

Für Bremsvorgänge gilt:
$v(t) = v_0 - a \cdot t$ und $x(t) = v_0 \cdot t - \frac{1}{2} a \cdot t^2$. ↑2
Für den senkrechten Wurf nach oben gilt:
$v(t) = v_0 - g \cdot t$ und $x(t) = v_0 \cdot t - \frac{1}{2} g \cdot t^2$.

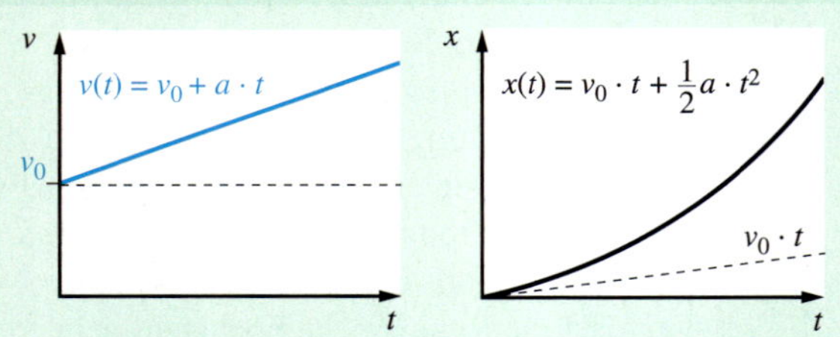

1 Geschwindigkeit und Beschleunigung in eine Richtung

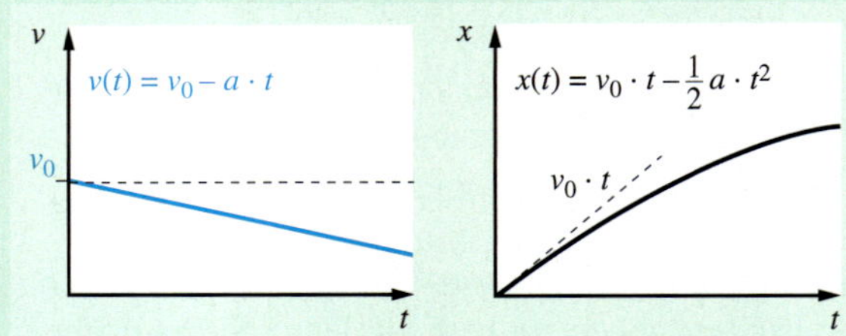

2 Abbremsen

1 *Überholen* Frau Marquardt fährt auf der Autobahn an einer Baustelle neben einem Bus, beide haben eine Geschwindigkeit von 80 $\frac{km}{h}$. Am Ende der Baustelle beschleunigt sie ihren Wagen mit 2,0 $\frac{m}{s^2}$ und überholt den Bus, der nicht schneller wird.

a Zeichne den Orts- und den Geschwindigkeitsverlauf für beide Fahrzeuge in jeweils ein Diagramm.

b Nach welcher Zeit befindet sich Frau Marquardt 100 m vor dem Bus? Welche Strecke hat sie dann seit dem Ende der Baustelle zurückgelegt?
Hinweis: Bestimme die beiden Werte grafisch und rechnerisch.

Aufgaben zur Vertiefung (Ergänzung)

2 *Freeride* Ein Freerider stürzt sich einen Steilhang fast senkrecht nach unten. Die letzten sechs Höhenmeter vor einem freien Fall legt er in 1,6 s zurück.

a Der freie Fall dauert 0,85 s. Berechne die Geschwindigkeit, mit der der Freerider landet. Welche Höhendifferenz überwindet er im Fallen?

b Wie lange würde der Flug dauern, wenn der Freerider 4,5 m unter dem Absprung landen würde?

3 *Volle Kraft zurück* Der Frachter „Isas 2" fährt in einem Kanal mit einer Geschwindigkeit von $8{,}0\,\frac{\text{m}}{\text{s}}$. Da bemerkt der Kapitän ein manövrierunfähiges Schiff, dass ihm mit $4{,}0\,\frac{\text{m}}{\text{s}}$ entgegenkommt. ↑3 Da der Kanal zu eng für beide Schiffe ist, geht er sofort auf „volle Kraft zurück", die konstante Bremskraft beträgt 8,8 kN. Wie verläuft die weitere Bewegung der beiden Schiffe?

a Berechne die Beschleunigung des Frachters „Isas 2". *Hinweis:* Seine Masse beträgt $m = 22\,\text{t}$.

b Zeichne das *t*-*v*-Diagramm. Welcher Funktionsterm „steckt" hinter dem Graphen?

c Wann erreicht der Frachter die gleiche Geschwindigkeit wie das entgegenkommende Schiff?

d Berechne in Zeitschritten von 5,0 s den Ort des Frachters in der ersten Minute nach Beginn des Bremsmanövers. Zeichne das *t*-*x*-Diagramm.

e Der Graph im *t*-*x*-Diagramm ist eine Parabel. Wie lautet ihre Gleichung in Normalform? Wie hängen die Koeffizienten der Parabelgleichung von den gegebenen Größen ab?

f *Für Experten:* Stoßen die Schiffe zusammen, wenn sie zu Beginn 480 m voneinander entfernt sind?

3

Musteraufgabe: Ein mit 900 Personen voll besetzter U-Bahnzug fährt in den Bahnhof ein, bremst und hält an. Nach kurzer Pause fährt er wieder an und verlässt den Bahnhof.
Wie sieht die Physik „hinter" diesem alltäglichen Vorgang aus?
Bedingungen: Der Zug hat eine „Leermasse" von 164 t. Er fährt mit $30\,\frac{\text{km}}{\text{h}}$ in den Bahnhof ein. Die Beschleunigung beim Bremsen beträgt $-0{,}70\,\frac{\text{m}}{\text{s}^2}$. Die Pause im Bahnhof dauert 8,0 s. Beim Anfahren bis zur Endgeschwindigkeit von $45\,\frac{\text{km}}{\text{h}}$ beträgt die Beschleunigung $0{,}90\,\frac{\text{m}}{\text{s}^2}$.

a Wie lange dauert der Bremsvorgang, wie lange die Anfahrt?

b Zeichne (ohne weitere Rechnungen) das *t*-*v*-Diagramm des gesamten Vorgangs.

c Welcher Term beschreibt den Bremsvorgang?
I: $x(t) = 8{,}3\,\frac{\text{m}}{\text{s}} \cdot t$
II: $x(t) = 8{,}3\,\frac{\text{m}}{\text{s}} \cdot t - 0{,}70\,\frac{\text{m}}{\text{s}} \cdot t$
III: $x(t) = 8{,}3\,\frac{\text{m}}{\text{s}} \cdot t - 0{,}70\,\frac{\text{m}}{\text{s}^2} \cdot t^2$
IV: $x(t) = 8{,}3\,\frac{\text{m}}{\text{s}} \cdot t - 0{,}35\,\frac{\text{m}}{\text{s}^2} \cdot t^2$
Hinweis: *x* ist der Ort in Bezug auf die Stelle des Bremsbeginns.

d Mit welcher Kraft treibt der Motor die Bahn bei der Anfahrt an?

Lösung:

a Bremszeit: $\Delta t_B = \frac{\Delta v}{a}$; $t_B = \frac{\frac{-30}{3{,}6}}{-0{,}70}\,\text{s} = 12\,\text{s}$

Anfahrzeit: $\Delta t_A = \frac{\Delta v}{a}$; $t_A = \frac{\frac{45}{3{,}6}}{0{,}9}\,\text{s} = 14\,\text{s}$

b In den Abschnitten mit konstanter Beschleunigung fällt der Graph geradlinig ab oder steigt geradlinig an. Während der Standzeit und bei konstanter „Reisegeschwindigkeit" verläuft er waagerecht. ↑4

c Bewegungsfunktion beim Bremsen:
$x(t) = v_0 \cdot t + \frac{1}{2} a \cdot t^2$; $x(t) = \frac{30}{3{,}6}\,\frac{\text{m}}{\text{s}} \cdot t - 0{,}35\,\frac{\text{m}}{\text{s}^2} \cdot t^2$
Der Term IV ist die gesuchte Lösung.

d Um die Beschleunigung zu berechnen, muss man die Masse der 900 Personen kennen. Wir gehen von einer mittleren Personenmasse von 80 kg aus.
$F = m \cdot a$
$F = (164 \cdot 10^3 + 900 \cdot 80) \cdot 0{,}90\,\frac{\text{kg m}}{\text{s}^2} = 0{,}21 \cdot 10^6\,\text{N}$

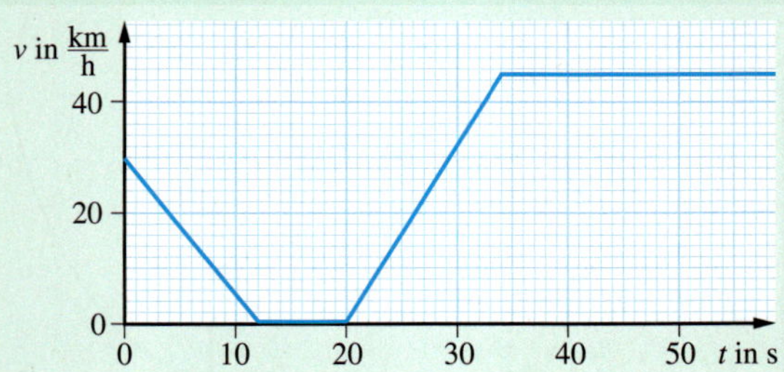

4

Auf einen Blick

Bewegungsabläufe in Diagrammen ▶ Die grundlegenden Informationen über die geradlinige Bewegung eines Gegenstands lassen sich in einem Zeit-Ort-Diagramm (t-x-Diagramm) und in einem Zeit-Geschwindigkeit-Diagramm (t-v-Diagramm) darstellen. Der Verlauf der Graphen gibt Aufschluss über die Bewegung. ↑1 ◀

Diagramm	Verlauf des Graphen	Tatsächliche Bewegung
Zeit und Ort		
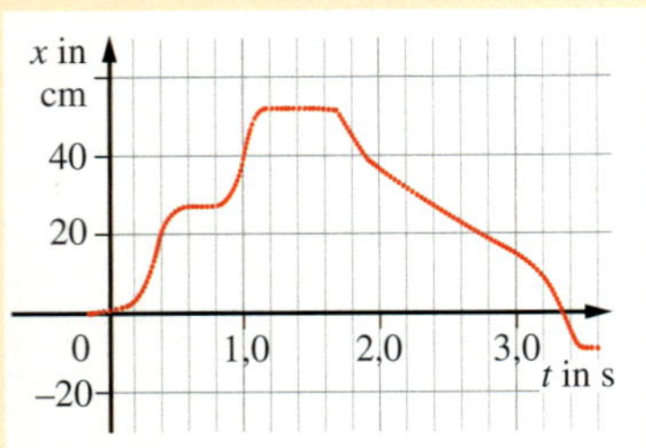	horizontal	Gegenstand bewegt sich nicht.
	geradlinig ansteigend	Gegenstand bewegt sich mit konstanter Geschwindigkeit nach vorn. Je steiler der Graph ansteigt, desto schneller bewegt sich der Gegenstand.
	geradlinig abfallend	Gegenstand bewegt sich mit konstanter Geschwindigkeit zurück.
	immer steiler ansteigend	Gegenstand wird beschleunigt.
	immer flacher ansteigend	Gegenstand wird abgebremst.
Zeit und Geschwindigkeit		
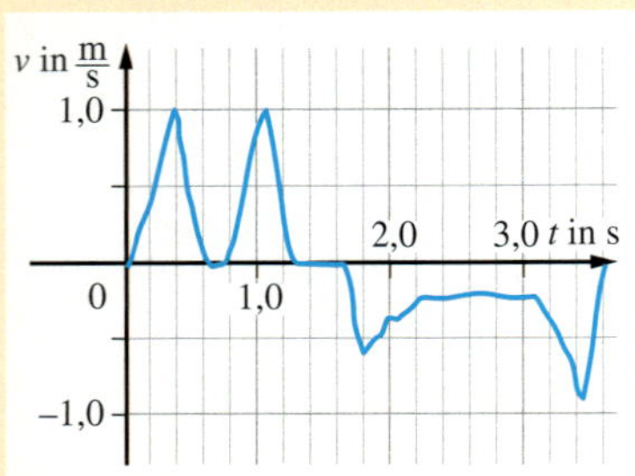	v positiv	Vorwärtsbewegung
	horizontal	Gegenstand bewegt sich mit konstanter Geschwindigkeit.
	geradlinig ansteigend	Gegenstand wird mit konstanter Beschleunigung schneller.
	geradlinig abfallend	Gegenstand wird mit konstanter Beschleunigung abgebremst.
	immer steiler ansteigend	Gegenstand wird schneller, Beschleunigung nimmt zu.
	immer flacher ansteigend	Gegenstand wird schneller, Beschleunigung nimmt ab.
	v negativ	Rückwärtsbewegung

1

Bewegungsfunktionen ▶ Bewegungsverläufe lassen sich mathematisch durch Zeit-Ort- und Zeit-Geschwindigkeit-Funktionen beschreiben. Die Tabelle ↑2 zeigt Beispiele, bei denen davon ausgegangen wird, dass sich der bewegte Gegenstand zu Beginn der Beobachtung im Ursprung befindet. ◀

Bewegung mit konstanter Geschwindigkeit v_0		Bewegung mit konstanter Beschleunigung a aus der Ruhe heraus		Freier Fall	
$x(t) = v_0 \cdot t$	$v(t) = v_0$	$x(t) = \frac{1}{2}\,a \cdot t^2$	$v(t) = a \cdot t$	$h(t) = -\frac{1}{2}\,g \cdot t^2$	$v(t) = -g \cdot t$
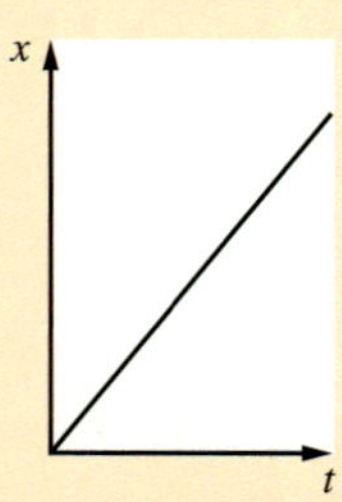	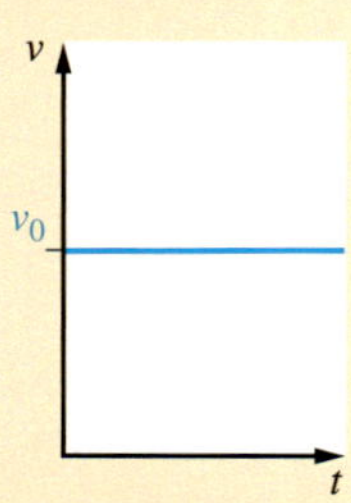	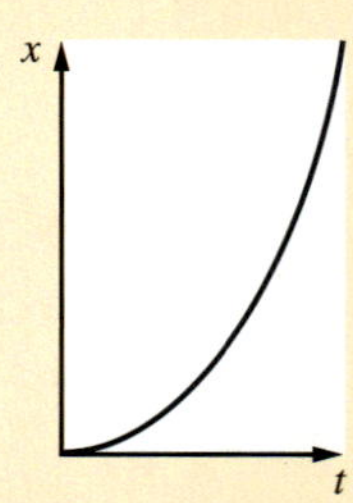	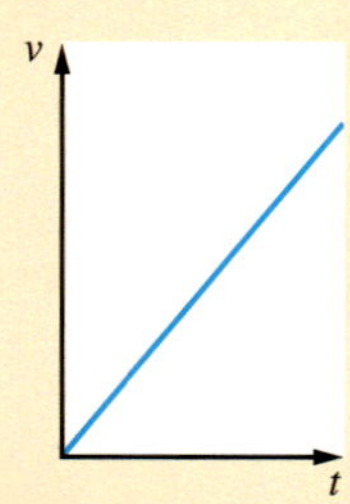	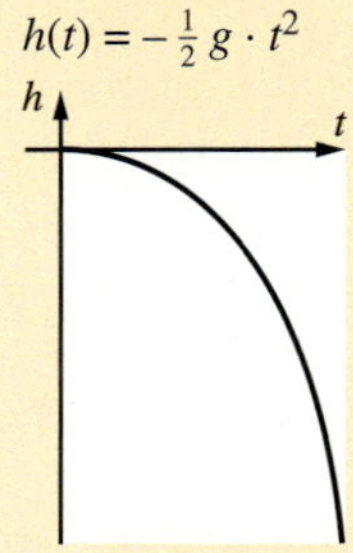	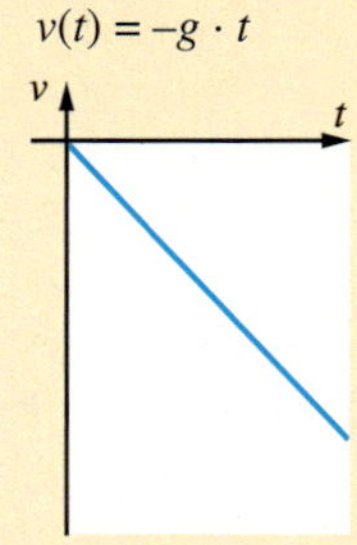

2

Alles klar?

1 ▶ *Was verrät das Diagramm?* ↑3

a Beschreibe den dargestellten Bewegungsvorgang mit Worten.

b Berechne die insgesamt zurückgelegte Strecke und die Durchschnittsgeschwindigkeit. *Tipp:* Rechne für die Strecke „abschnittsweise" und setze die Teilstrecken zum Schluss zusammen. ◀

2 ▶ *Bewegungsanalyse (für Experten)* Dieser Ball hat sich aber merkwürdig bewegt. ↑4

a Versuche den Bewegungsvorgang zu beschreiben. Was bedeutet es, dass der Graph geradlinig abfällt? Was geschieht, wenn die Geschwindigkeitswerte negativ werden?

b Wo tauchen ähnliche Bewegungsvorgänge in deiner Umwelt auf?

c Wie weit ist der Körper nach 4 s vom Startpunkt entfernt? ◀

3 ▶ *Jetstart* Ein Flugzeug wird beim Starten mit 5 $\frac{m}{s^2}$ beschleunigt, bis es nach 20 s abhebt.

a Wie lang muss dafür wohl die Startbahn gewesen sein: 1 km, 2 km oder mehr? Mit welcher Geschwindigkeit hebt das Flugzeug ab?

b Zeichne das *t-x-* und das *t-v*-Diagramm für den Start bis zum Abheben. ◀

4 ▶ *Superbikes*

a Warum beschleunigt ein Motorrad bei gleicher Antriebskraft stärker als ein Auto?

b Ein Motorrad beschleunigt in 3,0 s von 0 auf 100 $\frac{km}{h}$. Berechne die mittlere Beschleunigung in dieser Zeit und die zurückgelegte Strecke. ◀

5 ▶ *Härtetest* Fallschirmspringer landen mit einer Geschwindigkeit von 15 $\frac{km}{h}$. Aus welcher Höhe muss sich ein Fallschirmspringer (ohne Fallschirm) fallen lassen, um eine solche Landung zu üben? ◀

6 ▶ *Turmspringen* Bei seinem ersten Sprung vom 10-m-Turm geht Torben vorsichtig bis zum Rand und lässt sich dann gerade herunterfallen.

a Wie lange dauert sein „Sprung"? *Hinweis:* Torben wiegt 60 kg.

b Berechne die Aufprallgeschwindigkeit. *Tipp:* Du kannst den Energieerhaltungssatz anwenden. ◀

c *Vertiefung:* Beim zweiten Mal ist er schon mutiger und springt nach oben ab. *Hinweis:* Seine Anfangsgeschwindigkeit beträgt $v_0 = 0{,}8\,\frac{m}{s}$. Berechne wieder die Sprungdauer und die Aufprallgeschwindigkeit.

7 *Vertiefung: Mondhüpfer* Der Astronaut springt mit der Geschwindigkeit $v_0 = 1{,}2\,\frac{m}{s}$ nach oben ab. ↑5

a Übertrage das Diagramm in dein Heft (4 cm ≙ 1 s; 10 cm ≙ 0,50 m). ↑6 Trage zusätzlich ein, wie der Sprung auf der Erde ablaufen würde.

b Berechne die Sprungdauer und die mittlere Geschwindigkeit des Astronauten vom Absprung bis zum höchsten Punkt. Bestimme damit die Fallbeschleunigung auf dem Mond.

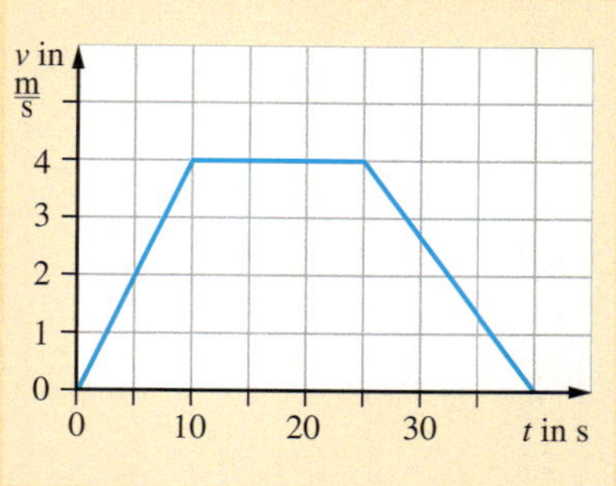

3

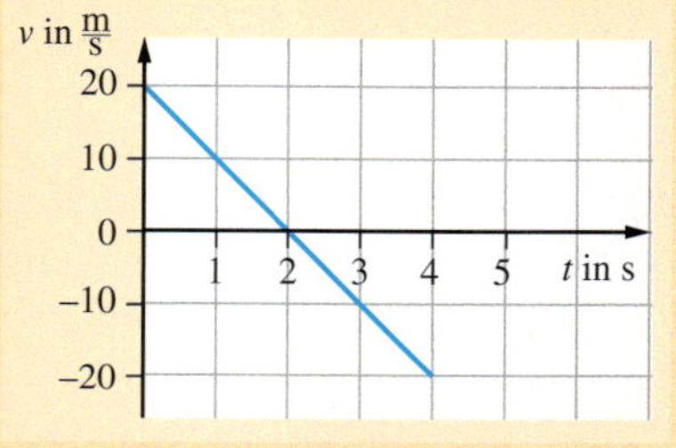

4

5

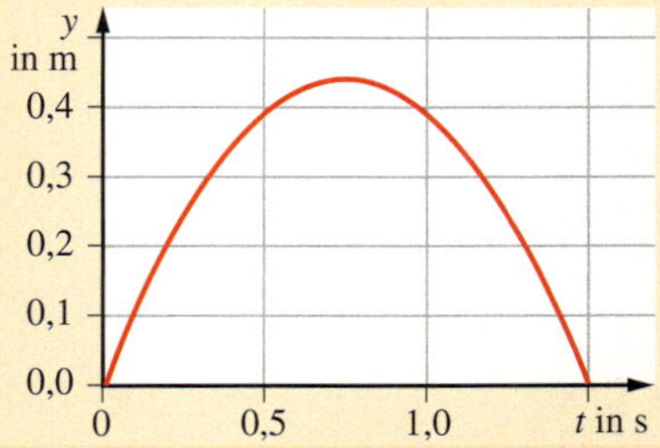

6

Check up

1 *Fahrtendiagramm* Die Fahrt eines Autos ist in einem t-x-Diagramm festgehalten worden. ↑1

a Beschreibe die einzelnen Phasen der Bewegung.

b Skizziere das zugehörige t-v-Diagramm.

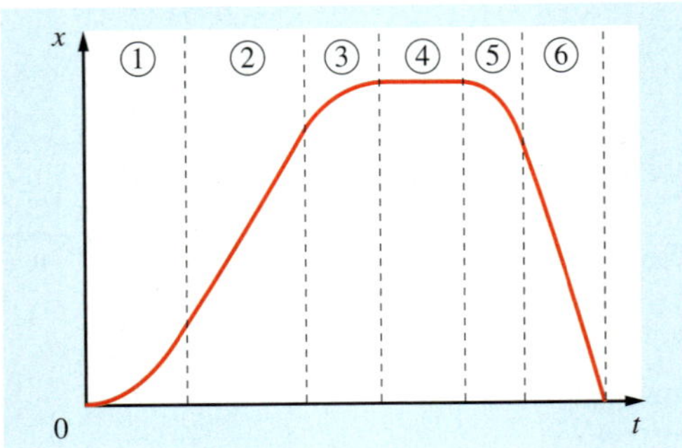

1

2 *Bewegung im t-x-Diagramm* ↑2 Ordne den Graphen I bis V die richtige Situation zu. Begründe jeweils deine Wahl.

A: Bremsvorgang
B: Anfahren
C: Beschleunigung während der Fahrt
D: Physikalisch unmöglich
E: Fahrt mit konstanter Geschwindigkeit

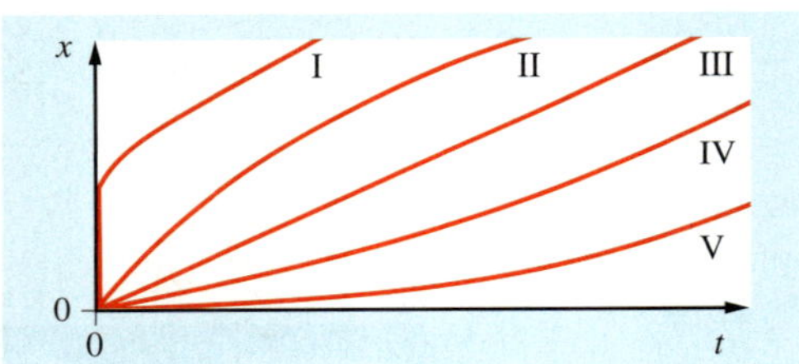

2

3 ▶ *Von 0 auf 100* Bei Autotests wird oft gemessen, wie schnell die Fahrzeuge „von 0 auf 100" beschleunigen. Die Zeiten liegen dabei in der Größenordnung von ungefähr 10 s.

a Wie lange dauert es eigentlich beim freien Fall, bis $100\,\frac{\text{km}}{\text{h}}$ erreicht sind? Welche Strecke wird dabei zurückgelegt?

b Zeichne das t-v- und das t-h-Diagramm für den freien Fall, bis $100\,\frac{\text{km}}{\text{h}}$ erreicht sind. ◀

4 *Jet* Die maximale Schubkraft eines 20 t schweren Armeeflugzeugs „Typhoon" beträgt 120 kN, mit Nachbrenner sogar 180 kN. Um abzuheben, muss er eine Geschwindigkeit von mindestens $200\,\frac{\text{km}}{\text{h}}$ erreichen.

a Stelle die Bewegungsfunktionen des Startvorgangs auf: mit und ohne Nachbrenner.

b Zeichne die Graphen der Bewegungsfunktionen aus Teil a (mit und ohne Nachbrenner jeweils in ein gemeinsames Diagramm).

c Bestimme grafisch und rechnerisch die kürzeste Startzeit mit und ohne Nachbrenner.

d Wie lang muss die Startbahn mindestens sein?

5 *Vertiefung: Halfpipe* Am Rand der Halfpipe fliegt ein Skifahrer senkrecht nach oben. ↑3 Zu Beginn der Flugphase hat er eine Geschwindigkeit von $v_0 = 7{,}5\,\frac{\text{m}}{\text{s}}$.

3

a Wie lange dauert es, bis der Skifahrer am höchsten Punkt seines Flugs ankommt? Welche Höhe erreicht er?

b Wie lange dauert der gesamte Flug? Mit welcher Geschwindigkeit landet der Skifahrer?

c Berechne Sprunghöhe und Landegeschwindigkeit mithilfe des Energieerhaltungssatzes.

❯ Die Lösungen findest du im Anhang.

Schätze deine Kenntnisse und Fähigkeiten ein.
Ordne dazu deiner Lösung im Heft ein Smiley zu:
☺ Ich konnte die Aufgabe richtig lösen.
😐 Ich konnte die Aufgabe nicht komplett lösen.
☹ Ich konnte die Aufgabe nicht lösen.

Aufgabe	Fähigkeit	Hilfe findest du auf Seite ...
1, 2, 3, 4	Bewegungsverlauf anhand von Zeit-Ort- und Zeit-Geschwindigkeit-Diagrammen beschreiben.	64, 67, 86–89, 92
3, 4, 5	Bewegungsgrößen mithilfe der Bewegungsfunktionen berechnen.	81, 86, 86–90, 92

Atome

In diesem riesigen Teilchenbeschleuniger schicken die Forscher winzige Bausteine der Atome – Protonen – auf eine 27 km lange Kreisbahn, bis die Protonen fast Lichtgeschwindigkeit erreichen. Dann lassen sie sie aufeinanderprallen: ein elementarer Crashtest! Dabei fliegen die „Trümmer“ auseinander, werden in empfindlichen Messkammern aufgefangen und von schnellen Computern analysiert.

Zwar versteht nur ein kleiner Kreis von Forschern genau, was in dem *Large Hadron Collider* (LHC) geschieht, aber alle Physiker wollen wissen, „was die Welt im Innersten zusammenhält“, wie das Goethe seinen Dr. Faust fragen lässt. Über die Struktur der Materie erhält man durch solche riesigen Messapparaturen neue Antworten – und neue Rätsel.

Aufbau der Atome

Der Atomkern

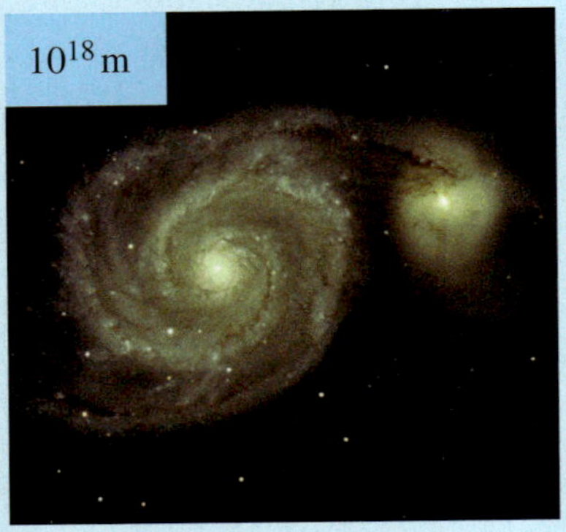

1 Galaxie (aufgenommen mit dem *Hubble*-Weltraumteleskop)

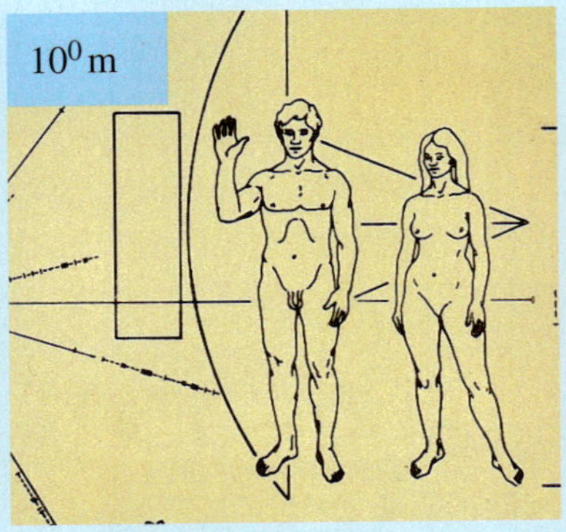

2 Mensch (Botschaft an fremdes Leben auf der Raumsonde *Pioneer 10*)

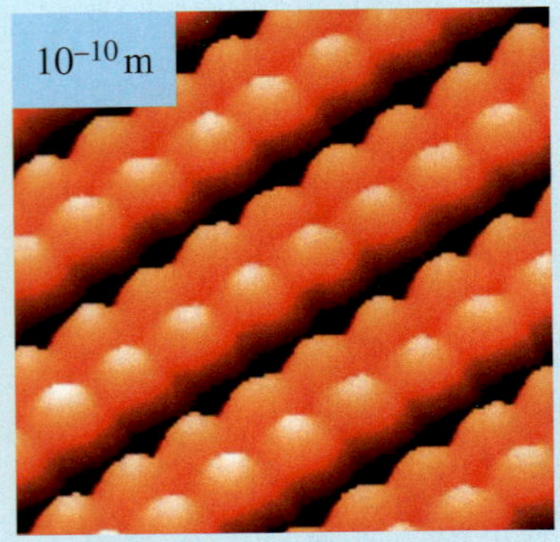

3 Siliciumoberfläche (unter dem Rastertunnelmikroskop)

Neugierde liegt in der Natur des Menschen, und so ist er seit Jahrtausenden bestrebt, seinen Horizont zu erweitern – sowohl in die Ferne als auch in die Nähe. ↑1–↑3

4 Very Large Telescope

5 Rastertunnelmikroskop

Zu Fuß kommen wir mit jedem Schritt nur etwa 10^0 m (1 m) weiter. Im Lauf der Zeit gelang es jedoch damit dem Menschen, sich überall auf der Erde mit ihrem Umfang von $4{,}0 \cdot 10^7$ m (40 000 km) zu verbreiten. Mithilfe von Raketen gelang sogar der „Schritt" zum $3 \cdot 10^8$ m (300 000 km) entfernten Mond. Raumsonden legen für uns den über 10^{12} m (eine Milliarde Kilometer) langen Weg zu den äußersten Planeten des Sonnensystems zurück und schicken von dort faszinierende Bilder. Und mit großen Teleskopen können wir von der Erde aus Sterne erforschen, die 10^{26} m (ungefähr zehn Milliarden Lichtjahre) entfernt sind. ↑4

Auf der anderen Seite gelingt es uns auch, immer weiter in die spannende Welt des Mikrokosmos vorzudringen. Lassen sich mit bloßem Auge noch Strukturen mit einer Ausdehnung von 10^{-4} m (0,1 Millimeter) wahrnehmen, so erhalten wir mit Lichtmikroskopen bereits Einblicke in Bereiche von etwa 10^{-7} m (0,1 Mikrometer). Elektronen- und Rastertunnelmikroskope ermöglichen es heutzutage sogar, Moleküle und sogar Atome mit einer Ausdehnung von 10^{-10} m (0,1 Nanometer) zu erkennen. ↑5 Selbst diese Instrumente reichen jedoch nicht aus, die innere Struktur von Atomen zu erkunden. Der Zugang dazu erfordert einen gewaltigen Aufwand und riesige Experimentieranlagen (z. B. den LHC), in denen Teilchen fast mit Lichtgeschwindigkeit aufeinanderprallen. Dabei erhalten wir aber für unser Auge kein Bild mehr wie durch eine Lupe: Aus einer Vielzahl von Messdaten und durch zunehmend kompliziertere Berechnungen schließt man indirekt auf die Struktur des Atomkerns und seiner Bestandteile.

Wie man diese Berechnungen anstellt, werden wir im Rahmen dieses Buchs nicht erklären. Aber du wirst ein vertieftes Modell vom Aufbau der Atome kennenlernen – und das berühmte Experiment von RUTHERFORD, dessen unerwarteter Ausgang zu diesem Modell geführt hat.

GRUNDLAGEN: Wie groß ist ein Atom?

▶ Atome sind so klein, dass wir sie mit bloßem Auge nicht einzeln erkennen können. Wir können ihren Durchmesser aber trotzdem anhand eines sichtbaren Gegenstands abschätzen: einem Ölfleck. Dazu wird in einem Versuch ein „Film" aus Ölsäure auf Wasser erzeugt. ↑6 Die Ölsäuremoleküle – in chemischer Schreibweise $C_{17}H_{33}COOH$ – bestehen aus 54 Atomen. Die Moleküle liegen nebeneinander in dem Ölfleck. Wenn man zur Vereinfachung annimmt, dass er nur aus einer einzigen Lage von Molekülen besteht, lässt sich aus dem Ölsäurevolumen V und dem Flächeninhalt A des Flecks seine Dicke $d_{\text{Öl}}$ berechnen:
$V = A \cdot d_{\text{Öl}}$ bzw. $d_{\text{Öl}} = \frac{V}{A}$.
Der Versuch ergibt einen winzigen Durchmesser: $d_{\text{Öl}} = 1 \cdot 10^{-9}\,\text{m}$! Dieser Wert ist gleich dem Durchmesser eines Ölsäuremoleküls. Mithilfe weiterer Vereinfachungen (Ölsäuremolekül und Atome kugelförmig, Atome dicht gedrängt …) lässt sich daraus der Radius r_A eines einzigen Atoms berechnen. Man erhält: $r_A = 0{,}1 \cdot 10^{-9}\,\text{m}$.
Trotz aller Vereinfachungen stimmt dieses Ergebnis größenordnungsmäßig erstaunlicherweise mit den Werten aus vielen anderen Experimenten überein.

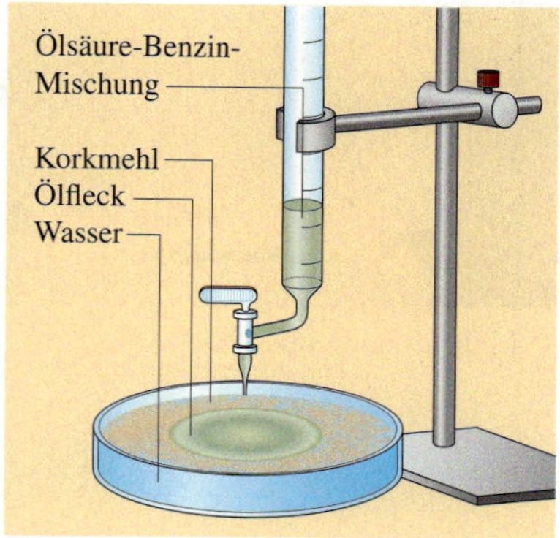

6 Ölfleckversuch

Der Radius von Atomen liegt bei einem Zehnmillionstel eines Millimeters: $r_{\text{Atom}} = 1 \cdot 10^{-10}\,\text{m} = 0{,}1\,\text{nm}$. ↑7 ◀

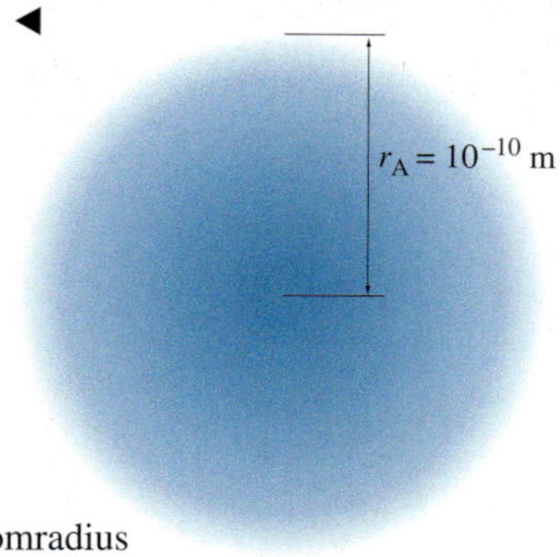

7 Atomradius

Aus dem Mikrokosmos In Kristallen geht es eng zu

Der Abstand zweier Atome in Kristallen liegt in der gleichen Größenordnung wie die Atomdurchmesser: Bei Kochsalz beträgt er $3 \cdot 10^{-10}$ m. ↑8 Die Atome sind also ziemlich dicht „gepackt", zwischen zwei würde höchstens ein weiteres passen.
In der Festkörper-, Halbleiter- und Atomphysik treten oft Längen in dieser Größenordnung auf. Deshalb wird für die Einheit $1 \cdot 10^{-10}$ m häufig ein eigener Name verwendet: 1 Ångström (1 Å, sprich: Ongström). Damit wird der schwedische Astronom und Physiker ANDERS JONAS ÅNGSTRÖM (1814–1874) geehrt, der u. a. das Spektrum des Sonnenlichts sehr genau vermessen hatte.

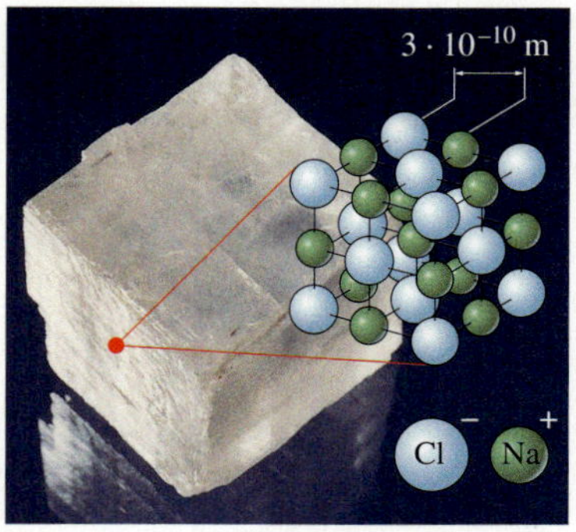

8 Kochsalzkristall im Modell (Ausschnitt aus drei Ebenen des Kristallgitters)

1 *Kochsalz – Lage auf Lage* Unser Kochsalzkristall ↑8 ist nicht groß: Die Kantenlänge beträgt nur 1 mm. Besteht er nur aus wenigen Ebenen? Rechne es aus!

1 Lichtstreuung und Sehen

GRUNDLAGEN: Untersuchung von Atomen durch Streuung

▶ „Streuversuche“ spielen bei der Erforschung der Atome eine große Rolle. Den Begriff „Streuung“ hast du schon einmal in der Optik kennengelernt: Wir können Gegenstände, die nicht selbst leuchten, nur dann sehen, wenn Licht auf sie fällt und von ihnen in unser Auge gestreut wird. ↑1
In der Atomphysik werden Atome statt mit Licht mit Teilchen beschossen: Aus deren Ablenkung (Streuung) lassen sich Rückschlüsse auf die Struktur der beschossenen Atome (Fachsprache: *Targets*) ziehen. ◀

Probier's mal!

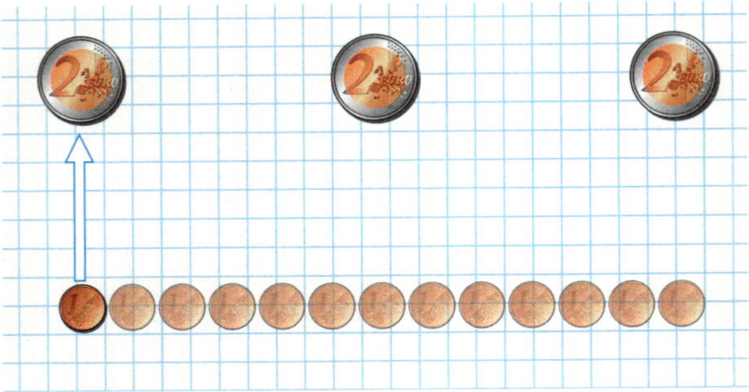

2 Streuung an Münzen

1 Münzen werden gestreut ↑2
Anstelle von Atomen und Teilchen verwenden wir in diesem Modellversuch Münzen.
Klebe drei 2-€-Münzen als Targets in einer Reihe der Länge nach mit möglichst großem Abstand auf ein DIN-A4-Blatt (oder eine OH-Folie). Schnipse dann mit einem Finger eine 1-Cent-Münze von vielen Punkten am Längsrand parallel zur kurzen Blattkante. Beobachte die Bahnen deines „Geschosses“ und versuche sie ungefähr nachzuzeichnen.

Aufgabe

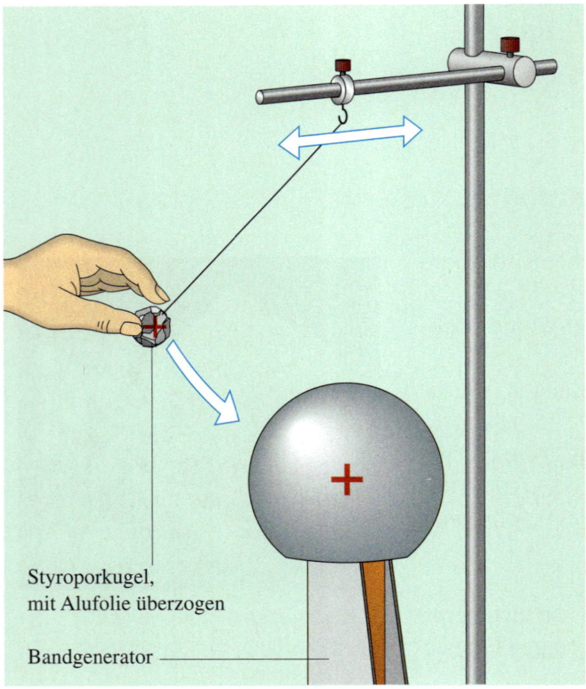

3 Streuung an der geladenen Kugel

2 *Streuung am geladenen Körper* ↑3 Bei diesem Modellversuch dient die geladene Kugel eines Bandgenerators als Target. Das „Geschoss“ ist eine sehr leichte, an einem Faden aufgehängte Kugel (aus Styropor oder Watte, mit Alufolie überzogen), die wie die Bandgeneratorkugel geladen ist. Der Lehrer lässt die kleine Kugel jeweils in die gleiche Richtung schwingen. ↑4 Beobachte, wie sie abgelenkt wird.

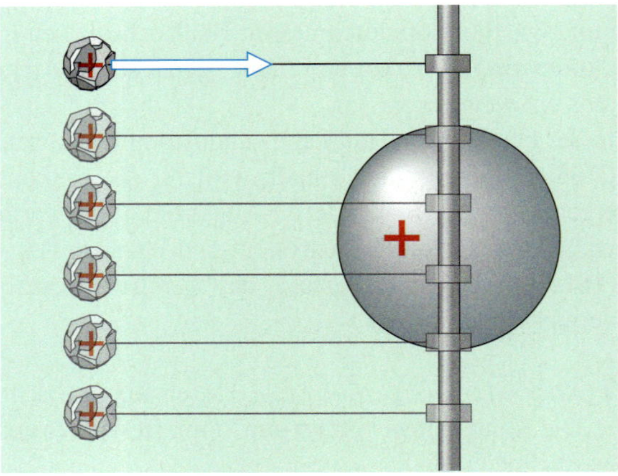

4 Aufbau, von oben betrachtet

GRUNDLAGEN: Der Atomkern wird entdeckt

▶ Vor 100 Jahren gab es noch kein Kern-Hülle-Modell. ↑5 Atome waren zwar schon bekannt, aber ihre Struktur war geheimnisvoll. Der Physiker und Chemiker ERNEST RUTHERFORD (1871–1937) untersuchte sie mit einem Streuversuch. ↑6 Er schoss α-Teilchen – das sind die zweifach positiv geladenen Helium-Atomkerne – auf eine sehr dünne Goldfolie und maß ihre Streuung. Mehr als 98 % der α-Teilchen durchdrangen die Folie nahezu unabgelenkt. Nur wenige α-Teilchen wurden deutlich abgelenkt oder reflektiert. Das Versuchsergebnis lässt sich so erklären:
Die verhältnismäßig schweren α-Teilchen werden von den leichteren Elektronen der Atomhülle kaum beeinflusst. ↑7 Für die Streuung ist im Wesentlichen ein positiv geladener Atomkern verantwortlich.
Aus der Anzahl der gestreuten α-Teilchen in Abhängigkeit vom Ablenkungswinkel lässt sich der Atomkernradius bestimmen. Es ergibt sich, dass der Atomkern nur einen winzigen Bereich im Atom einnimmt.

Der Radius des positiv geladenen Atomkerns beträgt nur ein Zehntausendstel des Atomradius: $r_{Kern} = 1 \cdot 10^{-14}$ m.

Stelle dir einmal den Atomkern als Erbse vor. ↑8 Dann ergibt sich für das Atom ein Durchmesser von 200 m! Nun wird klar, wieso die α-Teilchen (die ja auch die Größe einer Erbse hätten) die Gold-Atomkerne fast nie treffen. ◀

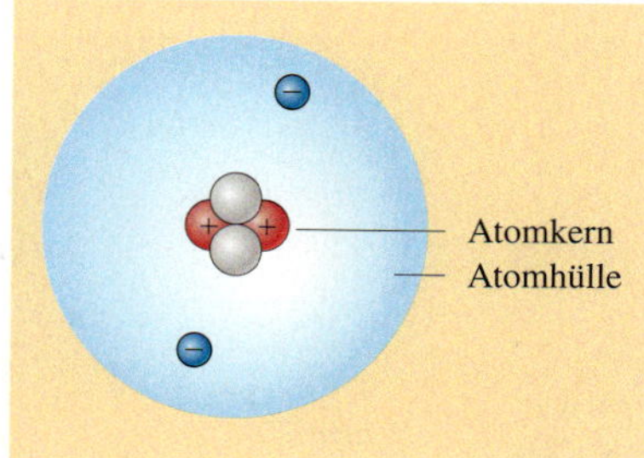

5 Heliumatom im Kern-Hülle-Modell

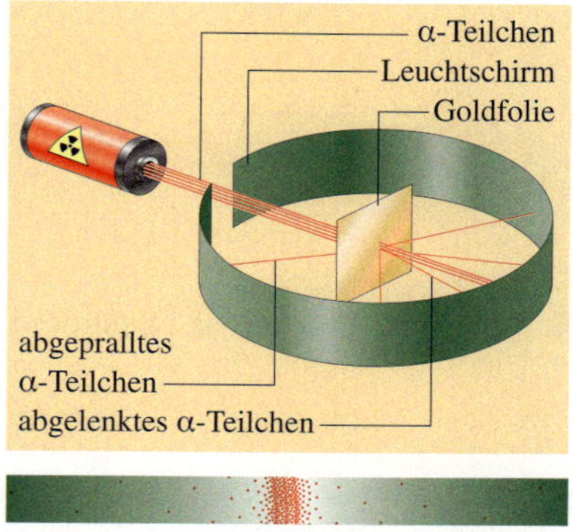

6 RUTHERFORDS Streuversuch

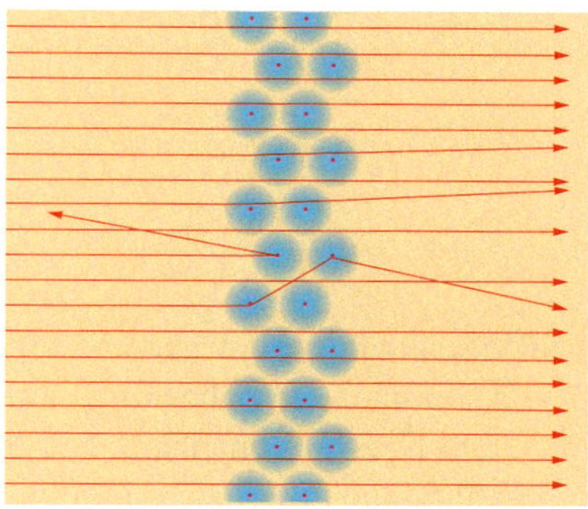
7 Streuung der α-Teilchen (Modell)

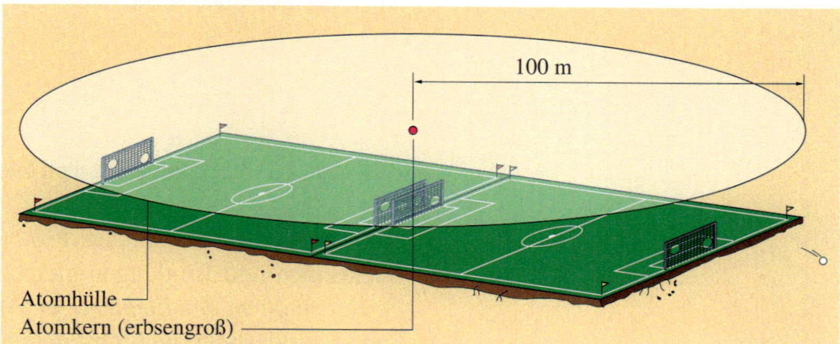

8 Größenunterschiede im Atom

Aus der Physikgeschichte Unerwartete „Querschläger"

Versuche des deutschen Physikers LENARD, der um 1900 Elektronen auf Atome schoss, widerlegten die bis dahin vorherrschende Meinung, Atome seien massive Kugeln. Vielmehr schienen sie überwiegend „leer" zu sein, die Streuung beschränkte sich auf sehr kleine „Streuzentren". Die Elektronengeschosse hatten allerdings (aus heutiger Sicht) den Nachteil, dass sie oft schon von den Elektronen der Atomhülle gestreut wurden und nicht bis zum Kern vordrangen.
Diesen Nachteil vermied der Neuseeländer ERNEST RUTHERFORD, indem er α-Teilchen als Geschosse verwendete. Die Targets waren Goldatome in einer hauchdünnen Folie. RUTHERFORD selbst glaubte nicht, dass die α-Teilchen an der Folie abprallen könnten (deshalb ließ er diesen Punkt von seinen Assistenten untersuchen): „Das wäre ja so, als ob man mit einer Pistole auf Seidenpapier schießt und erwartet, dass die Kugel vom Papier abprallt und den Schützen trifft." Er irrte: Die meisten α-Teilchen durchdrangen die Goldfolie zwar wie erwartet nahezu unabgelenkt – doch einige wenige (von 8000 nur eines!) wurden reflektiert.
RUTHERFORD folgerte, dass sich die gesamte positive Ladung in einem einzigen Kern konzentriert, der nur einen winzigen Anteil des Atoms einnimmt.

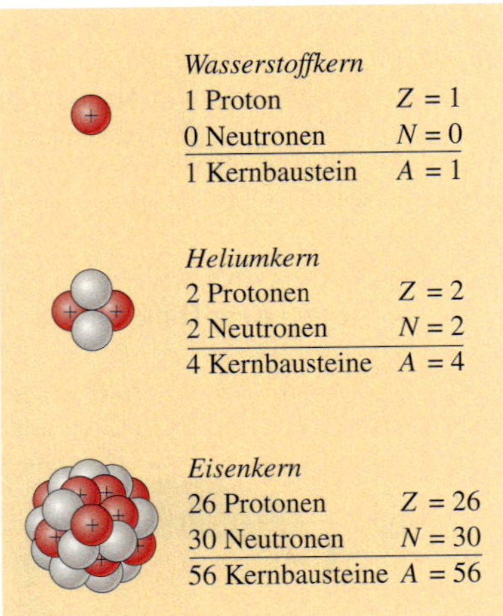

1 Atomkerne: Protonen und Neutronen

Teilchen	Masse in kg	Radius in m
Proton	$1{,}6727 \cdot 10^{-27}$	$\approx 1 \cdot 10^{-15}$
Neutron	$1{,}6750 \cdot 10^{-27}$	$\approx 1 \cdot 10^{-15}$
Elektron	$0{,}9109 \cdot 10^{-30}$	$< 1 \cdot 10^{-18}$

2

GRUNDLAGEN: Protonen und Neutronen

▶ Etwa 20 Jahre nach dem Experiment von RUTHERFORD stellte sich heraus, dass auch Atomkerne aus Bausteinen zusammengesetzt sind: aus Protonen und Neutronen. ↑1 Jeder Atomkern ist winzig im Vergleich zu seiner Atomhülle, enthält aber mehr als 99,9 % der Masse des Atoms! Proton und Neutron sind jeweils rund 1800-mal so schwer wie ein Elektron. ↑2 Die Gesamtzahl aller Kernbausteine eines Atoms heißt deshalb auch *Massenzahl* des Kerns: Protonenzahl Z + Neutronenzahl N = Massenzahl A.
Protonen sind elektrisch positiv geladen (Ladung: $+e$) und Neutronen ungeladen. Daher ist der Atomkern insgesamt positiv geladen. Sein elektrisches Feld bindet die negativ geladenen Elektronen (Ladung: $-e$) der Atomhülle an den Kern.

Atomkerne bestehen aus positiv geladenen Protonen und ungeladenen Neutronen, die ungefähr gleich schwer sind. Im Atomkern gibt es genauso viele Protonen wie Elektronen in der Atomhülle: Das Atom ist nach außen hin elektrisch neutral.

Warum fliegt eigentlich der Atomkern nicht auseinander? Die positiv geladenen Protonen stoßen sich doch gegenseitig ab! Den Zusammenhalt gewährleisten anziehende Kernkräfte zwischen jeweils zwei direkt benachbarten Kernbausteinen. Sie sind rund 100-mal stärker als die elektrischen Abstoßungskräfte, wirken aber nur über ganz kurze Entfernungen. ◀

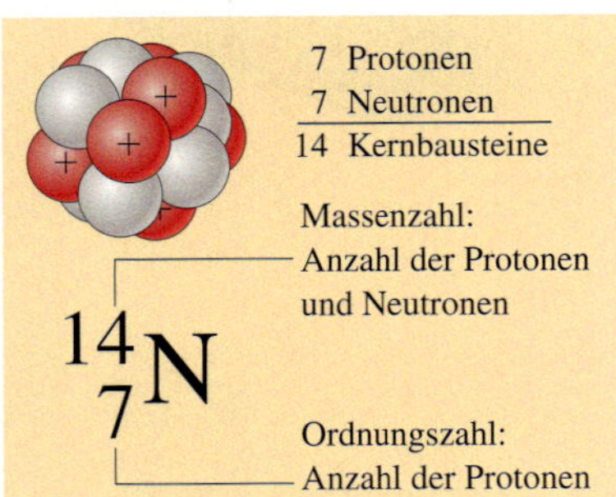

3 Kern eines sehr häufig vorkommenden Stickstoffatoms

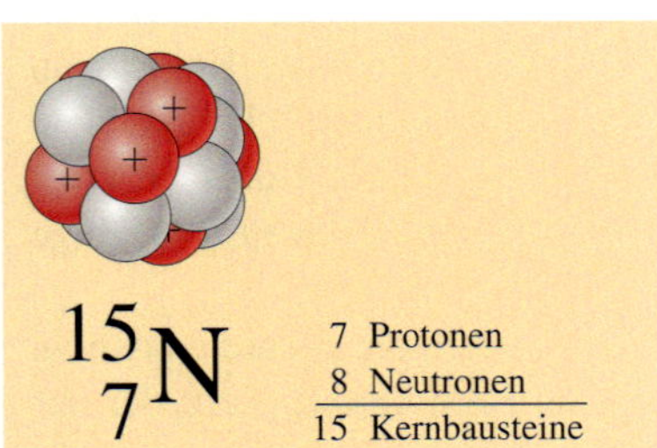

4 Kern eines sehr selten vorkommenden Stickstoffatoms

GRUNDLAGEN: Elemente und Isotope

▶ Alle Atome mit gleicher Protonenzahl verhalten sich in chemischen Reaktionen und Bindungen gleich. Chemiker ordnen sie daher in einem *Periodensystem der Elemente* (s. Anhang) nach ihrer Protonenzahl. Diese Zahl wird deshalb auch *Ordnungszahl* genannt. Das Periodensystem beginnt mit dem Element Wasserstoff (Z =1); das letzte natürlich vorkommende Element ist Uran (Z = 92). Die „offizielle“ Schreibweise für die Elemente ist auf der ganzen Welt einheitlich. ↑3
Atome ein und desselben Elements haben stets die gleiche Zahl von Protonen, können aber verschieden viele Neutronen besitzen. ↑4 Ihre Massenzahl ist damit unterschiedlich. Solche Atome stehen an der gleichen Stelle im Periodensystem, das ja nach der Protonenzahl geordnet ist. Man nennt diese Atome deshalb *Isotope* eines Elements. (griech. *iso-:* gleich, *topos:* Ort). Da bei chemischen Reaktionen die Elektronenhülle maßgeblich ist, unterscheiden sich die Isotope eines Elements in ihrem Reaktionsverhalten nahezu nicht. Der einzige Unterschied rührt von ihrer unterschiedlichen Masse her, die die Beweglichkeit der Atome und damit die Reaktionsgeschwindigkeit beeinflusst.

Die Atome eines Elements haben stets die gleiche Protonenzahl (Ordnungszahl) und die gleichen chemischen Eigenschaften. Sie können sich in der Anzahl ihrer Neutronen unterscheiden (Isotope). ◀

Aufgaben

1 *Größenordnungen im Atom* Stelle dir vor, ein Atomkern wäre so groß wie du. Welche Ausmaße hätte dann die Atomhülle? Würde die Stadt, in der du zur Schule gehst, in die Atomhülle passen?

2 ▶ *Unerwartete Querschläger* RUTHERFORD war sehr überrascht, dass bei seinem Streuexperiment einige α-Teilchen von der Goldfolie reflektiert wurden (s. S. 99). Erkläre, wie es zu den Reflexionen kam. ◀

3 ▶ *Kohlenstoff* Wie stellst du dir den Aufbau eines Kohlenstoffatoms vor?
Tipp: Benutze das Periodensystem der Elemente (s. Anhang). Fertige eine Zeichnung an. ◀

4 *Wasserstoff* In der Kernenergietechnik spielen die Wasserstoffisotope *Deuterium* und *Tritium* eine Rolle. Recherchiere, wie sie aufgebaut sind. Zeichne sie im Modell und gib ihre chemische Schreibweise an.

5 ▶ *Elemente in Zahlen* ↑5 Kannst du die fehlenden Zahlen und Namen ergänzen? ◀

Symbol	$^{16}_{8}O$	?	$^{238}_{92}U$
Element	?	Thorium	?
Elektronen	?	?	?
Protonen	?	82	?
Neutronen	?	?	?
Ordnungszahl	?	?	?
Massenzahl	?	206	?

5

Aus der Teilchenphysik Quarks – Bausteine der Protonen und Neutronen

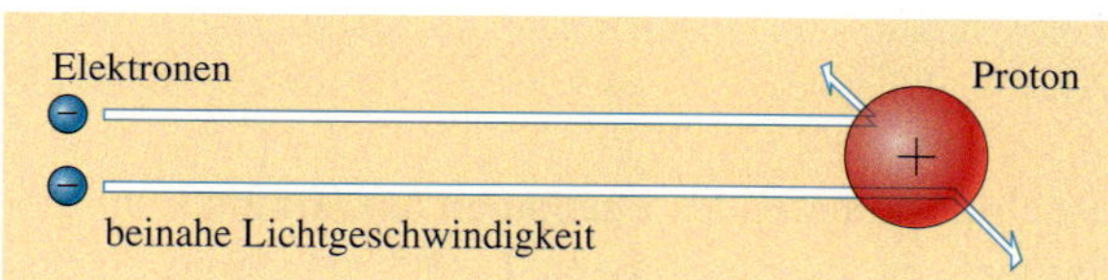

6 Streuung sehr schneller Elektronen an Protonen

7 Linearbeschleuniger in Stanford

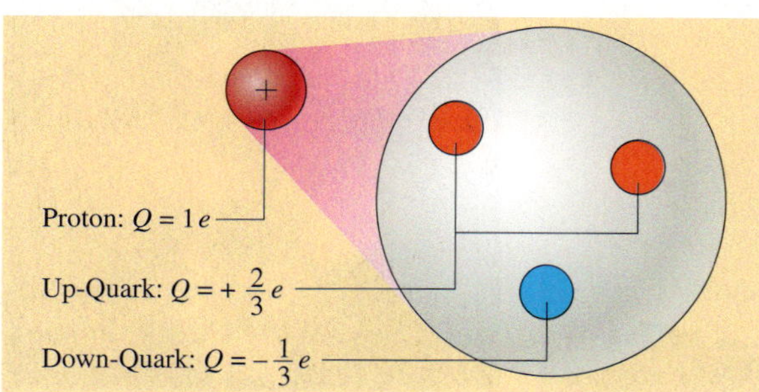

8 Modell vom Aufbau des Protons (nicht maßstäblich)

▶ Wenn ein langsames Elektron in die Nähe eines einzelnen Protons kommt, kann es von ihm „eingefangen" werden und es entsteht ein Wasserstoffatom. Beschleunigt man Elektronen jedoch vorher fast auf Lichtgeschwindigkeit, so können sie in das Proton eindringen und dabei von dessen Bauteilen gestreut werden. ↑6 Auf diese Weise wurde im 3 km langen Teilchenbeschleuniger von Stanford (USA) ↑7 in den 1960er Jahren entdeckt, dass die elektrische Ladung des Protons in drei sehr kleinen „Streuzentren" konzentriert ist. Ihr Durchmesser beträgt weniger als $1 \cdot 10^{-18}$ m – ein Tausendstel des Protonendurchmessers! Man stellte sich daher vor, dass das Proton aus drei winzigen Bausteinen besteht. ↑7 Sie werden als *Quarks* (sprich: Kworks) bezeichnet: Das Up-Quark hat die Ladung $+\frac{2}{3}\,e$ und kommt zweimal im Proton vor, das Down-Quark hat die Ladung $-\frac{1}{3}\,e$.
In weiteren Experimenten hat sich herausgestellt, dass auch das Neutron aus insgesamt drei Up- und Down-Quarks aufgebaut ist (bestimmt findest du die Zusammensetzung selbst heraus).
Man hat noch weitere Quarks entdeckt. Sie heißen Strange-, Charm-, Bottom- und Top-Quark und kommen in unserer „normalen" Materie aus Protonen und Neutronen (und Elektronen) nicht vor. Quarks lassen sich bis heute nicht einzeln beobachten, sondern treten immer zu dritt oder paarweise auf. Die heute zur Verfügung stehenden Experimente reichen noch nicht aus, um zweifelsfrei nachzuweisen, dass Quarks nicht selbst aus noch kleineren Bausteinen bestehen. ◀

Aufnahme und Abgabe von Energie

Von Energieniveaus und Photonen

Ohne die Energie im Sonnenlicht gäbe es kein Leben auf der Erde. Pflanzen nehmen sie z B. auf, um aus Kohlenstoffdioxid und Wasser Glucose für ihr Wachstum zu gewinnen. Dabei wird auch der für Tiere und Menschen lebensnotwendige Sauerstoff gebildet. ↑1

Beim Anheben oder Erwärmen eines Körpers ist es egal, wie viel Energie zugeführt wird: Seine potenzielle oder innere Energie nimmt zu. Bei Atomen muss die Energiezufuhr durch Licht genau „passen", sonst kann die Energie nicht aufgenommen werden!

1 Grünalgen: Für die Fotosynthese wird „Lichtenergie" aufgenommen.

Der Regenbogen ist ein faszinierendes Phänomen am Himmel, in dem uns die Sonne einmal „in einem anderen Licht" erscheint. ↑2 Das Sonnenlicht, das uns sonst weiß erscheint, wird von Regentröpfchen gebrochen und dabei in ein ganzes *Spektrum* aus Farben zerlegt. Dieses Spektrum verrät einiges über die Lichtquelle, also die Sonne. Astronomen sind aber auch an anderen Sternen interessiert: Aus ihrem Spektrum erfahren sie mehr über ihren Aufbau, selbst wenn die Sterne Milliarden Lichtjahre von uns entfernt sind!

Nicht nur zum Jahreswechsel erfreuen Feuerwerke das Auge. ↑3 Es ist zwar ein wohlgehütetes Geheimnis der Hersteller, wie die Feuerwerkskörper Schicht für Schicht befüllt werden. Aber eine genaue Analyse der Farbenpracht des ausgesandten Lichts ermöglicht es, die beteiligten Atom- oder Molekülsorten zu bestimmen. Die Grundzüge einer solchen *Spektralanalyse* kannst du in den folgenden Versuchen kennenlernen.

2 Regenbogen: „zerlegtes" Sonnenlicht

3 Was verraten die Farben?

Probier's mal!

1 ▶ Spektralanalyse – mit einer CD

a *Aufbau:* ↑4 Schneide ein „Tortenstück“ aus einer CD heraus. Klebe es auf die eine Längswand der Schachtel (die spiegelnde Seite muss sichtbar bleiben). Die Mittellinie des CD-Stücks soll parallel zum Schachtelboden verlaufen.
Schneide in die andere Längswand der Schachtel den Eintrittsspalt (senkrecht zum Boden) und das Beobachtungsloch. Beachte die in der Zeichnung angegebenen Winkel! Klebe den Spalt teilweise mit Papier ab, damit er besonders schmal wird. Verschließe die Schachtel mit dem Deckel.

b *Einsatz:* Lass das Licht einer Glühlampe, Leuchtstoffröhre, Leuchtdiode … durch den Eintrittsspalt fallen und betrachte es durch das Beobachtungsloch. Was fällt dir auf?
Tipp: Vielleicht gelingt die Beobachtung besser, wenn du das CD-Stück seitlich etwas verschiebst. Nimm auch einmal das Papier über dem Spalt ab. Welchen Einfluss hat das auf die Spektren?

c Skizziere die Spektren der Lichtquellen. ◀

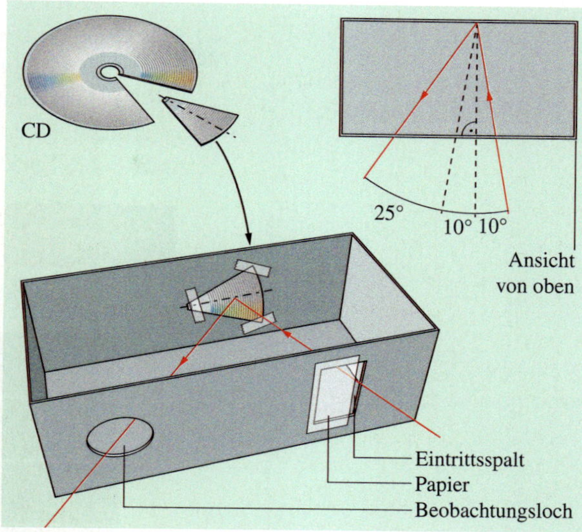

4

! Kein Laserlicht oder Sonnenlicht untersuchen: Es könnte deine Augen schädigen!

Aufgaben

2 ▶ *Spektren – mit dem Prisma erzeugt* ↑5
Mit einem Prisma wird nacheinander das Licht einer Glühlampe, einer Quecksilber- und einer Natriumdampflampe in seine Spektralfarben zerlegt. Die Sammellinsen projizieren das Licht, das durch den Spalt fällt, auf den Beobachtungsschirm.

a Zeichne die Spektren auf. Was fällt dir auf? ◀

b Nimmt unser Auge das ganze Lampenspektrum wahr? Um das zu überprüfen, werden die Zinksulfidplatte und die Fotodiode eingesetzt: ultraviolette Strahlung lässt die Platte aufleuchten, infrarote Strahlung erzeugt an der Fotodiode eine Spannung.

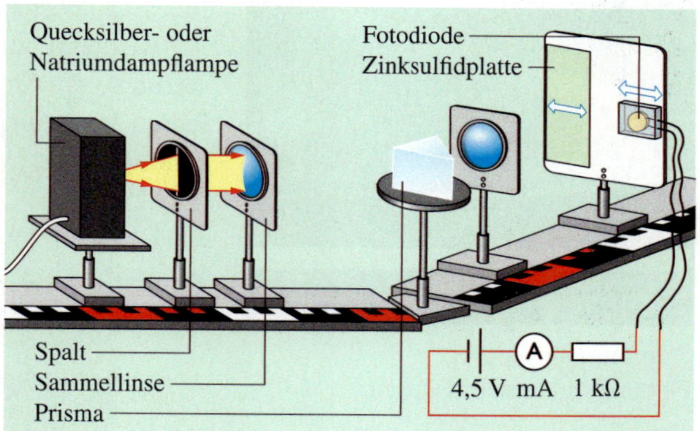

5

3 ▶ *Spektrum – mit einem optischen Gitter erzeugt* ↑6
Betrachte die Wasserstofflampe durch das optische Gitter hindurch. Wie unterscheidet sich ihr Spektrum von dem des Sonnenlichts? ◀
Hinweise: Optische Gitter bestehen aus vielen lichtdurchlässigen parallelen Spalten in einer ansonsten undurchsichtigen Blende. Erstaunlicherweise kann man damit Licht in Spektren zerlegen (Brechung spielt keine Rolle)! Anders als beim Prisma erscheinen die Spektralfarben symmetrisch zur Lichtquelle.

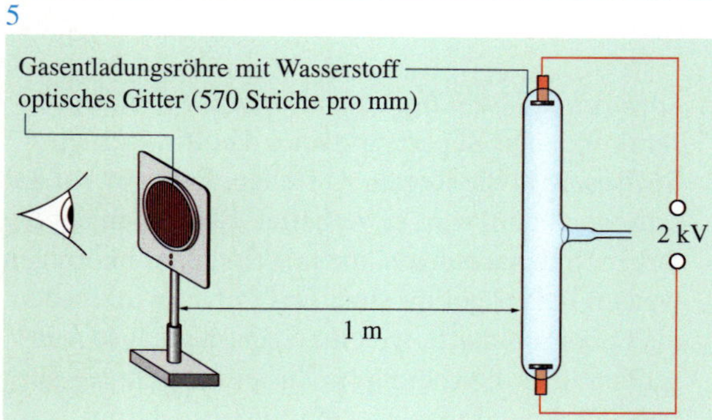

6

GRUNDLAGEN: Spektren leuchtender Körper

Das Spektrum einer Glühlampe, das man z. B. mit einem Prisma erzeugen kann, zeigt sich dem bloßen Auge als durchgehendes Farbband. ↑1 Die verschiedenen Farben von Violett bis Rot gehen fließend ineinander über. Ein solches Spektrum bezeichnen wir als *kontinuierliches Spektrum*. Auch andere erhitzte, glühende Gegenstände, wie z. B. flüssige Lava, haben ein kontinuierliches Spektrum.

1 Kontinuierliches Spektrum

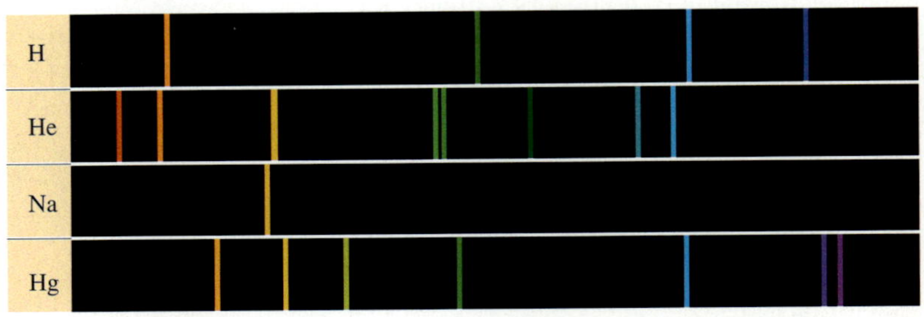

2 Linienspektren (Wasserstoff H, Helium He, Natrium Na, Quecksilber Hg)

3 Spiritus auf Zucker: Flamme und Linienspektrum

▶ Ganz anders präsentieren sich die Spektren von Quecksilberdampf- oder Wasserstofflampen. ↑2 Sie bestehen aus farbigen Linien, die mehr oder weniger deutlich voneinander getrennt sind. Wir bezeichnen sie als *Linienspektren*. Sie reichen oft über den für unser Auge sichtbaren Bereich hinaus in den infraroten bzw. ultravioletten Bereich.

Jedes Linienspektrum ist charakteristisch für das Licht aussendende Gas. ↑3 Aus dem bunten „Fingerabdruck" kann auf die chemische Zusammensetzung – die Atomsorten – der Lichtquelle geschlossen werden. Dieses Verfahren wird *Spektralanalyse* genannt. Sie hat den Vorteil, dass nur Licht benötigt wird: Das Gas selbst muss am Ort der Analyse gar nicht vorliegen.

Die Spektren leuchtender Körper können einen kontinuierlichen Farbverlauf oder einzelne farbige Linien aufweisen. Die Linienspektren geben Hinweise auf die chemische Zusammensetzung der Lichtquelle. ◀

Aufgabe

1 *Spektralanalyse hilft bei Ermittlungen* Ein Erpresser droht einer Supermarktkette damit, vergiftetes Speisesalz in die Regale zu stellen. Bevor er zur Tat schreiten kann, wird er verhaftet. Bei ihm findet die Polizei Salzpackungen, die mit einem grobkörnigen weißen Pulver gefüllt sind. Das Pulver wird rasch ins Labor geschafft, wo eine Spektralanalyse Aufschluss über die chemische Zusammensetzung geben soll. Das Ergebnis ist ein Linienspektrum. ↑4 Bei einem Vergleich mit anderen Linienspektren ↑5 erkennt man rasch, dass nicht nur Natrium (Speisesalz besteht aus Natriumchlorid) im Pulver enthalten ist. Findest du die drei zugemischten Stoffe heraus?

4 Linienspektrum des Pulvers

Aus der Astronomie Astrospektroskopie

6 Orionnebel

Die Weiten des Weltraums sind für den Menschen nach heutigem Stand der Raumfahrt zwar unüberwindbar. Für die Strahlung von Sternen und Gasnebeln sind sie aber kein Hindernis. Spektralanalysen liefern detaillierte Informationen über die chemische Zusammensetzung der Lichtquellen. ↑7 Die Helligkeit der Linien bzw. „Spitzen" gibt zudem Aufschluss über die Häufigkeit der Elemente. Die Breite der Spektrallinien hängt von der Temperatur und dem Druck im Gas ab. Daher geben die Spektren auch Hinweise auf Temperatur und Druck in den Sternen – über Tausende von Lichtjahren hinweg!

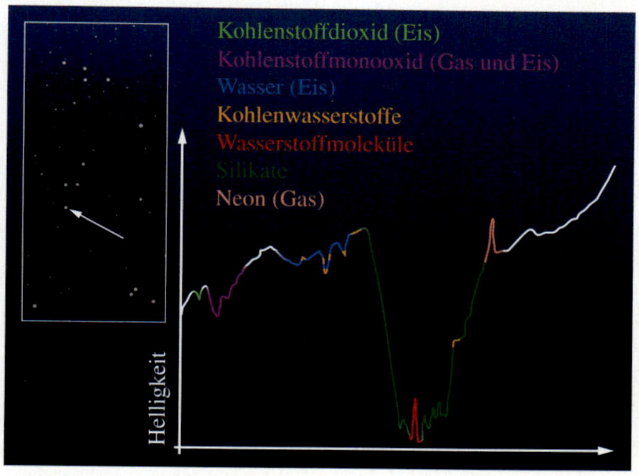

7 Spektralanalyse des Lichts einer Galaxie

Aufgabe

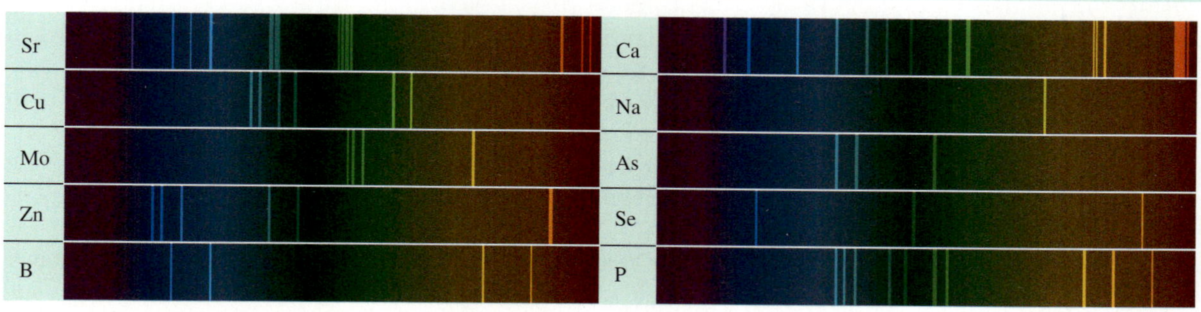

5 Linienspektren verschiedener Gase

Experiment

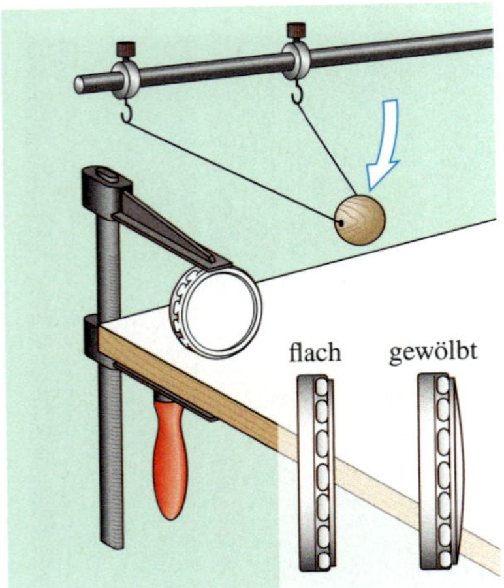

1

1 ▶ Energie im Atom – ein Modellversuch

Wir haben Linienspektren bisher nur beobachtet und verglichen, aber nicht erklärt. Ein Modellexperiment soll nun beim Verständnis helfen: ↑1
Es stellt die Energien im Atom und ihre Änderungen vereinfacht dar. Der eingespannte Deckel einer Milchflasche kennt nur zwei „Zustände“: „flach“ und „gewölbt“.

a Springt der gewölbte Deckel in den flachen Zustand, wenn die Holzkugel dagegenschwingt?
Lass die Kugel erst aus kleiner Höhe, dann aus immer größeren Höhen gegen den Verschluss schwingen. Was stellst du fest?

b Wenn die Kugel den Deckel hereingedrückt hat und am tiefsten Punkt ruht, bringst du den Verschluss mit sanftem Druck in den gewölbten Zustand. Was geschieht dabei mit der Kugel? ◀

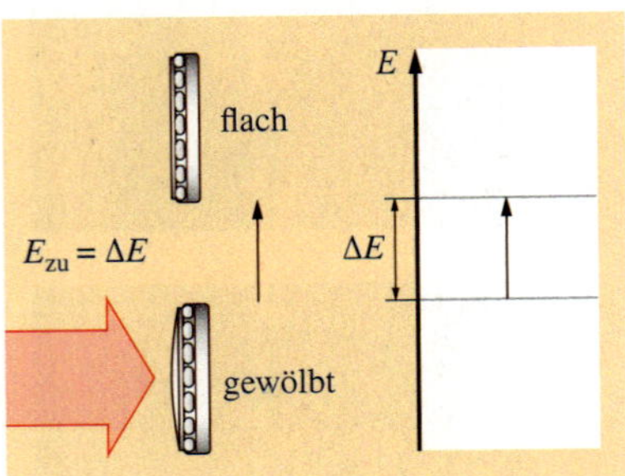

2

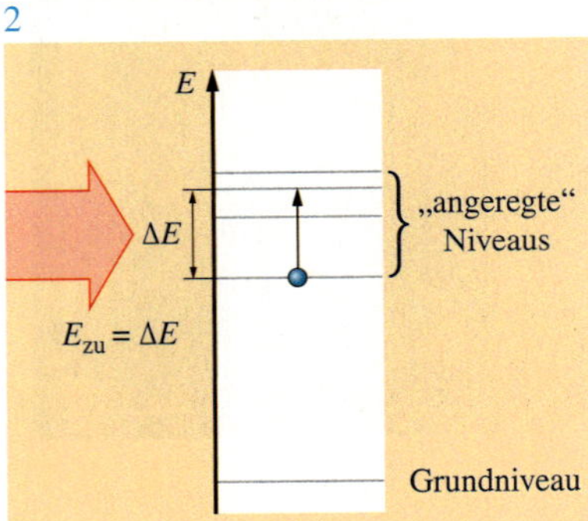

3 Niveauwechsel durch Energiezufuhr

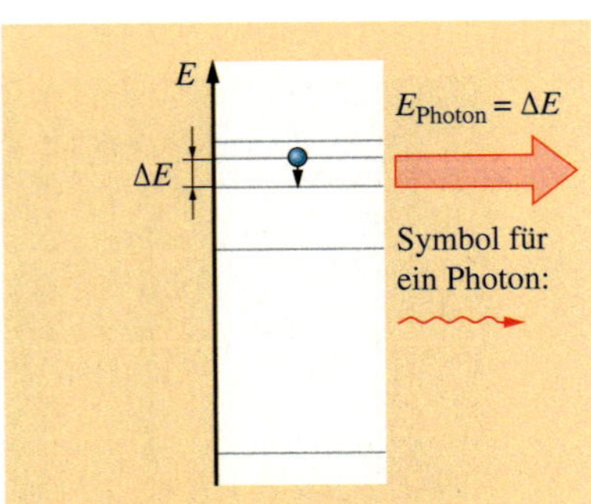

4 Niveauwechsel durch Energieabgabe

GRUNDLAGEN: Energieaufnahme und -abgabe in Portionen – Photonen

▶ Ein Stück Schaumstoff kannst du beliebig zusammendrücken, seine Spannenergie lässt sich kontinuierlich verändern. Auch die potenzielle Energie eines Rucksacks kann beim Anheben beliebige Werte annehmen – zu jeder Höhe gehört ein Energiewert.
Der Deckel einer Milchflasche nimmt dagegen nur zwei Zustände mit unterschiedlichen Energiewerten an: ↑1 Erst wenn dem gewölbten Deckel genügend Energie zugeführt wird, springt er in den flachen Zustand. ↑2
Ähnliches gilt für die Energie der Elektronen in den Atomhüllen.

In den Atomhüllen kann die Energie der Elektronen nur bestimmte Werte annehmen, Zwischenwerte sind nicht möglich. Man spricht von *diskreten Energieniveaus* (lat. *discretum:* getrennt).

Die diskreten Energieniveaus bedeuten, dass die Hüllenelektronen Energie nur in bestimmten Portionen aufnehmen oder abgeben können. *Beispiele:*

- Beim Zusammenstoß zweier Atome kann ein Hüllenelektron genau die passende Energieportion erhalten, um auf ein höheres Energieniveau zu gelangen. ↑3
- Auf diesem höheren Energieniveau muss es nicht bleiben: Das Elektron kann weitere passende Energieportionen aufnehmen – oder abgeben. ↑4

Damit die Energie eines Elektrons in der Atomhülle von einem Niveau auf ein anderes gelangt, muss es eine geeignete Energieportion aufnehmen oder abgeben: Die Energieportion muss genauso groß sein wie die Differenz zwischen den beiden Energieniveaus.
Die bei dem Übergang zwischen zwei Energieniveaus abgegebenen einzelnen Energieportionen bezeichnen wir als *Photonen*.

Hinweis: Zur Vereinfachung betrachten wir im Folgenden zunächst immer nur die Energie *eines* Elektrons in der Atomhülle.

Photonen in einem bestimmten Energiebereich können die Sehsinneszellen reizen, wenn sie in unser Auge gelangen. Wir nehmen sie dann als *Licht* (griech. *photos*) wahr. Solche Photonen werden bei Übergängen zwischen angeregten Energieniveaus abgestrahlt.
Um die Energie eines Photons anzugeben, eignet sich eine winzige Energieeinheit, die du schon kennengelernt hast: das Elektronvolt (eV). ↑5
Es gilt: $1\,\text{eV} = 1{,}602 \cdot 10^{-19}\,\text{J}$.

Die Energie der Photonen ist je nach Farbe des Lichts unterschiedlich groß. Sie ist am roten Rand des Spektrums am geringsten, am violetten Rand am größten. ◀

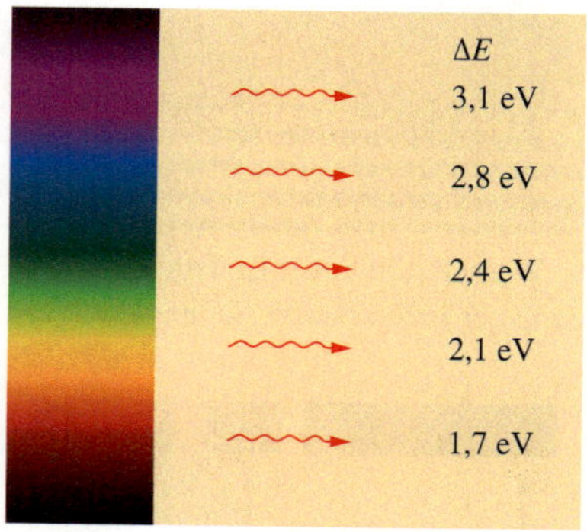

5 Photonenenergie und Farbe des Lichts

Aufgabe

2 *Leuchtziffern* Bei vielen Armbanduhren leuchten die Ziffern im Dunkeln nach, wenn sie am Tag vom Sonnenlicht beschienen wurden. ↑6 Es soll nun untersucht werden, ob jede Beleuchtung – infrarot, rot, grün, blau, ultraviolett – die Ziffern zum Nachleuchten anregt.
Material: jeweils drei identische Leuchtdioden der verschiedenen Farben, geeignete elektrische Energiequellen und Schutzwiderstände.
a Zunächst wird nacheinander nur je eine Leuchtdiode eingesetzt. Regt ihr Licht die Ziffern der Uhr zum Nachleuchten an?
b Falls es mit *einer* Leuchtdiode einer Farbe nicht gelingt, dann vielleicht mit mehreren?
c Formuliere die Versuchsergebnisse.

6

GRUNDLAGEN: Nicht jede Beleuchtung regt an

▶ Ein Leuchtband wird mit dem Spektrum einer Halogenlampe beleuchtet. ↑7 Schaltet man die Lampe aus, leuchtet das Band im zuvor blauen Bereich nach – der Rest ist dunkel. Wie kommt es zu dem Unterschied?
Das Nachleuchten bedeutet, dass in diesem Bereich des Leuchtbands Hüllenelektronen in einem höheren Energieniveau waren und Photonen ausgesendet haben. Das höhere Energieniveau erreichten sie beispielsweise, weil Photonen im blauen Licht des Lampenspektrums genau die „passende" Energie hatten und absorbiert wurden. ↑8 Die Energien der Photonen im roten, gelben und grünen Licht waren dafür nicht passend – unabhängig davon, wie intensiv das Licht war.

Höhere Intensität des Lichts bedeutet nicht, dass die einzelnen Photonen energiereicher werden, sondern dass in jeder Sekunde mehr Photonen der gleichen Energie von der Lichtquelle ausgesendet werden. ◀

7 Leuchtband – erst beleuchtet und dann nachleuchtend

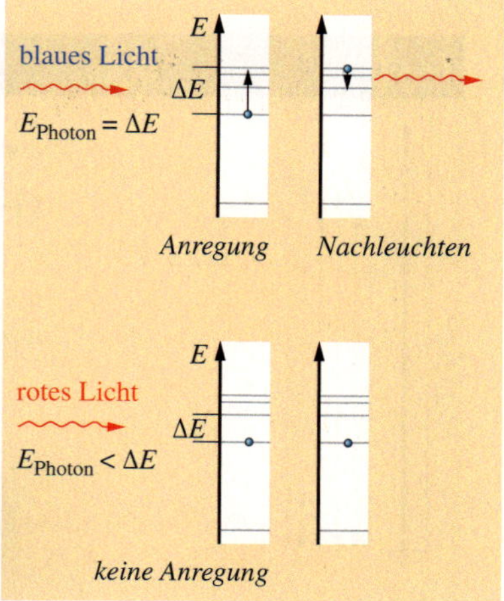

8 Ohne Anregung kein Nachleuchten

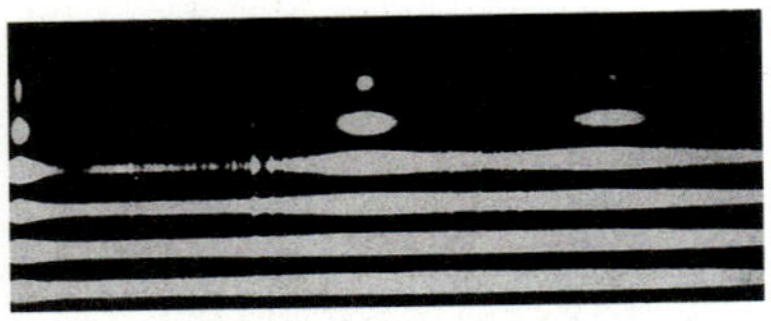

1 Wasserstofflampe: Linienverbreiterung bei zunehmender Temperatur

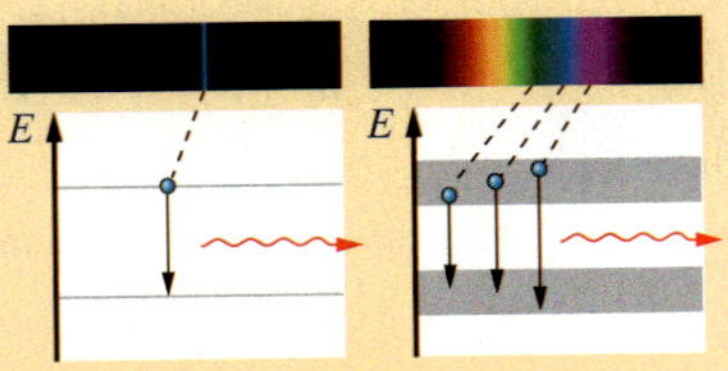

Bei zunehmender Temperatur des eingeschlossenen Gases werden die Energieniveaus zu Energiebändern.

2

GRUNDLAGEN: Vom Linienspektrum zum kontinuierlichen Spektrum

Je mehr man das Gas in einer leuchtenden Wasserstofflampe aufheizt, desto breiter werden die Linien im Spektrum. ↑1 Wir führen das darauf zurück, dass die Gasatome bei zunehmender Temperatur im Mittel schneller werden und immer häufiger und heftiger zusammenstoßen. Dabei beeinflussen sich ihre Atomhüllen gegenseitig immer mehr, sodass die Energieniveaus der Hüllenelektronen jeweils in ganz viele dicht benachbarte Niveaus „aufspalten“: Es entstehen „Energiebänder“. ↑2 Somit bewegt sich die Energie eines Photons, das beim Übergang zwischen zwei Zuständen abgestrahlt wird, innerhalb eines immer größer werdenden Bereichs – aus Farblinien werden Farbbänder.

Die Atome können sich in erhitzten Gasen und in glühenden Festkörpern so stark gegenseitig beeinflussen, dass die Hüllenelektronen keine diskreten Energieniveaus, sondern Energiebänder haben. Die Energie der abgestrahlten Photonen kann dann beliebige Werte annehmen, das Spektrum ist kontinuierlich.

Aus der Geschichte Das Linienspektrum des Wasserstoffatoms

Das Wasserstoffatom mit seiner Atomhülle aus nur einem Elektron ist das einfachste Beispiel für die vielen möglichen Energiezustände von Hüllenelektronen. Dem Schweizer JAKOB BALMER gelang es 1885, die Photonenenergien zu den vier sichtbaren Linien des Wasserstoffspektrums durch eine mathematische Formel zu beschreiben – obwohl es damals noch gar keine Photonenvorstellung gab!

Mit einer Verallgemeinerung seiner Formel ließen sich zahllose weitere Spektrallinien außerhalb des sichtbaren Bereichs vorhersagen. Sie lautet:

$E_n = 13{,}6\ \text{eV} \cdot (1 - \frac{1}{n^2})$ für $n = 1, 2, 3 \ldots$

Zu jeder Energiedifferenz $\Delta E = E_n - E_m$ ($n > m$) gehört eine Spektrallinie. Die vorhergesagten Spektrallinien wurden bald von THEODORE LYMAN (USA), FRIEDRICH PASCHEN (Deutschland) und anderen experimentell gefunden. ↑3 Es dauerte aber noch Jahrzehnte, bis Physiker zu einer überzeugenden Erklärung der Formel fanden.

Je mehr Elektronen ein Atom besitzt, desto aufwendiger ist die Berechnung der Energieniveaus. Deshalb gibt man sich oft damit zufrieden, die Energiewerte mit hoher Präzision aus den Spektrallinien zu ermitteln. Und noch komplizierter wird es bei Molekülen aus mehreren Atomen.

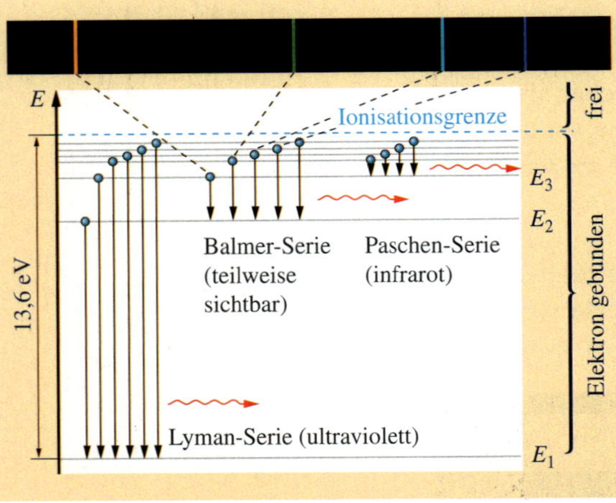

3 Energieniveaus der Wasserstoffatomhülle

1 *Mit dem Wasserstoffatom kann man rechnen*

a Berechne zunächst mithilfe der Formel für E_n die Energiewerte E_1 bis E_7 für das Wasserstoffatom.

b Anhand deiner Ergebnisse kannst du nun die Photonenenergien für die Übergänge der Lyman-, Balmer- und Paschen-Serie berechnen. ↑2

c Wie „entwickelt“ sich E_n, wenn n immer größer wird? Wie verändern sich die Abstände zwischen zwei benachbarten Energiewerten?
Tipp: Verwende einen Taschenrechner oder ein Tabellenkalkulationsprogramm.

d Zwischen zwei Energiezuständen ist *ein* Übergang unter Aussendung eines Photons möglich. Wie viele Übergänge gibt es zwischen 3, 4, 5 Zuständen? Versuche eine allgemeine mathematische Formel zu finden, die die Anzahl der Übergänge bei n Zuständen angibt.

Aus dem Alltag Nachleuchter

▶ In vielen Diskotheken sorgen „Schwarzlichtlampen“ für ein unheimliches Leuchten weißer T-Shirts und Hemden. ↑4 Wie kommt es dazu?
An den Kleidungsstücken haften „optische Aufheller“ – chemische Zusätze in Waschmitteln, die ultraviolette Strahlung in sichtbares Licht umwandeln können. Solche UV-Strahlung wird von den „Schwarzlichtlampen“ ausgesandt. Sie enthält unzählige Photonen, die genügend Energie haben, um Hüllenelektronen der Moleküle des Aufhellers in einen höheren Energiezustand anzuregen. ↑5 Nach der Absorption eines Photons kehren die Hüllenelektronen „stufenweise“ wieder in den Ausgangszustand zurück. Dabei wird jeweils ein Photon mit einer Energie abgestrahlt, die geringer ist als die bei der Absorption aufgenommene (die Summe dieser Photonenenergien ist gleich der Energie des absorbierten Photons). Diese Photonen erzeugen in unserem Auge einen bläulichen Farbeindruck.
Da auch die Sonnenstrahlung einen ultravioletten Anteil enthält, erscheint weiße Wäsche mit optischen Aufhellern besonders leuchtend.
Geldscheine sind mit optischen Aufhellern präpariert, damit man ihre Echtheit an der Einkaufskasse oder in der Bank unter einer UV-Lampe prüfen kann. ↑6
Den gesamten Vorgang aus Absorption im UV-Bereich und nachfolgender Emission im sichtbaren Bereich bezeichnet man als *Fluoreszenz*. Die Bezeichnung leitet sich von dem Mineral Fluorit ab, bei dem das Phänomen zuerst beschrieben wurde.

Bei Fluoreszenz hört das Leuchten sofort nach Ende der Bestrahlung auf. Eine Uhr mit Leuchtzifferblatt leuchtet aber auch noch nach Stunden im Dunkeln weiter. Ihre Ziffern sind mit einem *phosphoreszierenden* Stoff bestrichen. In seinen Molekülen läuft der gleiche Vorgang ab wie bei der Fluoreszenz – mit dem Unterschied, dass sie längere Zeit in den Zwischenzuständen der Energie verweilen. Der Name stammt von dem Nachleuchten weißen Phosphors im Dunkeln.
In der „Berliner Unterwelt“, den alten Bunkeranlagen, wurde phosphoreszierende Farbe auf die Wände gestrichen, damit bei Stromausfall keine völlige Dunkelheit eintrat. ↑7 ◀

4 Optische Aufheller bringt UV-Strahlung zum Vorschein.

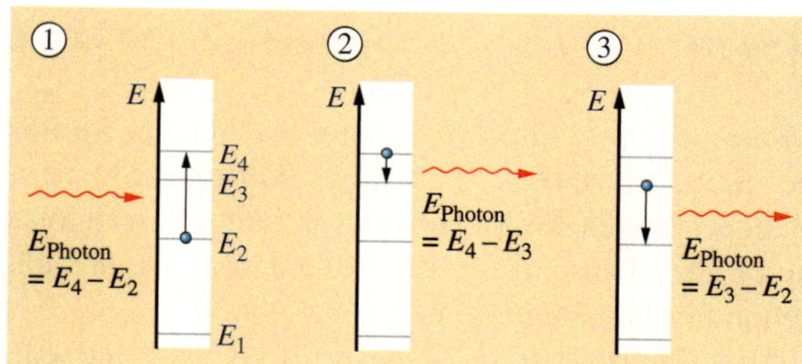

5 Stufenweise Umwandlung der UV-Strahlung

6 Fluoreszierender Geldschein

7 Phosphoreszierende Bunkerwand

Aus der Biologie Unser Auge – ein Photonenempfänger

Das menschliche Auge ist ein leistungsstarker Photonendetektor mit einem großen Empfindlichkeitsbereich. ↑1 So können wir am Nachthimmel Sterne noch mit bloßem Auge wahrnehmen, selbst wenn von ihnen nur ein paar Dutzend Photonen pro Sekunde auf unsere Netzhaut treffen. Ganz anders ist das Sehen tagsüber im gleißenden Sonnenlicht: Dann fallen in jeder Sekunde Billarden von Photonen in unser Auge!
Die wahrgenommene Helligkeit ist jedoch kein absolutes Maß für die Anzahl der ins Auge fallenden Photonen. Sie hängt von der Empfindlichkeit der Sehsinneszellen ab, die im gelbgrünen Bereich am höchsten ist. Hier genügen für den gleichen Helligkeitseindruck weniger Photonen als im blauvioletten Bereich.

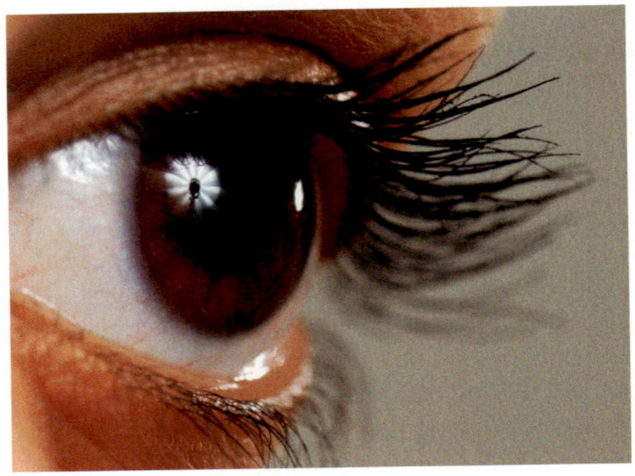

1

Aus der Philosophie Atome „leben" in einer sprunghaften Welt

Natura non facit saltus: Die Natur macht keine Sprünge. Seit ARISTOTELES galt diese Weisheit. Sie fasst Beobachtungen der Menschen von ihrer Umwelt kurz und treffend zusammen. Beispiele dafür hast du auch schon im Physikunterricht kennengelernt:

- Eine Feder kann (in gewissen Grenzen) auf jede gewünschte Länge gedehnt werden, ihre potenzielle Energie verändert sich kontinuierlich.
- Ein Auto kann zwischen Stillstand und Höchstgeschwindigkeit (im Rahmen der Straßenverkehrsordnung) beliebig schnell fahren. Seine kinetische Energie nimmt zwischen null und maximal jeden Wert an.
- Ein hüpfender Ball erreicht bis zum höchsten Punkt jede Höhe. Seine Höhenenergie bewegt sich in einem zusammenhängenden Bereich. ↑2

Mit den Energiewerten und -übergängen in der Atomhülle verhält es sich anders: Sie folgen nicht kontinuierlich aufeinander! ↑3 Wieso blieb diese „Sprunghaftigkeit" denn jahrtausendelang unentdeckt?

Im Alltag werden Energien in Joule, Kilojoule oder gar Megajoule gemessen. Beispielsweise ergeben sich Höhenenergien ($\Delta E = m\,g\,\Delta h$) oft aus Massen im Kilogrammbereich und Strecken im Meterbereich. Die Energieniveaus der Elektronen in den Atomhüllen unterscheiden sich dagegen nur im Elektronvoltbereich! Mit Badezimmerwaage und Zollstock lassen sich solche Sprünge nicht erfassen. Bildlich ausgedrückt: Mit einem Elefantenfuß kann man eine Ameisentreppe nicht Stufe für Stufe hinaufsteigen. ↑4

Seit die Vorgänge im Atom das Bild einer Welt im kontinuierlichen Wandel vor rund 100 Jahren auf den Kopf stellten, hat man viele weitere Belege für die „Sprunghaftigkeit" der Natur im Mikrokosmos gefunden. Dabei hat sich ein ganz neuer Zweig der Physik entwickelt, der sich mit dem für uns ungewöhnlichen Verhalten von Materie im atomaren und subatomaren Bereich beschäftigt: die *Quantenphysik* (lat. *quantum:* so viel).

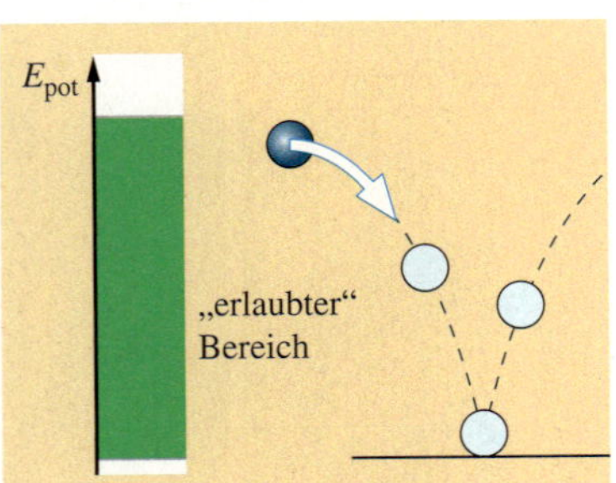

2 Höhenenergie des springenden Balls

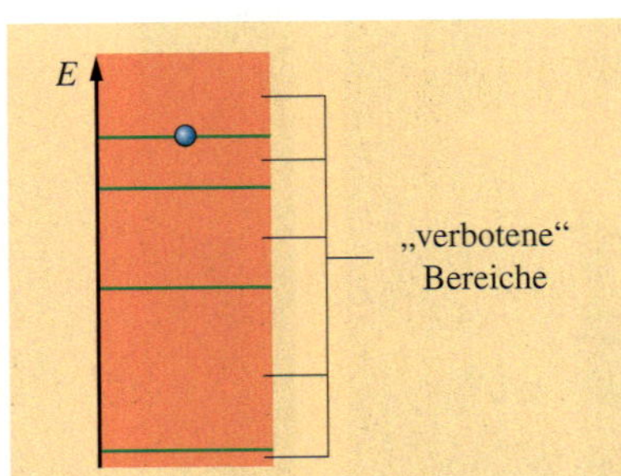

3 Energieniveaus eines Hüllenelektrons

4

Experimente[V]

1 ▶ Sonnenspektrum – genauer beobachtet
Mit einem Taschenspektroskop kann man die Spektren von Lichtquellen beobachten. ↑5 Das Licht wird mithilfe eines Prismas zerlegt.
Schau dir das Spektrum des Sonnenlichts mit dem Taschenspektroskop einmal näher an – du wirst eine Überraschung erleben!
Beschreibe deine Beobachtung und fertige eine Zeichnung dazu an. ◀

5

2 Licht im Wasser
„Wasser ist durchsichtig." Für den Physiker bedeutet das: Wasser ist lichtdurchlässig. Manchmal scheint es aber auch nur so.

a Das Licht einer Glühlampe wird in Wasser eingestrahlt. ↑6 Was wird wohl an den verschiedenen Seiten der Glaswanne zu sehen sein? Vermute erst und überprüfe dann deine Vermutung.

b Lass dir nun ein wenig Fluorescein geben und rühre es in das Wasser ein. Was beobachtest du jetzt an den beiden Seiten der Wanne? Überlege, wie du deine Beobachtung erklären könntest.

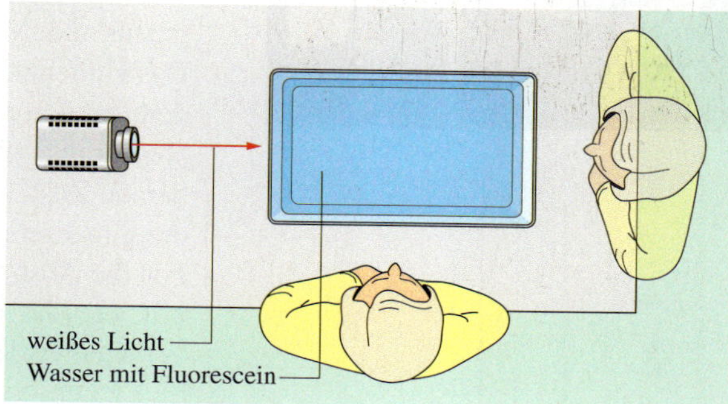

6

Aufgaben[V]

3 ▶ *Licht wird absorbiert und emittiert (1)* In einem Glaskolben befindet sich erwärmter Natriumdampf. ↑7 Seine Temperatur reicht noch nicht zum Leuchten aus.
Nun wird der Dampf mit dem Licht einer Natriumdampflampe durchstrahlt – und schon sieht alles ganz anders aus! Beschreibe deine Beobachtung und versuche sie zu erklären. ◀

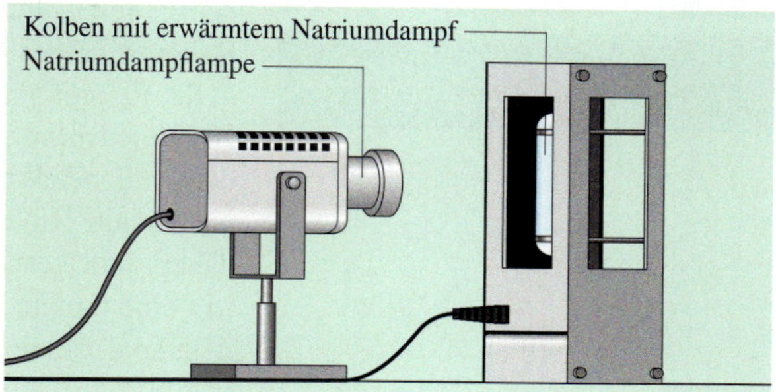

7

4 ▶ *Licht wird absorbiert und emittiert (2)* Das gelbe Licht einer Natriumdampflampe (Linienspektrum) leuchtet auf einen Beobachtungsschirm. ↑8
Ein Bunsenbrenner ist so aufgestellt, dass sich seine Flamme im Lichtkegel befindet. Durch die Flamme fällt auch das Licht einer Kohlenbogenlampe (kontinuierliches Spektrum).
In der Flamme wird nun Kochsalz (NaCl) verdampft – und schon gibt es viel zu beobachten: Wie verfärbt sich die Flamme? Wie verändern sich die beiden Lichtflecke auf dem Schirm?
Beschreibe und zeichne auf, was du beobachtest. Versuche deine Beobachtung zu erklären. ◀

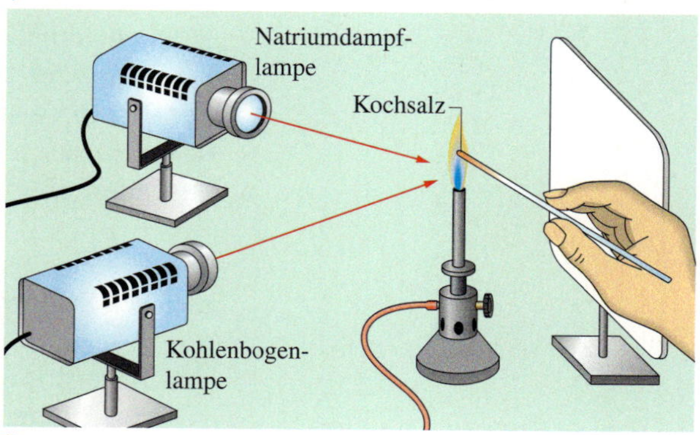

8

GRUNDLAGEN: Absorptionslinien[V]

1

2

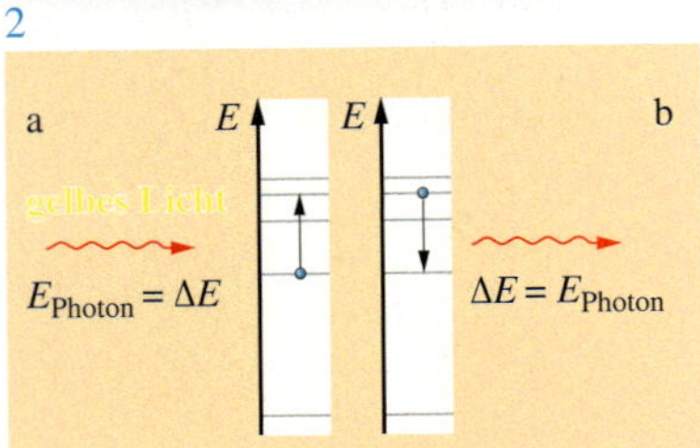

3

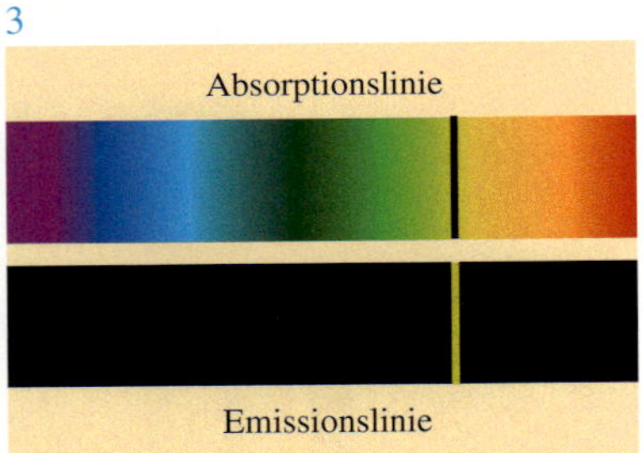

4

▶ Die nicht leuchtende Flamme eines Bunsenbrenners wird vom Licht einer Natriumdampf-Lampe durchstrahlt. ↑1 Das Ergebnis ist nicht unerwartet: ein gelb beleuchteter Beobachtungsschirm. Verdampft man etwas Kochsalz (NaCl) in der Flamme, verändert sich das Bild schlagartig: ↑2 Die Flamme leuchtet gelb auf – und der Beobachtungsschirm wird teilweise dunkel. Zur Erklärung betrachten wir die Energieaufnahme und -abgabe der Elektronen in den Atomhüllen genauer:

- Bei der Energieaufnahme spielen die voneinander getrennten Energieniveaus eine entscheidende Rolle. Ein Hüllenelektron kann ein eingestrahltes Photon nur absorbieren, wenn dessen Energie genauso groß ist wie die Differenz zwischen zwei Energieniveaus. ↑3a Wenn das Photon absorbiert ist, befindet sich das Hüllenelektron in einem höheren Energiezustand. Man spricht auch von einem „angeregten" Zustand.
- Das Hüllenelektron kann in seinen Ausgangszustand zurückkehren, indem ein Photon mit der Differenzenergie zwischen beiden Zuständen abgestrahlt wird. ↑3b Befinden sich weitere Energieniveaus zwischen beiden Zuständen, kann der Übergang auch in „Stufen" unter Aussendung mehrerer Photonen (mit jeweils geringerer Energie) erfolgen.
  Für die Abstrahlung der Photonen gibt es keine Vorzugsrichtung. Wenn z. B. ein Gas mit sehr vielen Hüllenelektronen in angeregten Zuständen vorliegt, werden Photonen gleichmäßig in alle Raumrichtungen emittiert.

Zurück zu unserem Versuch: In der Flamme werden beim Verdampfen viele freie Natriumatome erzeugt. Die eingestrahlten Photonen der Natriumdampflampe haben genau die passende Energie, um Hüllenelektronen der Natriumatome in der Flamme anzuregen. Die angeregten Elektronen gehen gleich wieder direkt (ohne Zwischenstufen) in ihren Ausgangszustand über, wobei Photonen ausgesendet werden – allerdings nicht nur in der Richtung der eingestrahlten Photonen, sondern gleichmäßig in alle Raumrichtungen. Daher ist gelbes Natriumlicht nun in jeder Richtung zu sehen, erscheint aber in der ursprünglichen Ausbreitungsrichtung stark geschwächt.
Bei Beleuchtung mit weißem Licht wird nur der passende gelbe Anteil von den Hüllenelektronen der Natriumatome in der Flamme absorbiert und danach in alle Richtungen emittiert. Im durchgelassenen Licht ist dieser Anteil daher stark geschwächt: Im kontinuierlichen Spektrum des weißen Lichts tritt eine dunkle Linie auf. ↑4 Sie wird als *Absorptionslinie* bezeichnet und liegt an der gleichen Stelle wie die gelbe Linie im Natriumspektrum.

Wenn ein Gas mit weißem Licht durchstrahlt wird, treten im Spektrum des durchgelassenen Lichts dunkle Absorptionslinien auf. Photonen mit der zugehörigen Energie werden von den Hüllenelektronen der Gasatome absorbiert. Beim anschließenden Übergang in den Ausgangszustand werden zwar wieder Photonen der gleichen Energie ausgesendet, aber nur zum geringen Teil in die ursprüngliche Richtung.

Die Absorptionslinien liegen im kontinuierlichen Spektrum stets an der gleichen Stelle wie die farbigen Linien im Linienspektrum des Gases.

Das Absorptionsspektrum ist genauso charakteristisch für ein chemisches Element wie sein Linienspektrum. ◀

Aus der Geschichte Fraunhofersche Linien in Sternenspektren[V]

▶ JOSEPH FRAUNHOFER (1787–1826) war Sohn eines Glasschleifers aus Straubing und übte dieses Handwerk selbst mit viel Erfolg aus. Seine hervorragenden optischen Geräte machten ihn berühmt. FRAUNHOFER beschäftigte sich aber auch als Wissenschaftler mit der Optik. Bei der Untersuchung verschiedener Glassorten entdeckte er die Spektrallinien. Er wollte herausfinden, wie stark die Gläser das Licht in Spektralfarben auffächern. Mit einem Prisma betrachtete er dazu einen Spalt, der durch eine Öllampe beleuchtet wurde. Dabei fiel ihm eine helle, gelbe Linie auf, die senkrecht durch das Spektrum verlief – die Natriumlinie. Bei weiteren Forschungen fand er viele Linien in allen Bereichen des Spektrums.
Bereits 1802 hatte der Engländer WILLIAM WOLLASTON im Spektrum des Sonnenlichts dunkle Linien entdeckt. ↑5 Seine Entdeckung machte allerdings keine großen Schlagzeilen. Und so geschah es, dass JOSEPH FRAUNHOFER die gleichen Linien 1813 „wiederentdeckte" und nun genauer untersuchte. Eine schlüssige Erklärung für die Linien konnte er noch nicht geben.
Sie gelang erst 50 Jahre später ROBERT WILHELM BUNSEN und GUSTAV ROBERT KIRCHHOFF. Sie führten die dunklen Linien auf Vorgänge in der Sonnenatmosphäre zurück: Teile des weißen Lichts aus dem heißen Innern der Sonne werden durch Elemente in den äußeren, kälteren Schichten der Sonne absorbiert und anschließend in alle Raumrichtungen emittiert. Die fraunhoferschen Linien geben also Hinweise auf die Elemente in der Sonnenatmosphäre – und in der Erdatmosphäre. Denn ein Teil der Absorption findet in der Luftschicht der Erde statt.
Heute werden neben dem Sonnenspektrum auch die Spektren anderer Sterne genau analysiert, um aus den fraunhoferschen Linien Aufschluss über die Zusammensetzung der Atmosphäre zu gewinnen. ↑6↑7 ◀

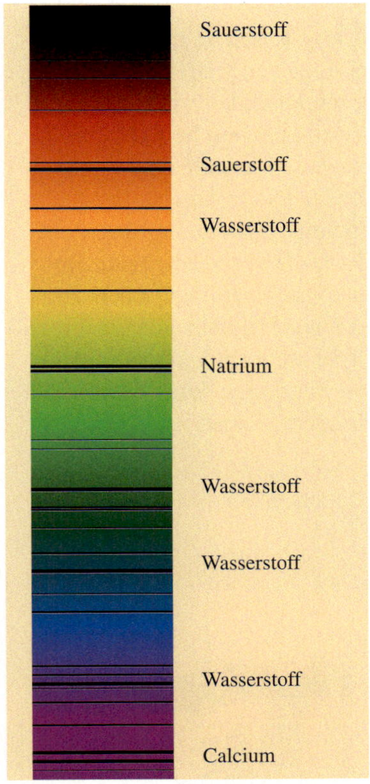

5 Fraunhofersche Linien

6 Spektrum unserer Sonne. Wenn man die einzelnen Streifen hintereinanderlegen würde, hätte man wieder ein Spektrum in der üblichen Ansicht.

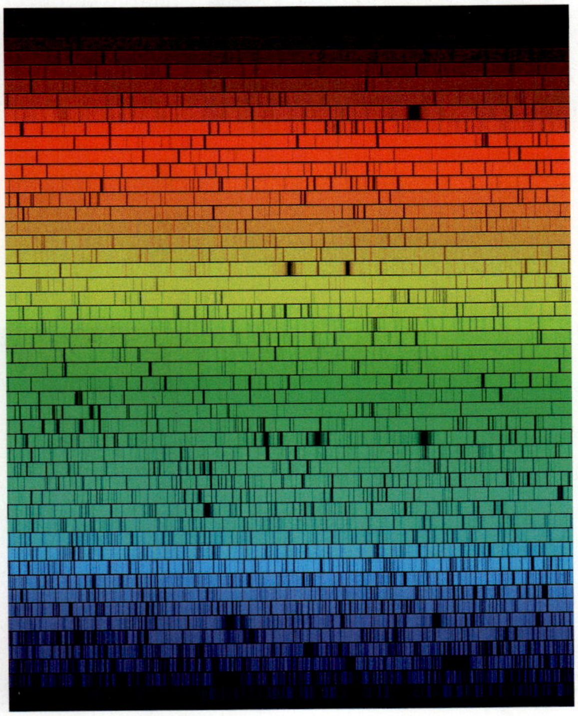

7 Spektrum des Arcturus

Röntgenstrahlung

12.45 h Hektik in der Notaufnahme: Eine verzweifelte Mutter hält ihr wimmerndes 2-jähriges Kind im Arm, das von heftigen Bauchschmerzen gequält wird.
12.52 h Die Röntgenaufnahme zeigt eine Batterie im Magen. ↑1
13.15 h Unter wiederholter Röntgenkontrolle gelingt es dem Arzt, mit einer Magnetsonde den Fremdkörper rechtzeitig zu entfernen. Eine Vergiftung durch Batteriesäure wird gerade noch verhindert.

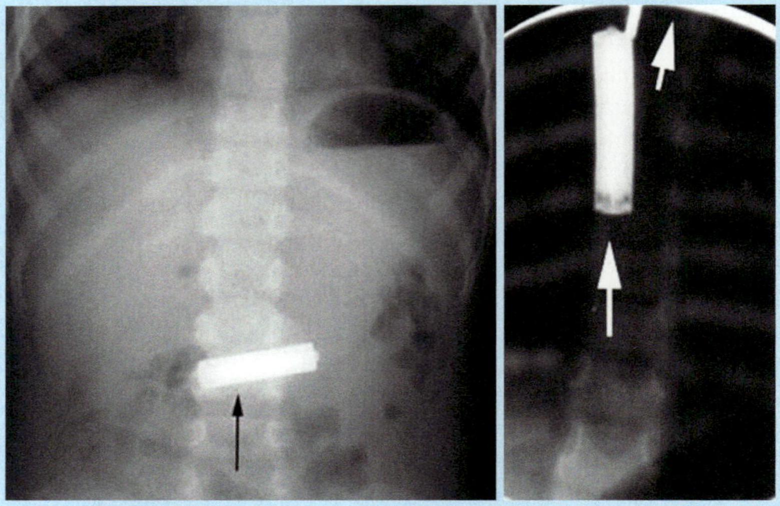

1 Röntgeneinblick beim Entfernen der Batterie

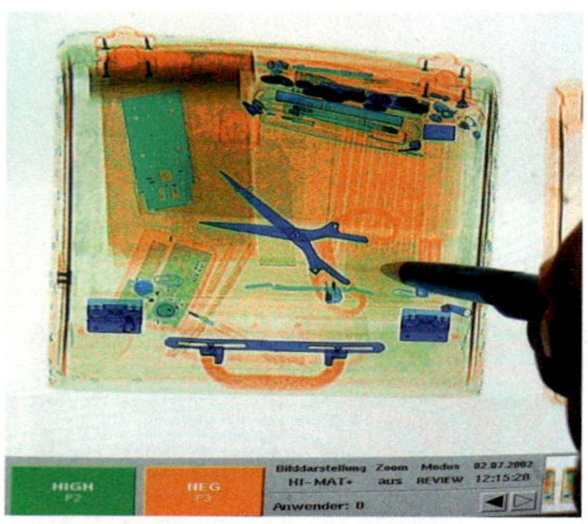

2 Gepäckkontrolle – ohne Öffnen

Während die Verkehrsflugzeuge immer sicherer werden, droht den Passagieren zunehmend Gefahr durch das beförderte Gepäck. Jeden Koffer und jede Tasche zu öffnen, um sie auf gefährliche Gegenstände zu durchsuchen, wäre sehr zeit- und personalaufwendig. Außerdem vermag auch das schärfste und aufmerksamste Auge nicht immer alles zu erkennen. Röntgenstrahlung hingegen durchdringt doppelte Böden und gewährt dem Kontrolleur Einblicke sogar bis in die Zahnpastatube hinein. ↑2
Im sichtbaren Licht stellt sich die Sonne lediglich als gleichmäßige Scheibe dar, die mit ein paar dunkleren Flecken durchsetzt ist. ↑3 Aufnahmen von Satellitenteleskopen, die für Röntgenstrahlung empfindlich sind, zeigen ein ganz anderes, viel „lebendigeres“ Bild: Turbulenzen und gewaltige Ausbrüche, bei denen Gase Hunderttausende von Kilometern in den Weltraum geschleudert werden. ↑4
Was sind eigentlich Röntgenstrahlen? Wie kann man sie erzeugen? Wie „funktioniert“ eine Röntgenuntersuchung? Antworten auf diese Fragen wirst du auf den nächsten Seiten entdecken.

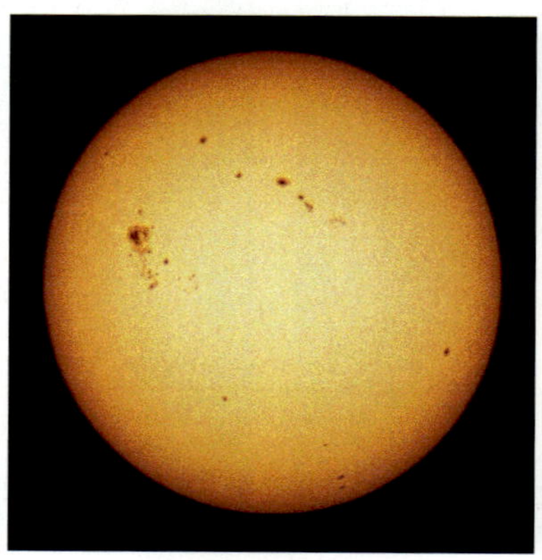

3 Sonne (sichtbares Licht)

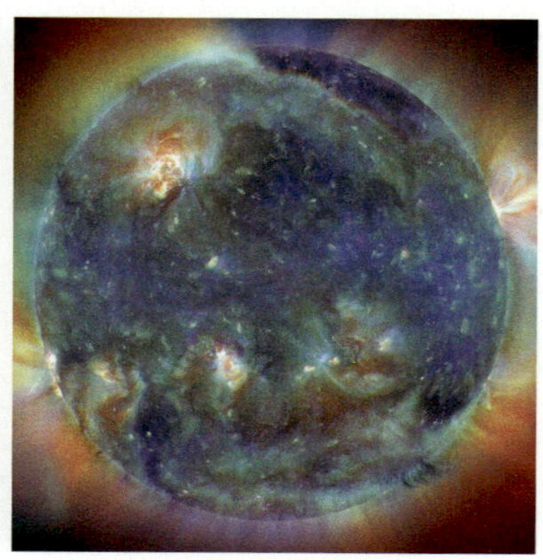

4 Sonne (Röntgenstrahlung)

Aus der Geschichte RÖNTGENS Entdeckung

Im Jahr 1895 wird WILHELM RÖNTGEN 50 Jahre alt. Der Professor für Experimentalphysik an der Universität Würzburg gilt als Meister des präzisen physikalischen Experiments. Seit einem Jahr leitet er als Rektor die Universität. Trotzdem bleibt ihm Zeit, seiner wissenschaftlichen Neugier zu folgen und sich mit der neu entdeckten „Kathodenstrahlung" zu beschäftigen. ↑5

Kathodenstrahlen sind Elektronenstrahlen, wie sie heute noch in Fernsehröhren genutzt werden, um die Bildpunkte aufleuchten zu lassen (s. S. 29). Die Elektronen werden in einer Vakuumröhre durch eine hohe Spannung beschleunigt. Dann lässt man sie auf einen fluoreszierenden Schirm am Ende der Röhre fallen. Dieser leuchtet auf, sobald er vom Elektronenstrahl getroffen wird.

Um die Kathodenstrahlen genauer zu untersuchen, versieht RÖNTGEN eine Kathodenstrahlröhre mit einem hauchdünnen „Fenster" aus Aluminium. Dadurch gelangen die Strahlen nach außen. RÖNTGEN stellt zunächst fest, dass die Kathodenstrahlen in Luft nur eine Reichweite von wenigen Zentimetern haben. Als er im völlig abgedunkelten Raum experimentiert, beobachtet RÖNTGEN etwas Seltsames: Der Fluoreszenzschirm leuchtet selbst in mehr als einem Meter Entfernung schwach auf. Da das Leuchten nicht von den Kathodenstrahlen verursacht sein kann, vermutet Röntgen eine neuartige Strahlung. Er nennt sie „X-Strahlung". Sie durchdringt Papier und sogar RÖNTGENS Hand – auf dem Schirm zeichnen sich die Handknochen ab! Wochenlang wiederholt und variiert er seine Versuche, um jeden Irrtum auszuschließen. Mit keinem Menschen spricht er über seine Entdeckung. RÖNTGEN stellt fest, dass die „X-Strahlung" im Gegensatz zu den Kathodenstrahlen durch elektrische und magnetische Felder nicht abzulenken ist. Als es ihm gelingt, ein „X-Strahlen-Foto" von der Hand seiner Frau herzustellen, versendet er am Neujahrstag 1896 etliche Exemplare seines „Vorläufigen Berichtes der X-Strahlen" samt einigen Fotos an seine Freunde. ↑6

Innerhalb weniger Tage verbreitet sich die Kunde von RÖNTGENS Entdeckung nicht nur in wissenschaftlichen Kreisen. Auch Tageszeitungen berichten in Schlagzeilen von der sensationellen Entdeckung, mit der man das eigene Skelett sehen kann. RÖNTGEN kann sich vor Ehrungen kaum retten. Am 9. Januar 1896 gratuliert ihm Kaiser WILHELM II. Am 14. Januar führt er dem Kaiserpaar seine Entdeckung vor. Insgesamt erhält er 85 Auszeichnungen, darunter den ersten Nobelpreis für Physik im Jahr 1901. Das Preisgeld stiftet er der Universität Würzburg. Er verzichtet auch auf Patentrechte, da er der Meinung ist, dass „seine Erfindungen und Entdeckungen der Allgemeinheit gehören und nicht durch Patente, Lizenzverträge und dergleichen einzelnen Unternehmungen vorbehalten bleiben dürften".

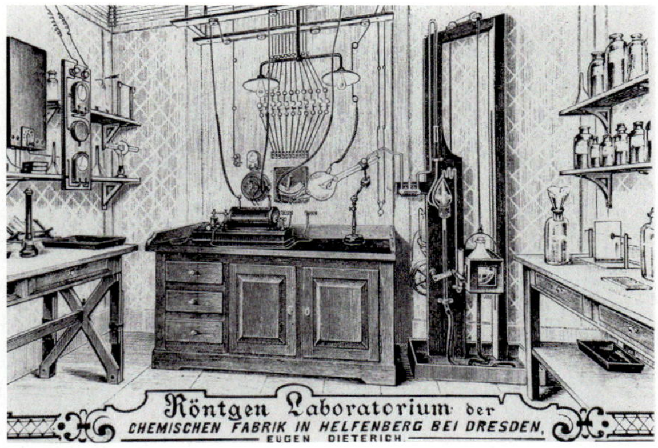

5 RÖNTGENS Labor

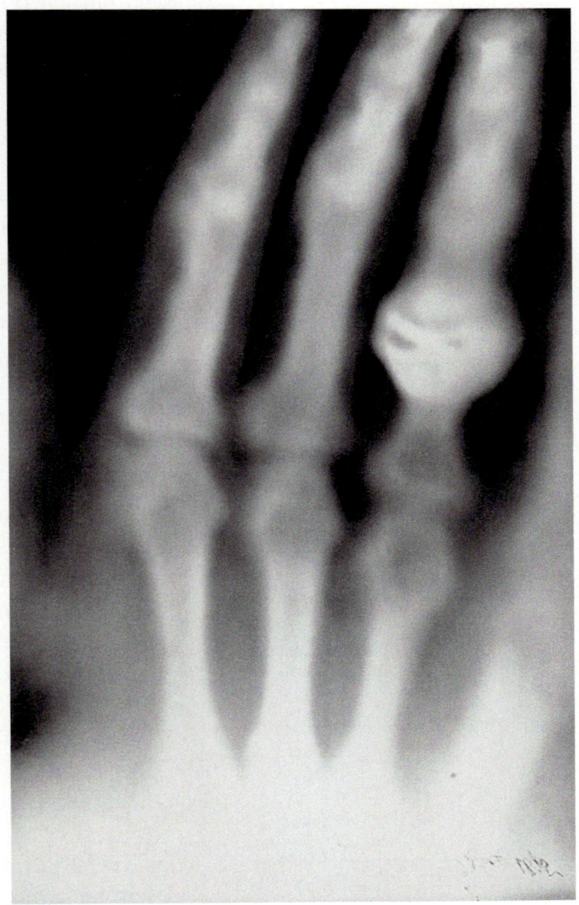

6 Handknochen von Frau Röntgen, aufgenommen am 22.12.1895

GRUNDLAGEN: Röntgenstrahlung und ihre Erzeugung

Röntgenstrahlung ist eine Strahlung wie Licht. Sie ist für uns allerdings unsichtbar. Verglichen mit den Photonen des Lichts sind die Photonen der Röntgenstrahlung viel energiereicher: Ihre Energie reicht von 1 keV bis über 100 keV. ↑1

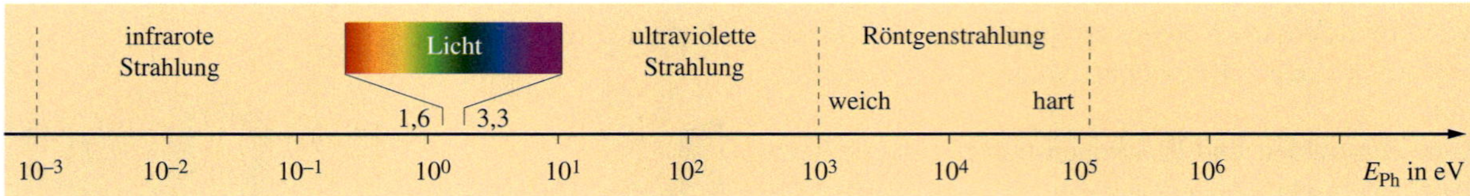

1 Ausschnitt aus dem Spektrum der elektromagnetischen Strahlung (siehe Seite 17)

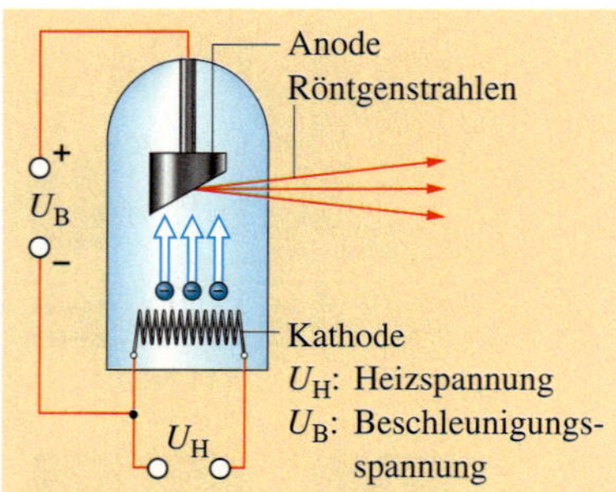

2 Röntgenröhre (Prinzip)

Erzeugung Röntgenstrahlung lässt sich mithilfe einer *Röntgenröhre* erzeugen. ↑2 Im glühenden Heizdraht erhalten Elektronen so viel Energie, dass sie den Anziehungsbereich der Atomkerne verlassen können und aus dem Draht in den luftleeren Raum hinein „ausdampfen". Sie werden von der negativ geladenen Kathode abgestoßen und zur positiv geladenen Anode hin beschleunigt. Die Beschleunigungsspannung gibt an, wie viel potenzielle Energie pro Ladung eines freigesetzten Elektrons zur Verfügung steht (s. Grundwissen 8). Die Spannung liegt im Kilovoltbereich – die potenzielle Elektronenenergie beträgt also mehrere Kiloelektronvolt. Auf dem Weg zur Anode wird sie in kinetische Energie ungewandelt. Wenn die energiereichen Elektronen in die Anode eindringen, sendet diese Röntgenstrahlung aus. (Außerdem wird sie stark erhitzt, sodass sie gekühlt werden muss.)

Spektrum einer Röntgenröhre Eine Röntgenröhre ist eine „Lampe", die unsichtbare energiereiche Strahlung erzeugt. Auch diese kann man in ein Spektrum zerlegen. Anders als bei sichtbarem Licht ist es aber nicht mehr sinnvoll, von „Farbe" oder „Helligkeit" zu sprechen. Beide Sinneseindrücke werden vom Gehirn als Ergebnis eines Reizverarbeitungsprozesses erzeugt, an dessen Anfang die Photonen stehen, die auf die Netzhaut fallen. Photonen der Röntgenstrahlung lösen diesen Prozess nicht aus.

Wie du weißt, hängen die unterschiedlichen Farben im sichtbaren Spektrum mit den verschiedenen Energien der zugehörigen Photonen zusammen. Und je mehr Photonen mit der gleichen Energie in jeder Sekunde von einer Lichtquelle emittiert werden, desto heller leuchtet die zugehörige Farbe im Spektrum. ↑3

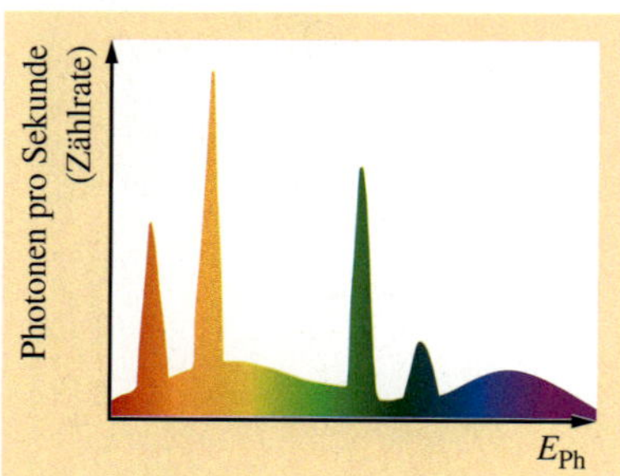

3 Spektrum einer Leuchtstofflampe

In ähnlicher Weise wird auch das Spektrum einer Röntgenröhre bestimmt: Man misst die Photonenenergien und die „Zählrate", d. h. die Anzahl der Photonen, die pro Sekunde auf die verschiedenen Energien entfällt. ↑4 Das Spektrum zeigt einen „sanften Berg" mit markanten Spitzen, der bei einer maximalen Photonenenergie E_{max} endet:

- Die diskreten Spitzen bilden das *charakteristische Spektrum*. Ihre Lage hängt vom Anodenmaterial ab.
- Der „sanfte Berg" (ohne die Spitzen) wird *Bremsspektrum* genannt. Seine Form ist (weitgehend) unabhängig vom Anodenmaterial.

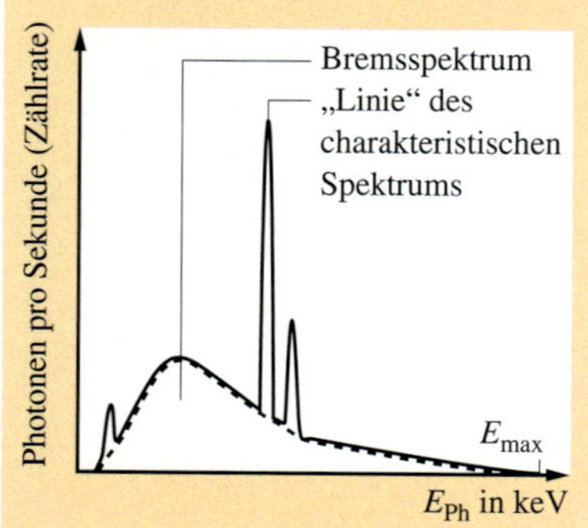

4 Spektrum einer Röntgenröhre

Das Spektrum einer Röntgenröhre besteht aus einem diskreten und einem kontinuierlichen Anteil.

GRUNDLAGEN: Bremsspektrum und charakteristisches Spektrum

Wenn die beschleunigten Elektronen in die Anode der Röntgenröhre eindringen, werden sie von den Elektronenhüllen der Metallatome abgestoßen. Die Elektronen werden dadurch abgelenkt und abgebremst. Dabei geben sie zum einen Energie an die Atome ab, sodass diese heftiger hin und her schwingen: Die Temperatur der Anode steigt. Zum anderen strahlen die Elektronen Photonen im Röntgenbereich ab. ↑5 Diese Photonen erzeugen das Bremsspektrum. Sein abruptes Ende bei der Energie E_{max} ist durch die maximale kinetische Energie bestimmt, die die Elektronen beim Eindringen in die Anode haben können – also durch die Beschleunigungsspannung.

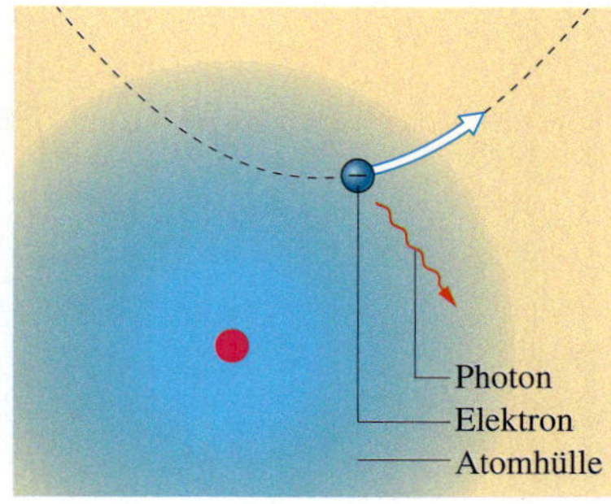

5 Zur Entstehung des Röntgenbremsspektrums

Beim Eindringen in die Anode strahlen die energiereichen Elektronen einen Teil ihrer Energie als Photonen im Röntgenbereich ab, wenn sie durch die Elektronenhüllen der Metallatome abgelenkt und abgebremst werden. Diese Photonen ergeben das Bremsspektrum.

Die Spitzen im Spektrum der Röntgenröhre erinnern an die Linien im Spektrum einer Gaslampe. Sie beruhen ebenfalls auf den diskreten Energieniveaus der Elektronen in der Atomhülle.
Um das charakteristische Spektrum der Röntgenröhre erklären zu können, verfeinern wir unser Energieniveaumodell: Wir betrachten nicht mehr nur die Energie *eines* Elektrons einer Atomhülle, sondern die Energie *aller* Elektronen der Atomhülle zugleich. ↑6 Mehrere Hüllenelektronen können den gleichen Energiezustand einnehmen – allerdings nicht unbegrenzt viele: Zur Vereinfachung gehen wir davon aus, dass höchstens zwei Elektronen den gleichen Energiezustand einnehmen können. Im nicht angeregten Atom „besetzen" die Hüllenelektronen die Energieniveaus von unten her.
Beispiel: Bei unserem Atom mit sieben Elektronen sind die unteren drei Energieniveaus zweifach „besetzt", das vierte Energieniveau einfach und die weiteren Energiezustände werden nicht eingenommen.
Zurück zur Erklärung des charakteristischen Röntgenspektrums: Ein einfallendes Elektron gibt zunächst seine große Energie an ein Hüllenelektron ab, dessen Energie auf dem Grundniveau liegt. ↑7 Dieses Hüllenelektron gelangt dadurch auf ein hohes Energieniveau oder wird ganz vom Atom gelöst (Ionisation). Die „Lücke" im Grundniveau wird rasch wieder geschlossen: Ein Hüllenelektron, dessen Energie auf einem der oberen Niveaus liegt, strahlt die Energiedifferenz zum Grundniveau als Photon im Röntgenbereich ab (diese Energiedifferenz ist viel größer als bei den Photonen des Lichts, die bei Übergängen zwischen den oberen Energieniveaus abgegeben werden). Da die oberen Energieniveaus voneinander getrennt sind, haben auch die Photonen je nach Übergang verschiedene Energien. Sie führen zu den diskreten Spitzen des charakteristischen Spektrums.

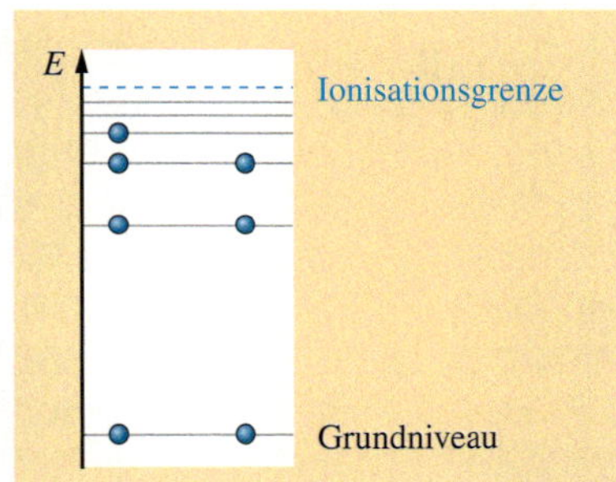

6 Verfeinertes Energiestufenmodell der Elektronen in der Atomhülle

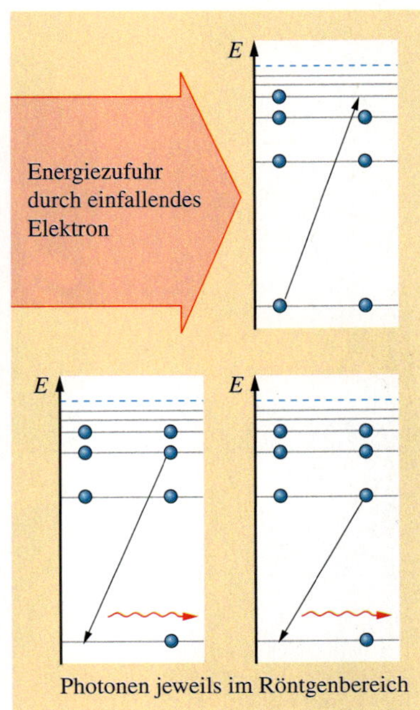

7 Zur Entstehung des charakteristischen Röntgenspektrums

Die energiereichen Elektronen geben in der Anode auch Energie ab, indem sie Hüllenelektronen von ihrem Grundniveau auf ein hohes Energieniveau anregen. Anschließend finden dann Übergänge von hohen Energieniveaus zum Grundniveau statt, bei denen Photonen im Röntgenbereich abgestrahlt werden. Diese Photonen ergeben das charakteristische Spektrum.

„Röntgenblick“

Röntgenuntersuchung Die wohl bekannteste Anwendung der Röntgenstrahlung ist die Röntgenaufnahme in der Medizin. ↑1 Dazu wird hauptsächlich das Bremsspektrum der Röntgenröhre verwendet. Nur bei der Mammografie (Untersuchung der weiblichen Brust) ist das charakteristische Spektrum von entscheidender Bedeutung. Die Strahlen der Röntgenröhre durchdringen den Patienten und „belichten“ einen Film. ↑2 Je intensiver die auftreffende Strahlung ist, desto stärker wird der Film geschwärzt. Knochen oder Metall (Füllungen in Zähnen, Nägel in „geschienten“ Knochenbrüchen) erscheinen hell, weil sie einen großen Anteil der Röntgenstrahlung absorbieren. In der Regel absorbieren Atome die Röntgenstrahlung nämlich umso besser, je höher ihre Ordnungszahl ist. Und Calcium („Baustein“ der Knochen) oder Metalle haben viel höhere Ordnungszahlen als Kohlenstoff, Sauerstoff und Wasserstoff, die in den Organen und im Körpergewebe dominieren.
Gewebe und Organe absorbieren Röntgenstrahlen etwa gleich schwach. Um ihre Struktur trotzdem in einer Röntgenaufnahme darstellen zu können, bringt man ein Kontrastmittel in die interessierenden Bereiche. ↑3 Kontrastmittel enthalten meistens Barium oder Iod – also Elemente mit einer höheren Ordnungszahl, die eine stärkere Absorption gewährleisten.

1 Im Röntgenlabor

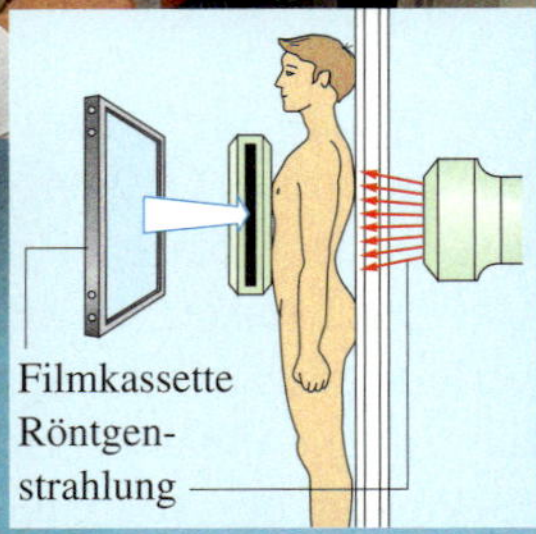

2

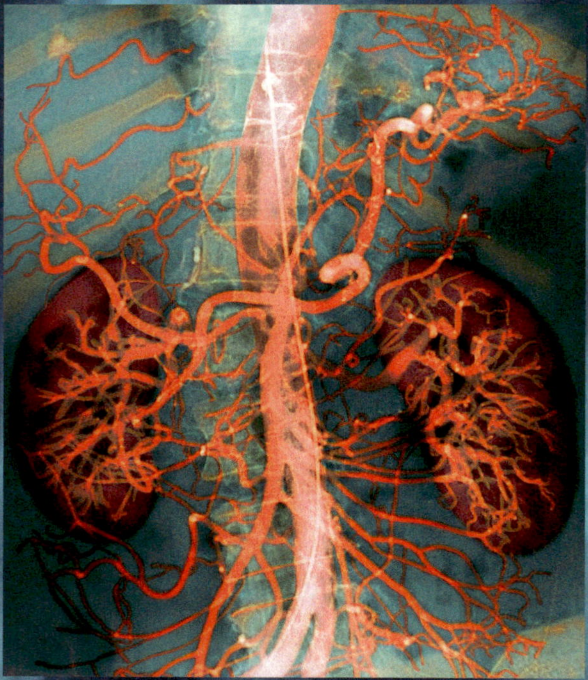

3 Röntgenaufnahme von Arterien mit Kontrastmittel

Computertomografie „Gewöhnliche“ Röntgenaufnahmen haben den Nachteil, dass sie ein räumliches Gebilde (den Menschen) auf einer Fläche (dem Film) abbilden, wobei wichtige Information (davor – dahinter) verloren geht. Jeder Röntgenstrahl geht nicht nur durch einen „Punkt“ des menschlichen Körpers, sondern durch unendlich viele hintereinanderliegende. Die Absorption durch all diese Punkte beeinflusst die Schwärzung auf dem Film, eine genaue Zuordnung ist nicht möglich.
Die *Computertomografie* (kurz: CT oder Röntgen-CT) weist diesen Nachteil nicht auf. ↑4 Im Prinzip funktioniert sie folgendermaßen: ↑5
Die Röntgenröhre dreht sich auf einem Kreis um den Patienten. Jeder Punkt in einem ebenen „Schnitt“ durch den Körper (griech. *tomos:* Schnitt) wird nacheinander aus allen Richtungen durchstrahlt. Die ringförmig angeordneten Detektoren registrieren die durchgelassenen Strahlen. Aus ihren Signalen berechnet ein Computer ein Röntgenbild der Schicht. Und dann kommt die nächste Schicht an die Reihe … Das Ergebnis dieses aufwendigen Verfahrens kann sich sehen lassen: eine Serie sehr detaillierter Schichtbilder, die sich mit Computerhilfe sogar zu einem dreidimensionalen Röntgenbild zusammensetzen lassen. ↑6 ↑7

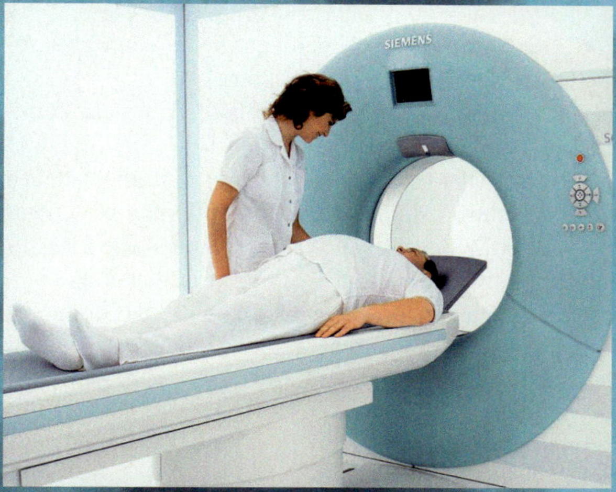

4 Computertomografie

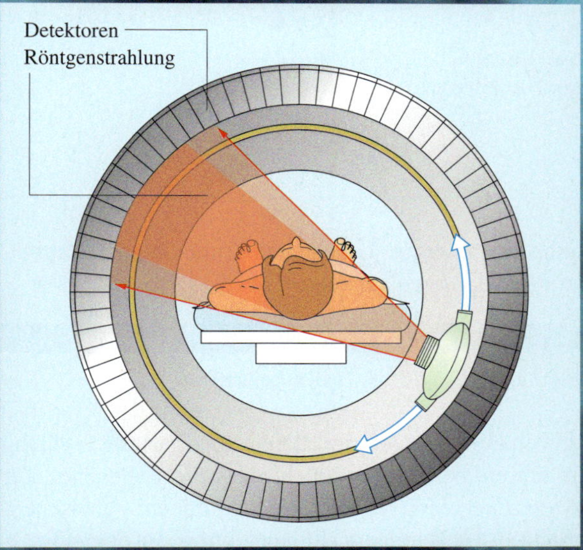

5 Prinzip der Schnittbildaufnahme

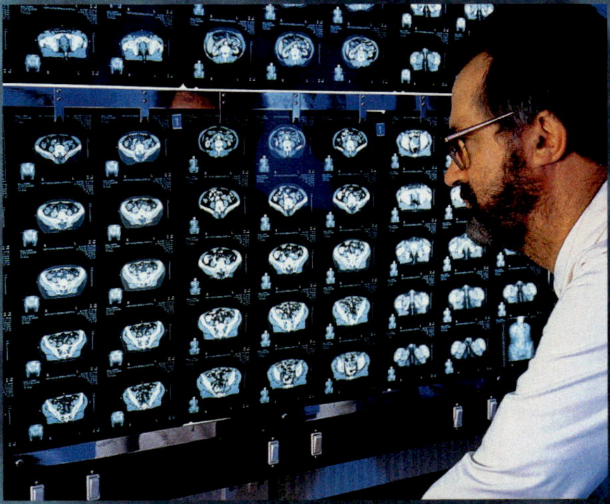

6 Schnittbildserie

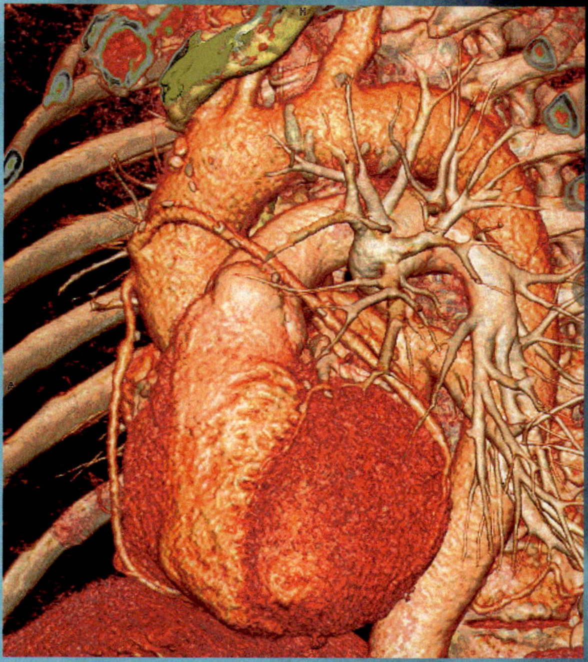

7 Dreidimensionales CT-Bild (gefärbt)

Schutzmaßnahmen So groß der Nutzen von Röntgenuntersuchungen auch ist: Sie sind nicht gefahrlos. Röntgenstrahlen sind in der Lage, Elektronen aus molekularen Bindungen „herauszuschlagen", die daraufhin instabil werden. Die Körperzellen können dadurch beschädigt werden. Besonders strahlenempfindliche Bereiche des menschlichen Körpers sind Knochenmark, Lunge, Magen, Dickdarm, Hoden, die weibliche Brust und Eierstöcke. Haut und Muskulatur sind dagegen unempfindlicher. Zum Glück verfügt unser Körper über Reparaturmechanismen, sodass die meisten Zellveränderungen keine dauerhaften Schäden verursachen.

Körperregionen, die nicht untersucht werden sollen, werden bei Röntgenaufnahmen oft durch Bleischürzen geschützt: Blei absorbiert die Röntgenstrahlung wegen seiner hohen Ordnungszahl sehr stark.

Für jede Röntgenuntersuchung sollte eine ausreichende medizinische Notwendigkeit gegeben sein. Mit einem *Röntgenpass* behält man den Überblick. ↑8 In ihm werden alle Röntgenuntersuchungen des Patienten eingetragen, sodass überflüssige wiederholte Aufnahmen einer Körperregion oder zu kurze zeitliche Abstände vermieden werden können.

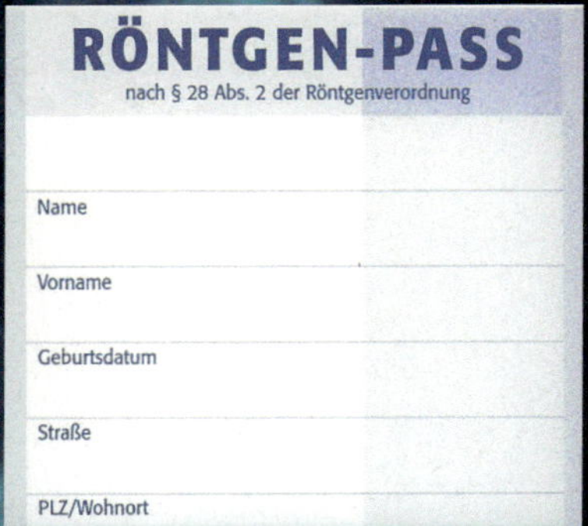

RÖNTGEN-PASS

nach § 28 Abs. 2 der Röntgenverordnung

Name

Vorname

Geburtsdatum

Straße

PLZ/Wohnort

8

Auf einen Blick

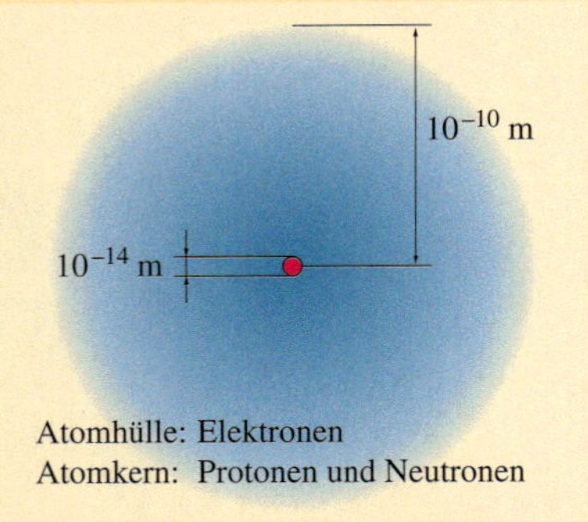

1 Größenordnungen im Atom (nicht maßstäblich)

Aufbau der Atome ▶ Der Radius von Atomen liegt bei einem Zehnmillionstel eines Millimeters: $r_{Atom} = 1 \cdot 10^{-10}\,m = 0{,}1\,nm$. ↑1
Der Radius des Atomkerns ist noch viel kleiner. Er beträgt nur ein Zehntausendstel des Atomradius: $r_{Kern} = 1 \cdot 10^{-14}\,m$.
Atomkerne bestehen aus Protonen (jeweils Ladung $+e$) und ungeladenen Neutronen. ↑2 Proton und Neutron sind jeweils rund 1800-mal so schwer wie ein Elektron. Im Atomkern gibt es genauso viele Protonen wie Elektronen in der Atomhülle: Das Atom ist nach außen hin elektrisch neutral.
Die Atome eines Elements haben stets die gleiche Protonenzahl (Ordnungszahl) und die gleichen chemischen Eigenschaften. Sie können sich in der Anzahl ihrer Neutronen unterscheiden (Isotope). ↑3

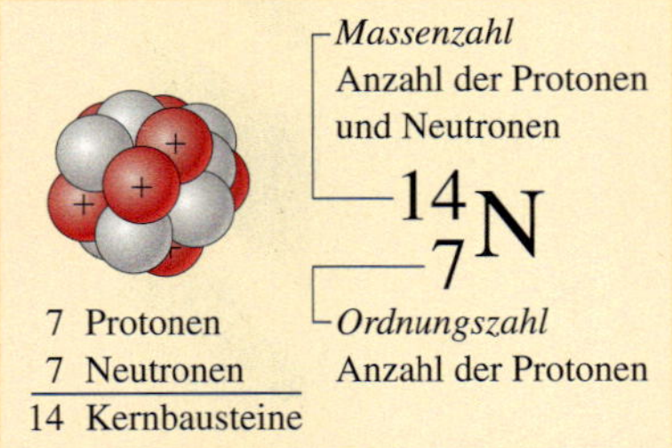

2

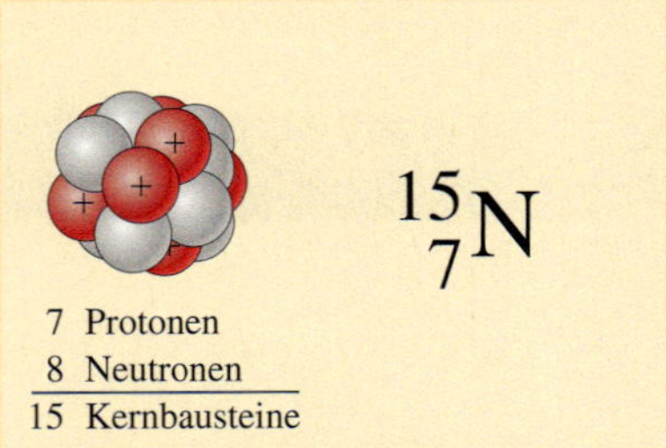

3

Aufnahme und Abgabe von Energie Leuchtende Körper können *kontinuierliche Spektren* oder *Linienspektren* aufweisen. ↑4 ↑5

4 Kontinuierliches Spektrum

5 Linienspektrum

Die Linienspektren geben Hinweise auf die chemische Zusammensetzung der Lichtquelle. Wir führen sie darauf zurück, dass die Elektronen der Atomhüllen nur *diskrete Energieniveaus* annehmen können – Zwischenwerte sind nicht möglich. ↑6 ↑7 Damit ein Hüllenelektron von einem Energieniveau auf ein anderes gelangt, muss es eine Energieportion aufnehmen oder abgeben, die genauso groß ist wie die Differenz zwischen den beiden Energieniveaus. Die bei Übergängen abgegebenen einzelnen Energieportionen bezeichnen wir als *Photonen*. Die Energie von Photonen des Lichts liegt im Elektronvoltbereich: Am roten Rand des Spektrums ist sie am geringsten, am violetten Rand am größten. ◀

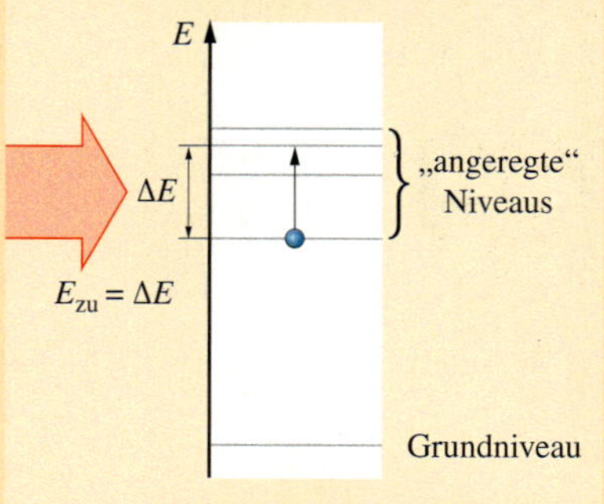

6

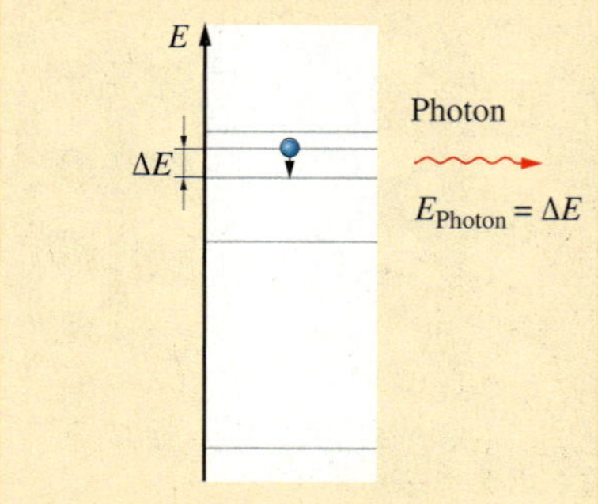

7

Röntgenstrahlung ist eine Strahlung wie Licht. ↑8 Sie ist für uns unsichtbar. Röntgenphotonen haben eine viel größere Energie als Lichtphotonen.

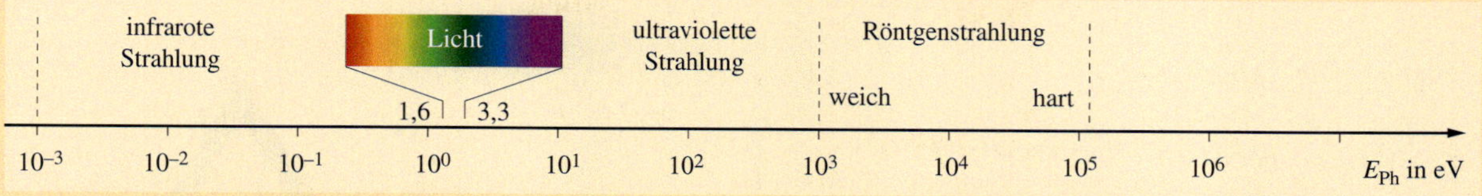

8 Spektrum elektromagnetischer Strahlung

Das Spektrum einer Röntgenröhre besteht aus einem diskreten Anteil, dem *charakteristischen Spektrum*, und einem kontinuierlichen Anteil, dem *Bremsspektrum*. ↑9 Das charakteristische Spektrum beruht auf ähnlichen Energieübergängen in der Atomhülle wie die Linienspektren im sichtbaren Bereich. ↑10 Energiereiche Elektronen treffen in der Anode auf Atome und geben Energie ab, indem sie Hüllenelektronen vom Grundniveau auf ein hohes Energieniveau anregen. Bei den folgenden Übergängen von hohen Energieniveaus auf das Grundniveau werden Photonen mit verschiedenen Energien im Röntgenbereich abgestrahlt.

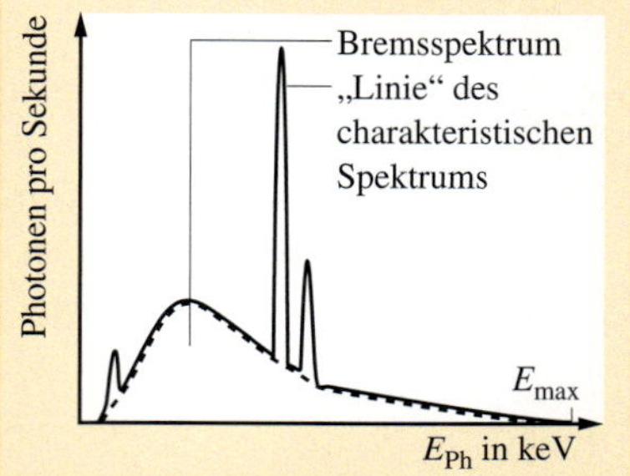

9 Spektrum einer Röntgenröhre

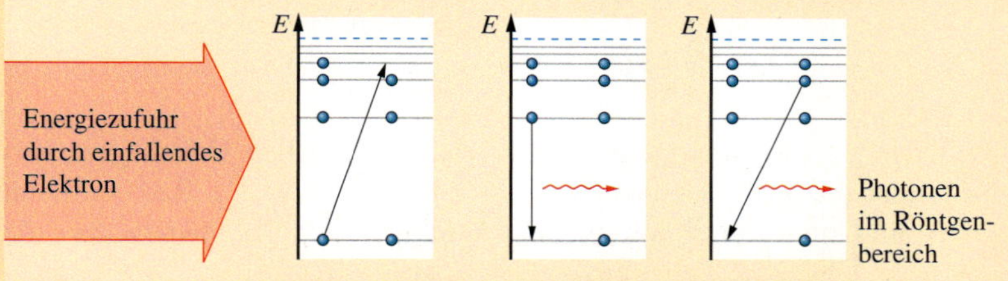

10

Alles klar?

1 ▶ *Eisenisotope* Das Element Eisen (Fe) kommt als Mischung folgender Isotope vor: Fe-54 (5,8 %), Fe-56 (91,72 %), Fe-57 (2,2 %), Fe-58 (0,28 %).

a Nenne für jedes Isotop die Anzahl von Protonen, Neutronen und Elektronen. ◀

b Berechne die durchschnittliche Massenzahl von Eisen.

2 ▶ *Calciumaufbau* Stelle den Aufbau eines Ca^{2+}-Ions im Kern-Hülle-Modell dar. ◀
Stelle dir einmal vor, der Kern dieses Ions wäre so groß wie ein Fußball. Welchen Durchmesser hätte dann die Hülle?

3 ▶ *Kräfte im Kern* Vergleiche die Kernkräfte mit den elektrischen Kräften zwischen den Protonen: Welche Unterschiede gibt es? ◀

4 ▶ *So viele gegen einen* Vergleiche die Masse aller Elektronen eines Bleiatoms mit der eines Protons. ◀

5 *Kombiniere!* Einem Hüllenelektron stehen vier angeregte Energiezustände und der Grundzustand „zur Verfügung". Auf wie viele Arten kann es vom höchsten Anregungszustand in den Grundzustand übergehen?

6 ▶ *Aus Ultraviolett wird Rot* Das Blatt einer Pflanze erscheint rot, wenn sie von einer UV-Lampe beleuchtet wird. Wie ist das möglich? ◀

7 ▶ *Leistung ist nicht alles* Die Fotosynthese einer Pflanze „läuft" bei Beleuchtung mit einer 10-W-UV-Lampe schneller als mit einer 100-W-Rotlichtlampe. Warum sorgt die höhere Leistung nicht auch für einen höheren Energieumsatz der Pflanze? ◀

Strahlung radioaktiver Atomkerne

Strahlungsarten und ihr Nachweis

Zeilen aus der Tagespresse:

Das Verbraucherschutz-Ministerium informiert: Aufgrund erhöhter natürlicher radioaktiver Belastung ist das Mineralwasser ... nicht zur Zubereitung von Babynahrung geeignet.

Das Krankenhaus hat endlich eine eigene nuklearmedizinische Abteilung bekommen, sodass Patienten für eine Tumorbestrahlung oder Untersuchungen mit einem Radiopharmakon nicht mehr wie bisher ins 60 km entfernte Kreiskrankenhaus fahren müssen.

1

Übrigens

Radioaktiv bedeutet ins Deutsche übertragen *strahlungsaktiv* (lat. *radius:* der Strahl).

Der Begriff *Radioaktivität* bereitet vielen Menschen Unbehagen, verbinden sie damit doch eine unsichtbare Bedrohung. ↑1 Radioaktivität gibt es im Universum schon seit Jahrmilliarden. Seit der Mensch über die Erde geht, lebt er mit radioaktiven Gesteinen ↑2 und Gasen – ja, er enthält sogar selbst radioaktive Stoffe. Da er kein Sinnesorgan für Radioaktivität hat, war sie ihm jedoch lange Zeit verborgen. Erst vor rund 100 Jahren wurde die Radioaktivität zum ersten Mal beobachtet. Inzwischen gibt es unterschiedliche Nachweismöglichkeiten – die bekannteste davon dürfte das Geiger-Müller-Zählrohr (kurz: Geigerzähler) sein. ↑3 Durch die Entdeckung der Radioaktivität wurde das physikalische Weltbild erweitert. Auf ihr beruhen viele Erfindungen in Technik und Medizin. Fluch und Segen liegen allerdings nahe beieinander: Einerseits kann man mithilfe von Radioaktivität Krankheiten erkennen ↑4 oder Krebszellen zerstören, andererseits entsteht durch sie oft erst ein Tumor.
Was ist eigentlich Radioaktivität und wie wirkt sie auf unseren Körper?

2 Radioaktives Gestein („Pechblende")

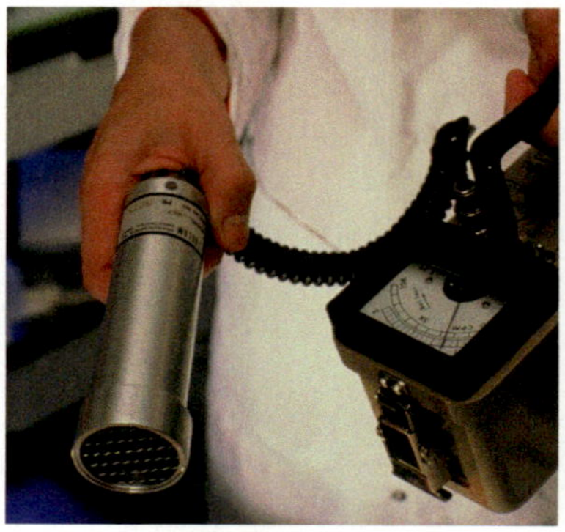
3 Untersuchung mit dem Geigerzähler

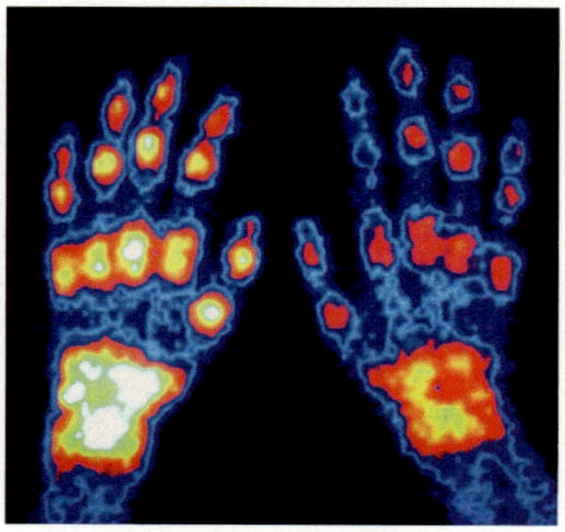
4 Gelenkentzündung in der linken Hand: Diagnose durch radioaktive Stoffe

Aus der Geschichte Entdeckung der Radioaktivität

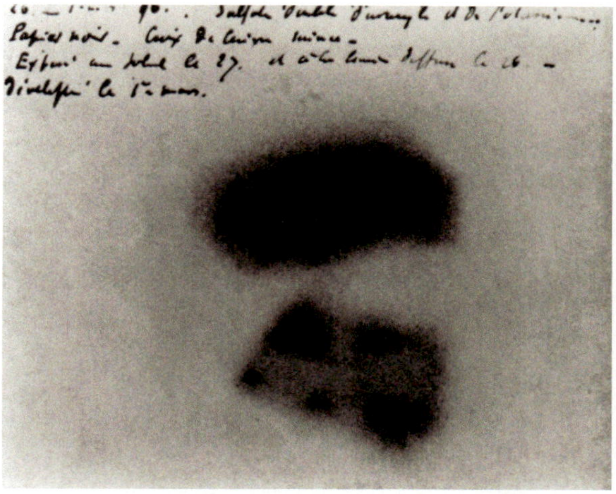

5 Becquerels erste Aufnahme eines radioaktiven Steins

Pariser Akademie der Wissenschaften im Jahr 1896: Mit Staunen und Begeisterung werden im Januar die ersten Röntgenaufnahmen herumgereicht, die gerade zuvor von Wilhelm Röntgen angefertigt wurden. Einer der anwesenden Wissenschaftler ist der französische Physikprofessor Antoine Henri Becquerel, der bereits viel über Phosphoreszenz geforscht hat. Darunter versteht man das zum Teil sehr lange andauernde Nachleuchten bestimmter Stoffe, wenn sie mit Licht bestrahlt werden.

Becquerel hofft, dass phosphoreszierende Stoffe auch X-Strahlen (Röntgenstrahlen) aussenden, denn dann bräuchte man für Röntgenaufnahmen keine Röntgenröhre. Er experimentiert mit phosphoreszierenden Uransalzen, die damals als Farbstoffe bei der Glas- und Keramikherstellung eingesetzt werden. Einen Monat später kann er bereits der Akademie berichten, dass von bestimmten phosphoreszierenden Uransalzen unsichtbare Strahlen ausgehen, die wie Röntgenstrahlen in der Lage sind, Fotoplatten zu schwärzen, die in dickes, schwarzes Papier eingepackt sind. Die anwesenden Forscher sind sich zunächst einig: Bei den Strahlen der Uransalze handelt es sich ebenfalls um X-Strahlen.

Auf der Suche nach Zusammenhängen zwischen der Bestrahlung der Uransalze mit Licht und der anschließenden Aussendung der unsichtbaren Strahlen möchte Becquerel Experimente mit der Sonne als Lichtquelle durchführen. Doch der Winterhimmel über Paris ist Ende Februar trübe. Er beschließt, besseres Wetter abzuwarten, und legt die eingewickelte Fotoplatte in eine Schublade, einen der Uransalzsteine obendrauf. Anfang März holt er beides wieder aus der Schublade und entwickelt die Fotoplatte. Er erwartet, nur ein sehr schwaches Bild zu sehen, da die Belichtung des Steins ja nur gering und es in der Schublade die ganze Zeit dunkel gewesen ist. Umso größer ist seine Überraschung, als die Umrisse des Steins deutlich zu erkennen sind! ↑5

Damit hat Becquerel eine neue Art von Strahlung entdeckt, die in keinem Zusammenhang mit der Phosphoreszenz steht. Diese Strahlen werden zunächst „Uranstrahlen" oder „Becquerelstrahlen" genannt. Sie durchdringen wie X-Strahlen viele Stoffe und schwärzen Fotoplatten. Im Gegensatz dazu werden sie aber nicht mit einem Apparat erzeugt, sondern von bestimmten Gesteinen ganz ohne äußere „Anregung" ausgesendet.

Die Polin Marie Curie findet 1897 heraus, dass auch das Element Thorium „Becquerelstrahlen" aussendet. Sie prägt den Begriff *radioaktiv* (lat. *radius:* der Strahl) für Stoffe, von denen „Becquerelstrahlen" ausgehen. Gemeinsam mit Pierre Curie, ihrem Mann, entdeckt sie in der Pechblende ↑2 zwei bis dahin unbekannte chemische Elemente, die viel stärker strahlen als Uran. ↑6 Sie geben ihnen die Namen Polonium und Radium (das „Strahlende"). Große Schwierigkeiten bereitet die Abtrennung der beiden Elemente aus der Pechblende. Die Curies benötigen vier Jahre, um aus 1 t Pechblende nur 0,1 g Radium zu isolieren! 1903 erhalten Becquerel und das Ehepaar Curie gemeinsam den Nobelpreis für Physik. 1911 wird Marie Curie für ihre Entdeckung, Isolierung und Untersuchung der beiden neuen chemischen Elemente mit dem Nobelpreis für Chemie geehrt.

1 *Nobelpreis kommt nicht von nobel!* Sammle Informationen über den Stifter des Nobelpreises. Welches Anliegen verfolgte er mit dem Preis?

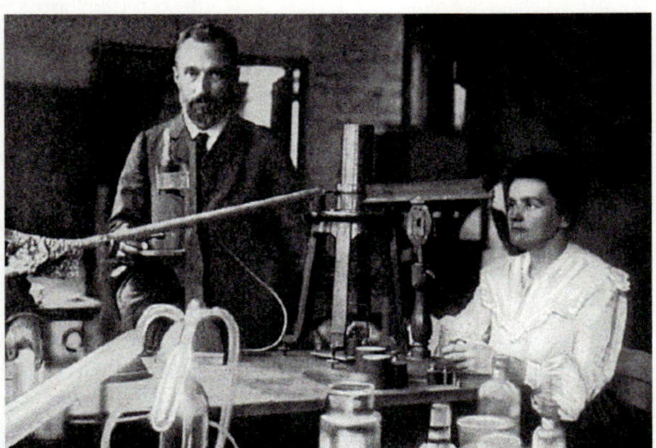

6 Die Curies im Labor

Aufgabe

1 ▶ *Nachweis von Radioaktivität* ↑1

a Die Metallkugel auf einem Elektroskop wird einmal positiv, einmal negativ aufgeladen. ①
Was kannst du jeweils beobachten, wenn ein radioaktives Präparat in die Nähe der Kugel gebracht wird? ②
Versuche deine Beobachtungen zu erklären.

b Zwei Hörnerelektroden sind gerade so weit voneinander entfernt, dass die Hochspannung zwischen ihnen noch nicht für einen Funkenüberschlag („Blitz") ausreicht. ↑2 Nun richtet der Lehrer ein radioaktives Präparat auf die Strecke zwischen den beiden Elektroden – und schon geht's los!
Wie kannst du deine Beobachtung erklären? ◀

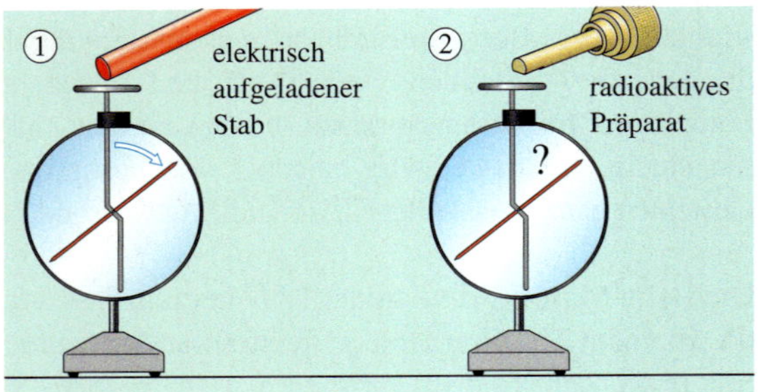

1

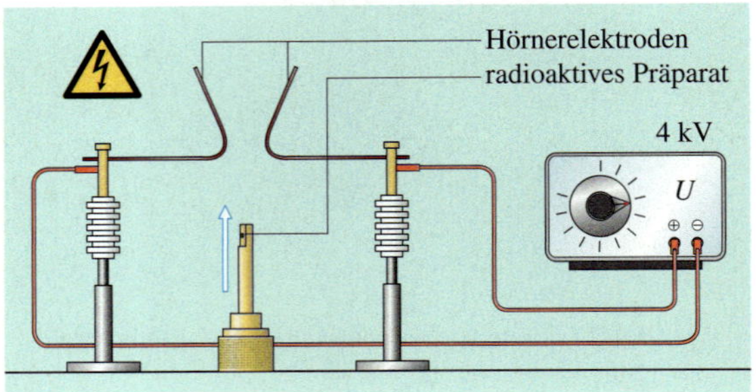

2

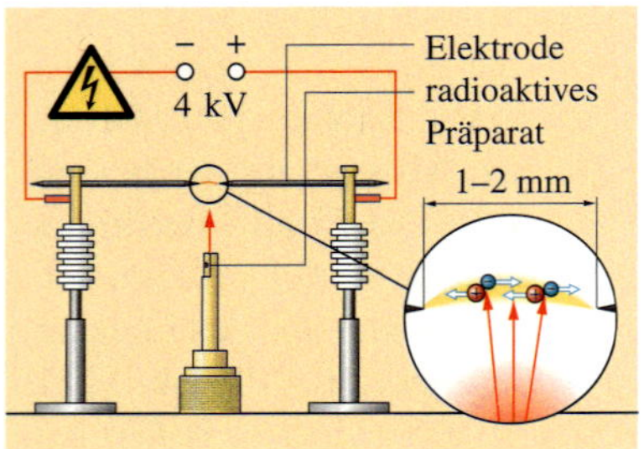

3

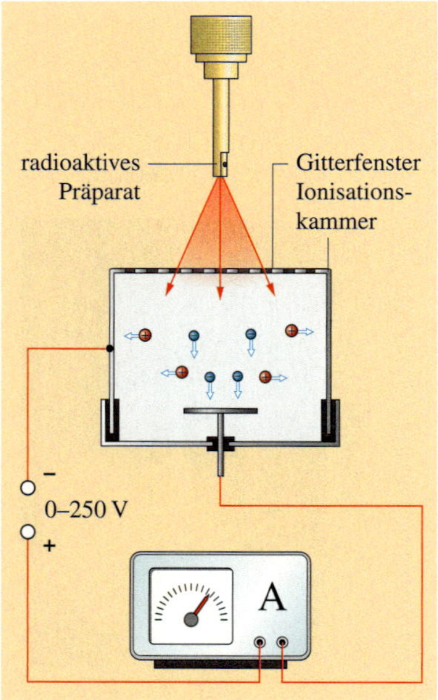

4 Ionisationskammer (Prinzip)

GRUNDLAGEN: Die Strahlung radioaktiver Körper ionisiert

▶ Die energiereiche Strahlung radioaktiver Körper ist in der Lage, Elektronen aus den Atomhüllen von Luftmolekülen zu „schlagen". ↑3 Es stehen dann freie Elektronen und positiv geladene Ionen (Atome mit Elektronenmangel) als Ladungsträger für einen elektrischen Strom zur Verfügung.
Die ionisierende Wirkung ist nicht auf Gase beschränkt: Strahlung radioaktiver Körper kann die Moleküle in einem Film ionisieren und dadurch eine chemische Reaktion auslösen, die zur Schwärzung des Bilds führt.

Die Strahlung radioaktiver Körper kann Materie ionisieren. Diese Eigenschaft wird verwendet, um die Strahlung nachzuweisen.

Beispiel: Die *Ionisationskammer* ist ein Nachweisgerät für die Strahlung radioaktiver Körper. ↑4 Sie besteht aus einer Metalldose mit einem „Gitterfenster" und einem Metallteller. Fällt die Strahlung eines radioaktiven Körpers durch das Gitterfenster in die Kammer ein, werden Moleküle des eingeschlossenen Gases ionisiert. Die freigesetzten Elektronen werden durch das elektrische Feld zum positiven Metallteller (Anode) hin beschleunigt, die positiven Gas-Ionen zur negativen Metallwand (Kathode) hin. Im Stromkreis kommt es zu einem geringen elektrischen Strom, der mit einem Messverstärker gemessen wird. Durch geeignete Wahl der Spannung zwischen Anode und Kathode erreicht man, dass im Mittel alle freigesetzten Elektronen die Anode erreichen und nicht unterwegs von Gas-Ionen „eingefangen" werden. In diesem Fall ist die Stromstärke proportional zur Energie der Strahlung, die pro Sekunde einfällt. ◀

Aus der Messtechnik Geigerzähler

▶ Geigerzähler gibt es in vielen Ausführungen für unterschiedliche Einsatzbereiche. ↑5 ↑6 Sie funktionieren ähnlich wie eine Ionisationskammer, haben aber eine höhere Betriebsspannung. ↑7 Dadurch werden die von der einfallenden Strahlung freigesetzten Elektronen auf ihrem Weg zum positiv geladenen Metalldraht (Anode) so schnell, dass sie selbst weitere Gasatome ionisieren. Die dabei freigesetzten Elektronen ionisieren weitere Gasatome usw. Ein einziges freigesetztes Elektron kann somit eine wahre „Ionisationslawine" und damit einen elektrischen Impuls auslösen, der vom Zähler registriert wird. Bei manchen Geräten können diese elektrischen Impulse über einen Lautsprecher als Knacken hörbar gemacht werden. ◀

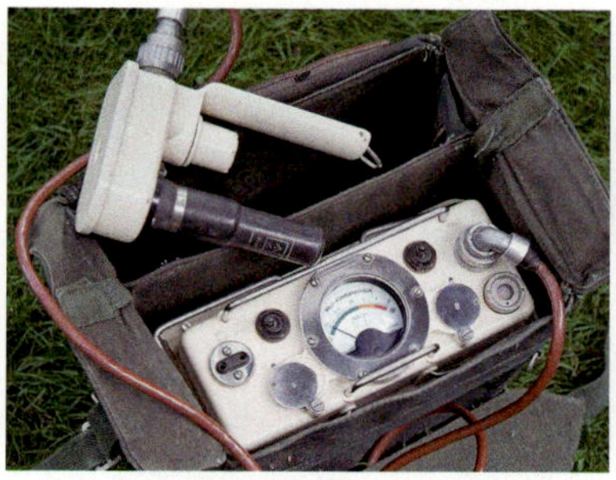

5 Geigerzähler für das Militär

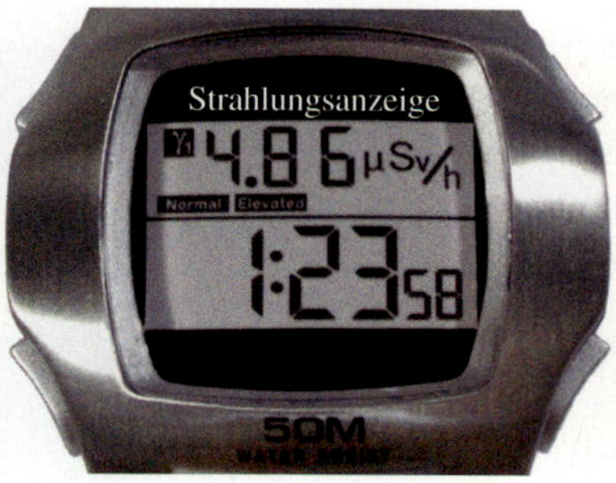

6 Uhr mit Geigerzähler

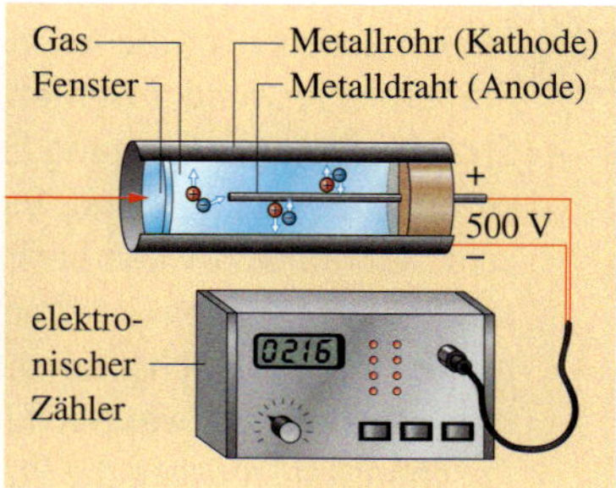

7 Prinzip des Zählrohrs

Aus der Geschichte Nebelkammern

▶ Die Abgasstrahlen eines Düsenflugzeugs in großer Höhe werden sichtbar, weil Wasserdampf an den von den Turbinen ausgestoßenen Rußteilchen kondensiert. Auf ähnliche Weise kann man die Strahlung radioaktiver Körper in einer *Nebelkammer* nachweisen.
1911 baute der Amerikaner CHARLES WILSON (1869 bis 1959) die erste funktionstüchtige Nebelkammer, 1927 erhielt er dafür den Nobelpreis. ↑8 In der Kammer ist ein völlig staubfreies Gemisch aus Luft und Dampf (Wasser- oder Alkoholdampf) eingeschlossen. Wenn sich der Dampf in der Kammer durch Loslassen des zuvor zusammengedrückten Ballons „schlagartig" ausdehnt, kühlt er unter seine Kondensationstemperatur ab, ohne zu kondensieren: Jetzt ist die Nebelkammer „einsatzbereit". Fällt Strahlung eines radioaktiven Körpers in die Kammer, so ionisiert sie Luftmoleküle. Die Ionen wirken als Kondensationskeime. Die Nebelspuren verraten den Weg der Strahlung durch die Nebelkammer. ↑9
Die Diffusionsnebelkammer ist etwas aufwendiger. ↑10 Ihr Boden wird durch gefrorenes Kohlenstoffdioxid („Trockeneis") abgekühlt. Alkohol verdunstet aus einer beheizbaren Rinne am Deckel des Glaskastens und breitet sich als Dampf in der ganzen Kammer aus. In Bodennähe kühlt der Dampf unter seine Kondensationstemperatur ab, ohne zu kondensieren. ◀
Nebelkammern werden heutzutage nur noch zu Demonstrationszwecken eingesetzt. Für moderne Forschungsanlagen sind sie zu ungenau.

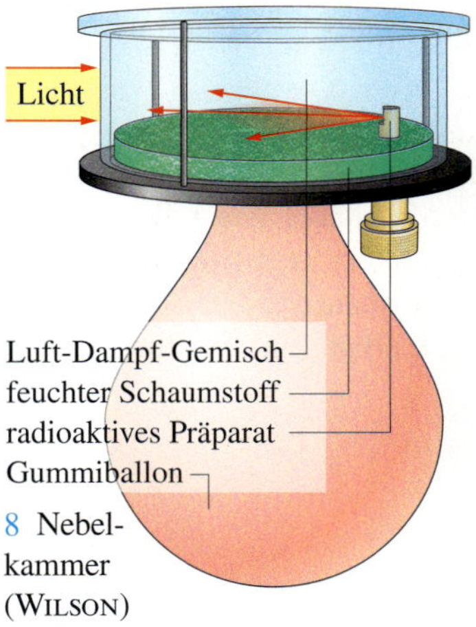

8 Nebelkammer (WILSON)

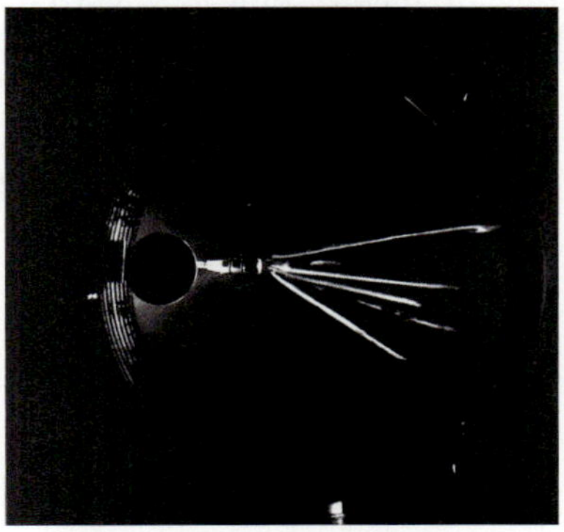

9 Nebelspuren ionisierender Strahlung

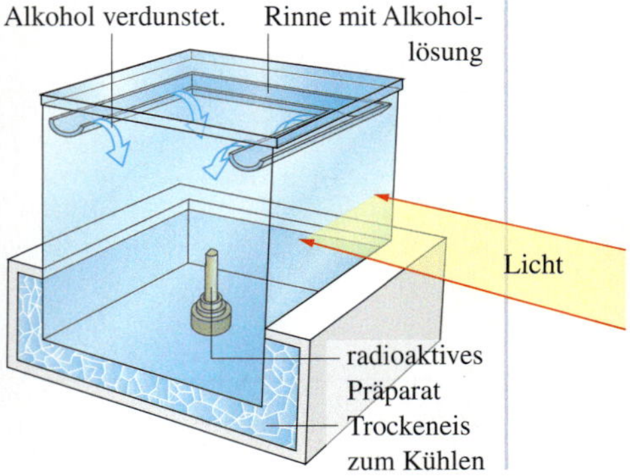

10 Diffusionsnebelkammer

Experiment

1 Erste Messungen mit dem Geigerzähler ↑1 ↑2

a Richte das Zählrohr auf verschiedene Gegenstände: den Tisch, die Wände, Fliesen, Steine, den Glühstrumpf einer Gaslaterne, Urangestein … (in der Physiksammlung wird es bestimmt noch mehr Gegenstände für diesen Zweck geben).
Wie viele Impulse registriert das Zählrohr jeweils innerhalb von 10 s und 1 min? Notiere deine Ergebnisse in einer Tabelle und wiederhole die einzelnen Messungen jeweils 5-mal.

b Entferne alle radioaktiven Gegenstände so weit wie möglich aus der Umgebung des Zählrohrs. Jetzt dürfte das Zählrohr eigentlich nichts mehr anzeigen – oder doch? Probiere es aus!

! Im Schulunterricht dürfen nur radioaktive Präparate verwendet werden, die nach der Strahlenschutzverordnung für Demonstrationsversuche zugelassen sind. Diese Präparate sind schwach radioaktiv und befinden sich in schutzummantelten Gefäßen, aus denen sie nur für die – möglichst kurze! – Versuchsdauer herausgenommen werden dürfen.
Anschließend müssen die Präparate sofort wieder in den Schutzgefäßen verwahrt werden.
Nach Experimenten mit radioaktiven Präparaten Hände gründlich waschen!
Offene Strahler wie z. B. radioaktives Gestein nie mit bloßen Händen anfassen!

1 Sicherheitshinweise: Umgang mit radioaktiven Präparaten

2

GRUNDLAGEN: Radioaktivität – überall

Wir sind ständig von Radioaktivität umgeben. Einige Beispiele:

- Aus dem Erdboden entweicht das radioaktive Gas Radon.
- Mehrere Gesteine, darunter Marmor und Granit, enthalten in geringen Mengen radioaktives Uran.
- In der Luft und in allen Lebewesen ist neben dem strahlungsfreien Kohlenstoffisotop $^{12}_{6}C$ in geringen Mengen auch das radioaktive Isotop $^{14}_{6}C$ enthalten.

Strahlung radioaktiver Körper erreicht uns überall und ständig aus Boden, Wasser und Luft sowie aus dem Weltraum. Diese „Hintergrundstrahlung" macht sich bei Messungen stets bemerkbar: Man spricht vom *Nulleffekt*.

Wie groß der Nulleffekt ist, hängt vom Ort der Messung und von der Bauweise des Messgeräts ab. Bei einer kurzen Messdauer von z. B. $\Delta t = 10\,\text{s}$ schwankt die Anzahl n der mit dem Geigerzähler registrierten Impulse zum Teil erheblich. ↑3 Bei zunehmender Messdauer fallen die Schwankungen immer weniger ins Gewicht und man erhält eine annähernd konstante Impulsrate $\frac{n}{\Delta t}$.

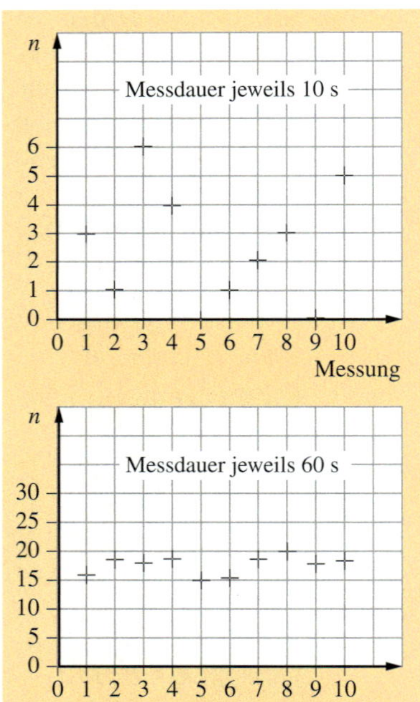

3 Nulleffekt

Aufgabe

2 *Nulleffekt mitteln* Bei einer Messdauer von 10 s schwankt die mit dem Nulleffekt verbundene Impulsrate erheblich. Berechne aus dem oberen Diagramm ↑3 die mittlere Anzahl der Impulse pro Minute. Erläutere dein Ergebnis.

Experimente

3 Nullrate
Bestimme die Impulsrate für den Nulleffekt (Messdauer $\Delta t = 60\,\text{s}$) auf dem Experimentiertisch.
Hinweis: Verwende dein Ergebnis, um die Impulsraten in den folgenden Versuchen vom Nulleffekt zu „bereinigen". Ziehe die Nullrate dazu von den jeweils gemessenen Impulsraten ab.

4 Impulsrate und Abstand
Bestimme die Impulsrate eines radioaktiven Präparats (Radium-226) bei verschiedenen Abständen zwischen Zählrohr und Präparat. ↑4
Notiere die Werte in einer Tabelle und ziehe jeweils die Nullrate ab (s. Experiment 3).
Trage die „bereinigten" Werte in ein Abstand-Impulsrate-Diagramm ein. Was stellst du fest?

5 ▶ Impulsrate und Abschirmung
Durchdringt die Strahlung des Radium-226-Präparats alle Stoffe ungehindert? ↑5

a Stelle das Präparat rund 25 mm vom Zählrohrfenster entfernt auf. Miss jetzt die Impulsrate ohne Abschirmung. Notiere dein Ergebnis in einer Tabelle. Ziehe die Nullrate ab (s. Experiment 3) und trage auch dieses Ergebnis in die Tabelle ein.

b Bringe zwischen Präparat und Zählrohr Abschirmungsplättchen aus verschiedenen Stoffen (Papier, Aluminium, Blei …) und mit unterschiedlicher Dicke ein. Miss jeweils die Impulsrate der durchgelassenen Strahlung und trage deine Messwerte (auch die „bereinigten") in die Tabelle ein.
Was kannst du aus den Messwerten ablesen? ◀

6 ▶ Impulsrate und Ablenkung
Welchen Einfluss hat ein Magnet auf die Strahlung von Radium-226? ↑6
Das Blatt Papier schirmt einen großen Teil der Strahlung ab (s. Experiment 5). Die verbleibende Strahlung geht zwischen den Polschuhen des Elektromagneten hindurch. Das Zählrohr ist genau auf die Strahlenquelle gerichtet.

a Zunächst ist der Elektromagnet ausgeschaltet. Miss die Impulsraten in den Stellungen A–C des Zählrohrs. Trage deine Messwerte zusammen mit den vom Nulleffekt „bereinigten" Ergebnissen (s. Experiment 3) in eine Tabelle ein.

b Wiederhole die Messungen bei eingeschaltetem Elektromagneten und notiere die Ergebnisse. Welche Veränderungen erkennst du? Wie lassen sie sich erklären?

c Bringe nun noch ein dickes Aluminiumplättchen ($d = 7\,\text{mm}$) als Abschirmung hinter dem Präparat an. Wiederhole deine Messungen mit ausgeschaltetem und eingeschaltetem Elektromagneten. Vergleiche deine Messwerte mit den zuvor aufgenommenen. Versuche das Ergebnis zu erklären. ◀

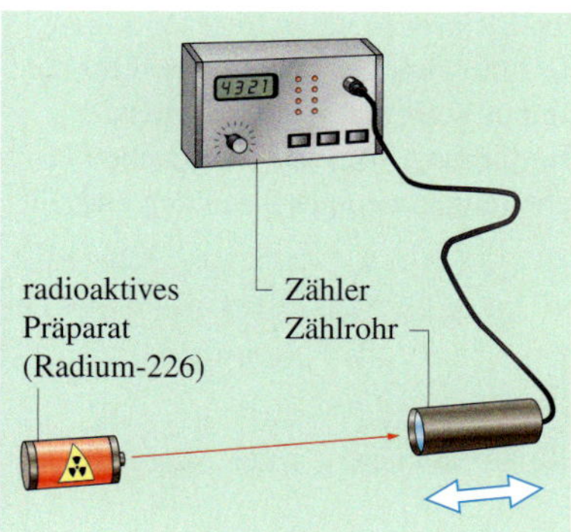

4 Abstand

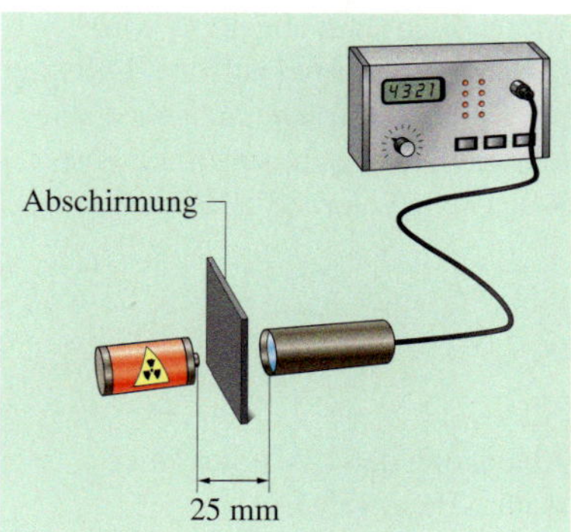

5 Abschirmung

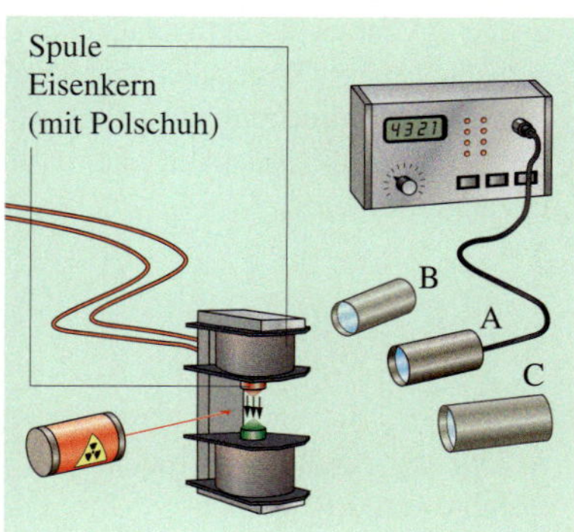

6 Ablenkung

GRUNDLAGEN: Radioaktivität – Strahlungsarten

▶ Die Strahlung radioaktiver Körper wird zum Teil schon von Papier, zum Teil erst von Aluminiumplatten zurückgehalten. ↑1 Manchmal sind sogar dicke Bleiplatten zur Abschirmung erforderlich.
Außerdem beobachtet man, dass ein Teil der Strahlung von (starken) Magnetfeldern abgelenkt wird, ein anderer nicht. ↑2
Wir führen diese Unterschiede darauf zurück, dass radioaktive Körper verschiedene Arten von Strahlung aussenden.

Strahlung radioaktiver Körper kann aus verschiedenen Anteilen bestehen. Man unterscheidet drei Arten: α-, β- und γ-Strahlung. ↑3
Die α- und β-Teilchen und die γ-Photonen haben Energien von ca. 1 MeV. Sie werden infolge von Umwandlungen im Atomkern abgestrahlt. ↑4 ◀

α-Strahlung	β-Strahlung	γ-Strahlung
	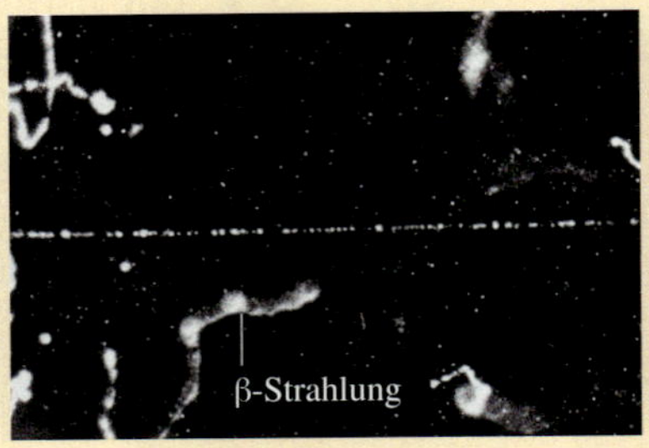	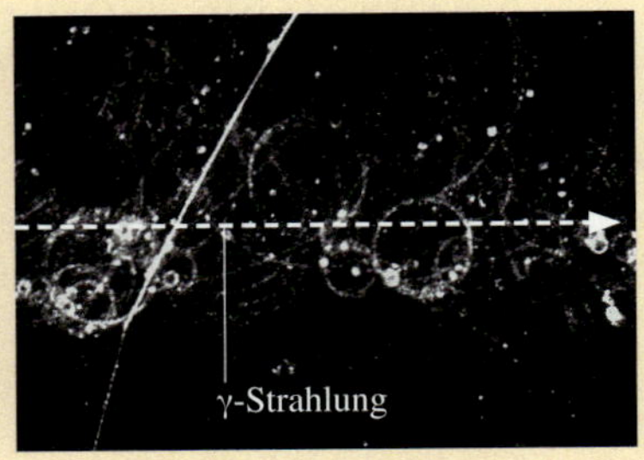
Heliumkerne (α-Teilchen), $Q = 2\,e$	Elektronen (β-Teilchen), $Q = -e$	Photonen, $Q = 0\,e$
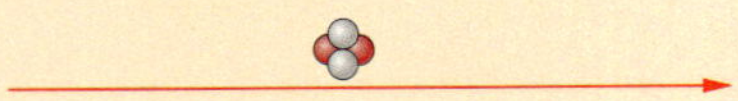		
α-Teilchen verlassen das Präparat mit nahezu gleichen Geschwindigkeiten zwischen 15 000 und 30 000 $\frac{km}{s}$, also 5 bis 10 % der Lichtgeschwindigkeit.	β-Teilchen verlassen das Präparat mit sehr unterschiedlichen Geschwindigkeiten, die bis zu 99 % der Lichtgeschwindigkeit erreichen können.	γ-Strahlung breitet sich mit Lichtgeschwindigkeit aus.
Abschirmung: ein Blatt Papier	Abschirmung: 1 cm dicke Aluminiumplatte, 1 mm dicke Bleiplatte	Abschirmung: dicke Bleiplatte
Ein α-Teilchen ionisiert in der Luft durch Stöße mit Atomhüllen Zehntausende Moleküle auf 1 cm Strecke. Dabei wird es kaum abgelenkt. Nach rund 6 cm hat es fast seine ganze kinetische Energie abgegeben und kann nun aus der Umgebung zwei Elektronen „einfangen“, sodass es zu einem Heliumatom wird.	Je geringer die Geschwindigkeit eines β-Teilchens ist, desto gekrümmter ist seine Bahn in Luft oder in der Nebelkammer, da es durch Stöße mit den Atomhüllen stark abgelenkt wird. β-Teilchen erzeugen auf 1 cm Luftweg nur bis ca. 400 Ionen. Sie geben also seltener Energie ab, sodass sie eine Reichweite von rund 10 m haben.	Das Ionisationsvermögen beträgt nur ein Hundertstel der von β-Strahlung. In der Nebelkammer sieht man die Spuren der von der γ-Strahlung freigesetzten Elektronen, die stärker ionisieren. Die mit dem Geigerzähler gemessene Impulsrate sinkt mit zunehmender Entfernung, weil auf die gleiche Fläche immer weniger Strahlung entfällt. 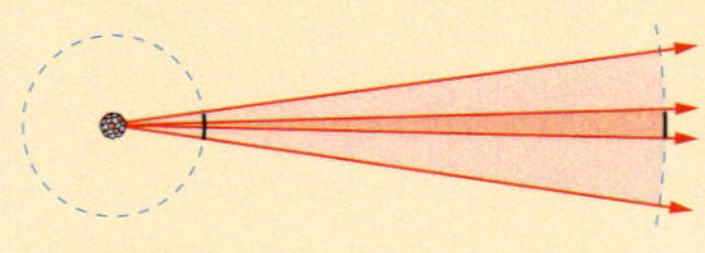
Ablenkung durch Magnetfelder (Rechte-Hand-Regel)	Ablenkung durch Magnetfelder (Linke-Hand-Regel)	Keine Ablenkung durch Magnetfelder

3 Eigenschaften der drei Strahlungsarten

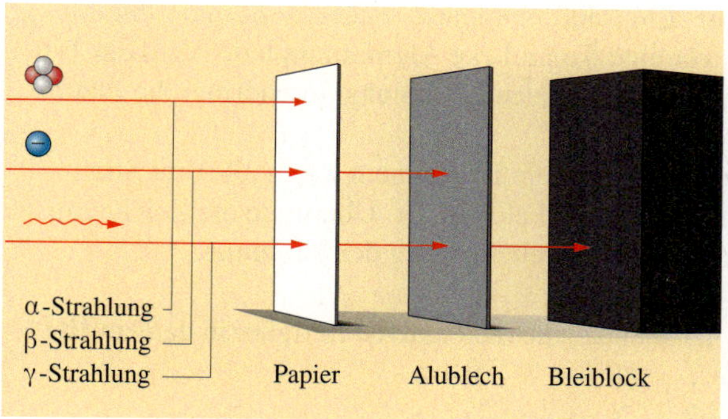

1 Abschirmung der Strahlung radioaktiver Körper

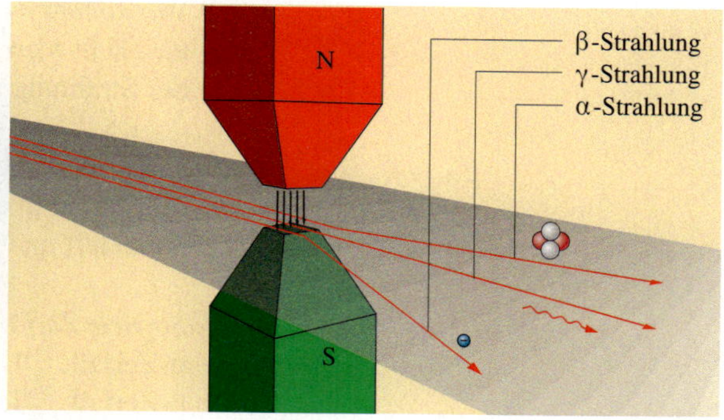

2 Ablenkung der Strahlung im Magnetfeld

α-Strahlung

Kernumwandlung (α-Zerfall)
Von einem Atomkern wird ein α-Teilchen aus je zwei Protonen und Neutronen abgestrahlt. Die Massenzahl des Atomkerns nimmt dabei um 4 ab, seine Kernladungszahl um 2.
Da die Kernladungszahl das chemische Element festlegt, bedeutet dies eine Umwandlung in ein anderes Element.

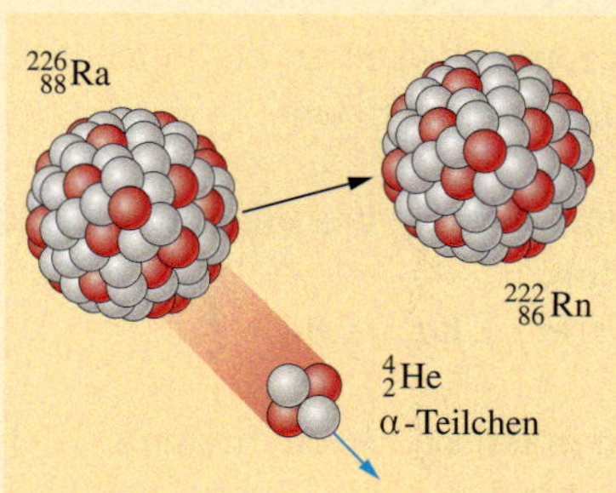

Beispiel: Radium-226 zerfällt in Radon-222 und sendet dabei ein α-Teilchen aus.
$^{226}_{88}Ra \rightarrow ^{222}_{86}Rn + ^{4}_{2}He$
Nach dem α-Zerfall enthält die Hülle des Radonatoms zwei überschüssige Elektronen. Sie werden an die Umgebung abgegeben.

β-Strahlung

Kernumwandlung (β-Zerfall)
Von einem Atomkern wird ein β-Teilchen abgestrahlt, das zuvor im Atomkern entstanden ist: Ein Neutron hat sich in ein Proton und ein Elektron umgewandelt. Das „neue" Elektron verlässt das Atom, das Proton bleibt im Kern.
Die Massenzahl des Atoms ändert sich bei dem β-Zerfall nicht, aber die Kernladungszahl nimmt um 1 zu: Es entsteht also ein neues Element.

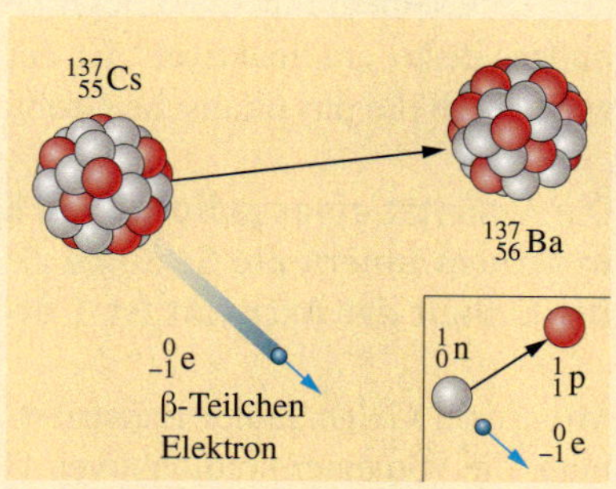

Beispiel: Caesium-137 zerfällt zu Barium-137 und sendet dabei ein β-Teilchen aus.
$^{137}_{55}Cs \rightarrow ^{137}_{56}Ba + ^{0}_{-1}e$
Das Bariumatom ist direkt nach dem Zerfall einfach positiv geladen. Es „fängt" aus der Umgebung ein Elektron ein und wird elektrisch neutral.

γ-Strahlung

Keine Kernumwandlung
Die Energie eines Atomkerns kann verschiedene diskrete Zustände annehmen – ähnlich wie die Energie der Atomhülle. Die Energiedifferenz beim Übergang von einem höheren Energieniveau auf ein tieferes strahlt der Atomkern als Photon ab.
Die γ-Strahlung folgt oft auf α- oder β-Zerfälle: Die entstandenen Atomkerne befinden sich zunächst meistens in einem „angeregten" Energiezustand.

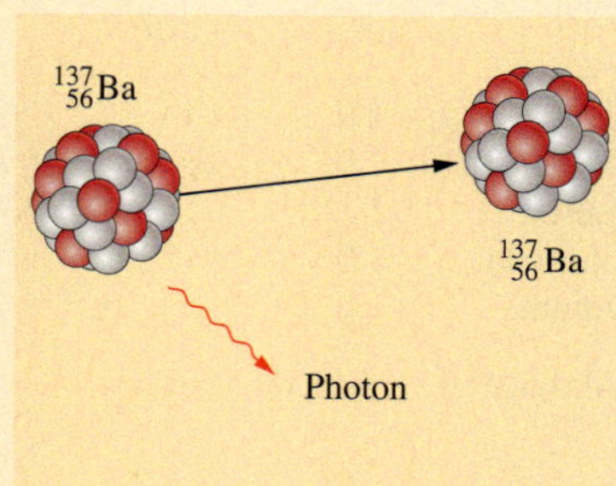

Beispiel: Barium-137 ist in einem β-Zerfall entstanden. Es geht von einem „angeregten" Energiezustand in den Grundzustand über und sendet dabei ein Photon aus.
$^{137}_{56}Ba \rightarrow ^{137}_{56}Ba + \gamma$

4 Entstehung der drei Strahlungsarten

Aufgaben

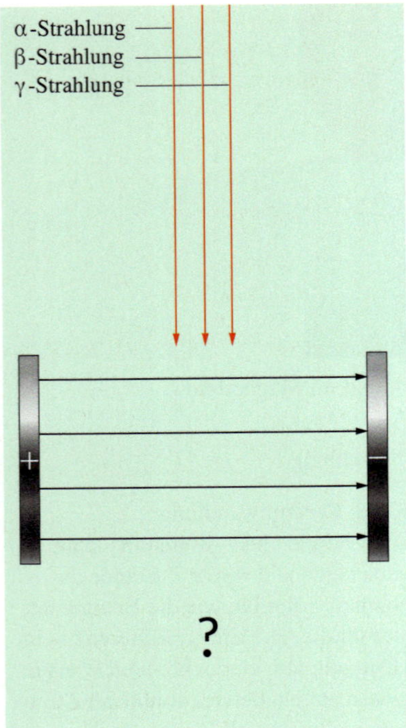

1

1 *Wer kommt durch?* Ein Radiumpräparat sendet α-, β- und γ-Strahlung aus. Hält man es vor eine 5 mm dicke Aluminiumplatte, wird ein Teil der Strahlung abgeschirmt. Welche Strahlung durchdringt die Platte?

2 *Elektrische Ablenkung* In einem Experiment treten alle drei Strahlungsarten in ein elektrisches Feld ein. ↑1 Übertrage die Zeichnung in dein Heft und skizziere den weiteren Weg der Strahlung.

3 *So viele Zerfälle* „Vollende" die radioaktiven Zerfälle (in deinem Heft).
a α-Zerfall: $^{234}_{92}U \to ?$ $^{240}_{94}Pu \to ?$ $^{241}_{95}Am \to ?$
b β-Zerfall: $^{239}_{92}U \to ?$ $^{90}_{39}Y \to ?$ $^{169}_{68}Er \to ?$

4 *Abstandsgesetz* In einem Versuch ist die Impulsrate I der γ-Strahlung eines radioaktiven Präparats (Americium-241) bei verschiedenen Abständen s des Geigerzählers gemessen worden. ↑2
Vergleiche die („nulleffektbereinigten") Messwerte für doppelte, dreifache … Abstände: Erkennst du einen mathematischen Zusammenhang zwischen Abstand und Impulsrate?

s in cm	1	2	3	4	5	10	20	50
I in $\frac{1}{\text{min}}$	97315	24291	10835	6075	3922	942	230	43

2

GRUNDLAGEN: Die Aktivität

▶ Die Radioaktivität eines Gegenstands lässt sich auf die Kernumwandlungen in seinem Innern zurückführen. Je mehr Zerfälle pro Sekunde stattfinden, desto „radioaktiver" ist der Gegenstand. Dieser Zusammenhang wird durch die physikalische Größe *Aktivität* beschrieben.

Die Aktivität eines radioaktiven Körpers gibt an, wie viele Atomkerne in seinem Innern pro Sekunde zerfallen. ↑3
Die Einheit der Aktivität ist 1 Becquerel (1 Bq): 1 Bq = $\frac{1}{s}$.

Mit einem Geigerzähler registriert man praktisch nie die gesamte Strahlung, die von einem radioaktiven Gegenstand ausgeht – schon allein deshalb, weil nicht die gesamte Strahlung in die Kammer eindringt. Daher ist die gemessene Impulsrate geringer als die Aktivität.
Ähnlich wie die Nullrate ist die Aktivität nicht zeitlich konstant, die verschiedenen Atomkerne zerfallen in vollkommen zufälligen Zeitabständen. Es ist daher in der Regel sinnvoll, bei der Aktivität über längere Zeiträume gemittelte Werte anzugeben.
Die Aktivität allein sagt noch nichts über die Zerfallsart und die damit verbundene Strahlung sowie ihre Ionisierungsfähigkeit aus. Deshalb genügt die Angabe der Aktivität nicht, um die Wirkung eines radioaktiven Körpers z. B. auf den Menschen beurteilen zu können. Dazu brauchen wir noch weitere physikalische Größen, die du im Unterkapitel *Strahlenschutz* kennenlernen wirst. ◀

Gegenstand	Masse in kg	Aktivität in Bq
Milch	1,0	43
Kohlenstoff	1,0	200
Mensch	75	$8 \cdot 10^3$
Natururan	1,0	$12 \cdot 10^6$
Radium	1,0	$37 \cdot 10^{12}$

3 Aktivitäten verschiedener Körper

Aus der Geschichte Anstieg der Aktivität

Vom Erdboden geht immer schon β-Strahlung aus, die Aktivität betrug in Bayern früher etwa 100 Bq pro Quadratmeter. Langzeitmessungen der β-Strahlung spiegeln die Zufuhr radioaktiven Materials durch oberirdische Kernwaffentests und die Reaktorkatastrophe von Tschernobyl in der zweiten Hälfte des 20. Jahrhunderts wider. ↑4 Bei den Kernwaffentests wurde radioaktiver Staub in die Atmosphäre geschleudert und verteilte sich in über 10 km Höhe um die ganze Welt. Was es bedeutet, dass das Leben auf der Erde seit 50 Jahren mit dem Hundertfachen der natürlichen Radioaktivität zurechtkommen muss, ist noch nicht abschließend geklärt.

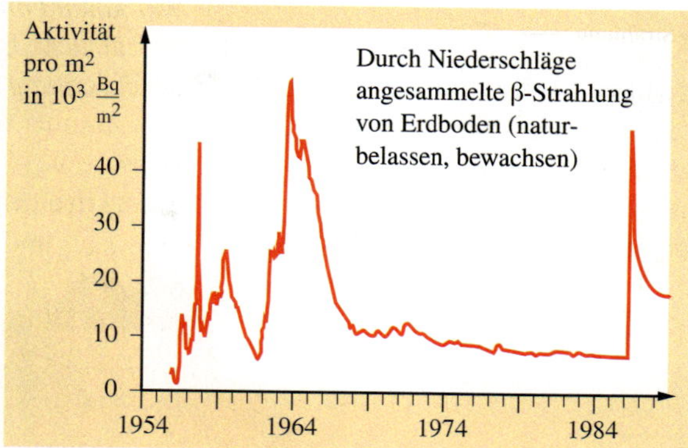

4 Langzeitmessung (Uni München)

Aus der Elementarteilchenphysik Neutrinos

Ende der Zwanzigerjahre des 20. Jahrhunderts sorgten β-Zerfälle für Aufregung im Lager der Teilchenphysiker: Die Energien von Kern und β-Teilchen waren nach der Umwandlung etwas kleiner als die Energie des Kerns vorher! Um den Energieerhaltungssatz zu „retten", äußerte der berühmte Physiker WOLFGANG PAULI 1930 die Vermutung, es müsse beim β-Zerfall ein weiteres Teilchen entstehen. ↑5 Da die Summe der Ladungen vor und nach den Zerfällen gleich groß war, musste das Teilchen elektrisch neutral sein. Dass PAULI mit seiner Vermutung recht hatte, konnte erst 1956 (!) zweifelsfrei bestätigt werden, als das Teilchen – ein Elektron-Antineutrino – zum ersten Mal in einem Experiment nachgewiesen wurde.

Das Elektron-Antineutrino gehört zu einer Sorte von Elementarteilchen, die *Neutrinos* genannt werden. Neutrinos sind elektrisch neutral. Ihre Masse ist selbst im Vergleich zur Elektronenmasse verschwindend klein und heute noch Gegenstand intensiver Forschungen. Neutrinos werden z. B. bei Sternexplosionen in den Weltraum geschleudert. In unserer Sonne entstehen Neutrinos ständig bei Kernfusionen. Im Mittel treffen pro Sekunde rund 66 Milliarden dieser „Sonnenneutrinos" auf jeden Quadratzentimeter deiner sonnenzugewandten Körperoberfläche.

> *Heute habe ich etwas getan, was man in der theoretischen Physik nie tun darf: Ich habe etwas, das nicht vorhanden ist, erklärt durch etwas, was man nicht beobachten kann.* WOLFGANG PAULI

5

Zwischen Neutrinos und dem „Rest" der Materie wirken nur äußerst schwache Kräfte, sodass sie selbst die Erde fast ungehindert durchdringen können. Daher ist die Strahlung aus „Sonnenneutrinos" auch für uns ungefährlich. Um nur die Hälfte von ihnen absorbieren zu können, bräuchte man eine Bleiwand von einem Lichtjahr Dicke! Zum Nachweis der Neutrinos aus dem Weltraum und der Bestimmung ihres Entstehungsorts musste man höchstempfindliche Messgeräte entwickeln, z. B. das 500 m lange Neutrinoteleskop „Amanda". Sein Herzstück bilden 700 medizinballgroße „Strahlungsvervielfacher", die am Südpol bis zu 2 km tief ins Eis versenkt wurden. ↑6↑7

6 Forschungsstation „hinter" dem Südpol

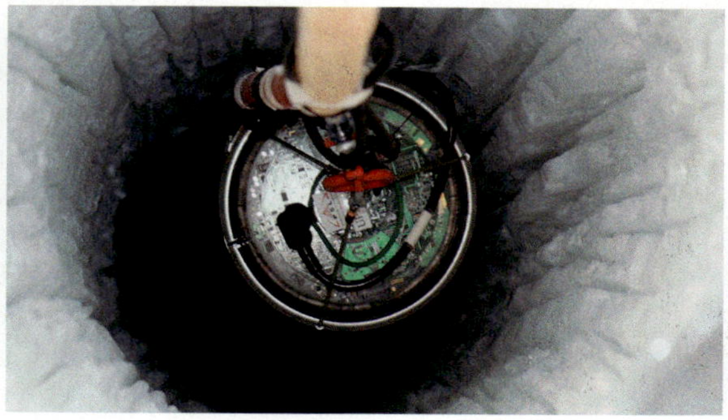

7 Ein Detektor wird 2 km tief in Eis herabgelassen.

Halbwertszeit

Eine alte Schriftrolle wurde in einer Höhle nahe dem Toten Meer gefunden. ↑1 Es wird vermutet, dass dieses Dokument 2000 Jahre alt ist. Wie kann man prüfen, ob das wirklich stimmt? Oder waren hier Fälscher am Werk?
Mit Kenntnissen über die *Halbwertszeit* radioaktiver Stoffe kommt man der Antwort auf die Spur.

1 Wie alt ist das Schriftstück?

Der Zeitpunkt des Zerfalls ist bei jedem einzelnen radioaktiven Atomkern völlig unvorhersehbar. Man kann ihn nicht durch äußere Bedingungen wie Temperatur oder Luftdruck beeinflussen. Aber irgendwann geschieht es doch und es entsteht ein neuer Atomkern. Dieser kann seinerseits wieder radioaktiv sein und weiter zerfallen. Oder er ist „stabil" und zerfällt nicht mehr. Mit der Zeit wird daher die Zahl der „stabilen" Atomkerne in einem radioaktiven Körper immer größer und die der radioaktiven Atomkerne immer kleiner. Also müsste doch auch die Aktivität eines radioaktiven Körpers mit der Zeit geringer werden! In den Versuchen auf der nächsten Seite kannst du diese Vermutung überprüfen.
Eigentlich müsste sich das Problem der Entsorgung von radioaktiven Abfällen aus Kernkraftwerken ganz von alleine lösen: Nach einer Weile sind ja alle radioaktiven Atomkerne in stabile Atomkerne zerfallen und die Gefahr durch Radioaktivität ist gebannt. ↑2 Im Prinzip stimmt das auch – aber wie lange dauert es? Nach welcher Zeit ist nur noch die Hälfte, ein Viertel, ein Achtel … der ursprünglichen radioaktiven Atomkerne vorhanden? Auskunft darüber gibt die *Halbwertszeit*. Zerfallen alle radioaktiven Stoffe gleich schnell oder haben sie verschiedene Halbwertszeiten?

2 Lagerung radioaktiven Abfalls in einem unterirdischen Stollen

Experiment

1 Radioaktiver Zerfall von Protaktinium
Nimmt die Aktivität radioaktiven Protaktiniums $^{231}_{94}Pa$ mit der Zeit ab?

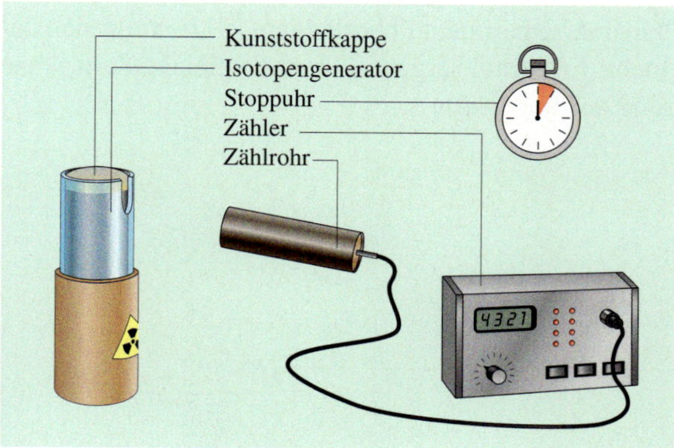

3

Der „Isotopengenerator" für das Protaktinium besteht aus einem dickwandigen Kunststoffbehälter, den eine dünne Kunststoffkappe hermetisch abschließt. ↑3 In ihm befindet sich eine wässrige Uranylnitratlösung, die auch das Zerfallsprodukt Protaktinium enthält:
$^{238}_{92}U \rightarrow ^{234}_{90}Th + ^{4}_{2}He \quad ^{234}_{90}Th \rightarrow ^{234}_{91}Pa + ^{0}_{-1}e.$
Außerdem enthält der Behälter ein Lösemittel für Protaktinium, das leichter als Wasser ist und sich deshalb im oberen Teil des Behälters sammelt. Wird der Behälter geschüttelt, so vermischt sich das Lösemittel kurzzeitig mit der Uranylnitratlösung und nimmt Protaktinium auf. Rund 30 s nach dem Schütteln haben sich Lösemittel und Wasser wieder weitgehend getrennt. Nun kann die Impulsrate der β-Strahlung des Protaktiniums gemessen werden, die die Kunststoffkappe durchdringt.

a Bestimme zunächst den Nulleffekt (bei ungeschütteltem „Isotopengenerator").
b Schüttle nun den „Isotopengenerator".
Miss (frühestens nach 30 s) in Abständen von 15 s für jeweils 10 s die Impulse. Notiere die Werte.
c Stelle die Impulsrate (ohne Nulleffekt) in Abhängigkeit von der Zeit in einem Diagramm dar. Nach welcher Zeit ist sie auf die Hälfte, ein Viertel, ein Achtel des Anfangswerts gesunken? Was fällt dir auf?

Probier's mal!

2 Modellversuch zur Halbwertszeit: „Münzenzerfall" ↑4
a Jeder in der Klasse braucht drei Münzen. Sie entsprechen den radioaktiven Atomkernen.
Notiere, wie viele Münzen es insgesamt sind.
b Jeder wirft seine Münzen nacheinander nach oben und fängt sie wieder auf. Die Münzen, die nicht mit der Zahl nach oben zeigen, werden aussortiert. Sie entsprechen den stabilen Atomkernen.
Notiere die Anzahl der verbleibenden Münzen.
c Wiederholt den Versuchsteil b mehrmals mit den jeweils verbliebenen Münzen: Werfen, Aussortieren, Zählen der verbleibenden Münzen.
d Trage in einem Diagramm die Anzahl der verbleibenden Münzen in Abhängigkeit vom Versuchsschritt ein (Schritt „0": vor dem ersten Werfen).
Nimmt die Anzahl der verbleibenden Münzen gleichmäßig ab?

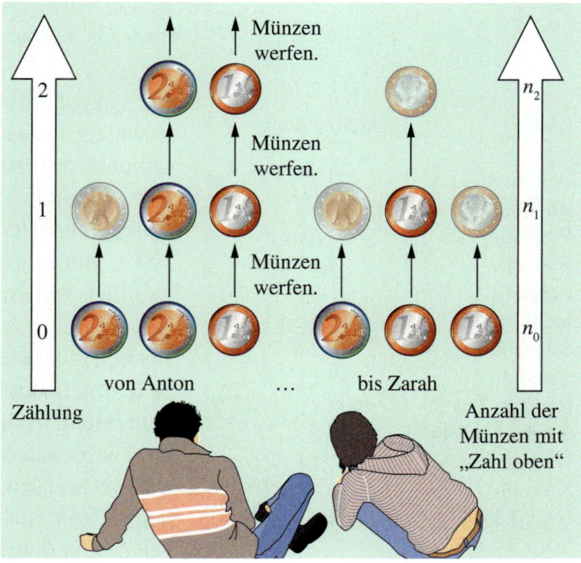

4

GRUNDLAGEN: Die Halbwertszeit

▶ Die Strahlung radioaktiver Körper beruht auf Kernzerfällen. Die Aktivität einer bestimmten Menge eines radioaktiven Präparats nimmt mit der Zeit ab, weil die Anzahl der radioaktiven Atomkerne allmählich immer geringer wird. Dieser Zusammenhang lässt sich anhand der Impulsrate eines radioaktiven Präparats experimentell bestätigen. ↑1 Es zeigt sich dabei allerdings noch mehr: Im Mittel vergeht immer die gleiche Zeitspanne Δt_H für eine Halbierung der Impulsrate.

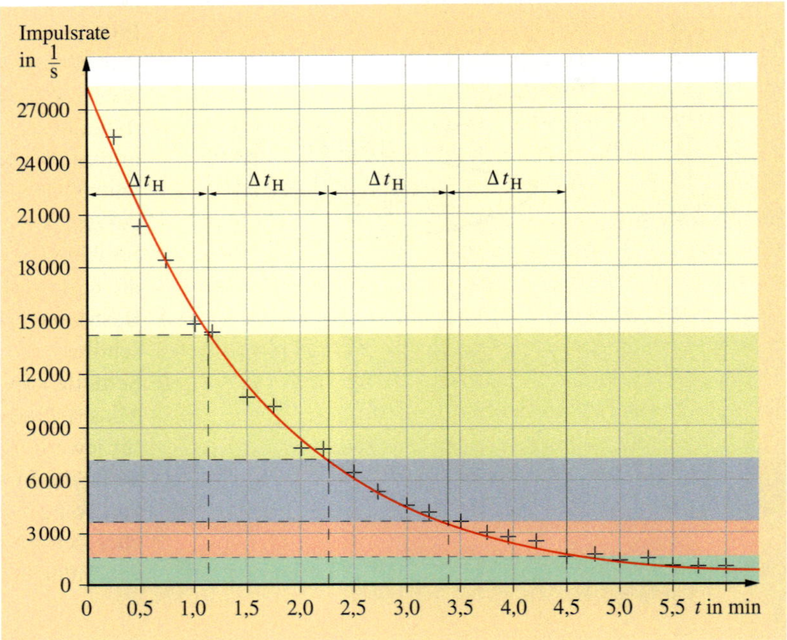

1 Zeitliche Abnahme der Impulsrate eines radioaktiven Präparats

Die Aktivität eines radioaktiven Stoffs nimmt in immer der gleichen Zeitspanne jeweils um die Hälfte ab. Diese Zeitspanne bezeichnet man als Halbwertszeit Δt_H. Sie ist von Stoff zu Stoff verschieden. ◀

Isotop	Halbwertszeit
Polonium-212	$0{,}304 \cdot 10^{-6}$ s
Radon-220	55,6 s
Francium-223	22 min
Blei-209	3,25 h
Radon-222	3,8 d
Iod-126	13,11 d
Strontium-90	28,2 a
Caesium-137	30,1 a
Radium-226	1600 a
Kohlenstoff-14	5730 a
Neptunium-237	$2{,}14 \cdot 10^{6}$ a
Kalium-40	$1{,}27 \cdot 10^{9}$ a
Uran-238	$4{,}47 \cdot 10^{9}$ a

2 Halbwertszeiten verschiedener Isotope

Bei einigen radioaktiven Stoffen ist schon nach Mikrosekunden die Hälfte zerfallen, andere haben Halbwertszeiten von Milliarden Jahren. ↑2 Manche radioaktiven Isotope (z. B. Neptunium-237), die es in der „jungen“ Erde vor mehreren Milliarden Jahren noch gab, sind bis heute praktisch vollständig zerfallen. Andere – beispielsweise Kohlenstoff-14 oder Caesium-137 – gibt es immer noch, weil sie in der Natur oder vom Menschen neu gebildet werden.

Zerfallsprozesse sind vom Zufall bestimmt. Für ein einzelnes Atom lässt sich überhaupt nicht vorhersagen, wann es zerfällt. Deshalb kann die gemessene Halbwertszeit erheblich von den Werten in entsprechenden Tabellenwerken abweichen, wenn zu wenige radioaktive Atomkerne betrachtet werden. Erst bei genügend vielen Atomkernen ergibt sich ein regelmäßiger Kurvenverlauf wie im obigen Diagramm und eine Halbwertszeit wie in den Tabellenwerken.

Aus der Archäologie Wann starb „Ötzi"?[V]

Archäologen wollen das Alter ihrer Funde möglichst exakt bestimmen, um sie richtig in die historischen Zusammenhänge einzuordnen. Im günstigsten Fall gibt es schriftliche Hinweise oder am gleichen Ort gefundene Werkzeuge, Kleidung, Schmuckstücke ..., die man durch Vergleich mit bereits datierten Fundstücken einer bestimmten Zeit zuordnen kann. Wenn solche Indizien fehlen, hilft oft die C14-Methode. Man bezeichnet sie auch als Radiocarbonmethode (lat. *carbo:* die Kohle). Sie beruht auf dem radioaktiven Zerfall von Kohlenstoff-14.

In der Luft ist Kohlenstoffdioxid (CO_2) enthalten. Der Kohlenstoff darin liegt zu 98,89 % als stabiles Isotop ${}^{12}_{6}C$ vor. Nur einer von einer Billion Kohlenstoffkernen gehört zum radioaktiven Isotop ${}^{14}_{6}C$. Es wird ständig in den oberen Schichten der Erdatmosphäre neu gebildet. Aus dem Weltraum eingestrahlte Teilchen (Protonen, α-Teilchen) setzen beim Aufprall auf die Atome der Atmosphäre Neutronen frei. Kommt ein solches Neutron in die Nähe eines Stickstoff-Atomkerns, kann es von ihm „eingefangen" werden:

${}^{14}_{7}N + {}^{1}_{0}n \rightarrow {}^{15}_{7}N$.

Der neue Atomkern strahlt ein Proton ab und wird zu Kohlenstoff-14:

${}^{15}_{7}N \rightarrow {}^{14}_{6}C + {}^{1}_{1}p$.

Kohlenstoff-14 ist ein β-Strahler mit einer Halbwertszeit von 5730 Jahren:

${}^{14}_{6}C \rightarrow {}^{14}_{7}N + {}^{0}_{-1}e$.

Man geht davon aus, dass die Teilchenstrahlung aus dem Weltraum über die Jahrtausende nur unwesentlichen Schwankungen unterworfen war. Somit kann der Anteil von Kohlenstoff-14 in der Atmosphäre als konstant angesehen werden.

Kohlenstoffdioxid wird von den Pflanzen mit der Luft aufgenommen und gelangt über die Nahrungskette auch in andere Lebewesen. Zu Lebzeiten werden die Kohlenstoffisotope ständig in gleichbleibendem Verhältnis aufgenommen. Mit dem Tod endet der Stoffwechsel. Während Kohlenstoff-12 stabil ist, zerfällt Kohlenstoff-14 radioaktiv, wodurch sein Anteil ständig abnimmt. Aus dem verbleibenden Kohlenstoff-14-Anteil und der Halbwertszeit ergibt sich daher der Todeszeitpunkt.

Für das Alter der mumifizierten Leiche aus den Ötztaler Alpen erhielt man auf diese Weise einen Wert zwischen 5100 und 5400 Jahren. ↑3

Mit der C14-Methode lassen sich nur Fundstücke datieren, die organisches Material enthalten.

Wegen des sehr geringen Kohlenstoff-14-Anteils von 1:1 000 000 000 000 (zu Lebzeiten) kann man nur einen Zeitraum von maximal 50 000 Jahren erfassen. Bei noch längeren Zeiten wird der Kohlenstoff-14-Anteil zu gering. Für kurze Zeitabschnitte (z. B. 15 Jahre) ist die C14-Methode ebenfalls ungeeignet, da sich der Anteil an Kohlenstoff-14 zu wenig ändert.

3 Mumienfund am Similaun-Gletscher in den Ötztaler Alpen (1991)

Aufgaben

Zerfallsgesetz

Die Aktivität eines radioaktiven Körpers nimmt im Lauf der Zeit ab. Wenn der Körper nur ein radioaktives Isotop enthält, kann man diese Abnahme mathematisch relativ leicht „verfolgen".

Zeit t	Aktivität A
0 s	A_0
$1 \cdot \Delta t_H$	$A_0 \cdot \frac{1}{2} = A_0 \cdot (\frac{1}{2})^1$
$2 \cdot \Delta t_H$	$A_1 \cdot \frac{1}{2} = A_0 \cdot (\frac{1}{2})^1 \cdot \frac{1}{2} = A_0 \cdot (\frac{1}{2})^2$
$3 \cdot \Delta t_H$	$A_2 \cdot \frac{1}{2} = A_0 \cdot (\frac{1}{2})^2 \cdot \frac{1}{2} = A_0 \cdot (\frac{1}{2})^3$
…	…
$k \cdot \Delta t_H$	… $= A_0 \cdot (\frac{1}{2})^k$
…	…

Die Gleichung $A_k = A_0 \cdot (\frac{1}{2})^k$ gilt zunächst nur für beliebige ganzzahlige Vielfache k der Halbwertszeit: $t = k \cdot \Delta t_H$. Mithilfe etwas höherer Mathematik lässt sich sogar noch mehr zeigen: Die Gleichung gilt für alle Zeiten t nach dem Anfangszeitpunkt!

Die Aktivität kann also durch eine Funktion in Abhängigkeit von der Zeit beschrieben werden. Zu diesem Zweck ersetzen wir noch das k im Exponenten durch den Quotienten $\frac{t}{\Delta t_H}$.

Besteht ein Präparat nur aus einem radioaktiven Isotop, so gilt für seine Aktivität A das Zerfallsgesetz:

$$A(t) = A_0 \cdot \left(\frac{1}{2}\right)^{\frac{t}{\Delta t_H}} \quad (A_0\text{: Aktivität bei } t = 0\,\text{s}).$$

Nicht nur die Aktivität des Präparats nimmt ab, sondern auch der Anteil des radioaktiven Isotops am gesamten Präparat. In der Chemie spricht man statt von *Anteil* von der *Konzentration K*. Die Konzentration wird oft in Prozent angegeben. Sie nimmt mathematisch gesehen auf die gleiche Weise mit zunehmender Zeit ab wie die Aktivität:

$$K(t) = K_0 \cdot \left(\frac{1}{2}\right)^{\frac{t}{\Delta t_H}} \quad (K_0\text{: Konzentration bei } t = 0\text{ s}).$$

1 Mathematische Vertiefung (Ergänzung): Zerfallsgesetz

1 *Zerfallendes Silber* Silber $^{112}_{47}Ag$ zerfällt in das stabile Cadmiumisotop $^{112}_{48}Cd$. Übertrage die „Zerfallstabelle" ↑2 in dein Heft und ergänze sie.

2 *Aktivität von Iod-131* Zur Untersuchung der Schilddrüse nimmt ein Patient radioaktives Iod-131 ein, dessen β-Strahlung später von einem Messgerät registriert wird.

a Beschreibe den Zerfall in Kurzform: $^{131}_{53}I \rightarrow$?

b Die Aktivität des eingenommenen Iods nimmt rasch ab. ↑3 Ermittle die Halbwertszeit.

c Berechne, auf welchen Wert die Aktivität zwei Monate nach der Einnahme gesunken ist. ↑1
Hinweis: In Wirklichkeit ist die Aktivität noch geringer als der berechnete Wert, weil der Körper Iod-123 ausscheidet.

3 *Recherche*[V] Neben der C14-Methode gibt es noch weitere Verfahren zur Altersbestimmung, die auf dem Zerfall radioaktiver Atomkerne beruhen. Sammle dazu Informationen (z. B. im Internet).

Zeit in h	$^{112}_{47}Ag$	$^{112}_{48}Cd$
0,0	12 000 Atomkerne	0 Atomkerne
3,1	6 000 Atomkerne	6 000 Atomkerne
6,2	?	?
9,3	?	?
12,4	?	?
15,5	?	?

2

3 Aktivität eines Iod-131-Präparats

Aufgaben

4 *Nachlassende Konzentration* ↑1 Auf welche Werte sinkt die Konzentration von Kohlenstoff-14 in organischem Material nach Einstellung des Stoffwechsels in 10, 100, 1000, 10 000 und 50 000 Jahren? Gib auch jeweils die Abnahme (in %) an.
Tipp: Zur Berechnung kannst du ein Tabellenkalkulationsprogramm nutzen.

5 *Archäologie*[V] In der Feuerstelle einer ausgegrabenen steinzeitlichen Siedlung werden Aschereste und Tierknochen gefunden. Die Konzentration an Kohlenstoff-14 in diesen Funden beträgt $2 \cdot 10^{-13}$. Wann war die Siedlung zuletzt bewohnt? ↑1
Tipp: Bestimme das Alter der Funde mithilfe eines Diagramms.

6 *Altersbestimmung*[V] Im Jahr 2005 wurde im gefrorenen Permafrostboden in der russischen Tundra ein Säbelzahntiger entdeckt. Aus dem teilweise erhaltenen Gewebe wurden 8 g Kohlenstoff entnommen, die Aktivität betrug 28 Bq.
Vor wie vielen Jahren lebte der Tiger? ↑1
Hinweis: Die radioaktiven Zerfälle von Kohlenstoff-14 bewirken in lebendem Gewebe eine Aktivität von 14 Bq je 1 g Kohlenstoff.

7 *Radonzerfall* Radon-220 ist ein α-Strahler mit einer Halbwertszeit von 56 s.

a Beschreibe den Zerfall in Kurzform: ${}^{220}_{86}\mathrm{Rn} \rightarrow ?$

b Am Anfang unserer Untersuchung liegt ein Präparat mit einer Milliarde Radonkerne vor. Wie viele davon sind nach 1 s, 1 min, 10 min und 1 h noch vorhanden? ↑1
Tipp: Die Anzahl der radioaktiven Atomkerne nimmt mathematisch genauso ab wie die Aktivität.

c Wie groß ist die Aktivität am Anfang der Untersuchung, wie groß nach 5 min?

Aus der Technik Radioaktive Isotope – von Menschen erzeugt

In der Medizin werden radioaktive Präparate eingesetzt, um z. B. das Herz zu untersuchen. Dazu bringt man einen γ-Strahler in den Blutkreislauf: Mithilfe der Strahlung lässt sich dann die Durchblutung des Herzmuskels in aufeinanderfolgenden Bildern darstellen. Man benötigt radioaktive Isotope mit Halbwertszeiten von Stunden oder Tagen. Zudem müssen die Isotope bestimmte chemische Eigenschaften haben, damit sie im Organ angereichert werden. Man verwendet z. B. Technetium-99, Iod-131 oder Indium-111. Sie müssen durch Kernumwandlungen hergestellt werden.
Die erste von Menschen hervorgerufene („künstliche“) Kernumwandlung gelang ERNEST RUTHERFORD 1919. Er bestrahlte Stickstoff mit α-Teilchen. Dabei wurden Protonen von den Stickstoffkernen freigesetzt. Wenn aber ein Stickstoffkern ein Proton abgibt, ist er kein Stickstoffkern mehr: ${}^{14}_{7}\mathrm{N} + {}^{4}_{2}\mathrm{He} \rightarrow {}^{17}_{8}\mathrm{O} + {}^{1}_{1}\mathrm{p}$.
Bei Kernumwandlungen können auch Neutronen freigesetzt werden. Beschießt man z. B. Aluminiumkerne mit α-Teilchen, so entstehen Phosphorkerne und Neutronen: ${}^{27}_{13}\mathrm{Al} + {}^{4}_{2}\mathrm{He} \rightarrow {}^{30}_{15}\mathrm{P} + {}^{1}_{0}\mathrm{n}$.
Auf diese Weise wurde im Jahr 1934 zum ersten Mal ein radioaktives Isotop künstlich hergestellt.

Auch in Kernkraftwerken werden Kerne künstlich umgewandelt. Es entsteht z. B. Iod-131 (Halbwertszeit: 8 d) oder Caesium-137 (Halbwertszeit: 30 a). Dabei freigesetzte Neutronen können weitere Umwandlungen auslösen, wie etwa:
${}^{238}_{92}\mathrm{U} + {}^{1}_{0}\mathrm{n} \rightarrow {}^{239}_{92}\mathrm{U} \rightarrow {}^{239}_{93}\mathrm{Np} + {}^{0}_{-1}\mathrm{e}$,
${}^{239}_{93}\mathrm{Np} \rightarrow {}^{239}_{94}\mathrm{Pu} + {}^{0}_{-1}\mathrm{e}$.
Plutonium-239 ist ein gefährlicher, giftiger α-Strahler mit langer Halbwertszeit (24 000 Jahre). Es kann als Kernbrennstoff oder für Atombomben verwendet werden.

Bei künstlichen Kernumwandlungen können auch positiv geladene „Elektronen“ entstehen, die *Positronen*. Dabei wird ein Proton in ein Neutron und ein Positron umgewandelt. Man spricht vom β^+-*Zerfall*.
Mittlerweile kann man durch Teilchenbeschuss alle stabilen Isotope in radioaktive verwandeln. Dabei entstehen auch Isotope oder Elemente, die in der Natur nicht vorkommen. So wurde das bisher schwerste Element Ununoctium (Ordnungszahl: 118, Halbwertszeit: 0,89 ms) durch Beschuss von Californium mit Calcium-Ionen erzeugt.

Biologische Wirkung, Strahlenmedizin und Strahlenschutz

Bemannte Raumfahrtmissionen zum Mars werden nicht an den immensen Kosten scheitern – aber vielleicht daran, dass es nicht gelingt, die natürliche Strahlenbelastung für die Astronauten während des Flugs und beim Aufenthalt auf unserem Nachbarplaneten in vertretbaren Grenzen zu halten. ↑1

1 Vision einer Raumstation auf dem Mars

Das Tragen eines Dosimeters zur Messung der Strahlungsbelastung ist z. B. für Techniker im Kernkraftwerk oder eine physikalisch-technische Assistentin in der nuklearmedizinischen Abteilung eines Krankenhauses gesetzlich vorgeschrieben. ↑2 Ist die zulässige Jahreshöchstdosis erreicht, darf die betroffene Person für den Rest des Jahres zum Schutz ihrer Gesundheit nicht mehr in einem strahlenexponierten Bereich (Kernreaktor, Nuklearmedizinlabor …) tätig sein.

In Deutschland sind das Technische Hilfswerk und die Feuerwehren für den ABC-Schutz zuständig. Damit ist kein Schutz vor Lese-Rechtschreib-Schwäche gemeint, sondern Schutz vor *a*tomaren, *b*iologischen und *c*hemischen Gefahren. Sie üben ständig das Verhalten bei Unfällen mit radioaktiven Stoffen, um im Ernstfall die Gefährdung für die Bevölkerung minimieren zu können. ↑3 Für die Sicherheit der Katastrophenhelfer wurden spezielle Schutzanzüge entwickelt.

Wie wirkt die Strahlung radioaktiver Körper auf den Menschen? Wie kann man ihre Gefährlichkeit abschätzen und wie kann man sich schützen? Antworten auf diese Fragen findest du auf den nächsten Seiten.

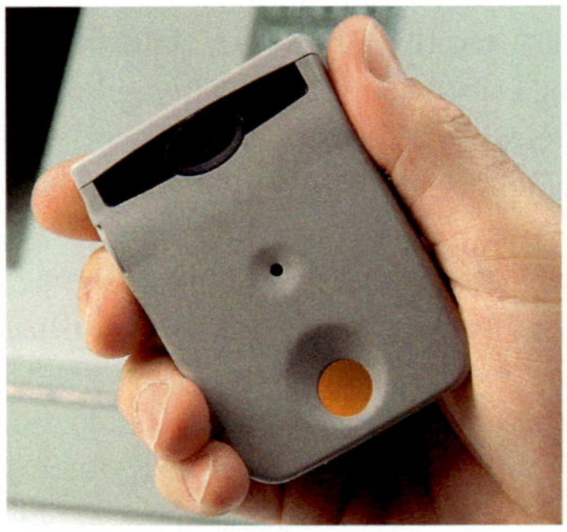

2 Personendosimeter

3 ABC-Schutzübung

GRUNDLAGEN: Innere und äußere Bestrahlung

▶ Die Strahlung radioaktiver Körper kann zu Veränderungen der Körperzellen führen; auch Röntgenstrahlung zeigt diese Wirkungen. Man unterscheidet *innere* und *äußere* Bestrahlung. ↑4 ↑5

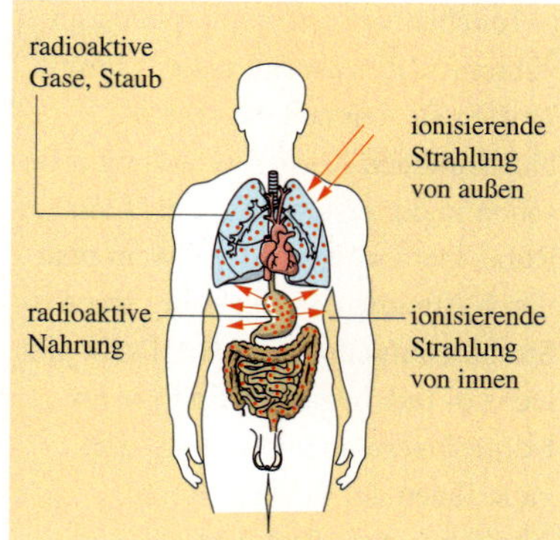

4 Innere und äußere Bestrahlung

Innere Bestrahlung geht von radioaktiven Stoffen aus, die mit der Nahrung und der Atemluft in den menschlichen Körper gelangt sind.

Einige radioaktive Stoffe verteilen sich gleichmäßig im Körper (z. B. Caesium $^{134}_{55}Cs$ und $^{137}_{55}Cs$), andere werden nur in bestimmten Organen angelagert. So wird radioaktives Iod $^{131}_{53}I$ in der Schilddrüse gesammelt und gespeichert. Die Schilddrüse benötigt Iod zur Bildung des Schilddrüsenhormons – zwischen radioaktivem und nicht radioaktivem Iod kann sie nicht unterscheiden.
Strontium $^{89}_{38}Sr$ und $^{90}_{38}Sr$ reichert sich in Knochen an, denn es hat chemisch Ähnlichkeit mit Calcium, aus dem die Knochen aufgebaut sind.
Besonders stark wird die Lunge durch eingeatmetes Radon belastet.

Äußere Bestrahlung wird z. B. von Gesteinen oder Bodenablagerungen hervorgerufen.

Sehr gefährlich ist die γ-Strahlung: Sie ist kaum abschirmbar und dringt tief ins Gewebe ein. Dort löst sie Elektronen aus, die dann im Körperinnern wie β-Strahlung wirken. Von außen kommende α- und β-Strahlung ist wegen ihrer geringen Reichweite weniger gefährlich. ◀
Röntgenstrahlung wirkt stets von außen.

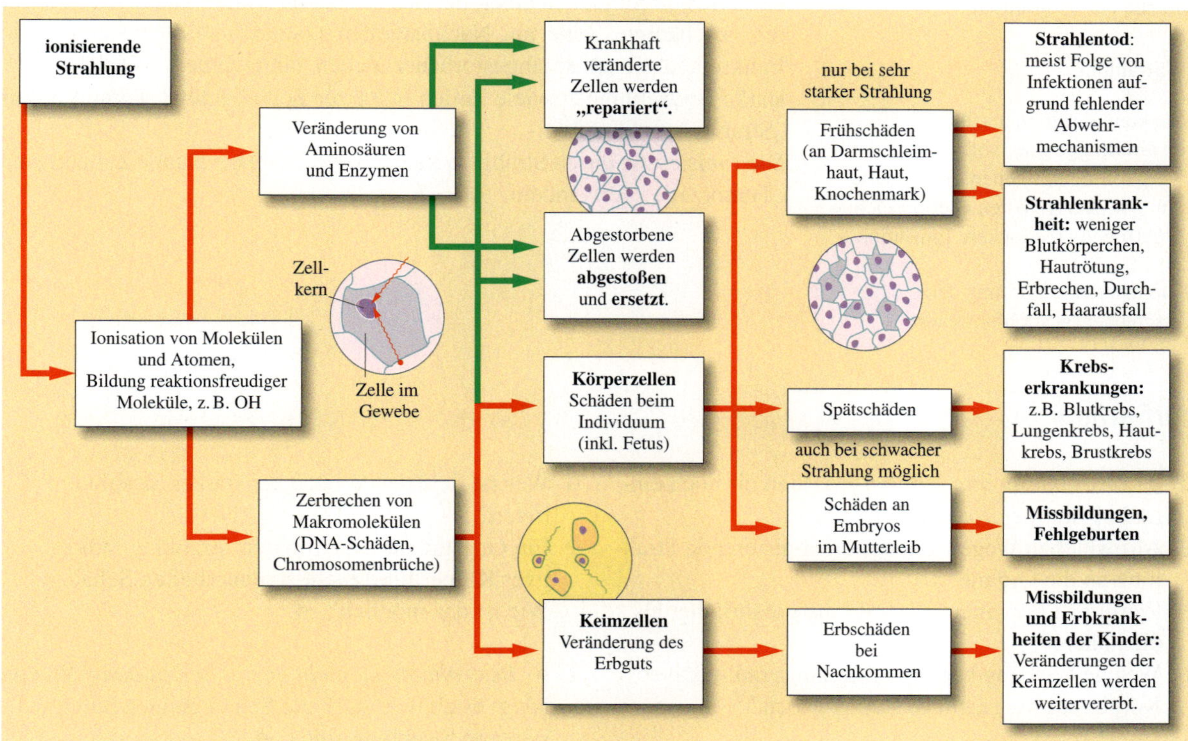

5 Wirkungen der inneren und äußeren Bestrahlung

α-Strahlung

α-Teilchen werden im Körper rasch gebremst (Reichweite unter 0,1 mm). Treffen sie von außen auf den menschlichen Körper, so kommen sie schon in der ersten Zellschicht zur Ruhe. Gefährlicher ist es, wenn man durch Atmung oder Nahrung einen α-Strahler aufgenommen hat. Dann gibt jedes α-Teilchen seine Energie im Körperinnern ab und erzeugt dort viele Ionen auf kleinem Raum. Ähnlich wirken Protonen, die von hochenergetischen Neutronen aus Molekülen „herausgeschossen" werden. Sie erzeugen auf ihrem Weg von ca. 0,1 mm Millionen Ionenpaare.

β-Strahlung

β-Teilchen haben einen längeren Bremsweg als α-Teilchen. Sie können die ersten Hautschichten durchdringen. Die einzelnen Ionenpaare liegen weniger dicht nebeneinander. Die molekularen Schäden dieser „lockeren" Ionisation sind leichter reparabel als die der α-Strahlung.

γ-Strahlung

Sie kann tief in menschliches Gewebe eindringen oder sogar durch den Körper hindurchgehen. Sie bewirkt durch die ausgelösten energiereichen Elektronen eine lockere Ionisation.

1 Ionisierende Wirkung der verschiedenen Strahlungsarten

GRUNDLAGEN: Ionisation im menschlichen Körper

▶ **Ionisation durch Strahlung** Die Vorgänge in unserem Körper werden durch Moleküle geregelt, die aus elektrisch neutralen Atomen bestehen. Du weißt, dass bei intensiver Sonnenbestrahlung das Hautkrebsrisiko steigt. Der ultraviolette Anteil der Sonnenstrahlung kann Elektronen aus den Atomen oder Molekülen der Haut herausschlagen. Zurück bleiben positiv geladene Ionen. Durch Anlagern der freigesetzten Elektronen an Atome oder Moleküle entstehen auch negative Ionen.
Das Gleiche bewirken α- und β-Strahlung (↑5 auf Seite 139). Ein α-Teilchen verursacht in der Nebelkammer eine Spur ionisierten Gases. Genauso hinterlässt es im menschlichen Gewebe eine Spur ionisierter Atome und Moleküle, aus denen bei seinem „Vorbeiflug" ein Elektron herausgerissen wurde. Ähnlich ist es bei den Elektronen der β-Strahlung, die auf die Elektronenhüllen der Atome wirken.
Auch Röntgen- und γ-Strahlung haben eine so große Energie, dass sie längs ihres Wegs Elektronen aus den Atomen herausschlagen. Diese Elektronen fliegen mit hoher Energie ein Stück weit durch den Körper und können weitere Atome ionisieren.

Folgen der Ionisation Die Ionisationen lösen physikalisch-chemische und biochemische Vorgänge aus. Die Ionen und Elektronen reagieren mit Molekülen des Körpers, z. B. mit dem Wasser und den biologisch wichtigen Makromolekülen. Dabei kann die DNA, in der die Erbinformationen gespeichert sind, beschädigt werden.
Die meisten Fehler kann die Zelle durch ein eigenes „Reparatursystem" wieder beheben. Auf ca. 5000 strahlenbedingte Schäden in einer Säugetierzelle kommt jedoch einer, der nicht beseitigt werden kann. Meist stirbt die beschädigte Zelle ab. Nachbarzellen können unter Umständen die Funktionen einzelner abgestorbener Zellen übernehmen. Werden durch starke Bestrahlung zu viele Zellen in kurzer Zeit abgetötet, kommt es zur „Strahlenkrankheit".
Die Ionisierung durch Strahlung kann aber auch eine gesunde Zelle in eine „Tumorzelle" verwandeln. ◀

Aufgaben

1 ▶ *Bestrahlung und ihre Folgen* Sieh dir noch einmal ↑5 auf der vorigen Seite an.

a Auf welchen Wegen gelangt die ionisierende Strahlung an die Organe?

b Warum ist die innere Bestrahlung gefährlicher als die äußere?

c Welche Wirkung kann die Strahlung radioaktiver Körper auf menschliche Zellen haben?

d Welche Schäden können bei starker Strahlung auftreten?

e Ein Großteil der absorbierten Strahlung radioaktiver Körper führt nicht zu dauerhaften Schäden. Wie ist das möglich? ◀

2 ▶ *Bestrahlung ist nicht gleich Bestrahlung* Wovon hängt es ab, wie stark die Schädigungen durch ionisierende Strahlung sind? ◀

GRUNDLAGEN: Größen zur Angabe der Strahlenbelastung

▶ **Energiedosis** Wenn die Strahlung radioaktiver Körper in Materie eindringt, zeigt sie oft ionisierende Wirkung. Für jede Ionisation ist eine bestimmte Energie nötig. Deshalb ist die Energie, die 1 kg Materie durch die Strahlung aufnimmt, ein Maß für die physikalische Wirkung der Strahlung. Sie wird *Energiedosis D* genannt. ↑2

Energiedosis = $\frac{\text{absorbierte Energie}}{\text{Masse}}$ $\quad D = \frac{E}{m}$

Die Einheit der Energiedosis ist *1 Gray (1 Gy)*: $1\ \text{Gy} = 1\ \frac{\text{J}}{\text{kg}}$.

Äquivalentdosis Die Wirkung der Strahlung auf lebende Organismen hängt nicht nur von der Energiedosis ab, sondern z. B. auch von der Strahlungsart. Bei einer Energiedosis von 1 Gy hat α-Strahlung eine bis zu 20-mal so große biologische Wirkung wie β- oder γ-Strahlung. Für einen Menschen ist also die Zufuhr von 1 Gy durch α-Strahlung vergleichbar (äquivalent) mit 20 Gy durch β- oder γ-Strahlung. ↑3

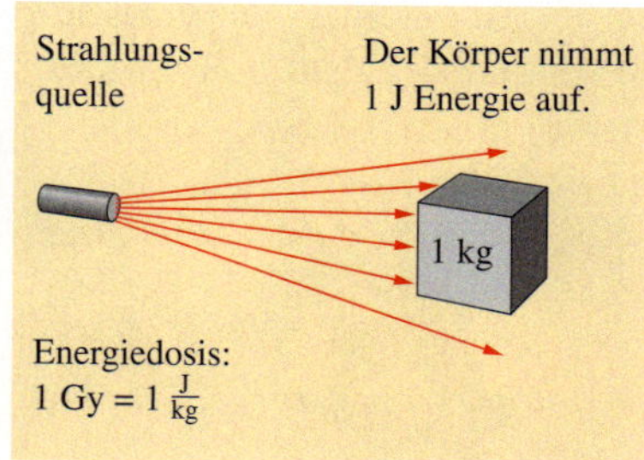

2 Energiedosis

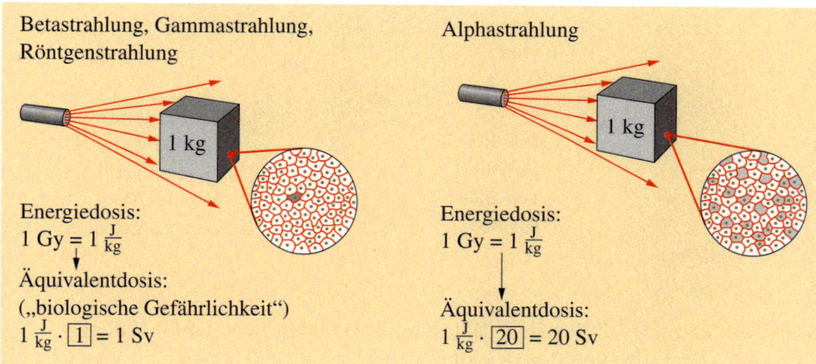

3 Vergleich der ionisierenden Wirkung

Die Äquivalentdosis *H* ist ein Maß für die biologische Wirkung der Strahlung. Bei gleichen Äquivalentdosen sind gleiche biologische Wirkungen zu erwarten.

Man berechnet die Äquivalentdosis als Produkt aus der Energiedosis *D* und einem experimentell ermittelten *Bewertungsfaktor q*. ↑4

Äquivalentdosis = Bewertungsfaktor · Energiedosis $\quad H = q \cdot D$

Die Einheit der Äquivalentdosis ist *1 Sievert (1 Sv)*: $1\ \text{Sv} = 1\ \frac{\text{J}}{\text{kg}}$. ◀

Äußere Bestrahlung	Bewertungsfaktor *q*
Röntgenstrahlung	1
β-Strahlung	1
γ-Strahlung	1
Neutronenstrahlung (Energie unbekannt)	10
α-Strahlung aus radioaktiven Atomkernen	20

4 Bewertungsfaktoren für verschiedene Strahlungsarten

Aus der Umwelt Strahlenbelastung jahrein, jahraus

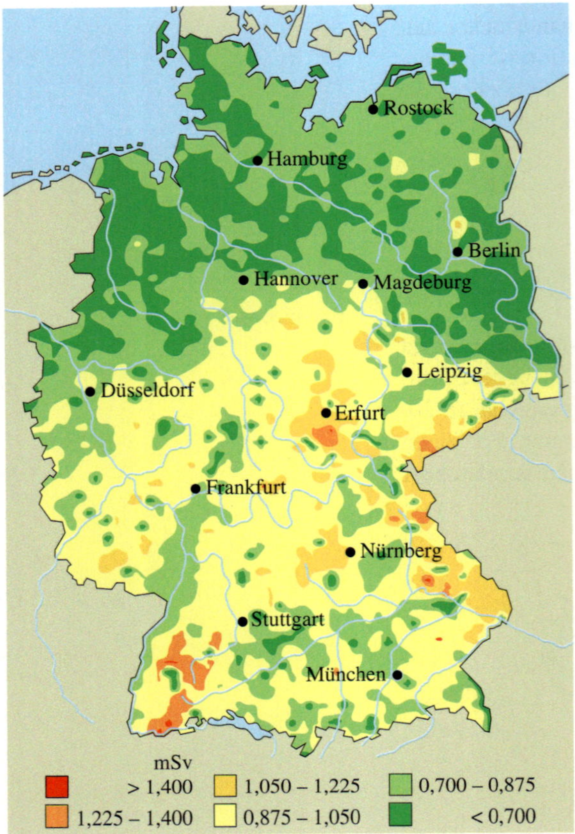

1 Jährliche Strahlungsbelastung durch Erde, Wasser und Luft (im Freien)

▶ Die jährliche Äquivalentdosis liegt in Deutschland bei 4 mSv pro Person. Die natürliche Strahlenbelastung ist regionalen Schwankungen unterworfen. ↑1 Gründe dafür sind verschiedene Untergrundgesteine und unterschiedliche Höhenlagen der Orte. Auch medizinische Anwendungen (z. B. Röntgenuntersuchungen) und durch Menschen bewirkte Umweltbelastungen erhöhen die mittlere Strahlenbelastung eines jeden Menschen in Deutschland. ↑2 ◀

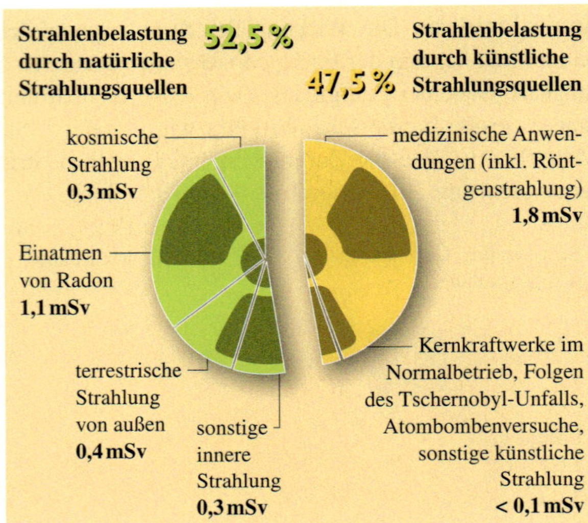

2 Jährliche Belastung durch natürliche und künstliche Strahlungsquellen

H in Sv	Strahlenschäden
0,2–0,5	Veränderungen im Blutbild, Schäden an Embryos
1,0	akute Gesundheitsgefahr, beginnende Strahlenkrankheit (Übelkeit, Erbrechen, Haarausfall)
2,0	Strahlenkrankheit, Hautschäden, 10 % Todesfälle
3,0	Blutungen, schwere Veränderungen im Blutbild, 20 % Todesfälle
4,0	schwere Entzündungen, 50 % Todesfälle innerhalb von 5 Wochen
ab 6,0	mehr als 90 % Todesfälle, selbst bei Transplantation von Knochenmark stirbt die Mehrzahl der Verletzten

3 Somatische Schäden bei kurzzeitiger hoher Äquivalentdosis

GRUNDLAGEN: Strahlenschäden

▶ Wer von ionisierender Strahlung getroffen wird, kann daran direkt erkranken *(somatische Schäden)*. Vielleicht haben aber auch erst seine Kinder und Kindeskinder darunter zu leiden *(genetische Schäden)*.

- Zu den somatischen Schäden zählen die Veränderungen der Haut oder des Blutbilds, die auf Schädigungen von Knochenmarkszellen zurückzuführen sind. Auch strahlungsbedingter Krebs zählt dazu.
- Die genetischen Schäden beruhen auf irreparablen Brüchen der DNA-Molekülstränge der Keimzellen in den Hoden oder den Eierstöcken.

Die Folgen kurzzeitiger hoher Strahlenbelastungen sind dramatisch. ↑3 Aber auch geringe Strahlenbelastungen über längere Zeiträume gefährden die Gesundheit.

Einen unteren Grenzwert, bis zu dem eine Strahlenbelastung ungefährlich ist, gibt es nicht. ◀

Aus der Biologie Biologische Wirkung – genauer betrachtet

▶ Die tatsächliche biologische Wirkung der Strahlung hängt neben der Dosis noch von weiteren Faktoren ab.

Empfindlichkeit des Organs Selbst wenn man weiß, wie viele Ionen die Strahlung pro Kilogramm Körpermasse erzeugt und wie gefährlich die Strahlungsart allgemein ist, sagt das noch wenig über die tatsächliche Gefährlichkeit der Bestrahlung aus. Verschiedene Organe unseres Körpers sind nämlich verschieden empfindlich für ionisierende Strahlung. Die Keimdrüsen sind z. B. etwa 8-mal so empfindlich wie die Schilddrüse. Zusätzlich zur Dosisangabe muss also das betroffene Organ mit angegeben werden oder es ist klarzustellen, dass der ganze Körper gemeint ist. Besonders empfindlich sind Organe, die ständig neue Zellen bilden. Dazu gehören blutbildende Organe wie Milz, Knochenmark und Lymphknoten, außerdem Magen, Darm, Haarwurzeln, Haut, Lunge, die weibliche Brust, Blutgefäße und Keimdrüsen. Weniger empfindlich sind Muskeln und Knochen.

Dauer der Strahlung und zeitliche Verteilung Je länger die Strahlung wirkt, desto wahrscheinlicher sind Schäden. Bei Strahlern, die in den Körper gelangen, hängt die Dauer der Bestrahlung von der Halbwertszeit und von der Verweildauer ab (Iod bleibt etwa 150 Tage im Körper, Strontium 50 Jahre). Auch die zeitliche Verteilung der Dosis ist wichtig: Der Körper kann mit schwachen Dosen, die über lange Zeit wirken, leichter fertig werden. Wer kurzzeitig einer Ganzkörperbestrahlung von 6 Sv ausgesetzt war, hat kaum eine Chance zu überleben. Bewohner der brasilianischen Atlantikküste dagegen nehmen bei einer jährlichen Äquivalentdosis von 200 mSv innerhalb von 30 Jahren ebenfalls 6 Sv auf – ohne erkennbare Schäden.

Ort der Strahlungsquelle und Energie Je nach Strahlungsart und Ort der Strahlungsquelle ist die biologische Wirkung sehr unterschiedlich.
Außerhalb des Körpers lässt sich α-Strahlung leicht durch Kleidung abschirmen. Im Körper dagegen ist ein α-Strahler viel gefährlicher, da die Strahlung nicht abgeschirmt wird. Hier kann sie wegen ihrer hohen Ionisationsfähigkeit bereits auf kurzen Strecken viele Zellschäden hervorrufen.
Auch bei der β-Strahlung gibt es Unterschiede: So haben die β-Teilchen von Caesium $^{134}_{55}Cs$ mehr Bewegungsenergie als die von $^{137}_{55}Cs$ und wirken deshalb zerstörender.
γ-Strahlung ist energiereicher und gefährlicher als Röntgenstrahlung. ◀

Aufgabe

1 *Vergleich der Äquivalentdosis* Bei Erwachsenen, die beruflich mit ionisierender Strahlung zu tun haben, darf nach deutschem Recht die jährliche Äquivalentdosis 50 mSv nicht überschreiten.
Berechne für folgende durchschnittliche Jahreswerte das prozentuale Verhältnis zu 50 mSv.

a Die kosmische Strahlenbelastung beträgt in München 0,40 mSv, auf der Zugspitze 1,10 mSv.

b Ein Pilot ist bei 600 Flugstunden in 10 000 m Höhe einer Belastung von 0,002 mSv ausgesetzt.

c Mit der Nahrung nimmst du 0,3 mSv durch Kalium-40 auf.

d In einem extrem uranhaltigen Gebiet in Brasilien beträgt die Belastung 200 mSv.

e Auf einer Marsumlaufbahn betrug im Jahr 2003 die Äquivalentdosis 390 mSv.

Physik erlebt

Radioaktivität nutzen – in der Medizin

Seit nunmehr über 50 Jahren hat sich das Fachgebiet der Nuklearmedizin entwickelt. Sie bietet eine Vielzahl von Untersuchungs- und Behandlungsverfahren, beispielsweise bei der Schilddrüsendiagnostik und -therapie oder bei der Krebserkennung und -bekämpfung. Die Nuklearmedizin verwendet radioaktive Arzneimittel. Diese bestehen aus einem radioaktiven Stoff mit einer sehr kurzen Halbwertszeit und einem zweiten Stoff (Tracer), der sich im Körper an einen bestimmten Zelltyp bindet. Dieser zweite Stoff gelangt über den Blutkreislauf, den Stoffwechsel oder die Atemwege genau dorthin, wo der radioaktive Stoff wirken soll.

Isotop	Halbwertszeit
Technetium-99	6 Stunden
Iod-131	8 Tage
Kohlenstoff-11	20 Minuten
Sauerstoff-15	2 Minuten
Fluor-18	110 Minuten

1

Nuklearmedizinische Untersuchungen Zur Diagnose bestimmter Organe, z. B. der Schilddrüse, werden dem Patienten radioaktive Arzneimittel verabreicht. In der Schilddrüse wird ein Hormon für die Regulierung vieler Stoffwechselvorgänge im Körper gebildet. Zur Produktion dieses Hormons benötigt die Schilddrüse Iod. Um eine mögliche Fehlfunktion zu diagnostizieren, wird dem Patienten das dem Iod ähnliche radioaktive Technetium verabreicht. ↑1 Die gesamte Schilddrüse wird „abgerastert" und ein Computer erzeugt ein Bild, das die Strahlungsintensität aus jedem Punkt der Schilddrüse darstellt. ↑2 ↑3 Der Arzt kann aus einem solchen Szintigramm Aufschluss über den Zustand der Schilddrüse gewinnen.

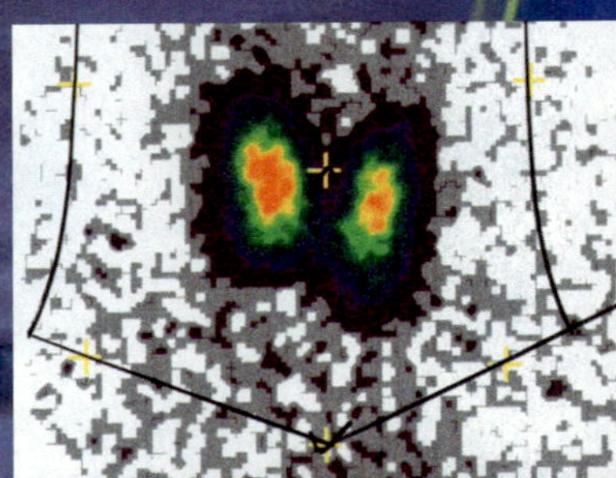

2 Verteilung des Technetiums in einer gesunden Schilddrüse

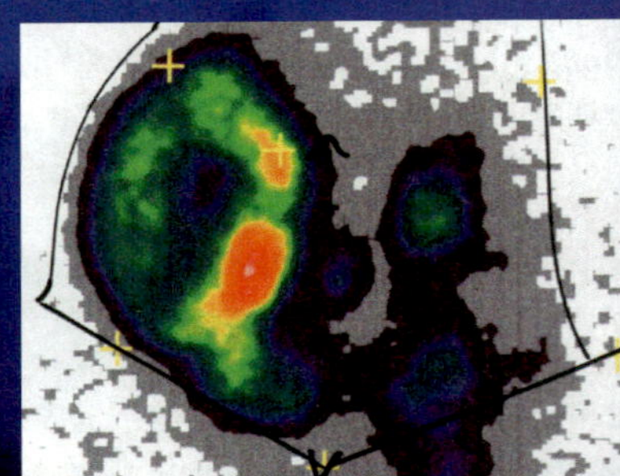

3 Krankhaft vergrößerte Schilddrüse („Schwarzwälder Kropf")

Positronen-Emissions-Tomografie Ein modernes bildgebendes Verfahren u. a. zur Krebsdiagnose ist die Positronen-Emissions-Tomografie (PET). ↑4 Krebszellen haben gegenüber gesunden Zellen einen erhöhten Traubenzuckerverbrauch. Deshalb verwendet man bei der PET ein mit Fluor-18 markiertes Traubenzuckermolekül. Nach dem Zerfall von Fluor-18 wird γ-Strahlung in zwei genau entgegengesetzte Richtungen abgegeben. Eine ringförmig um den Körper des Patienten angeordnete Kamera registriert beide Strahlungen und kann so den Ort des Zerfalls sehr genau lokalisieren. Eine PET zeichnet sich gegenüber anderen Verfahren durch eine etwa 100-fach höhere Empfindlichkeit und eine erhöhte Ortsauflösung aus.

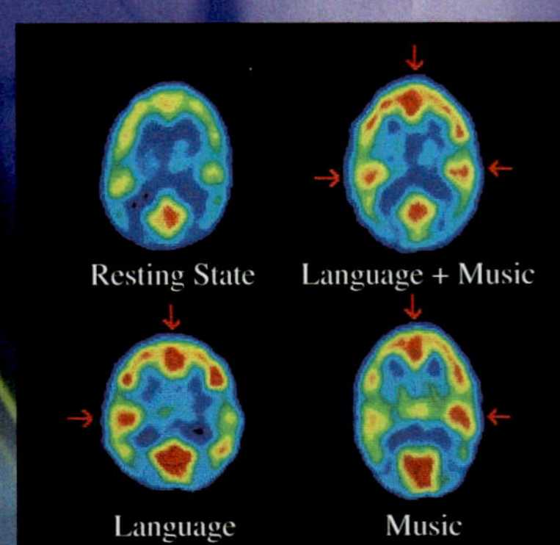

4 Gehirnaktivität beim Hören

Nuklearmedizinische Therapie

In der Nuklearmedizin verwendet man die Strahlung radioaktiver Stoffe auch zur Heilbehandlung von Krankheiten. Ein Beispiel ist die Radioiodtherapie. Krankhafte Veränderungen an der Schilddrüse können durch die Einnahme von radioaktivem Iod-131 behandelt werden. Dabei zerstört die vom Iod-131 ausgehende β-Strahlung die kranken Zellen. Da sie eine kurze Reichweite hat und außerdem die Halbwertszeit nur 8 Tage beträgt, bleiben die umliegenden gesunden Zellen weitgehend verschont.

Radiologische Strahlentherapie Diese Behandlung unterscheidet sich prinzipiell von der nuklearmedizinischen Therapie. Tumore werden von außen einer sehr energiereichen Strahlung ausgesetzt. ↑5 Die Quelle dieser Strahlung kann z. B. radioaktives Cobalt-60 sein. Damit die gesunden Zellen nicht durch die Strahlung geschädigt werden, richtet man die Strahlung zunächst möglichst genau auf den Bereich der erkrankten Stellen aus. Mit einer speziellen Vorrichtung wird dann die Quelle der Strahlung ständig auf einem Kreisbogen um diese Stelle herum bewegt. ↑6
Mittlerweile werden in der Strahlentherapie zunehmend Linearbeschleuniger eingesetzt. Sie erzeugen „ultraharte", sehr energiereiche Röntgenstrahlung. Diese kann viel tiefer in den Körper eindringen als die Cobaltstrahlung. Die Eindringtiefe kann sogar recht genau gesteuert werden, sodass der gewünschte Ort mit größerer Präzision getroffen wird.

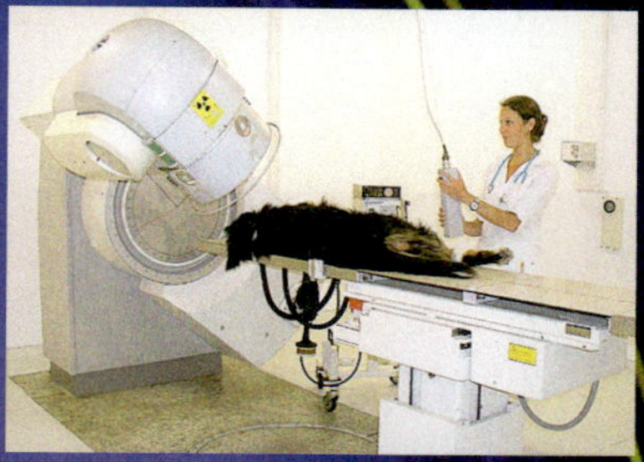
5 Cobalt-Strahlentherapiegerät

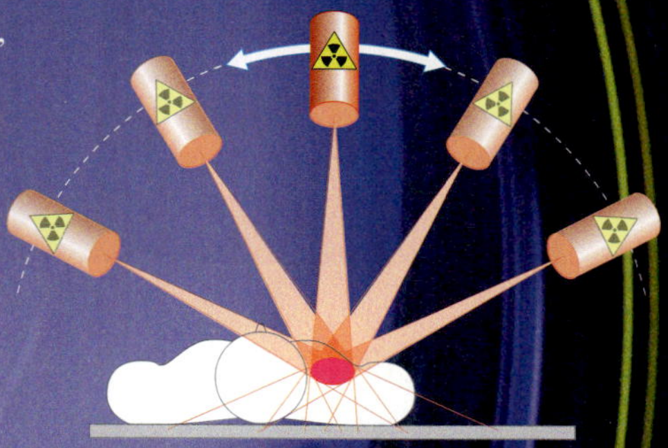
6 Verteilung und Konzentration der Intensität durch Drehen des Strahlers

Sterilisierung von Gegenständen Die Materialeigenschaften vieler medizinischer Artikel erlauben keine Sterilisierung durch Hitzeeinwirkung. Solche Artikel werden oft durch Einsatz von Strahlung radioaktiver Stoffe sterilisiert. ↑7 Durch die Strahlung wird die DNA der Mikroorganismen verändert, die sich auf den Gegenständen befinden. Bei Wahl der richtigen Dosis lassen sich Viren und Bakterien unwirksam machen.

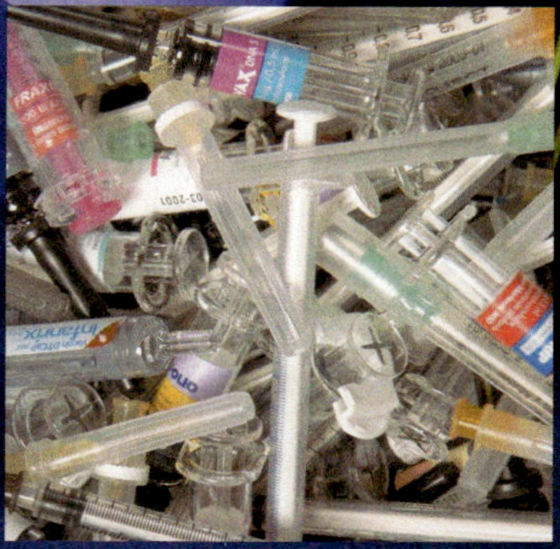
7

GRUNDLAGEN: Die fünf „A“ des Strahlenschutzes

Der Gesetzgeber hat für Deutschland eine *Strahlenschutzverordnung* erlassen. Sie enthält Vorschriften, welchen Strahlenbelastungen die Menschen maximal ausgesetzt sein dürfen. Als allgemeines Ziel ist darin festgelegt: Jede unnötige Strahlenbelastung ist zu vermeiden. Für den Strahlenschutz in der Praxis gelten fünf Regeln:

Abstand halten Die Reichweite von α- und β-Strahlung in der Luft ist nur gering. Deshalb sollte man den Abstand zur Strahlungsquelle so groß wie möglich machen.

Abschirmung optimieren Abschirmung ist für α- und β-Strahlung kein Problem. Es genügt bereits ein Blatt Papier (α-Strahlung) oder eine 3 mm dicke Aluminiumplatte (β-Strahlung). Arbeiter werden durch Schutzanzüge geschützt. ↑1 Gegen γ-Strahlung helfen nur dicke Bleiummantelungen der Strahlungsquelle.

1

2

Aufenthaltsdauer möglichst kurz halten Die Bestrahlungsdauer sollte so gering wie möglich sein. In kerntechnischen Anlagen wird daher in den „heißen Zellen“ mit einer Fernbedienung gearbeitet, um den Aufenthalt am Ort hoher Radioaktivität zu vermeiden. ↑2 Beim Röntgen verlässt der Arzt oder Assistent vor der Aufnahme den Raum.

Aktivität verringern In der Nuklearmedizin benutzt man „kurzlebige“ Isotope, deren Aktivität rasch abklingt. Entsprechend ist die Empfindlichkeit der Nachweis- und Messverfahren immer weiter gesteigert worden.

Aufnahme in den Körper vermeiden Durch Speisen und Atemluft nehmen wir radioaktive Atomkerne auf. Dies lässt sich kaum vermeiden. Dennoch war es z. B. nach dem Reaktorunfall in Tschernobyl ratsam, auf stark radioaktiv belastete Pilze oder Wildfleisch zu verzichten. Im Umgang mit radioaktiven Strahlern gelten besondere Regeln: Nach Versuchen sofort Hände waschen, während der Versuche auf keinen Fall essen oder trinken.

Geräte, bei denen ionisierende Strahlung auftritt, und radioaktive Strahler müssen einen Warnhinweis tragen. ↑3

3

Aufgaben

1 ▶ *Radioaktivität – überall* Jeder Mensch ist ständig einer geringen Radioaktivität ausgesetzt. Nenne einige der wichtigsten Strahlenbelastungen und ordne sie dabei nach ihrer Größe.
Welche Bedeutung hat die Belastung durch Kernkraftwerke? ◀

2 ▶ *Radioaktiver Abfall*
a In einigen Ländern verpackt man radioaktiven Müll in Stahlfässern und versenkt ihn dann im Meer. Warum ist das auf längere Sicht verantwortungslos?
b Warum darf man radioaktive Abfälle nicht einfach verbrennen oder auf Müllkippen bringen?
c Bei der Beseitigung von radioaktivem Abfall ist unter anderem die Halbwertszeit wichtig. Erkläre den Zusammenhang. ◀

3 ▶ *Strahlenschutzverordnung* Informiere dich im Internet zu diesem Stichwort. ◀

4 *Strahlenschützer* Auch an deiner Schule gibt es einen „Strahlenschutzbeauftragten". Informiere dich, wer das ist und welche Aufgaben er hat.

5 ▶ *Dosis ist nicht gleich Dosis* Worin liegt der Unterschied zwischen der Energiedosis und der Äquivalentdosis? ◀

6 ▶ *Biologische Wirksamkeit* In 1 l Milch wird für Iod-131, Caesium-134 und Caesium-137 jeweils eine Aktivität von 100 Bq gemessen.
Iod und Caesium sind β- und γ-Strahler. Wieso ist die biologische Wirksamkeit trotz gleicher Aktivität und gleicher Strahlungsart unterschiedlich? ◀

7 *Radioaktive Milch* Kurz nach dem Reaktorunfall von Tschernobyl wurde 1986 in Milch eine hohe Aktivität durch Iod sowie eine geringe Aktivität durch Caesium gemessen. Vier Wochen später waren die Caesium-Werte dagegen höher als die Iod-Werte. Gib den Grund dafür an.

8 ▶ *Radioaktiver Erdboden* Nach dem Reaktorunfall von Tschernobyl ↑4 wurde 1986 in vielen Orten Deutschlands je 1 m^2 Erdboden eine Aktivität von 20 kBq gemessen. Welche Informationen wären notwendig, um zu beurteilen, welche Gefährdung bei dieser Aktivität bestand? ◀

9 *Von der Energiedosis zur Äquivalentdosis*
Ein α-Strahler bewirkt in einem Tierversuch eine Energiedosis von 0,5 Gy. Durch einen β-Strahler wird einem anderen Tier eine Energiedosis von 1 Gy zugeführt.
Berechne die Äquivalentdosen (für äußere Strahlung). Welche Folgen sind jeweils zu erwarten?

10 ▶ *Somatische und genetische Schäden*
a Seit den Atombombenexplosionen über Japan im Jahr 1945 sind Sofortwirkungen der Strahlung radioaktiver Körper auf den menschlichen Körper bekannt. Nenne vier mögliche Sofortwirkungen.
b Welche Spätfolgen konnte man bei Personen feststellen, die die Explosion überlebten, dabei aber einer hohen Strahlendosis ausgesetzt waren? ◀

11 ▶ *Folgen des Reakturunfalls in Tschernobyl* ↑4
Beim Reaktorunfall hatte das Nuklid $^{131}_{53}I$, ein β-Strahler, einen sehr großen Anteil an der Strahlenbelastung in Deutschland.
a Stelle den Zerfall in Kurzform dar: $^{131}_{53}I \rightarrow ?$
b Die Aktivität von 1 g $^{131}_{53}I$ beträgt $4{,}6 \cdot 10^{15}$ Bq. Nach dem Reaktorunfall wurde in den alten Bundesländern eine mittlere Aktivität von $1{,}0 \cdot 10^4$ Bq je Quadratmeter gemessen. Die alten Bundesländer haben eine Fläche von $2{,}5 \cdot 10^5\,km^2$. Wie groß wäre die Masse des auf dieser Fläche abgelagerten $^{131}_{53}I$ gewesen, wenn die Aktivität nur durch den Zerfall dieses Isotops verursacht worden wäre?
c $^{131}_{53}I$ lagert sich im menschlichen Körper in der Schilddrüse an. Beschreibe die möglichen Diagnose- und Therapiemaßnahmen.
d *Mathematische Vertiefung:* Bei einer $^{131}_{53}I$-Probe wurden in 4,0 Tagen $7{,}0 \cdot 10^3$ Zerfälle registriert. Berechne die Anzahl der Atomkerne, die anfangs vorhanden waren (Halbwertszeit von $^{131}_{53}I$: 8,08 d). ◀

4 Kurz nach dem Reaktorunfall von Tschernobyl

Kernumwandlungen

Kernspaltung und Kernfusion

Die Klimadebatte ist derzeit in aller Munde. Bei der Verbrennung fossiler Energieträger (Kohle, Gas und Öl) in Kraftwerken entsteht Kohlenstoffdioxid. Es verstärkt den Treibhauseffekt in der Atmosphäre, der zu einer weltweiten Erwärmung führt. Dürren, Wirbelstürme und Überschwemmungen können die Folgen sein.
Als eine Alternative wird die Nutzung von „Kernenergie" diskutiert. In Kernkraftwerken wird die Energie, die bei der *Kernspaltung* von Atomen freigesetzt wird, in elektrische Energie umgewandelt. ↑1

1 Kernkraftwerk an der Isar

Unsere Sonne strahlt seit 4,6 Milliarden Jahren ohne Unterbrechung Energie in den Weltraum, pro Sekunde sind es $3{,}9 \cdot 10^{26}$ J! Wir sehen damit Tag für Tag, dass es außer der Kernspaltung noch eine weitere Methode gibt, die in Atomkernen gespeicherte Energie umzuwandeln: die *Kernfusion*. Im Universum gehört sie gewissermaßen zum „kleinen Einmaleins" der Materie. Alle Sterne bekommen sie bei ihrer Entstehung mit in die Wiege gelegt und nutzen sie bis zu ihrem Ende. ↑2
ALBERT EINSTEIN legte mit der wohl bekanntesten physikalischen Formel $E = mc^2$ wesentliche Grundlagen für das Verständnis von Kernspaltung und Kernfusion. Riesige Energiemengen lassen sich durch beide Prozesse entfesseln, gewaltiger als alles sonst Bekannte. Je nach Einsatzweck können sie der Menschheit nutzen oder katastrophale Zerstörung bringen. ↑3

2 Energie durch Kernfusion

3 Atombombeninferno in Hiroshima

GRUNDLAGEN: Kernspaltung

▶ Die Ursache der Radioaktivität sind Kernzerfälle, also Vorgänge, bei denen sich der Atomkern verändert. Eine weitere Art von Kernumwandlungen findet bei der Kernspaltung statt. Für die Energiegewinnung in Kernkraftwerken ist z. B. die Kernspaltung von Uran-235 bedeutsam. An diesem Beispiel können wir den Spaltvorgang beschreiben.
Uran-235 wird mit „thermischen" Neutronen beschossen – das sind relativ langsame Neutronen mit einer Geschwindigkeit von „nur" 10 bis 20 $\frac{km}{s}$. Wenn eines davon auf einen Uran-235-Kern trifft, kann es in den Kern aufgenommen werden: Ein Uran-236-Kern entsteht. Der neue Kern kann kurz darauf zerbrechen. ↑4 ↑5 Die Bruchstücke dieser Kernspaltung sind zwei Atomkerne mittlerer Nukleonenzahl und energiereiche Neutronen mit einer Geschwindigkeit von rund 10 000 $\frac{km}{s}$! Mögliche „Trümmerkerne" sind Barium-144 und Krypton-89:
$^{235}_{92}U + ^{1}_{0}n \rightarrow ^{236}_{92}U \rightarrow ^{144}_{56}Ba + ^{89}_{36}Kr + 3\,^{1}_{0}n$ + Energie.
Es gibt auch noch andere mögliche Paare von „Trümmerkernen". Die Summen der Kernladungszahlen (92) und der Massenzahlen (236) sind in jedem Fall nach der Kernspaltung genauso groß wie zuvor.

Bei der Kernspaltung wird ein Atomkern z. B. durch Neutronenbeschuss in zwei (oder mehr) Trümmerkerne sowie in einige sehr energiereiche Neutronen zerlegt. Die Gesamtzahl an Protonen bzw. Neutronen ändert sich dabei nicht. ◀

Die Massenzahlen der Trümmerkerne von Uran-235 liegen zwischen 70 und 160 und stehen oft ungefähr im Verhältnis von 2 : 3 zueinander. Heute sind etwa 200 verschiedene dieser Spaltprodukte bekannt.
Grundsätzlich lassen sich durch geeigneten Teilchenbeschuss alle Atomkerne spalten. Besonders leicht gelingt es mit Neutronen auch bei Uran-233 und einigen Plutoniumisotopen. Manche Atomkerne spalten sich sogar „spontan" ohne vorherigen Teilchenbeschuss.
Trifft dagegen ein thermisches Neutron auf einen Uran-238-Kern, so kann er es zwar aufnehmen und wandelt sich dabei in Uran-239 um. Dieser Atomkern zerfällt aber „nur" unter Aussendung eines β-Teilchens in Plutonium-239, das ebenfalls radioaktiv ist.

4 Kernspaltung von Uran-235 in der Nebelkammer: Markiert sind die auseinanderfliegenden „Trümmerkerne".

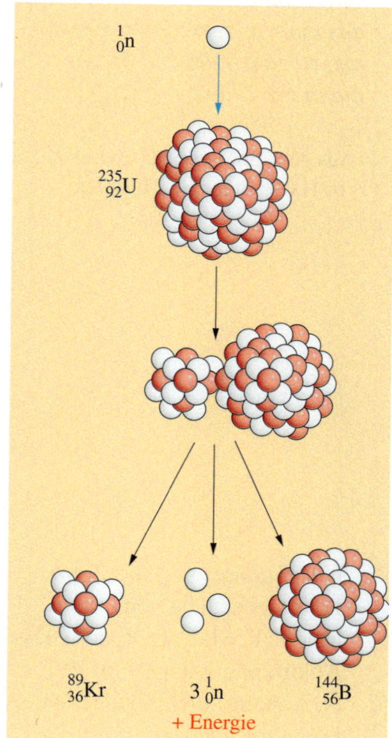

5

Aufgaben

1 *Spaltalternative* Uran-235 lässt sich durch Beschuss mit thermischen Neutronen in Caesium und Rubidium spalten.
Stelle diese Umwandlung in Kurzform dar, indem du die richtigen Zahlen (in deinem Heft) ergänzt: $^{235}_{92}U + ^{1}_{0}n \rightarrow ^{?}_{55}Cs + ^{94}_{?}Rb + 2\,^{1}_{0}n$.

2 *Plutoniumspaltung* Auch Plutonium kann durch Neutronenbeschuss gespalten werden. Als Trümmerkerne erhält man z. B. Antimon und Technetium.
Stelle diese Umwandlung in Kurzform dar, indem du die richtigen Zahlen (in deinem Heft) ergänzt: $^{239}_{94}Pu + ^{1}_{0}n \rightarrow ^{130}_{?}Sb + ^{107}_{43}Tc + ?\,^{1}_{0}n$.

Aus der Geschichte Die Entdeckung der Kernspaltung

Wäre es möglich, dass das Uran-239 zerplatzt in ein Ba und ein Ma? Es würde mich natürlich sehr interessieren, Dein Urteil zu hören. Eventuell könntest du etwas ausrechnen und publizieren. Otto Hahn

Ich bin ziemlich sicher, dass ihr wirklich eine Zertrümmerung zum Ba habt, und finde das ein wunderschönes Ergebnis, wozu ich dir und Straßmann gratuliere. Lise Meitner

1 Aus dem Briefwechsel zwischen OTTO HAHN und LISE MEITNER

OTTO HAHN wurde 1879 in Frankfurt (Main) geboren. Er studierte Chemie und schrieb schon 1901 seine Doktorarbeit. Es folgten Aufenthalte bei berühmten Wissenschaftlern im Ausland, so auch bei ERNEST RUTHERFORD in Kanada. Seine Hauptarbeit galt zunächst der Erforschung radioaktiver Stoffe. Dabei entdeckte er z. B. einige Isotope des Urans.

Seit Beginn der 1920er Jahre war bekannt, dass sich Atomkerne durch Beschuss von Protonen und α-Teilchen verändern lassen. Das 1932 entdeckte Neutron erwies sich als weitere geeignete Munition, um Atomkerne zu beschießen. Mit seiner langjährigen Mitarbeiterin LISE MEITNER, einer Physikerin, stellte OTTO HAHN theoretische Überlegungen zu Kernumwandlungen an und plante Experimente. 1938 musste LISE MEITNER nach Stockholm fliehen – sie war jüdischer Abstammung. Im selben Jahr versuchte OTTO HAHN, thermische Neutronen an Urankerne anzulagern. Sie sollten sich durch β-Zerfall in Protonen umwandeln. Damit wollte er „Transurane" erzeugen (Elemente mit einer höheren Ordnungszahl als 92). Zu seiner großen Überraschung fanden er und sein Mitarbeiter FRITZ STRASSMANN aber anschließend in der ursprünglich reinen Uranprobe Spuren von Barium, das mit seinen 56 Protonen eine viel geringere Ordnungszahl als Uran hat! Der Chemiker HAHN misstraute seinen Messergebnissen. Das Zerfallen schwerer Atomkerne in leichtere galt als völlig unzulässige Theorie und experimentell undurchführbar. Daher schrieb er an LISE MEITNER. Voller Zweifel teilte er ihr seine Entdeckung mit und bat um eine Erklärung. Am 3. Januar 1939 kam ihre Antwort: LISE MEITNER war überzeugt davon, dass HAHN und STRASSMANN Atomkerne gespalten hatten. ↑1 Sie schlug zur Bestätigung ihrer Vermutung vor, in dem beschossenen Uran auch noch nach Krypton zu suchen. Und tatsächlich – in der Probe konnte Krypton nachgewiesen werden. Auch andere Elemente wie Selen, Cer, Strontium und Xenon wurden als Spaltprodukte gefunden und zeigten, dass es außer der Spaltung in Barium und Krypton noch weitere Möglichkeiten gab.

1944 zeichnete die Königlich Schwedische Akademie (nur) OTTO HAHN für seine „Entdeckung der Spaltung schwerer Atomkerne" mit dem Nobelpreis für Chemie aus.

2 Experimentiertisch von OTTO HAHN (im Deutschen Museum, München)

1 *Unbekanntes Element?* Im Briefwechsel ist von einem Element „Ma" die Rede. Diese Abkürzung wirst du im PSE (s. Anhang) nicht entdecken. Finde mehr über das geheimnisvolle Element heraus. Welche Bezeichnung trägt es heutzutage?

2 *Schwere Zeiten* Während der nationalsozialistischen Herrschaft brachen viele Wissenschaftler in Deutschland ihre Zusammenarbeit mit Kollegen, die als Juden verfolgt wurden, ab. Wie verhielt sich die Forschergruppe aus OTTO HAHN, FRITZ STRASSMANN und LISE MEITNER? Suche Informationen dazu z. B. im Internet.

GRUNDLAGEN: Kernfusion

▶ Während bei der Spaltung ein schwerer Kern in leichtere Trümmerkerne zerbricht, „verschmelzen" bei der Kernfusion leichte Atomkerne zu einem schwereren. Dabei werden z. B. in Sternen gewaltige Energien freigesetzt. Auf der Erde soll die Kernfusion von Deuterium und Tritium (zwei Wasserstoffisotope) zu Helium helfen, den Energiebedarf der Menschheit zu decken. Wenn sich ein Deuteriumkern ^2_1H und ein Tritiumkern ^3_1H nähern, wirken zwischen ihnen abstoßende elektrische Kräfte, die umso größer sind, je kleiner der Abstand ist. Dadurch werden beide Kerne wieder auseinandergetrieben. Erst bei Geschwindigkeiten von jeweils mehr als $1000\,\frac{km}{s}$ setzt ein ganz anderer Vorgang ein: ↑3 Die beiden Kerne kommen sich trotz der elektrischen Abstoßung so nahe, dass zwischen ihnen anziehende Kernkräfte wirksam werden. Sie sind viel größer als die elektrischen Kräfte und führen dazu, dass die beiden Kerne zu einem Heliumkern verschmelzen. Dabei werden ein energiereiches Neutron und γ-Strahlung freigesetzt:
$^2_1H + ^3_1H \rightarrow ^4_2He + ^1_0n + \gamma$.

Bei einer Kernfusion verschmelzen zwei sehr leichte Atomkerne zu einem schwereren Kern. Dabei wird Energie abgegeben. ◀

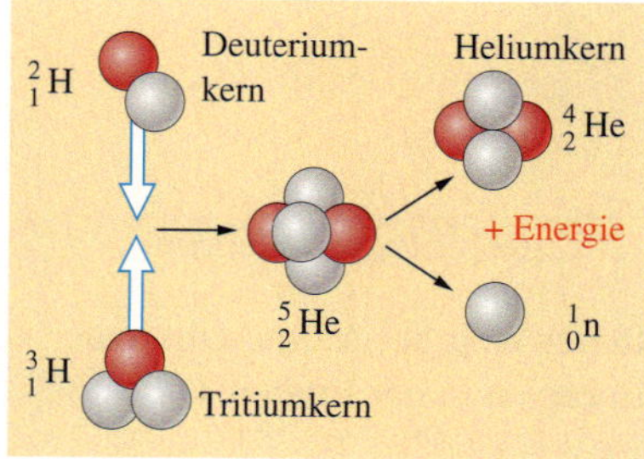

3 Kernfusion

Auch in der Sonne und anderen Gestirnen wird bei Kernfusionen ständig Wasserstoff zu Helium „verbrannt". Dabei laufen allerdings etwas andere Vorgänge als der gerade beschriebene ab. Ist der Vorrat an Wasserstoff verbraucht, kann ein Stern durch Fusion von Helium („Heliumbrennen") unter anderem Kohlenstoff erzeugen ↑4, aus dem durch weitere Fusionsprozesse (z. B. „Kohlenstoffbrennen") höhere Elemente wie Mangan und Sauerstoff bis hin zum Eisen hervorgehen. Bei einer Sternexplosion (Supernova) können auch noch schwerere Elemente als Eisen entstehen. ↑5

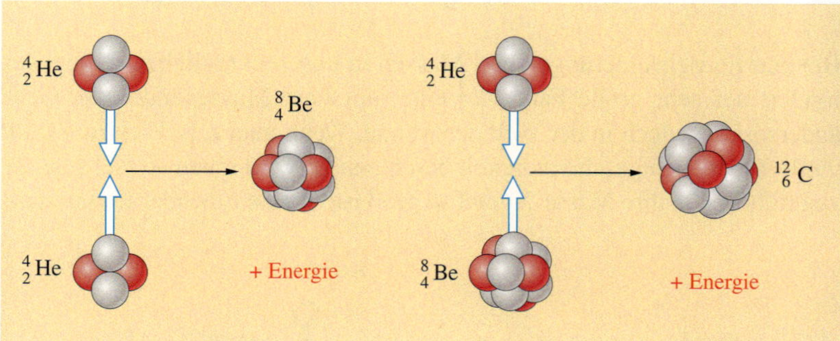

4 „Heliumbrennen"

5 Bei einer Explosion abgestoßene Sternenhülle

Aufgaben

3 *Kohlenstoffbrennen* Ein α-Teilchen und ein Kohlenstoff-12-Kern verschmelzen zu Sauerstoff-16. Stelle die Umwandlung in Kurzform dar.

4 *Siliciumbrennen* Zwei Silicium-28-Kerne verschmelzen zu radioaktivem Nickel-56, das über Cobalt-56 zu Eisen-56 zerfällt. Stelle diese Umwandlungen in Kurzform dar.

GRUNDLAGEN: Äquivalenz von Masse und Energie

▶ Die Kernspaltung von Uran-235 und die Kernfusion von Deuterium und Tritium zu Helium haben zwei überraschende Gemeinsamkeiten.

– Die Summe aller kinetischen Energien ist vor den Umwandlungen *kleiner* als danach:

E_{kin} von ${}^{235}_{92}U + {}^{1}_{0}n$ < E_{kin} von ${}^{144}_{56}Ba + {}^{89}_{36}Kr + 3\,{}^{1}_{0}n$ und E_γ

E_{kin} von ${}^{2}_{1}H + {}^{3}_{1}H$ < E_{kin} von ${}^{4}_{2}He + {}^{1}_{0}n$

– Die Summe aller Massen ist vor den Umwandlungen *größer* als danach:

m von ${}^{235}_{92}U + {}^{1}_{0}n$ > m von ${}^{144}_{56}Ba + {}^{89}_{36}Kr + 3\,{}^{1}_{0}n$

m von ${}^{2}_{1}H + {}^{3}_{1}H$ > m von ${}^{4}_{2}He + {}^{1}_{0}n$

Die Energie nimmt zu, die Masse nimmt ab: Widerspricht das nicht dem Energieerhaltungssatz und dem aus der Chemie bekannten Massenerhaltungssatz? Beide Sätze werden doch durch die Erfahrung wieder und wieder bestätigt! Den Ausweg aus den Widersprüchen bietet die spezielle Relativitätstheorie ALBERT EINSTEINS. Sie sagt unter anderem aus, dass Masse und Energie eng zusammenhängen.

Jeder Körper besitzt Energie schon allein wegen seiner Masse. Wird ihm Energie zugeführt, so nimmt seine Masse zu. Wird ihm Energie entzogen, so nimmt seine Masse ab.
Energie und Masse kann man also in diesem Zusammenhang als äquivalent (gleichwertig) ansehen.

Eine einfache, aber umso „gehaltvollere" Formel verknüpft die Energie- und Massendifferenzen mathematisch. ↑1

Die Energiezunahme bei Kernumwandlungen ergibt sich aus der Massenabnahme: $E_{nach} - E_{vor} = (m_{vor} - m_{nach}) \cdot c^2$.
Dabei ist $c \approx 3 \cdot 10^8\,\frac{m}{s}$ die Lichtgeschwindigkeit im Vakuum. ◀

Bei den Energieänderungen und Massen in unserem täglichen Leben verhindert der sehr große Faktor c^2 eine messbare Massenänderung. Ganz anders ist es jedoch in der Welt der Atome. Wenn man z. B. Elektronen auf 99,99 % der Lichtgeschwindigkeit beschleunigt, wird ihnen so viel Energie zugeführt, dass ihre Masse 70-mal so groß ist wie die ruhender Elektronen!

Übrigens

In der Welt der Atome gibt man Energien in der Einheit 1 eV an:
1 eV = 1,6022 · 10^{-19} J.
Auch für Massen gibt es eine „atomare" Einheit (engl. *unit*):
1 u = 1,660 539 · 10^{-27} kg.
1 u ist gleich einem Zwölftel der Masse eines Kohlenstoff-12-Atoms.

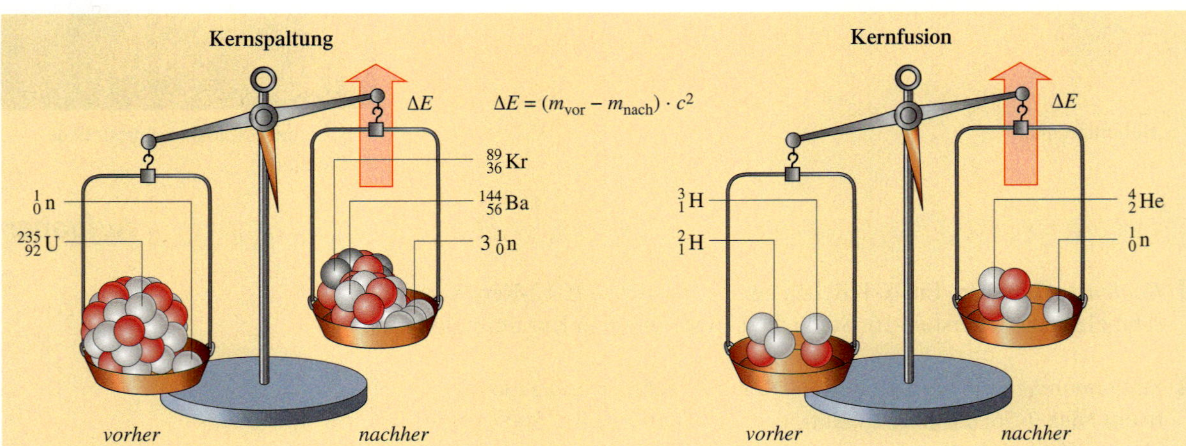

1 Äquivalenz von Energie- und Massendifferenzen bei Kernumwandlungen

Aufgaben

1 ▶ *Masse-Energie-Äquivalenz*

a Aus 1 kg Schokolade gewinnt dein Körper eine Energie von rund 25 MJ. Wird die Schokolade dabei völlig in Energie umgewandelt? Überprüfe es mithilfe der Formel $E_{nach} - E_{vor} = (m_{vor} - m_{nach}) \cdot c^2$.
Wie viel Schokolade bräuchte man bei vollständiger Umwandlung in Energie, um den jährlichen Energiebedarf Deutschlands ($1{,}5 \cdot 10^{19}$ J) zu decken?

b Bei der Verbrennung von 1 t Steinkohle gewinnt man eine Energie (Wärme) von 29,3 GJ. Berechne die zugehörige Massendifferenz zwischen den Ausgangsstoffen (Kohlenstoff und Sauerstoff) und dem entstandenen Kohlenstoffdioxid.

c In dem „Uranbrennstoff" für ein Kernkraftwerk beträgt der Anteil an spaltbarem Uran-235 vier Prozent. Wie viel Energie wird bei der Spaltung von 1 t des „Brennstoffs" frei (s. Musteraufgabe)? ◀

2 *Merkt man's?* Schätze die Massenzunahme eines Tennisballs beim Aufschlag ab.

3 ▶ *Spaltenergie* Berechne die bei den folgenden Kernspaltungen jeweils freigesetzte Energie (in MeV). ↑2 *Tipp:* S. Musteraufgabe. ◀

a $^{235}_{92}U + ^{1}_{0}n \rightarrow ^{143}_{54}Xe + ^{90}_{38}Sr + 3\,^{1}_{0}n$

b $^{239}_{94}Pu + ^{1}_{0}n \rightarrow ^{144}_{56}Ba + ^{94}_{38}Sr + 2\,^{1}_{0}n$

Teilchen	$^{239}_{94}Pu$	$^{90}_{38}Sr$	$^{94}_{38}Sr$	$^{143}_{54}Xe$
m in u	239,05216	89,90774	93,91536	142,93511

2

4 *Massendifferenz* Durch Beschuss mit einem Neutron wird ein Uran-233-Kern gespalten, es entsteht ein Barium-138-Kern und ein Zirkon-94-Kern.

a Stelle die Kernumwandlung in Kurzform dar.

b Bei der Kernspaltung wird eine Energie von 204,38 MeV freigesetzt. Die Massen der „Trümmerkerne" betragen:
$m_{Ba} = 137{,}90524$ u; $m_{Zr} = 93{,}90632$ u (Zr-94).
Berechne daraus die Masse des Uran-233-Atoms.

5 ▶ *Fusionsenergie (1)*

a Berechne die bei der Fusion $^{2}_{1}H + ^{3}_{1}H \rightarrow ^{4}_{2}He + ^{1}_{0}n$ freigesetzte Energie (in MeV). ↑3
Tipp: S. Musteraufgabe.

b Wie viel Energie ließe sich durch die Fusion aus 1 t Deuterium-Tritium-Gemisch gewinnen? (Beide Isotope sollen zu gleichen Teilen vorliegen.) ◀
Berechne die Masse des entstandenen Heliums.

	$^{2}_{1}H$	$^{3}_{1}H$	$^{4}_{2}He$	$^{12}_{6}C$	$^{16}_{8}O$
m in u	2,013554	3,016454	4,001506	11,99671	15,99027

3

6 ▶ *Fusionsenergie (2)* Berechne die bei folgenden Fusionen jeweils freigesetzte Energie. ↑3

a $^{4}_{2}He + ^{4}_{2}He + ^{4}_{2}He \rightarrow ^{8}_{4}Be + ^{4}_{2}He$

b $^{8}_{4}Be + ^{4}_{2}He \rightarrow ^{12}_{6}C$

c $^{4}_{2}He + ^{12}_{6}C \rightarrow ^{16}_{8}O$ ◀

7 *Massenverlust der Sonne*[V] Durch Kernfusionen gibt die Sonne eine Energie von $3{,}86 \cdot 10^{26}$ J in jeder Sekunde an den Weltraum ab.

a Wie viele Tonnen an Masse verliert die Sonne dadurch pro Sekunde?

b Wie viele Jahre könnte die Sonne ($m = 1{,}99 \cdot 10^{30}$ kg) diesen Massenverlust bei unverminderter Energieabstrahlung „verkraften"?

Musteraufgabe: ▶ Berechne für folgende Kernspaltung die freigesetzte Energie (in J und in MeV):
$^{235}_{92}U + ^{1}_{0}n \rightarrow ^{144}_{56}Ba + ^{89}_{36}Kr + 3\,^{1}_{0}n$.

Teilchen	$^{235}_{92}U$	$^{89}_{36}Kr$	$^{144}_{56}Ba$	$^{1}_{0}n$
m in u	235,04392	88,91764	143,92288	1,008665

4

Lösung:

$\Delta E = [(m_U + m_n) - (m_{Ba} + m_{Kr} + 3\,m_n)] \cdot c^2$

$\Delta E = [(235{,}04392\,u + 1{,}008665\,u) - (143{,}92288\,u + 88{,}91764\,u + 3 \cdot 1{,}008665\,u)] \cdot c^2$

$= 0{,}1860065\,u \cdot c^2$

$= 0{,}1860065 \cdot 1{,}660539 \cdot 10^{-27}\,kg \cdot (299792458\,\frac{m}{s})^2$

$\Delta E = 2{,}77599 \cdot 10^{-11}\,J = 173{,}261\,MeV$

Diese 173 MeV liegen als Bewegungsenergie der Spaltprodukte und der emittierten Neutronen vor.

Ergänzung: Bei den anschließenden β-Zerfällen von Barium-144 und Krypton-89 werden noch weitere 23 MeV freigesetzt. Insgesamt liefert also die Kernspaltung von Uran-235 eine kinetische Energie von 196 MeV. ◀

GRUNDLAGEN: Massendefekt und Bindungsenergie

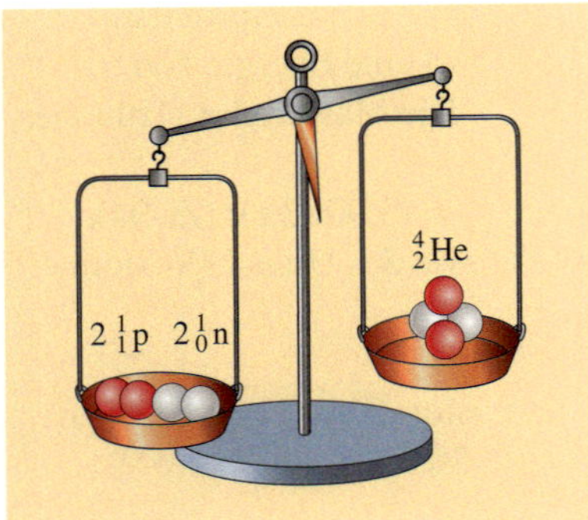

1 Massendefekt

▶ Wieso ist gerade Uran für die Energieerzeugung durch Kernspaltung so bedeutsam? Warum liefert die Fusion von Wasserstoff zu Helium besonders viel Energie? Geht denn nicht jede Kernspaltung und jede Fusion mit einem Massenverlust einher, der doch Energiegewinn bedeutet?
Die Antworten findet man, wenn man die Massen der Atomkerne mit der Summe der Massen ihrer Neutronen und Protonen vergleicht. *Beispiel:*

- Masse eines Heliumkerns: $m_{He} = 4{,}001\,506\ \mathrm{u} = 6{,}644\,765 \cdot 10^{-27}\,\mathrm{kg}$
- Masse von zwei Protonen und zwei Neutronen:
  $2(m_p + m_n) = 2(1{,}007\,277\,\mathrm{u} + 1{,}008\,665\,\mathrm{u}) = 4{,}031\,884\,\mathrm{u} = 6{,}695\,209 \cdot 10^{-27}\,\mathrm{kg}$

Die Masse des Heliumkerns ist kleiner als die seiner Bestandteile! ↑1
Dieses Ergebnis erhält man nicht nur für Helium, sondern für alle Atome.

Die Masse jedes Atomkerns ist stets kleiner als die Summe der Massen seiner Neutronen und Protonen (Massendefekt).

Der Massendefekt lässt sich mithilfe der Äquivalenz von Energie und Masse erklären. Dazu fügen wir in einem Gedankenmodell ein Proton in einen Tritiumkern ein. ↑2

Modell

Damit das Proton den Hang aufwärts gelangen kann, muss es kinetische Energie besitzen.
Wenn das Proton den „Gipfel" überwunden hat, rollt es den Hang in das „Tal" hinunter zum Tritiumkern.
Beim Hinabrollen wird die kinetische Energie des Protons größer, als zum Erreichen des Gipfels nötig war.

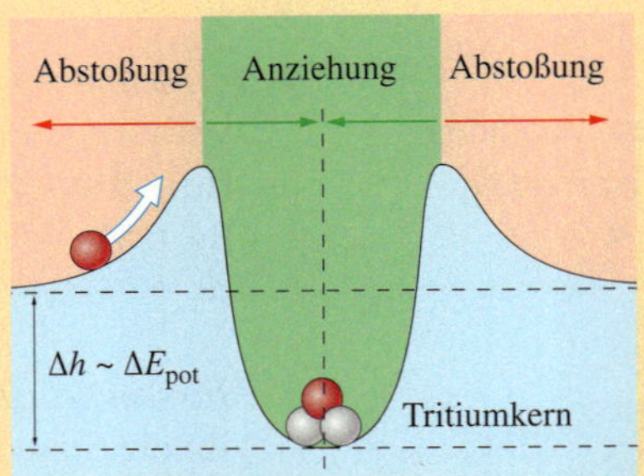

Atomkern

Damit sich das Proton dem Kern gegen die elektrische Abstoßung nähern kann, muss es kinetische Energie besitzen.
Bei genügend kleinem Abstand zum Tritiumkern überwiegen die anziehenden Kernkräfte.
Beim Eindringen in den Kern wird mehr Energie freigesetzt, als zum Überwinden der Abstoßung nötig war.

Erklärung zum Modell: Die elektrische Abstoßung des Protons durch den positiv geladenen Atomkern wird durch die Kraft dargestellt, die das Proton auf dem Hang zurück nach außen treibt. Die Anziehung durch die Kernkräfte wird entsprechend durch die Kraft dargestellt, die das Proton den Hang hinunter in das „Tal" zum Tritiumkern treibt.

2

Auch beim Einbau eines Neutrons wird Energie freigesetzt, es muss jedoch keine Abstoßung (Modell: ebene Fläche statt Gipfel) überwunden werden.

Beim Aufbau eines Atomkerns aus Protonen und Neutronen wird Energie abgegeben: die Bindungsenergie. Die Energiefreisetzung ist mit einer Massenabnahme verbunden (Äquivalenz von Masse und Energie).

Um ein Proton wieder aus dem Atomkern zu lösen, muss man eine Energie zuführen, die genauso groß ist wie die Bindungsenergie. In unserem Modell stellen wir eine besonders große Bindungsenergie durch eine besonders tiefe „Grube" dar. In diesem Fall ist der Atomkern sehr „stabil": Um einen Kernbaustein herauszulösen, ist besonders viel Energie erforderlich.
Je mehr Bausteine in einen Kern eingefügt werden, desto größer wird die insgesamt freigesetzte Bindungsenergie und damit der Massendefekt. Teilt man die gesamte Bindungsenergie durch die Anzahl der Kernbausteine, dann zeigt sich, dass die Bindungsenergie nicht gleichmäßig anwächst.

Die mittlere Bindungsenergie pro Kernbaustein steigt zunächst steil an, „springt“ dann hin und her und erreicht bei einer Massenzahl von ungefähr 50 ihren höchsten Wert. ↑3 Beim Einfügen weiterer Bausteine wird immer weniger Bindungsenergie (zusätzlich) frei.

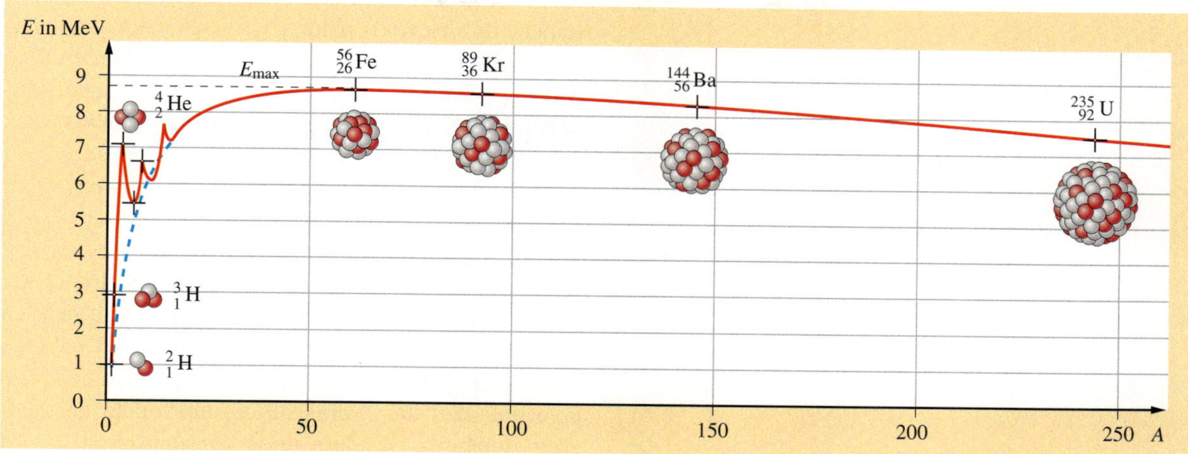

3 Mittlere Bindungsenergie pro Kernbaustein

Aus dem Verlauf des Graphen wird nun verständlich, weshalb man z. B. mit einer Kernspaltung von Uran-235 Energie insgesamt freisetzen kann:

- *Vollständige Zerlegung von Uran-235*
  Wir stellen uns vor, dass alle 235 Kernbausteine aus dem Urankern herausgelöst werden. Die Energie, die dafür zugeführt werden muss, ist gleich dem Produkt aus der Massenzahl und der mittleren Bindungsenergie pro Kernbaustein für Uran:
  $E_{zu} = 235 \cdot 7{,}591\,\text{MeV} = 1784\,\text{MeV}$. ↑4
- *Aufbau der „Trümmerkerne“*
  Wir fügen die freien Kernbausteine (bis auf die bei der Spaltung abgegebenen Neutronen) zu Barium und Krypton zusammen. Dabei wird Bindungsenergie frei: das Produkt aus der Massenzahl und der mittleren Bindungsenergie pro Kernbaustein für Barium und Krypton:
  $E_{ab} = 144 \cdot 8{,}265\,\text{MeV} + 89 \cdot 8{,}617\,\text{MeV} = 1957\,\text{MeV}$. ↑4
- Die *Energiebilanz* ist positiv: $\Delta E = E_{ab} - E_{zu} = 173$ MeV. ◀

$^{235}_{92}$U	$^{144}_{56}$Ba	$^{89}_{36}$Kr
7,591 MeV	8,265 MeV	8,617 MeV

4 Mittlere Bindungsenergien pro Kernbaustein

Aufgaben

1 *Massendefekt und Bindungsenergie*

a Der Massendefekt von $^{4}_{2}$He beträgt 0,030 378 u. Berechne die mittlere Bindungsenergie pro Kernbaustein.

b Ein Sauerstoff-16-Atomkern hat eine Masse von 15,990 526 u. Wie groß sind der Massendefekt und die mittlere Bindungsenergie pro Kernbaustein?

2 ▶ *Spaltenergie* Uran $^{235}_{92}$U wird in Antimon $^{133}_{51}$Sb und Niob $^{101}_{41}$Nb gespalten. Schätze den Energiegewinn dabei ab. ↑3

3 ▶ *Nicht jede Spaltung bringt Energie*

a Bei der Spaltung in zwei etwa gleich schwere „Trümmerkerne“ kann Energie gewonnen werden – wenn die Massenzahl des Ausgangskerns groß genug ist. Schätze die untere Grenze dafür ab. ↑3

b Wie viel Energie müsste man schätzungsweise mindestens aufbringen, um einen Eisenkern in zwei gleich große Kerne zu spalten? ◀

4 *Fusionsende* Wieso hört in Sternen unter normalen Bedingungen die Kernfusion bei Eisen auf?

Aus der Technik Kernkraftwerk – die kontrollierte Kettenreaktion

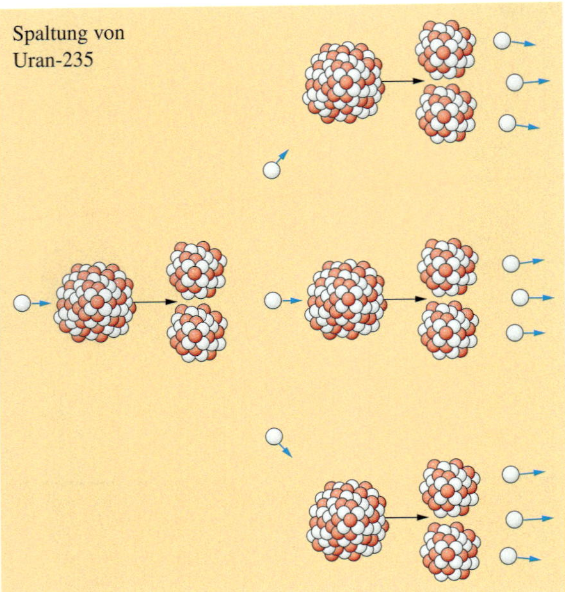

1 Kettenreaktion

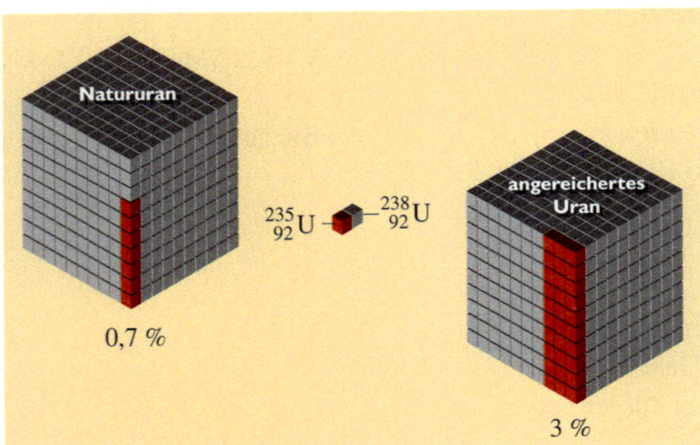

2 Zusammensetzung von Natururan und Brennstab

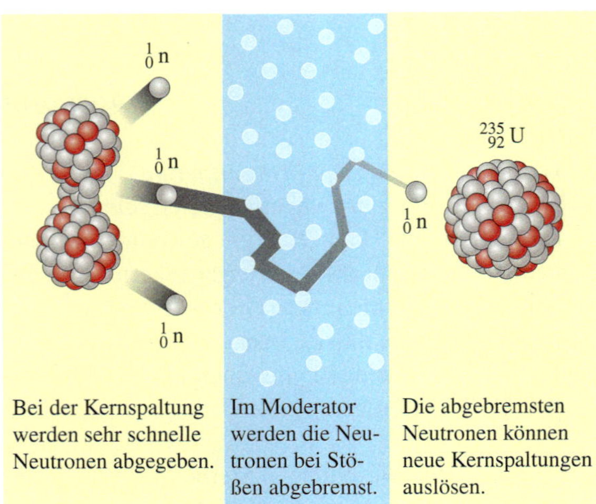

3 Abbremsen der Neutronen durch den Moderator

▶ Bei der Spaltung von Uran-235 durch ein thermisches Neutron werden je nach Kernreaktion zwei oder drei Neutronen freigesetzt. ↑1 Jedes davon kann seinerseits eine Kernspaltung auslösen, bei der wiederum zwei oder drei Neutronen freigesetzt werden usw. Auf diese Weise kann die Zahl der pro Sekunde stattfindenden Kernspaltungen lawinenartig anwachsen, sodass in kürzester Zeit gewaltige Energien freigesetzt werden. Darauf beruht die verheerende Wirkung einer Atombombenexplosion.

In einem Kernkraftwerk wird dagegen die Kettenreaktion kontrolliert, sodass in jeder Sekunde im Mittel gleich viele Kernspaltungen stattfinden. Dazu müssen einerseits ständig genügend viele spaltbare Atomkerne und thermische Neutronen zur Verfügung stehen. Andererseits darf die „Kernspaltungsrate" nicht lawinenartig zunehmen, sondern muss konstant bleiben. Um beides zu erreichen, wird eine Vielzahl von Maßnahmen eingesetzt.

„Anreicherung" von Uran Natürliches Uran besteht nur zu 0,7 % aus Uran-235. ↑2 Bis auf einen winzigen Anteil an Uran-234 besteht der Rest – fast 99,3 % – aus Uran-238. Dieses Isotop absorbiert Neutronen, ohne dass eine Kernspaltung einsetzt. Die absorbierten Neutronen stehen dann für eine Kernspaltung von Uran-235 nicht mehr zur Verfügung: In Natururan ist eine Kettenreaktion fast unmöglich. Um die *Brennstäbe* für ein Kernkraftwerk herzustellen, wird daher der Anteil von Uran-235 auf 2 bis 4 % erhöht. Diese „Anreicherung" ist technisch sehr aufwendig.

Übrigens: Die Bezeichnung „Brennstab" ist irreführend. Das Uran wird nicht verbrannt. Vielmehr gibt es bei Kernspaltungen Energie ab, die zu einer Erhitzung der Brennelemente führt. Deren innere Energie wird zur Erzeugung elektrischer Energie genutzt.

Abbremsen der Neutronen Je länger sich ein Neutron in der Nähe eines Uran-235-Kerns befindet, desto wahrscheinlicher wird es von ihm „eingefangen" und spaltet ihn. Langsame („thermische") Neutronen sind deshalb für eine Spaltung von Uran-235 am geeignetsten. Die bei einer Kernspaltung ausgesendeten Neutronen sind aber sehr schnell. Bevor sie eine Kernspaltung auslösen können, müssen sie abgebremst werden. Dazu dient der *Moderator*: In ihm wird die Neutronengeschwindigkeit durch Stöße mit Atomen verringert. ↑3 Als Moderator verwendet man oft Wasser oder Grafit.

Die bei den Stößen abgegebene Energie erhöht die innere Energie des Moderators – seine Temperatur steigt. Die erhöhte innere Energie wird zur Erzeugung elektrischer Energie genutzt.
Ein idealer Moderator absorbiert keine Neutronen. Er bremst sie möglichst rasch ab, damit sie schnell aus dem Geschwindigkeitsbereich herauskommen, in dem sie nur von Uran-238 absorbiert werden können.

Ausreichende Menge an Uran-235 Wenn die bei der Kernspaltung frei werdenden Neutronen das Uran verlassen, können sie keine weitere Kernspaltung auslösen. Durch ein genügend großes Uranvolumen steigt die Wahrscheinlichkeit, dass die Neutronen einen Uran-235-Kern spalten:

- Der Weg wird länger, den die Neutronen aus dem Innern bis zur Oberfläche zurücklegen müssen.
- Die Neutronen stoßen auf dem längeren Weg häufiger gegen Atome. Ein Teil der Neutronen wird dadurch bis auf „thermische" Geschwindigkeiten abgebremst.
- Bei einer größeren Menge an Uran-235 stehen mehr Atomkerne für eine Spaltung zur Verfügung.

Gesteuerte Absorption überschüssiger Neutronen Um die Zahl der Neutronen zu begrenzen, die weitere Kernspaltungen auslösen können, werden *Steuerstäbe* unterschiedlich tief zwischen die Brennelemente eingeschoben. ↑4 Sie bestehen z. B. aus Bor und Cadmium. Je nach Einschubtiefe absorbieren sie mehr oder weniger Neutronen. Beim „Anfahren" des Reaktors werden die Stäbe ganz herausgegezogen, beim „Herunterfahren" ganz eingeschoben. Die Absorption der Neutronen erwärmt die Steuerstäbe.
In den Steuerstäben bewirken die Neutronen Kernumwandlungen, die das Material verändern, sodass die Steuerstäbe regelmäßig ausgetauscht werden müssen. ◀

4 Funktion der Steuerstäbe

Aufgaben

1 ▶ *Kernkraft in Deutschland* An welchen Standorten gibt es in Deutschland Kernkraftwerke? Wie groß ist ihre elektrische Leistung? Welchen Anteil am elektrischen Energiebedarf decken sie zusammen ab? Welche anderen Energieträger werden zur Erzeugung elektrischer Energie verwendet? Bereite eine Präsentation der Antworten vor. ◀

2 ▶ *Kernkraft – Pro und Kontra* Kernkraftwerke werden sehr kontrovers diskutiert. Welche Vorteile bieten sie, welche Probleme bringen sie mit sich? Gibt es Alternativen zu Kernkraftwerken? Sammelt möglichst viele Fakten und Argumente und bildet „Interessengruppen", die in einer Podiumsdiskussion „ihren" Standpunkt vertreten. ◀

Aus der Geschichte Albert Einstein

1879 wurde ALBERT EINSTEIN in Ulm geboren. ↑1 Seine Eltern stammten aus alteingesessenen jüdischen Familien. Kurz nach seiner Geburt zogen sie nach München um. Der Junge besuchte dort später das Gymnasium. Seine Leistungen in den Naturwissenschaften waren sehr gut. Das von Zucht, Gehorsam und Ordnung geprägte Schulsystem war ihm jedoch zuwider. Ohne Abschluss brach er 1894 die Schule ab. Nach einem Italienbesuch holte er in der Schweiz das Abitur nach. Sein Studium am Zürcher Polytechnikum beendete er 1900 mit einem Diplom als Fachlehrer für Mathematik und Physik.

EINSTEIN wurde Schweizer Staatsbürger und fand nach längerem Suchen im Berner Patentamt eine feste Anstellung als „Experte 3. Klasse". Kurz danach wurde er durch mehrere physikalische Veröffentlichungen weltberühmt, darunter auch die *Spezielle Relativitätstheorie* und die *Allgemeine Relativitätstheorie*. Lehrtätigkeiten an den Universitäten von Zürich, Prag und Berlin folgten. 1921 erhielt er den Nobelpreis für seine Erklärung des *Fotoeffekts* (Auslösung von Elektronen aus einer Metalloberfläche durch Photonen).

1 EINSTEIN im Alter von 14 Jahren

Nach der Machtergreifung der Nationalsozialisten kehrte EINSTEIN 1933 von einer Vortragsreise in Amerika nicht mehr nach Berlin zurück. Zusammen mit anderen warnte er davor, Deutschland könne eine Atombombe entwickeln. Die USA rief daraufhin das Manhattan-Projekt ins Leben, an dessen Ende die verheerenden Atombomben von Nagasaki und Hiroshima standen. EINSTEIN war am Bau der Bomben nicht beteiligt, er stand im Verdacht „kommunistischer Umtriebe". Entsetzt von den Folgen der Atombomben engagierte er sich bis zu seinem Tod (1955) für internationale Rüstungskontrollen.

1 *Nobelpreise* Auf den vorangegangenen Seiten spielen viele Wissenschaftler eine Rolle, die einen Nobelpreis erhalten haben. Stelle sie in einer Präsentation dar: Lebensweg, preisgekrönte Forschungen …

Aus der Erdgeschichte Der natürliche Kernreaktor von Oklo

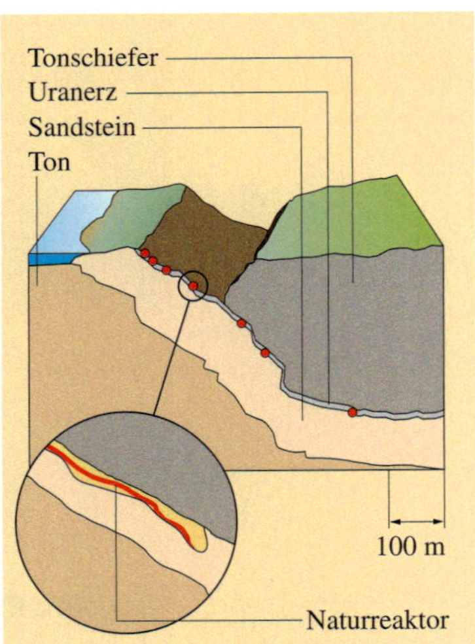

2 Der Naturreaktor von Oklo

2 *Ein wenig Geografie* Suche Oklo und Gabun im Atlas. Wird dort Uranerz gefördert? Gab es noch weitere Naturreaktoren auf der Erde?

Vor zwei Milliarden Jahren gelang es der Natur ohne irgendeinen technischen Aufwand, in der Nähe des heutigen Oklo im afrikanischen Gabun eine kontrollierte Kettenreaktion über eine Million Jahre aufrechtzuerhalten. ↑2 Wie war das möglich? Wer hat die Kettenreaktion gestoppt?

Uran-235 hat eine kleinere Halbwertszeit als Uran-238. In Natururan nimmt sein Anteil daher im Vergleich zum Uran-238-Anteil mit der Zeit ab. Vor zwei Milliarden Jahren lag er noch bei 3 %. Begünstigt durch geografische und geologische Besonderheiten kam in Oklo eine „stabile" Kettenreaktion in Gang. Als Moderator diente Regenwasser.

Entdeckt wurde der Naturreaktor, als man 1972 die Anteile von Uran-235 und Uran-238 im Uranerz von Oklo bestimmte. Der Wert von 0,7171 % wich von den 0,7202 % ab, die sonst auf der Erde, im Mondgestein und sogar in Meteoriten gemessen werden. Das gab Anlass zu der Vermutung, dass sich vor langer Zeit Uran-235 durch Kernspaltung umgewandelt hatte. Die im Uranerz nachgewiesenen „Trümmerkerne" bestätigten die Vermutung.

Während seiner „Betriebsdauer" spaltete der Naturreaktor rund 10 t Uran-235. Gleichzeitig entstanden aus Uran-238 etwa 4 t Plutonium durch Neutroneneinfang. Insgesamt hat der Reaktor so viel Energie freigesetzt wie ein Kernkraftwerk heute in zehn Jahren.

Mittlerweile hat man weltweit fünfzehn weitere Naturreaktoren aufgespürt. Sie haben alle ihre Tätigkeit vor mindestens 1,5 Milliarden Jahren eingestellt, als der Uran-235-Anteil so weit gesunken war, dass selbsterhaltende Kettenreaktionen nicht mehr möglich waren.

Aus der Forschung Fusionsreaktoren

▶ Eine Kernfusion findet nur statt, wenn sich die Atomkerne trotz der elektrischen Abstoßung so nahekommen, dass die Kernkräfte wirksam werden. Das wird möglich, wenn die Kerne mit Geschwindigkeiten von mehr als $1000\,\frac{\text{km}}{\text{s}}$ zusammenprallen. In Teilchenbeschleunigern lassen sich zwar solche Crashs erzeugen, die zu Kernverschmelzungen führen. Die frei werdende Energie kann aber nicht so genutzt werden, dass der Fusionsprozess ohne weitere Energiezufuhr von außen in Gang bleibt. Bei einer Wasserstoffbombe erzeugt man die Fusionsbedingungen durch eine Atombombenexplosion. Die einsetzende Fusion lässt sich dann aber nicht kontrollieren und vernichtet alles Leben in einem Umkreis von vielen Quadratkilometern.
Für eine verlässliche und ungefährliche Energieversorgung durch Kernfusion wird daher ein anderer Weg erforscht. Erhitzt man ein Deuterium-Tritium-Gemisch auf 100 Millionen Grad Celsius, haben genügend Atomkerne die erforderliche Geschwindigkeit. Bei dieser Temperatur ist kein Elektron mehr an einen Kern gebunden, das hocherhitzte Wasserstoffgas besteht nur noch aus voneinander getrennten positiv geladenen Atomkernen und negativ geladenen Elektronen. Man bezeichnet es als *Plasma.*
Auch im Innern der Sonne gibt es ein Plasma, das aber „nur" eine Temperatur von 15 Millionen Grad Celsius hat. Durch die sehr hohe Teilchendichte reicht diese Temperatur jedoch aus, damit genügend Zusammenstöße mit der nötigen Geschwindigkeit stattfinden.
Da sich mit irdischen Mitteln keine so hohen Teilchendichten wie in der Sonne erzeugen lassen, muss die Temperatur des Plasmas auf die genannten 100 Millionen Grad Celsius erhöht werden. Das Aufheizen kann durch einen gewaltigen Induktionsstrom im Plasma erfolgen. ↑3 ↑4 Das Plasma wirkt dabei so ähnlich wie die Sekundärspule eines Transformators, die nur eine Windung hat. Zusätzlich werden noch Wasserstoff- oder Deuteriumatome mit hoher Geschwindigkeit in das Plasma eingeschossen, sodass sich zugleich auch die Plasmadichte erhöht.
Jede Reaktorwand würde durch das hocherhitzte Plasma sofort zerstört werden. Deshalb soll das Plasma durch starke Magnetfelder stromführender Spulen in einer reifenförmigen „Magnetfalle" von den Wänden ferngehalten werden.
Und wie kommt dann die freigesetzte Energie nach außen? Einen großen Teil tragen die bei der Fusion ausgesendeten Neutronen. Da sie elektrisch neutral sind, werden sie nicht von den Magnetfeldern abgelenkt. Auch die energiereiche γ-Strahlung kann ungehindert entweichen.
Die Beherrschung der hohen Temperaturen und starken Magnetfelder muss noch lange erprobt werden, bevor ein Kernfusionsreaktor eines Tages jahrelang zuverlässig Energie liefern kann. Mehrere Versuchsreaktoren wurden weltweit schon gebaut, um die Grundlagenforschung betreiben zu können, viele Milliarden Euro haben diese internationalen Forschungsarbeiten bislang gekostet. Dahinter steckt die hoffnungsvolle Vision einer Energieerzeugung, die – wie die Natur seit Bestehen des Universums beweist – sehr effektiv ist und deren „Brennstoff" Wasserstoff auf der Erde nahezu unerschöpflich ist. ◀

3 *Iter* Die Europäische Union, USA, Japan, China, Russland, Indien und Südkorea beschlossen im Jahr 2005 nach langen Verhandlungen den Bau des Versuchsreaktors ITER (s. Seite 25). Informiere dich näher zu diesem Projekt und präsentiere deine Ergebnisse.

3 In der Plasmakammer eines Versuchsreaktors

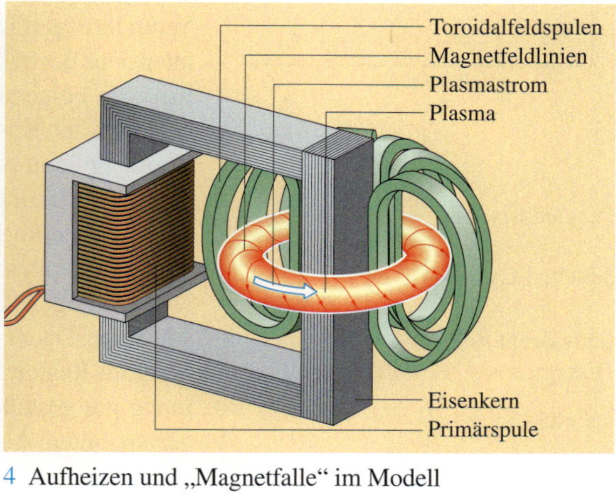

4 Aufheizen und „Magnetfalle" im Modell

Auf einen Blick

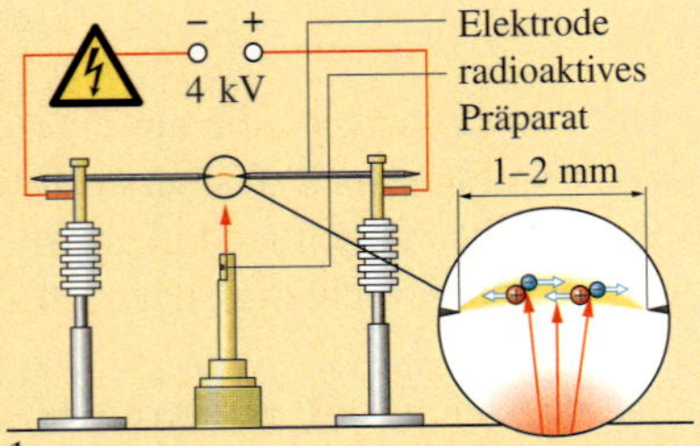

1

Strahlung radioaktiver Körper ▶ Sie erreicht uns überall und ständig aus Boden, Wasser, Luft und aus dem Weltraum (Nulleffekt). Ihre Ionisationsfähigkeit wird genutzt, um die Strahlung nachzuweisen. ↑1
Wir unterscheiden α-, β- und γ-Strahlung. ↑2 Die α- und β-Teilchen sowie die γ-Photonen haben Energien von ca. 1 MeV. Sie werden infolge von Kernumwandlungen abgestrahlt.

	α-Strahlung	β-Strahlung	γ-Strahlung
Art	Heliumkerne (α-Teilchen)	Elektronen (β-Teilchen)	Photonen
Ladung	2 e	$-e$	0
Geschwindigkeit	15 000 bis 30 000 $\frac{km}{s}$	bis zu 99 % der Lichtgeschwindigkeit	Lichtgeschwindigkeit
Wirkung	stark ionisierend	weniger stark ionisierend	schwach ionisierend
Abschirmung	Papier, Luftschicht (> 8 cm)	Aluminiumblech (> 5 mm)	dicke Bleiplatte
Entstehung	Kernumwandlung: Von einem Atomkern wird ein α-Teilchen abgestrahlt. Die Massenzahl des Kerns nimmt dabei um 4 ab, seine Kernladungszahl um 2.	Kernumwandlung: Ein Neutron wandelt sich in ein Proton und ein Elektron um. Das Elektron verlässt das Atom, das Proton bleibt im Kern. Die Massenzahl des Atoms ändert sich nicht, die Kernladungszahl nimmt um 1 zu.	Keine Kernumwandlung: Im Anschluss an Zerfälle befinden sich die Atomkerne meist in einem „angeregten" Zustand. Die Energiedifferenz beim Übergang auf ein tieferes Energieniveau strahlen sie als Photon ab.

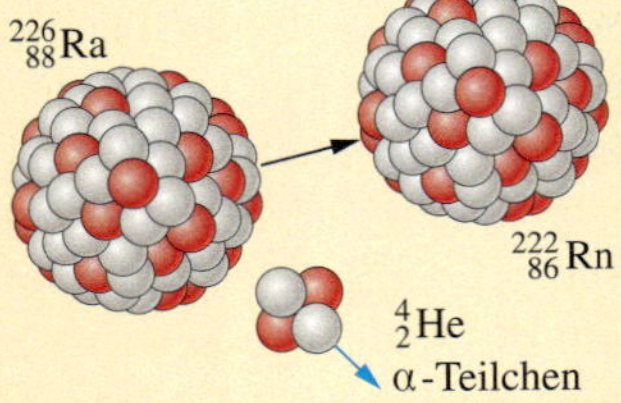

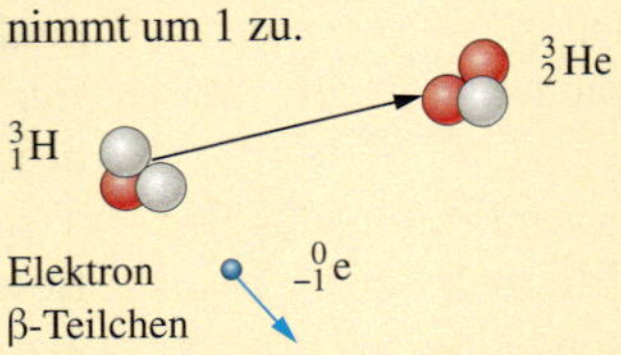

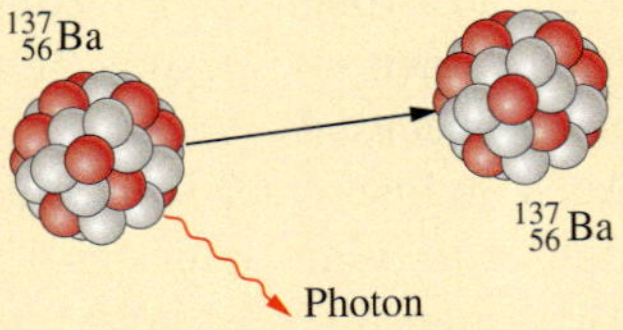

2

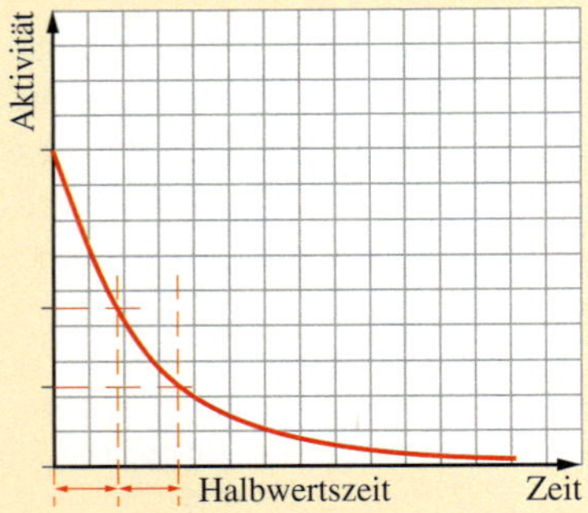

3

Halbwertszeit Die Zerfallsprozesse sind vom Zufall bestimmt: Für ein einzelnes Atom lässt sich überhaupt nicht vorhersagen, wann es zerfällt. Für den Zerfall einer sehr großen Anzahl radioaktiver Atome gilt dagegen: Die Anzahl der pro Sekunde zerfallenden Atome – also die *Aktivität* – eines radioaktiven Stoffs nimmt in immer der gleichen Zeitspanne jeweils auf die Hälfte ab. ↑3 Die *Halbwertszeit* ist von Stoff zu Stoff verschieden.

Biologische Wirkung Durch ihre ionisierende Wirkung ruft die Strahlung Veränderungen in den Körperzellen des Menschen hervor. Bei kurzzeitiger intensiver Bestrahlung kann die Teilungsfähigkeit der Zellkerne verloren gehen. Die Folge sind schwere Störungen der Abwehrmechanismen, mit denen sich der Körper vor Infektionen schützt. Auch eine geringfügige Bestrahlung kann Schäden in Zellen auslösen. Die Schäden werden meistens durch das Reparatursystem der Körperzellen beseitigt. Wenn keine oder nur eine fehlerhafte Reparatur erfolgt, können nach langer Zeit Krebserkrankungen auftreten. Auch Erbschäden bei den Nachkommen sind möglich.
Die schädigende Wirkung hängt von der Äquivalentdosis der Strahlung sowie der Dauer der Bestrahlung und ihrer zeitlichen Verteilung ab. ↑4 ◀
Die fünf Regeln für den Strahlenschutz sind: Abstand vergrößern, Abschirmung gut gestalten, Aufenthaltsdauer beschränken, Aktivität der Präparate gering halten, Aufnahme radioaktiver Stoffe in den Körper vermeiden.

$$\text{Energiedosis} = \frac{\text{absorbierte Energie}}{\text{Masse}}$$

Einheit: $1\,\text{Gy} = 1\,\frac{\text{J}}{\text{kg}}$

Äquivalentdosis
= Energiedosis · Bewertungsfaktor

Einheit: $1\,\text{Sv} = 1\,\frac{\text{J}}{\text{kg}}$

4

Kernumwandlungen ▶ Bei einer *Kernspaltung* wird ein Atomkern z. B. durch Neutronenbeschuss in zwei (oder mehr) Trümmerkerne sowie in einige sehr energiereiche Neutronen zerlegt. ↑5 Die Gesamtzahl an Protonen bzw. Neutronen ändert sich dabei nicht.
Bei einer *Kernfusion* verschmelzen zwei sehr leichte Atomkerne zu einem schwereren Kern. ↑6 Dabei wird Energie abgegeben.
Bei Kernumwandlungen nimmt die (kinetische) Energie insgesamt zu, die Gesamtmasse der Teilchen nimmt ab: $E_{nach} - E_{vor} = (m_{vor} - m_{nach}) \cdot c^2$. ↑7 Energie und Masse können in diesem Zusammenhang als gleichwertig angesehen werden *(Äquivalenz von Energie und Masse)*.
Beim Aufbau eines Atomkerns aus Protonen und Neutronen wird Bindungsenergie abgegeben. ↑8 Die Energiefreisetzung ist mit einer Massenabnahme verbunden *(Massendefekt)*. Wie groß die (mittlere) Bindungsenergie pro Kernbaustein ist, ist für jedes Isotop verschieden.
Bei der Fusion leichter Kerne und der Spaltung schwerer Kerne lässt sich Energie gewinnen, wenn die Bindungsenergien pro Kernbaustein für die Endkerne größer sind als für die Anfangskerne. ◀

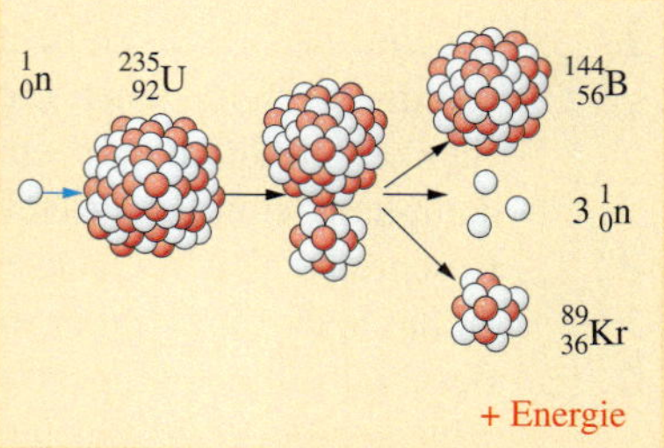

5

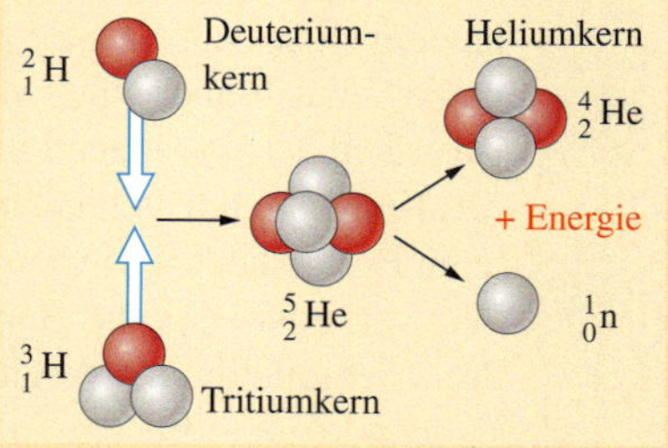

6

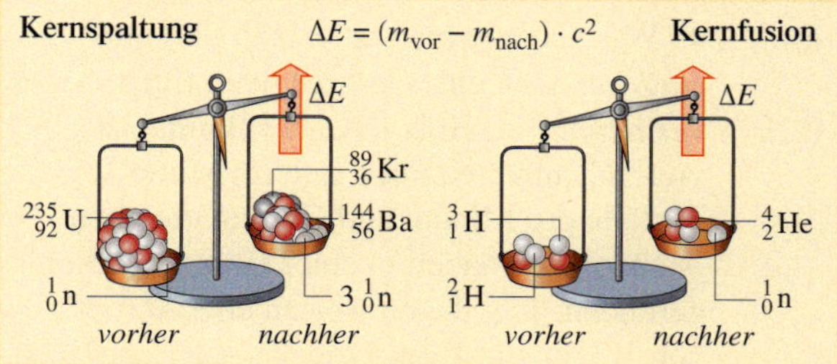

7

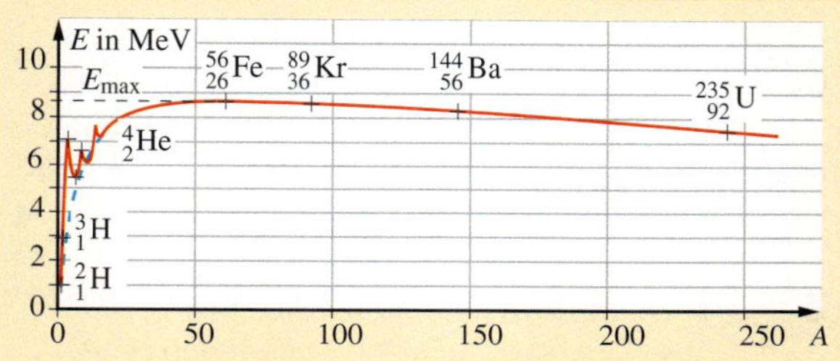

8

Alles klar?

1 *Halbwertszeit* In eine Ionisationskammer wurde gasförmiges Radon $^{220}_{86}$Rn geleitet. Die gemessene Stromstärke ist proportional zur Aktivität. ↑9

t in s	0	5	10	15	20	25	30	35	40
I in pA	230	219	205	196	185	171	160	151	144
t in s	45	50	55	60	65	70	75	80	85
I in pA	130	121	115	109	100	95	88	84	80

9

a Zeichne das *t*-*I*-Diagramm und bestimme die Halbwertszeit von $^{220}_{86}$Rn.

b *Vertiefung:* Berechne, wie lange es dauert, bis sich die Stromstärke, die zur Zeit $t = 15$ s gemessen wurde, auf die Hälfte verringert hat.

2 ▶ *Risikoabschätzung* Ein α-Strahler bewirkt eine Energiedosis von 0,5 Gy, ein β-Strahler 1 Gy. Ist die biologische Wirksamkeit der β-Strahlung größer? Berechne jeweils die Äquivalentdosis. ◀

3 *Tritiumproduktion* Das Wasserstoffisotop wird durch Neutronenbeschuss von Lithium erzeugt. Vervollständige die Kernreaktion: $^6_3\text{Li} + ^1_0\text{n} \rightarrow ^3_1\text{H} + ?$

4 *Kettenreaktion* Nimm einmal an, ein Neutron setzt bei einer Kernspaltung drei weitere Neutronen frei (1. Generation), die wiederum jeweils drei Neutronen freisetzen (2. Generation) usw.

a Wie viele Neutronen hätte die 5., 6. und 7. Generation? Bei welcher Generation werden mehr als eine Million Neutronen erzeugt?

b ▶ Warum kommt in Natururan normalerweise keine Kettenreaktion zustande? ◀

5 ▶ *Zerfallskette* Thorium-232 zerfällt in einen Kern, der wiederum zerfällt usw. Insgesamt treten sechs α- und vier β-Zerfälle auf, bis ein stabiler Kern entsteht. Um welches Element handelt es sich? ◀

Check up

1 *Spektralanalyse* Du möchtest das Spektrum von drei verschiedenen Lichtquellen untersuchen: einer Glühlampe, einer Quecksilberdampflampe und einer Heliumlampe.

a Beschreibe eine Versuchsanordnung, mit der du die Spektren sichtbar machen kannst.

b Beschreibe die drei Spektren. Welche Unterschiede gibt es und welche Gemeinsamkeiten?

c *Vertiefung:* Nun wird zusätzlich ein mit erhitztem Quecksilberdampf gefüllter Glaskolben in die Versuchsanordnung von Teil a gestellt: Das Licht der jeweiligen Lampe muss zunächst den Kolben durchstrahlen, bevor es auf die weiteren Bestandteile der Anordnung trifft. Wie verändert sich das Spektrum für jede der drei Lichtquellen im Vergleich zu Teil b? Begründe deine Beschreibung mithilfe der Energieniveaus der Elektronen in den Atomhüllen des Quecksilberdampfs.

d ▶ Beschreibe den Aufbau eines Wolfram-, eines Helium- und eines Quecksilberatoms.

e „Quecksilber hat sieben stabile Isotope." Erkläre, was mit dieser Aussage gemeint ist. ◀

2 ▶ *Radioaktivität und ihr Nachweis*

a Was verstehst du unter *Radioaktivität*? Beschreibe die atomaren Umwandlungen und Strahlungsarten.

b Zum Nachweis der Radioaktivität wird ein Präparat unmittelbar in die Nähe eines geladenen Elektroskops gebracht. Was kannst du am Elektroskop beobachten? Erkläre die Beobachtung.

c Ist das Präparat mehr als 10 cm vom Elektroskop entfernt oder hält man ein Blatt Papier in den Zwischenraum, so verändert sich die Zeigerstellung des Elektroskops nicht. Was ist die Ursache dafür?

d Beschreibe, wie eine Ionisationskammer aufgebaut ist.

e Radioaktivitätsmessungen werden durch den *Nulleffekt* beeinflusst. Erläutere, was man darunter versteht und wie man die Messwerte „bereinigen" kann. ◀

3 *Halbwertszeit* Das radioaktive Kohlenstoffisotop $^{14}_{6}C$ mit einer Halbwertszeit von 5370 Jahren entsteht, wenn in der Erdatmosphäre Neutronen mit Stickstoffkernen kollidieren.

a Beschreibe die Bildung von $^{14}_{6}C$ in Kurzform.

b Beschreibe auch den β-Zerfall von $^{14}_{6}C$.

c ▶ Was versteht man unter *Aktivität* und *Halbwertszeit* eines radioaktiven Körpers? ◀

d *Vertiefung:* Im Holz lebender Bäume ist so viel $^{14}_{6}C$ enthalten, dass sich im Mittel 15,3 Zerfälle pro Minute und Gramm ereignen. Archäologen haben in einer Höhle Holzkohle gefunden: 15 g davon weisen eine Aktivität von 1,2 Bq auf. Bestimme das Alter der Holzkohle mithilfe eines Diagramms.

4 ▶ *Kernspaltung und Kernfusion*

a Vervollständige die beiden Kernreaktionen:

$^{235}_{92}U + ^{1}_{0}n \rightarrow ^{147}_{57}La + ^{87}_{?}Br + ?\ ^{1}_{0}n$

$^{16}_{8}O + ^{16}_{8}O \rightarrow ^{?}_{?}P + ^{1}_{1}p$

b Was verstehst du unter der *Äquivalenz von Masse und Energie*? Welche Bedeutung hat sie bei Kernspaltung und Kernfusion?

c Berechne den Energiegewinn bei der Kernspaltung von Uran-235 aus Teil a.

Isotop	U-235	La-147	Br-87	n
m in u	235,04392	146,9278196	86,9207107	1,0086649

d Warum lässt sich nicht bei jeder Kernspaltung bzw. jeder Kernfusion Energie gewinnen? ◀

› Die Lösungen findest du im Anhang.

Schätze deine Kenntnisse und Fähigkeiten ein.

Ordne dazu deiner Lösung im Heft ein Smiley zu:

☺ Ich konnte die Aufgabe richtig lösen.
😐 Ich konnte die Aufgabe nicht komplett lösen.
☹ Ich konnte die Aufgabe nicht lösen.

Aufgabe	Fähigkeit	Hilfe findest du auf Seite …
1	Spektren von Lichtquellen analysieren und erklären.	104, 106, 107, 120
2	Strahlungsarten radioaktiver Körper unterscheiden und nachweisen.	124, 126, 128, 129, 160
1, 3, 4	Aufbau von Atomen beschreiben.	100, 120
3	Halbwertszeit bestimmen und anwenden.	130, 134–136, 160
4	Kernspaltung und Kernfusion aus Sicht der Energie beschreiben.	149, 151–155, 161

Aus dem Profilbereich

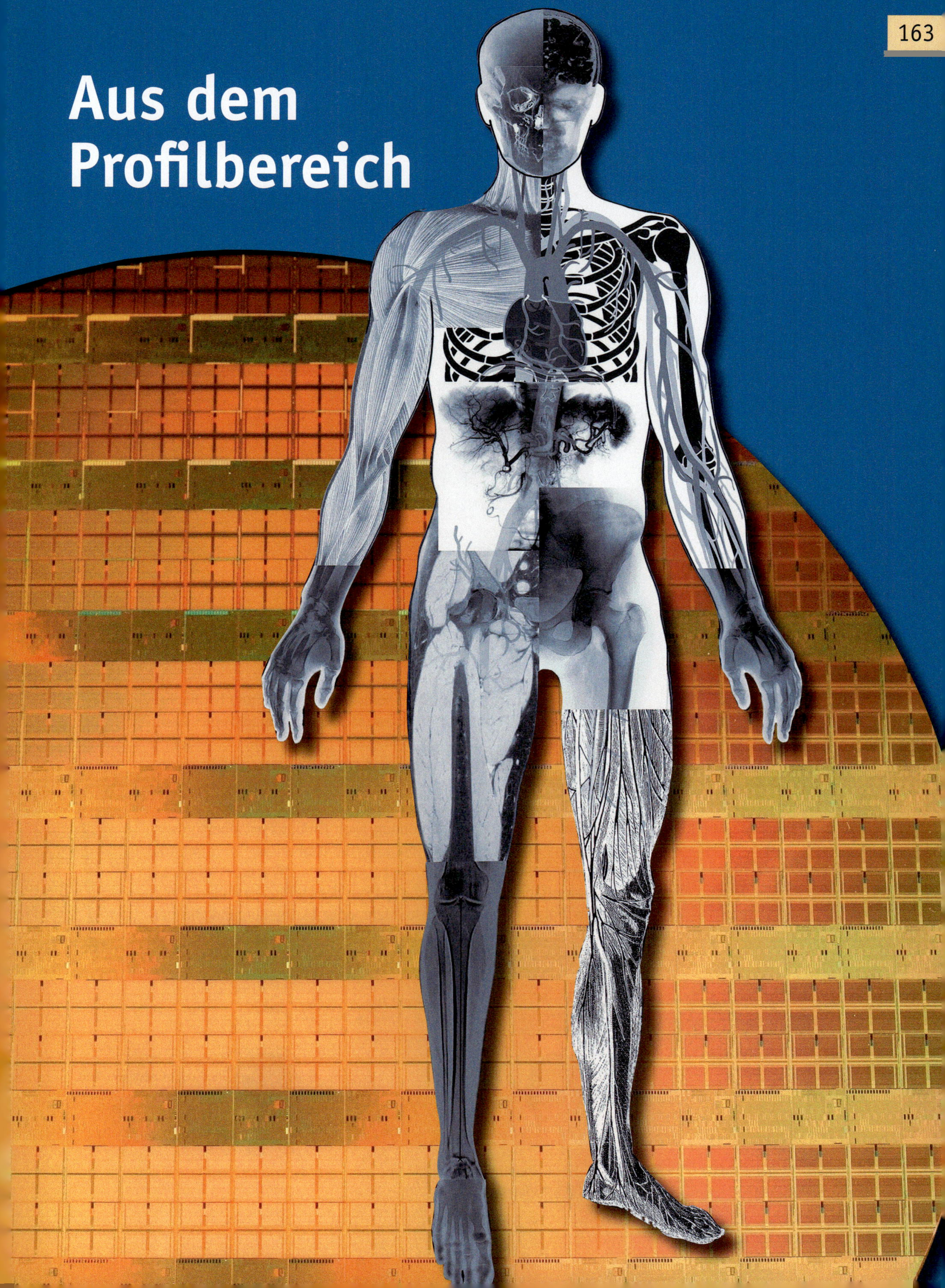

Halbleiter und Mikroelektronik

Leiter mit veränderlichem Widerstand

Modelleisenbahnen stellen oft eine Welt im Miniaturformat dar. ↑1 Und wie im richtigen Leben sollen die Züge vor einem Signal langsam abbremsen und danach langsam wieder anfahren. Abruptes Anfahren oder Abbremsen ist dagegen nicht erwünscht. Für das richtige Brems- und Anfahrverhalten sorgen elektronische Bauelemente, die *Halbleiter* enthalten.

1 Hightech für Modellbauer

2 Fieberthermometer vor 300 Jahren

Die ersten Fieberthermometer, die vor mehr als 300 Jahren gefertigt wurden, waren nicht sehr genau. ↑2 Das „Steigrohr" war zu zwei Dritteln mit Wasser gefüllt. Zuerst nahm der Arzt die Thermometerkugel selbst in den Mund und beobachtete, wie weit sich die Flüssigkeit nach unten bewegte. Dann steckte er die Kugel dem Patienten in den Mund … Moderne digitale Fieberthermometer sind viel genauer und nicht „ansteckend". ↑3 Kernstück ist ein elektronisches Bauteil, das seinen Widerstand mit der Temperatur ändert. ↑4↑5

Elektronische Bauteile können auch Einbrecher „überführen". Bei manchem Juwelier löst z. B. die (unbefugte) Verdunklung eines Schaukastens den Alarm aus. Als „Wächter" dient ein Bauteil, das seinen Widerstand mit der Helligkeit ändert. ↑6

Im Folgenden erfährst du mehr über Halbleiter und die verschiedenen „Widerstandstypen": Welche Eigenschaften haben sie und wie nutzt man sie?

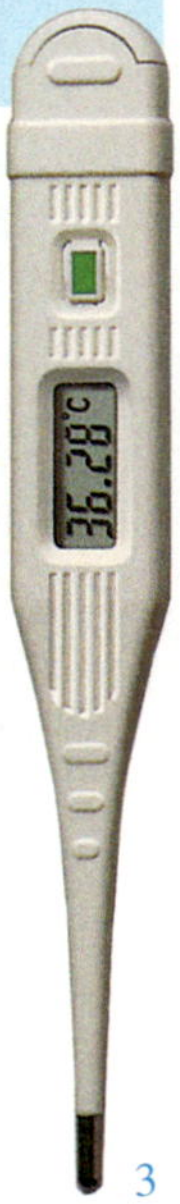

3

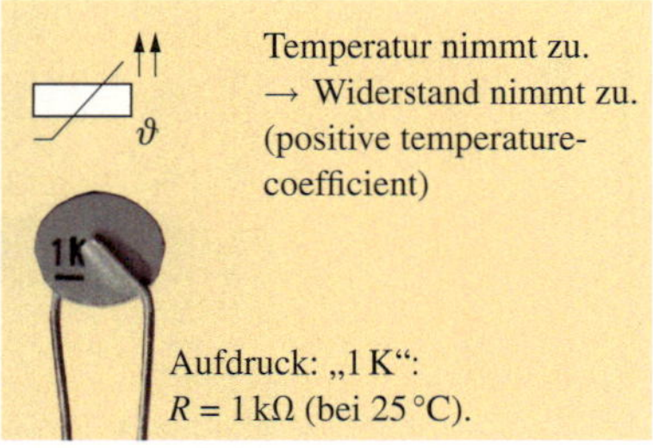

4 Kaltleiterwiderstand (PTC-Widerstand)

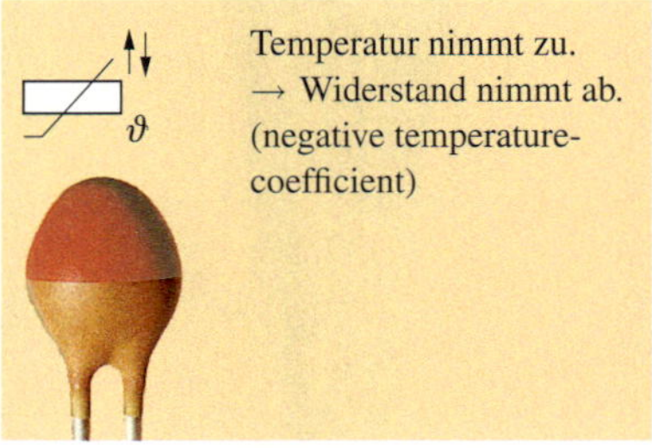

5 Heißleiterwiderstand (NTC-Widerstand)

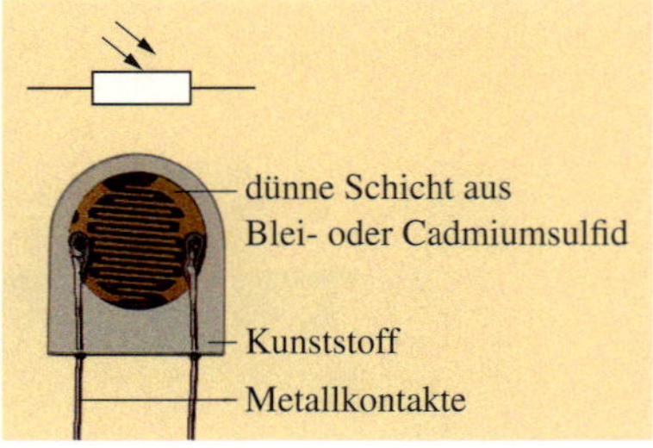

6 Fotowiderstand

Experimente

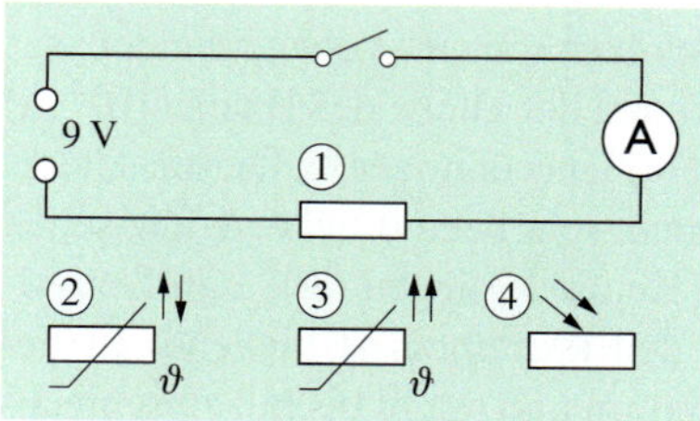

7

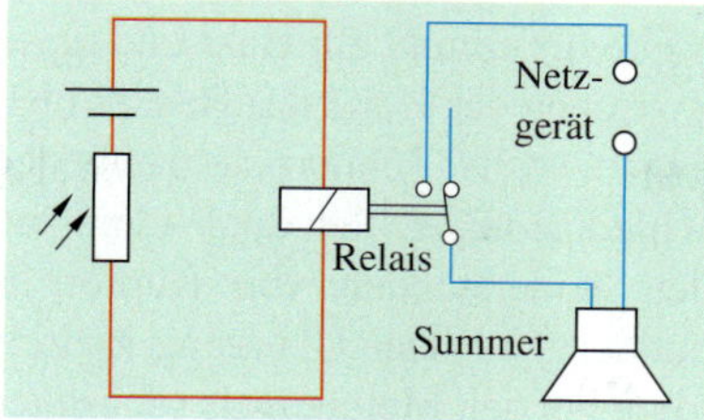

8

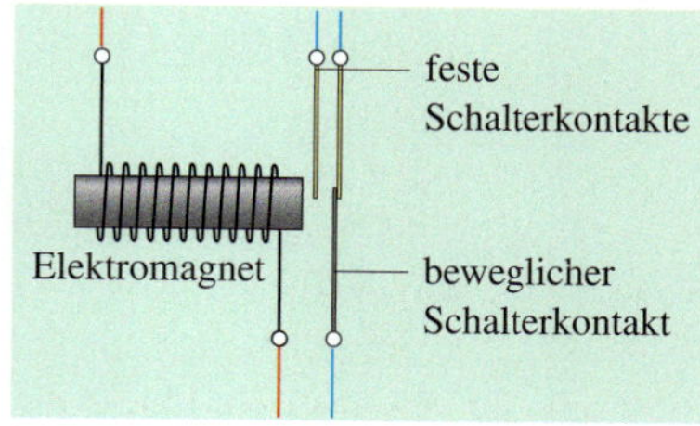

9

1 Es gibt nicht nur gute und schlechte Leiter

Unter dem elektrischen Widerstand eines Bauteils verstehen wir die Eigenschaft, den Elektronenstrom zu hemmen. Wie groß der Widerstandswert ist, lässt sich allerdings nicht immer so richtig angeben. Untersuche den Widerstandswert verschiedener elektrischer Bauteile nach dem Einschalten. ↑7
Bei gleicher Spannung ist die Stromstärke ein Maß für den Widerstandswert: Je größer die Stromstärke ist, desto … (bestimmt kannst du den Satz selbst richtig fortsetzen). Bleibt der Widerstandswert jeweils gleich groß? Welches Bauteil leitet den Strom am besten, welches am schlechtesten?

2 Eine einfache Alarmanlage

Das „Herzstück" einer einfachen Alarmanlage, die einen mit Taschenlampe „bewaffneten" Einbrecher in der Nacht melden soll, ist ein LDR (*l*ight *d*ependent *r*esistor). ↑8

a Überlege dir, wie diese Schaltung funktionieren soll. *Hinweis:* Das Relais ist ein elektromagnetischer Schalter. ↑9 Nur bei einem genügend großen Strom in der Spule wird der bewegliche Schalterkontakt angezogen, sodass die rechte Leitung unterbrochen und die linke geschlossen wird.

b Baue die Alarmanlage auf und probiere sie aus.

3 Die geheimnisvolle Bleistiftmine

Erhitze eine Bleistiftmine erst mit einem Haartrockner und kühle sie dann mit einem Kältespray ab. Wie verändert sich ihr Widerstand dabei? ↑10
Ist die Bleistiftmine ein *Heißleiter* oder ein *Kaltleiter*?

4 Ungewöhnlicher „Dimmer"

Eine Glühlampe mit einer Flamme abdunkeln? Die unten dargestellte Schaltung ermöglicht es! ↑11

a Baue die Schaltung auf und probiere sie aus. *Tipp:* Für die Drahtwendel wickelst du ca. 10 cm Eisendraht (ø 0,2 mm) auf eine Kugelschreibermine.

b Erkläre, wie die Schaltung funktioniert. Ist der Eisendraht ein *Heißleiter* oder ein *Kaltleiter*?

5 Stromstärke messen – in Grad Celsius!

Mit *Heißleitern* kann man Temperaturen messen. In unserer Thermometerschaltung bestimmt die Temperatur am Heißleiter die Stromstärke. ↑12
Die Temperatur soll aber nicht in mA angegeben werden, sondern in °C! Dazu brauchst du eine Umrechnungstabelle – oder noch besser ein Temperatur-Stromstärke-Diagramm. So kannst du es erstellen:

a Tauche den Heißleiter in ein Becherglas mit heißem Wasser (maximal 70 °C). Miss die Wassertemperatur mit einem geeigneten Thermometer in °C und die Stromstärke in mA. Notiere die Werte in einer Tabelle.

b Fülle kaltes Wasser dazu und rühre gut um: Das heiße Wasser soll dadurch um etwa 10 °C abgekühlt werden. Miss jetzt wieder Temperatur und Stromstärke und setze die Tabelle fort.
Wiederhole diesen Schritt, bis das Wasser auf ca. 10 °C abgekühlt ist.

c Zeichne das Temperatur-Stromstärke-Diagramm.

d Bestimme mit deinem neuen Thermometer die Temperatur verschiedener Gegenstände. Überprüfe deine Werte mit einem „richtigen" Thermometer.

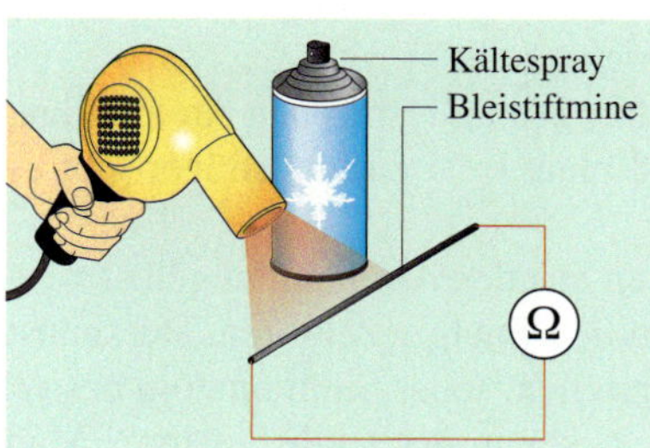

10

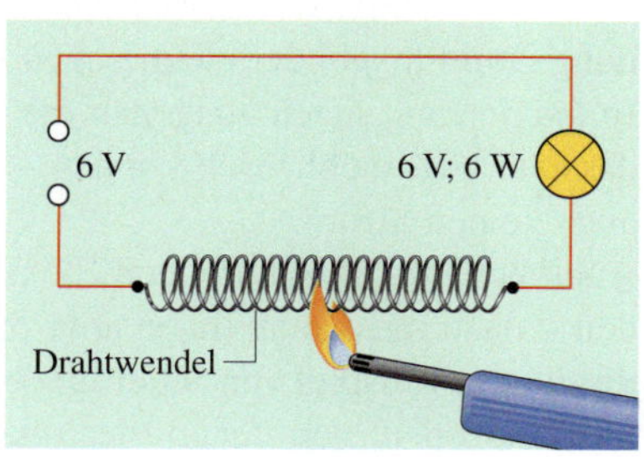

11

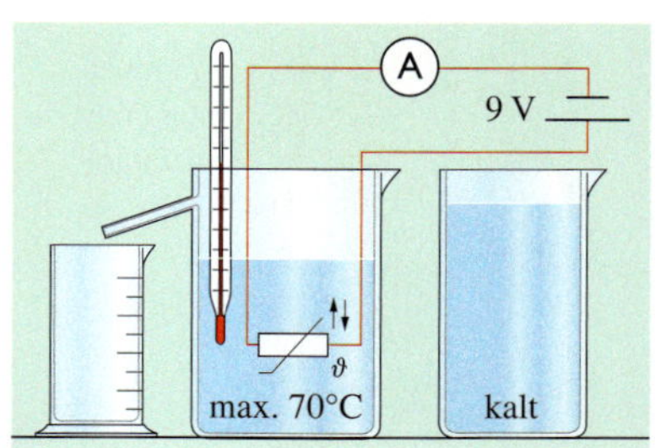

12

GRUNDLAGEN: Die „Bandbreite" der Widerstände

Stelle dir einmal ein Haar und einen „Wolkenkratzer" nebeneinander vor: Zwischen der Höhe des Hauses (10^2 m) und der Dicke des Haars (10^{-4} m) liegen sechs Zehnerpotenzen oder „Größenordnungen". Dieser Unterschied ist in der Welt der Widerstände nicht sehr beeindruckend: Zwischen den Widerständen von Kupfer und Keramik liegen 30 „Größenordnungen"! ↑1 Der Übergang zwischen den Extremen ist fließend: Er beginnt bei den Metallen als sehr guten Leitern und reicht bis hin zu schlechten Leitern, den Isolatoren. Im mittleren Bereich liegen die Halbleiter, wie z. B. Germanium und Silicium. Sie haben bei Raumtemperatur einen hundert Millionen Mal (10^8-mal) so großen Widerstand wie Metalle. Oder anders formuliert: Metalle leiten bei Raumtemperatur hundertmillionenmal besser als Halbleiter. Im Vergleich zu Metallen und Isolatoren ist die Leitfähigkeit von Halbleitern jedoch viel stärker von der Temperatur abhängig: Bei sehr tiefen Temperaturen sind Halbleiter Isolatoren, ab 20 °C liegt ihre Leitfähigkeit schon im Bereich schlecht leitender Metalle.

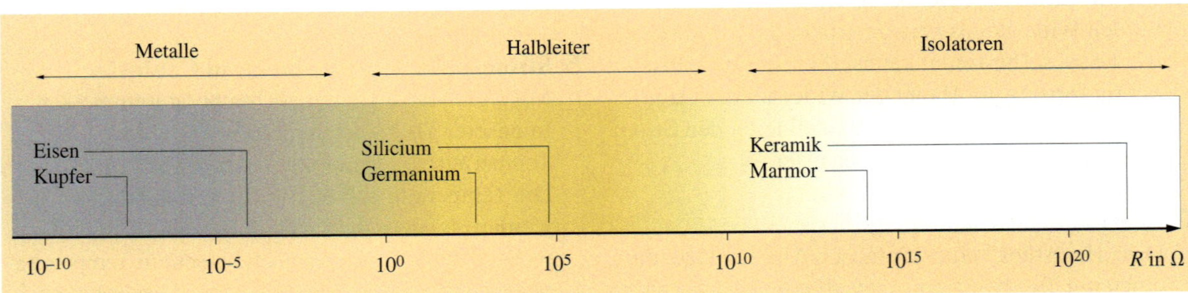

1 Elektrische Widerstände von 1-cm³-Würfeln aus verschiedenen Stoffen bei 20 °C

GRUNDLAGEN: Halbleiter

Bei elektronischen Schaltungen braucht man oft Bauteile, deren Widerstand stark von äußeren Einflüssen abhängt. Halbleiter erfüllen diese Eigenschaft. Um zu erklären, wie sie „funktionieren", erweitern wir unser Modell vom Leitungsvorgang.

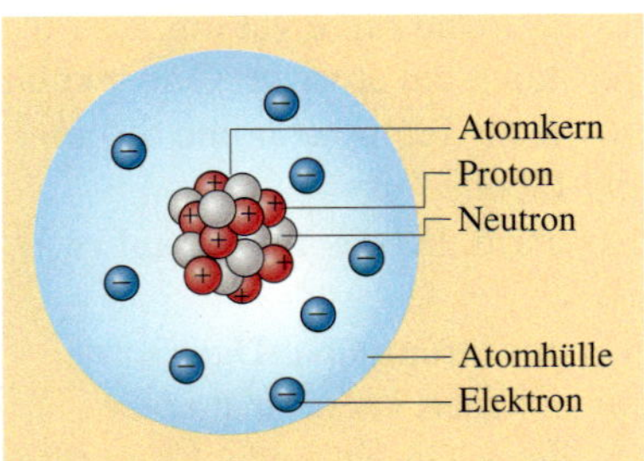

2 Kern-Hülle-Modell eines Atoms

Leiter, Nichtleiter und Halbleiter Unter elektrischem Strom stellen wir uns fließende Elektronen (oder Ionen) vor.
Metalle gehören zu den „guten" Leitern. Bei Zimmertemperatur schwingen die Atome so stark hin und her, dass dabei ein Elektron aus der Hülle eines jeden Atoms „freigerüttelt" wird. ↑2 Diese Elektronen sind innerhalb des Metalls frei beweglich und strömen beim Anlegen einer Spannung zum Pluspol der elektrischen Energiequelle.
In *Isolatoren* „sitzen" dagegen die Elektronen so fest in den Atomhüllen, dass sie sich nicht lösen können – und ohne freie Ladungsträger gibt es auch keinen Strom.
Auch bei *Halbleitern* können Elektronen aus den Atomhüllen gelöst werden – dazu muss man ihnen aber ordentlich Energie zuführen. Du kannst dir das am Beispiel von Silicium so vorstellen: Jedes Siliciumatom besitzt 14 Elektronen, von denen vier relativ locker in der Hülle „sitzen". Man

bezeichnet sie auch als *Valenzelektronen* (vielleicht hast du diesen Begriff schon im Chemieunterricht gehört). Die übrigen 10 Elektronen spielen für unsere weiteren Überlegungen keine Rolle. Im Siliciumkristall ist jedes Atom von vier direkten Nachbarn umgeben. ↑3 Die vier Valenzelektronen eines Atoms bilden mit je einem Valenzelektron der Nachbaratome *Elektronenpaare*. Jedes Elektronenpaar gehört zu zwei Atomen und bindet sie aneinander: Daher spricht man von *Bindungselektronen*. Sie sind im Kristall nicht frei beweglich, sodass Silicium bei sehr tiefen Temperaturen ein Isolator ist. Mit zunehmender Temperatur ändert sich das: Bei Zufuhr von Wärme nehmen einige Atome so viel Energie auf, dass Elektronenpaare aufbrechen. Die „freigerüttelten" Elektronen sind nun im Kristall frei beweglich. ↑4 Die Atome, aus deren Hüllen sie kommen, haben jetzt eine positive „Überschussladung": Der positiven Ladung der Atomrümpfe von $+4\,e$ (e: Elementarladung) steht jeweils nur noch eine Ladung von $-3\,e$ der Valenzelektronen gegenüber. Man bezeichnet die Stelle, wo sich ein Bindungselektron gelöst hat, als *Elektronenlücke* oder kurz als „Loch".
Wenn ein freies Elektron in die Nähe eines Atoms mit „Loch" kommt, wird es infolge der positiven Überschussladung angezogen und füllt unter Umständen die Elektronenlücke. Dieser Vorgang heißt *Rekombination*.
Die Zahl der aufgebrochenen Bindungen und damit der frei beweglichen Elektronen steigt mit der Temperatur, da die Atome immer mehr Energie erhalten. Die Leitfähigkeit des Halbleiterkristalls nimmt also – im Gegensatz zu den Metallen – mit der Temperatur zu, der Halbleiter ist ein *Heißleiter*. Sein Widerstandswert nimmt entsprechend beim Erwärmen ab („negativer Temperaturkoeffizient", NTC-Widerstand).

Wenn man einem Siliciumkristall Wärme zuführt, lösen sich Bindungselektronen von einigen Siliciumatomen und hinterlassen jeweils ein „Loch". Sie stehen dann als freie Elektronen für einen elektrischen Strom zur Verfügung. Der Widerstandswert des Halbleiters nimmt daher mit steigender Temperatur ab (NTC-Widerstand).

Die Leitfähigkeit von Silicium bei Zimmertemperatur ist allerdings viel niedriger als z. B. bei Kupfer: Bei Kupfer kommt nämlich auf jedes Atom ein frei bewegliches Elektron – bei Silicium ist es nur ein freies Elektron auf rund hundert Milliarden Atome!
Auch bei Zufuhr von Licht lassen sich Elektronen „freirütteln". Beim beleuchteten *LDR (light dependent resistor)* ist deshalb die Anzahl der frei beweglichen Elektronen im Kristall größer als im Dunkeln, sodass sein elektrischer Widerstand niedriger ist.

Leitungsvorgang im Halbleiter Legt man eine Spannung an den Siliciumkristall bei Zimmertemperatur, so strömen die frei beweglichen Elektronen zum Pluspol hin. ↑5 Außerdem kommt es immer wieder vor, dass ein Elektron aus einer Paarbindung gerissen wird und ein „Loch" in der Nähe füllt. Dabei hinterlässt es selbst ein „Loch", in das ein anderes Bindungselektron „springt", das selbst wieder ein „Loch" hinterlässt …

Legt man eine Spannung an den Halbleiter, so bewegen sich die freigesetzten Elektronen auf den Pluspol zu und bilden einen elektrischen Strom.

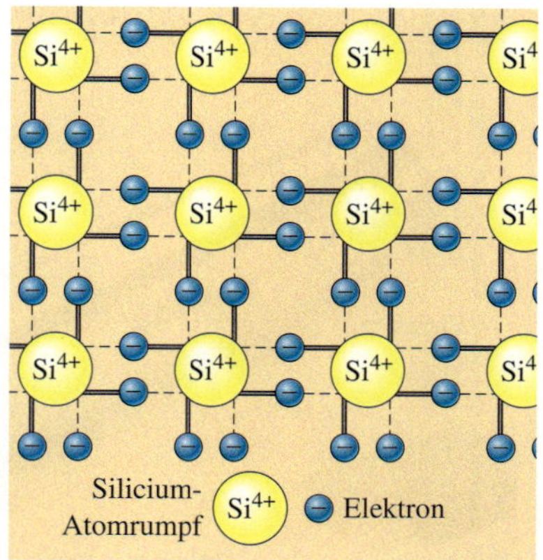

3 Siliciumkristall bei sehr tiefer Temperatur (vereinfachtes Modell)

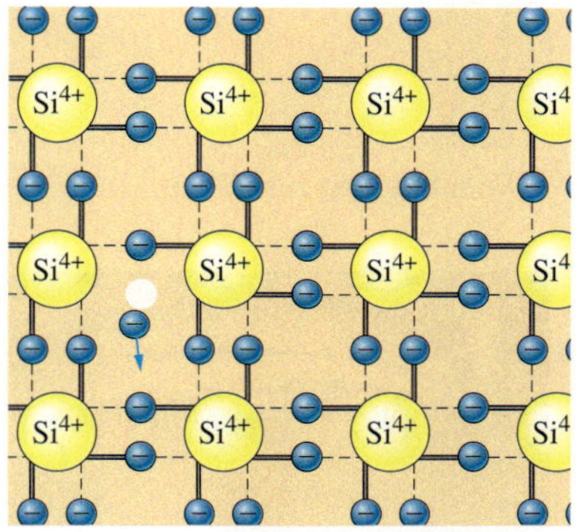

4 Siliciumkristall bei höherer Temperatur

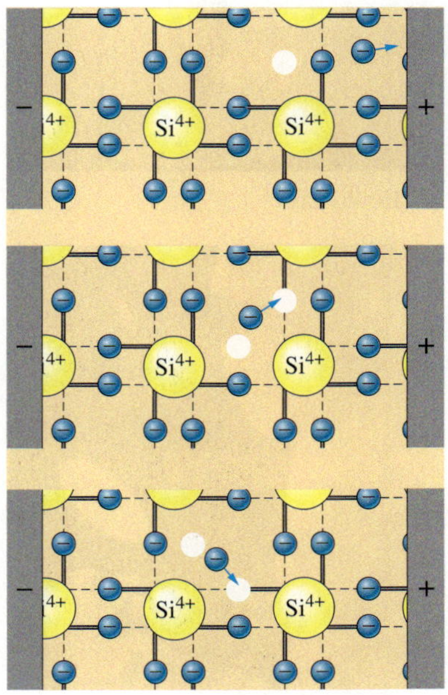

5 Elektronenstrom im Siliciumkristall (bei höherer Temperatur)

Aus der Technik Silicium – wie Sand am Meer?

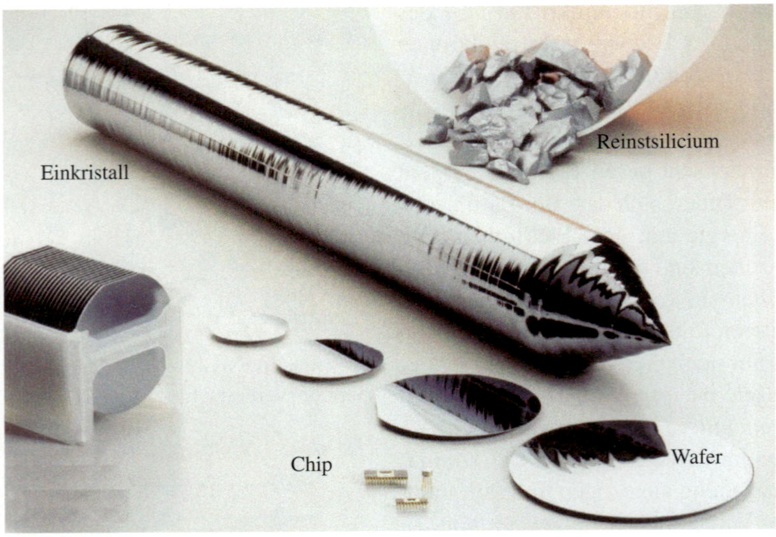

1 Vom Silicium zum Chip

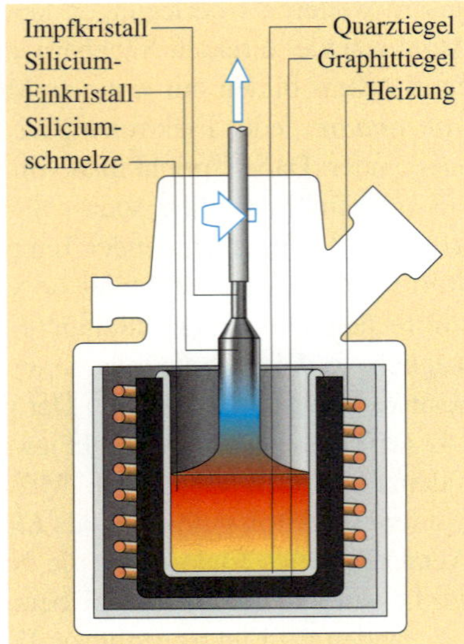

2 „Ziehen aus der Schmelze“

3 Einkristall

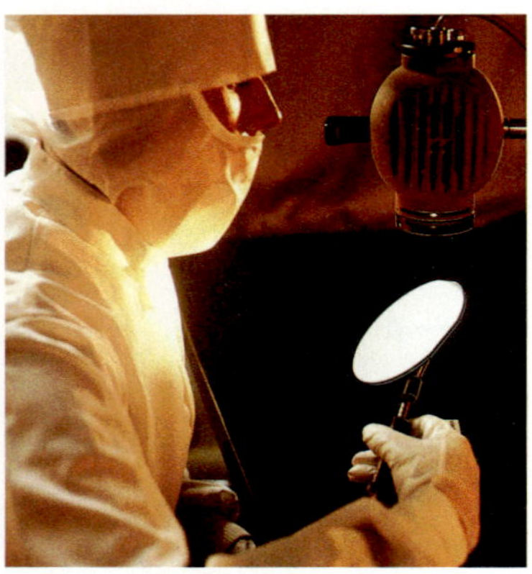

4 Wafer nach dem Polieren

Die Geschichte der Menschheit wird nach ihren Werkstoffen eingeteilt: Steinzeit, Bronzezeit, Eisenzeit. Vielleicht wird man später das 20. Jahrhundert als Beginn der „Siliciumzeit“ bezeichnen, denn 95 % aller Halbleiter enthalten diesen Stoff. Silicium findet man auf der Erde „wie Sand am Meer“. Es ist nach dem Sauerstoff das zweithäufigste Element auf unserem Planeten. Jedes Sandkorn, jeder Kieselstein besteht fast nur aus Siliciumdioxid (SiO_2). Allerdings muss es aus dem „Sand am Meer“ erst einmal isoliert werden. In Hochöfen werden dazu Quarzsand (SiO_2) und Kohle bzw. Koks (C) gemeinsam erhitzt. Bei Temperaturen von über 1800 °C wird das Oxid reduziert – es entsteht Rohsilicium mit einer Reinheit von 98 %: $SiO_2 + 2\,C \rightarrow Si + 2\,CO$.
Weitere chemische Verarbeitungsstufen werden durchlaufen, damit aus diesem Rohsilicium das Reinstsilicium wird, das man für die Elektronik benötigt. Die Reinheit des Siliciums erreicht schließlich 99,99999999 %! Reines Silicium glänzt wie Metall. ↑1
Aber auch damit ist den Elektronikern noch nicht gedient. Die Siliciumbrocken bestehen nämlich aus vielen kleinen Kristallen und Kristallbereichen, die ohne jede Ordnung zusammengefügt sind. Gewünscht werden aber möglichst große Kristalle mit einer vollkommen regelmäßigen Anordnung der Atome, die *Einkristalle*. Sie werden durch „Ziehen aus der Schmelze“ hergestellt. ↑2
Hochreines Silicium wird dazu in einem Tiegel bei ungefähr 1450 °C geschmolzen. Von oben taucht man einen kleinen Impfkristall in die Schmelze. Er wird langsam gedreht und gleichzeitig nach oben gezogen. An den Impfkristall lagern sich beim Abkühlen immer mehr Siliciumatome an, und zwar in der vom Impfkristall vorgegebenen Ordnung. So entstehen im Lauf vieler Stunden stabförmige Einkristalle von bis zu 30 cm Durchmesser und über 1 m Länge. ↑3
Diese Stäbe werden schließlich in 0,5 mm dünne Scheiben *(Wafer)* zersägt, die nach dem Polieren mit keinem Staubkorn mehr in Berührung kommen dürfen. ↑4 Aus jedem Wafer werden später Hunderte von *Chips* (engl.: Schnipselchen) hergestellt – jeder vielleicht ein Computerspeicher.

Aufgaben

1 *Heißleiter Halbleiter*

a Wieso leiten Halbleiter bei hohen Temperaturen besser als bei tiefen?

b Skizziere ein Temperatur-Widerstand-Diagramm für einen Heißleiter. Erkläre damit, weshalb Heißleiter auch NTC-Widerstände heißen.

c Der Zusammenhang zwischen Temperatur und Widerstand soll für einen Heißleiter genauer bestimmt werden. Überlege dir einen Versuchsaufbau dafür.

2 *Elektronische Wächter* Entwirf (und teste) Schaltungen für folgende „Wächter".

a *Brandmelder* – NTC-Widerstand und Klingel

b *Heizölwarnlampe* („Tank leer!") – PTC-Widerstand und Glühlampe

3 *Modelleisenbahn* Eine 3 m lange Schienenstrecke ist über einen NTC-Widerstand an einen Trafo (15 V) angeschlossen. ↑5 Wenn der Trafo eingeschaltet wird, beschleunigt die Lok allmählich bis zur konstanten Endgeschwindigkeit – fast wie im richtigen Leben. Welche Rolle spielt der NTC-Widerstand?

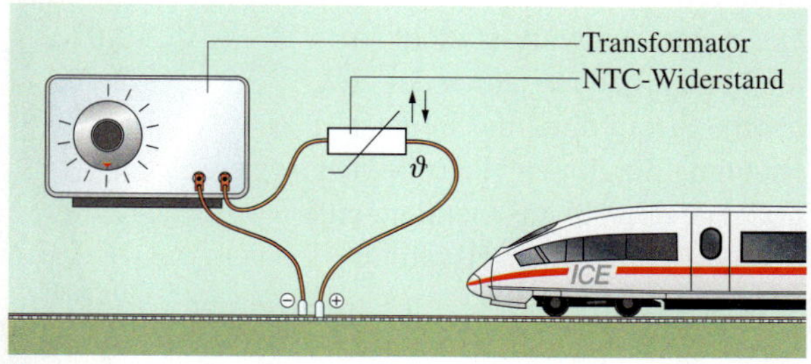

5

GRUNDLAGEN: Dotierung von Halbleitern

Reine Halbleiter, wie z. B. reines Silicium, leiten bei Zimmertemperatur nur schlecht. Ihre Leitfähigkeit lässt sich jedoch mit einem „Trick" sehr stark steigern: Man baut einige Fremdatome in das Kristallgitter ein. Dieses „Hineinmogeln" von Fremdatomen heißt *Dotieren* (lat. *dotare:* ausstatten).
Zum Dotieren von Silicium verwendet man z. B. Phosphor- oder Arsenatome, sie haben jeweils fünf Valenzelektronen. Von diesen werden vier für die Bindung im Kristallgitter benötigt. Das fünfte bleibt übrig und ist nur recht schwach gebunden. Es wird bei Zufuhr von wenig Energie freigesetzt (also schon bei niedriger Temperatur) und steht für die Leitung zur Verfügung. ↑6 Jedes Phosphor- oder Arsenatom kann also dem Siliciumkristall ein leicht bewegliches Elektron „schenken"; man nennt sie Donatoren (lat. *donare:* schenken). Da die Leitfähigkeit durch (*n*egativ geladene) Elektronen verbessert wird, spricht man von *n-dotierten Halbleitern.*
Auch Atome mit drei Valenzelektronen (z. B. Bor, Aluminium, Gallium, Indium) eignen sich zum Dotieren. ↑7 Solche Fremdatome im Siliciumkristall heißen *Akzeptoren* (lat. *accipere:* in Empfang nehmen): Sie können von den Nachbaratomen ein Bindungselektron aufnehmen, um ihre eigene Bindung zu vervollständigen. Auf diese Weise entsteht dann beim Nachbaratom ein Loch, das anziehend auf Bindungselektronen in der Nähe wirkt. Legt man eine Spannung an den dotierten Halbleiter, „hüpft" eines dieser Bindungselektronen in dieses Loch und hinterlässt selbst ein Loch, in das ein anderes Bindungselektron … Mit Akzeptoren versehene Halbleiter heißen *p-dotiert.*

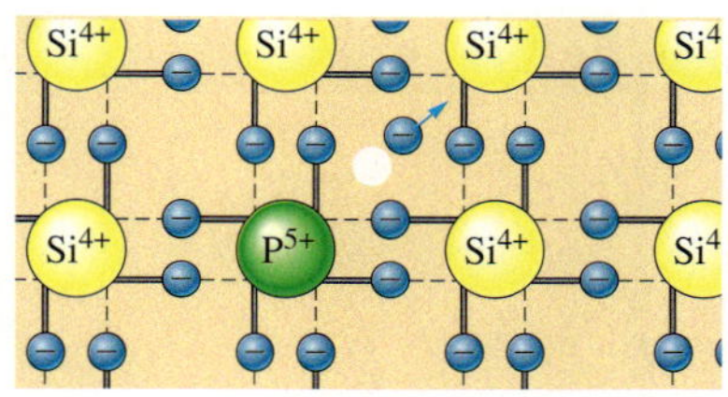

6 Dotierung mit Phosphor (P)

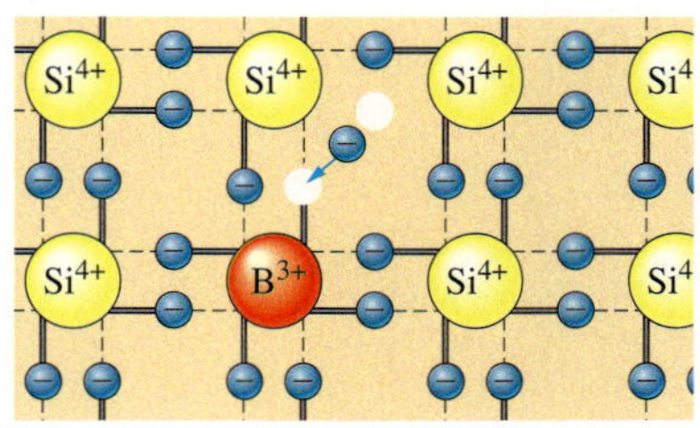

7 Dotierung mit Bor (B)

Die Leitfähigkeit eines Siliciumkristalls kann gezielt erhöht werden, indem man ihn mehr oder weniger stark mit Fremdatomen dotiert.

In der Technik spricht man von normaler Dotierung, wenn auf 1 000 000 Siliciumatome ein Fremdatom kommt. Bei starker Dotierung ist das Verhältnis 10 000 zu 1.

Halbleiterdioden

Was hat denn der Haartrockner mit einer Einbahnstraße zu tun? ↑1 ↑2
Die erste Antwort ist offensichtlich: Die Luft strömt nur in einer Richtung durch den Haartrockner hindurch.
Die zweite Antwort ist nicht so leicht zu erkennen: Auch der elektrische Strom fließt nur in einer Richtung durch den Haartrockner – und das, obwohl das Gerät an eine Steckdose mit Wechselspannung angeschlossen ist!
Um den Strom „gleichzurichten“, braucht man besondere Halbleiterbauteile: *Dioden.*

1

2

Die Bundesanstalt für Straßenwesen schätzt, dass in Deutschland durch das Fahren mit Licht am Tag rund 3 % aller Unfälle im Jahr vermieden werden könnten. Als Tagesfahrlicht wären spezielle *Leuchtdioden (LED, light emitting diode)* gut geeignet. ↑3 Für die gleiche Helligkeit wandeln sie weniger Energie um als Glühlampen. Die eingesetzte Energie stammt letztlich aus dem Kraftstoff, bei dessen Verbrennung schädliche Abgase entstehen. Bei *einem* Auto wäre die Umweltentlastung vielleicht noch nicht so gravierend – bei rund 40 Millionen Autos schon. Leuchtdioden haben zudem den Vorteil, dass sie sehr robust sind.
„Lotte“ ist ein unbemanntes Luftschiff zur Messung der Luftqualität. ↑4 Tagsüber wandeln *Solarzellen* die Energie für seinen Elektromotor um. Da er keine Abgase erzeugt, beeinflusst er die Messdaten nicht. Solarzellen kennst du auch von Taschenrechnern oder Solardächern …
Auf den folgenden Seiten erfährst du mehr über verschiedene Dioden und ihre „großflächigen Verwandten“, die Solarzellen.

3 Ohne Beleuchtung, mit Abblendlicht, LED-Tagfahrlicht

4 Solarluftschiff „Lotte“

Experimente

1 Eine Einbahnstraße für den elektrischen Strom

Der Widerstandswert eines *Festwiderstands* ist von äußeren Einflüssen (z. B. Temperatur) weitgehend unabhängig. Es spielt auch keine Rolle, welcher Anschluss mit dem Pluspol der elektrischen Energiequelle verbunden wird und welcher mit dem Minuspol: Es ergibt sich jeweils die gleiche Stromstärke. Gilt dies auch für eine *Diode*? ↑5

a Baue die Diode in verschiedenen „Richtungen" in den Stromkreis ein. ↑6 Miss jeweils die Stromstärke bei $U = 4{,}0$ V und $U = 6{,}0$ V. Was stellst du fest?

b Ergänze (in deinem Heft) die folgende Einbauanleitung:
„Damit die Diode in Durchlassrichtung geschaltet ist, muss …"
„Damit die Diode in Sperrrichtung geschaltet ist, muss …"

2 Fahrt in Richtung der Einbahnstraße – Kennlinien der Diode

Baue eine Diode in Durchlassrichtung (s. Experiment 1) in einen Stromkreis ein. ↑7 Welche Stromstärke lässt sie bei verschiedenen Spannungen zu?

Achtung: Vergiss nicht, den Festwiderstand einzubauen – er soll die Stromstärke so begrenzen, dass die Diode nicht zerstört wird!

a Verändere die Spannung an der Diode und miss jeweils die Stromstärke. Notiere die Werte in einer Tabelle.

b Berechne für jedes Wertepaar den elektrischen Widerstand, den die Diode bei dieser Einstellung hat. Trage die Werte ebenfalls in deine Tabelle ein.

c Trage die Wertepaare in ein *U-I*-Diagramm bzw. ein *U-R*-Diagramm ein. Zeichne jeweils die Messkurve (Ausgleichskurve).

d Die Diode lässt erst ab einer bestimmten *Schwellenspannung* U_s einen größeren Strom zu. Bestimme U_s anhand deines *U-I*-Diagramms. Was kannst du über den Widerstand der Diode bei Spannungen oberhalb der Schwellenspannung aussagen?

3 Leuchtdiode

Auch Leuchtdioden ↑8 wirken in einem elektrischen Stromkreis wie eine Einbahnstraße.

Mithilfe zweier Leuchtdioden kannst du zeigen, dass die Polung der Spannung, die ein Fahrraddynamo erzeugt, immer wieder wechselt. ↑9 Wie musst du die Leuchtdioden dazu anschließen? Überlege erst und probiere es dann aus.

Achtung: Die Leuchtdioden müssen durch den Festwiderstand vor zu großer Stromstärke geschützt werden!

Tipp: Falls du keinen Dynamo zur Hand hast, kannst du die Leuchtdioden an eine Spule anschließen. Tauche dann einen Magneten immer wieder in die Spule ein und ziehe ihn anschließend heraus.

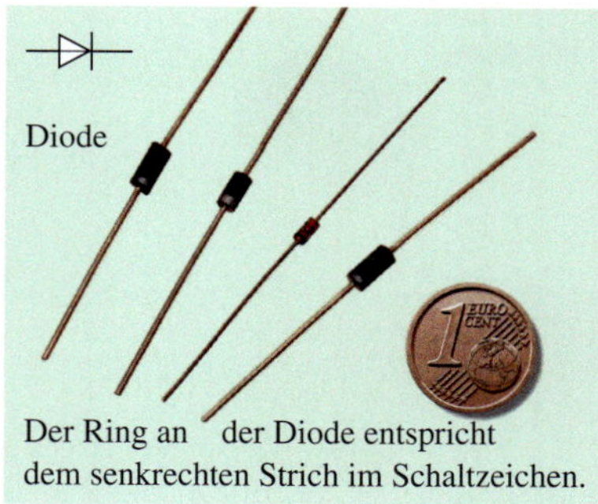

5

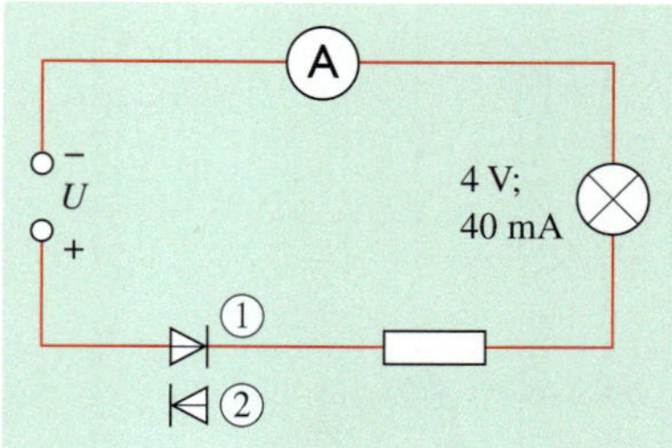

6

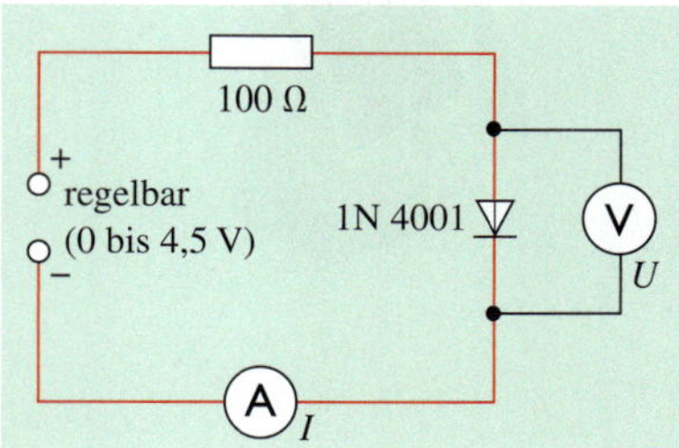

7

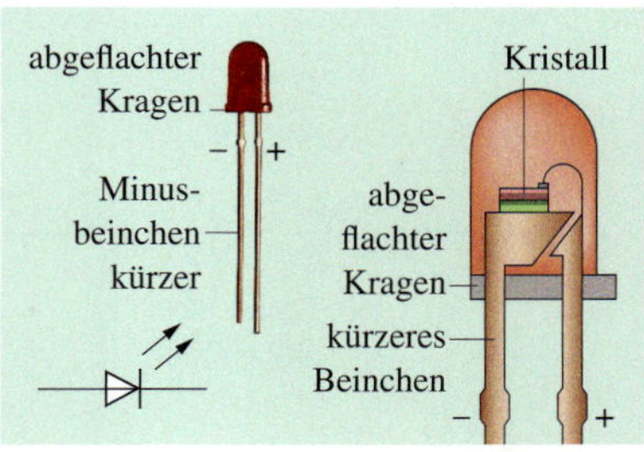

8

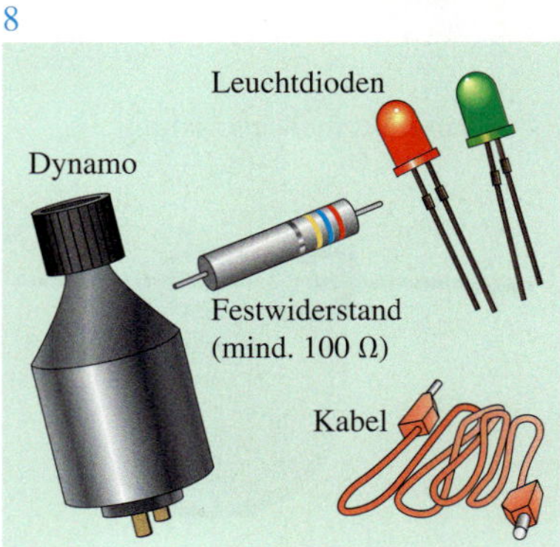

9

Experimente

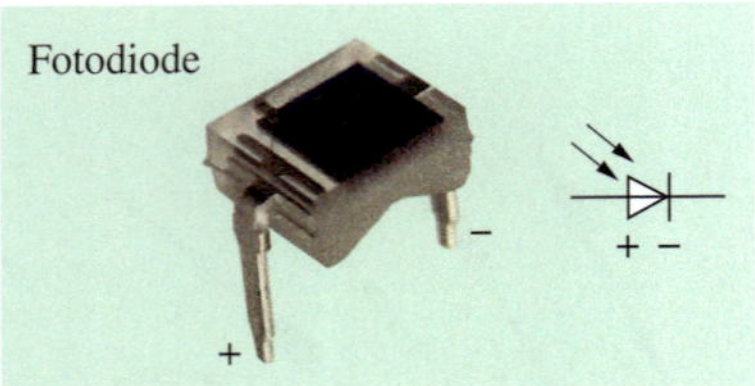

1

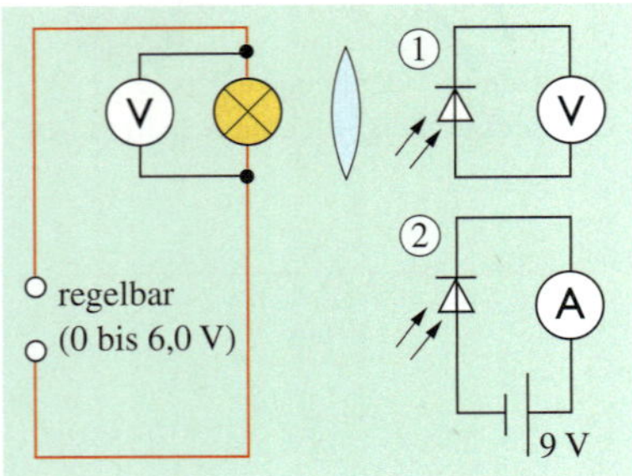

2

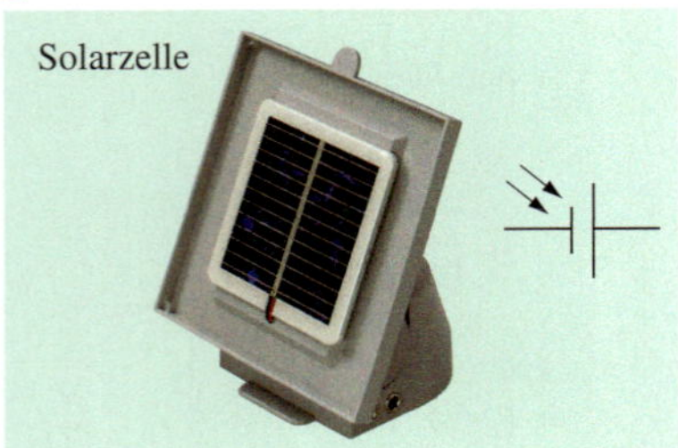

3

4 Fotodiode ↑1

Mit Fotodioden kann man die Helligkeit messen. Je nach Beleuchtung ändert sich ihr Widerstand bzw. die Spannung zwischen ihren Anschlüssen.

a *Fotodiode als Spannungserzeuger* ↑2 ①
Stelle die Lampe zunächst 5 bis 10 cm entfernt von der Fotodiode auf. Bilde die Glühwendel mit der Sammellinse scharf auf die Fotodiode ab. Erhöhe dann die Helligkeit der Lampe, indem du die Betriebsspannung in mehreren Schritten von 0 auf 6 V steigerst. Miss jeweils die Spannung an der Fotodiode und notiere die Werte in einer Tabelle. Stelle die Messwerte in einem Diagramm dar. Beschreibe den Spannungsverlauf an der Fotodiode.

b *Fotodiode als lichtabhängiger Widerstand* ↑2 ②
Schließe die Fotodiode diesmal in Sperrrichtung an eine Batterie an. *Achtung:* Die Anschlüsse der Fotodiode dürfen nicht vertauscht werden! Wie verändert sich die Stromstärke in diesem Stromkreis, wenn die Spannung an der Lampe wieder von 0 auf 6 V erhöht wird?

5 Solarzelle

Solarzellen sind großflächige Fotodioden. ↑3 Sie werden verwendet, um Strahlungsenergie in elektrische Energie umzuwandeln.

a Miss zunächst die Spannung, die die Solarzelle bei zunehmender Helligkeit erzeugt. Gehe dazu wie bei der Fotodiode vor. ↑2 Was fällt dir beim Spannungsverlauf an der Solarzelle auf?

b Versuche mithilfe der Lampe und der Solarzelle einen kleinen Motor anzutreiben.

Aus der Geschichte Ein „richtungsabhängiger“ Widerstand wird entdeckt

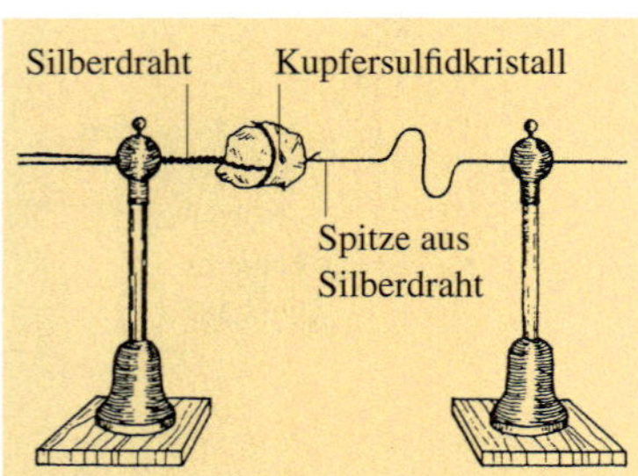

4 Brauns Versuchsanordnung

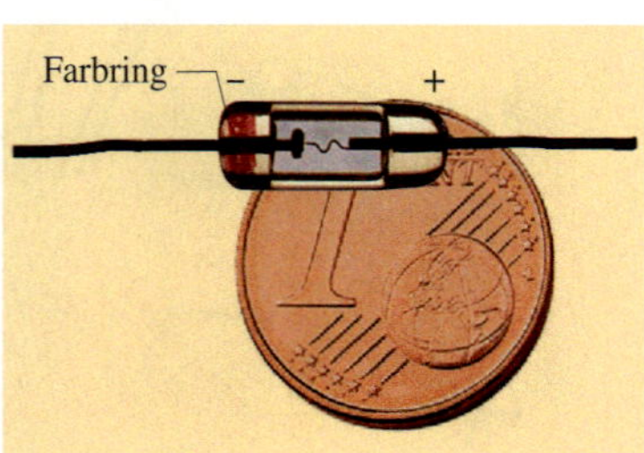

5 Spitzendiode

Im Jahr 1874 veröffentlichte der Leipziger Lehrer und spätere Nobelpreisträger KARL FERDINAND BRAUN (1850–1918) einen Aufsatz mit dem Titel „Über die Elektrizitätsleitung durch Schwefelmetalle“. Er hatte Eisensulfid, Kupfersulfid und ähnliche Stoffe auf ihre Leitfähigkeit untersucht und dabei eine erstaunliche Entdeckung gemacht. Seine Versuchsanordnung war ganz einfach: ↑4 Ein gebogener Silberdraht drückt den Kupfersulfidkristall gegen einen Ring aus Silberdraht. BRAUN wollte so verschiedene Kristalle nacheinander an eine Batterie anschließen. Das Verblüffende war nun: In ein und demselben Stromkreis (d.h. bei gleichem Kristall und gleicher Batterie) floss mal ein großer und mal ein kleiner Strom – je nach Polung der Batterie. Der Widerstand der Anordnung aus Kristall und Silberdraht hing also von der Stromrichtung ab! Technische Anwendung fand seine Entdeckung aber erst vereinzelt ab 1906 in der Radio- und Funktechnik. BRAUNS Anordnung wurde später in Glasröhren eingeschmolzen, allerdings mit anderen Kristallen. ↑5
1948 stellten die Amerikaner SHOCKLEY, BRATTAIN und BARDEEN fest, dass Germanium schlechter leitet als die Metalle, aber besser als z.B. Glas – der erste Halbleiter war entdeckt. Nach der Beobachtung, dass „Verunreinigungen“ (Dotierungen) die Leitfähigkeit von Halbleitern beeinflussen, setzte die rasante Entwicklung der Halbleiterdioden ein.

GRUNDLAGEN: Was geschieht im Innern einer Diode?

Ein Fahrradventil lässt den Luftstrom nur in einer Richtung passieren: aus der Pumpe in den Schlauch. In der anderen Richtung „sperrt“ es. Ähnlich verhält sich – auf den Elektronenstrom übertragen – eine Diode. Sie besteht im Wesentlichen aus einem Halbleiterkristall, in dem ein p-dotierter Bereich (z.B. p-Silicium) und ein n-dotierter (z.B. n-Silicium) aneinandergrenzen. Man spricht von einem *p-n-Übergang*.

Sperrschicht Am p-n-Übergang „wandern“ zunächst freie Elektronen aus der n-Schicht in die p-Schicht und füllen dort Löcher. ↑6 Bald sind in einer ganz schmalen Zone um die Grenzfläche herum keine freien Elektronen und keine Löcher mehr vorhanden. Ohne freie Ladungsträger ist die Zone nichtleitend: Man nennt sie *Sperrschicht*. ↑7

Am p-n-Übergang der Diode bildet sich eine nichtleitende Sperrschicht mit sehr großem elektrischem Widerstand.

Die n-Seite der Sperrschicht ist positiv geladen, denn sie enthält die positiv geladenen Donatoren, nicht aber die abgegebenen Elektronen. Die p-dotierte Seite ist negativ – dort sind Elektronen eingefangen worden. Zwischen beiden Seiten herrscht aufgrund des Ladungsunterschieds eine Spannung von 0,7 V. Von der n-Schicht aus können nun keine Elektronen mehr gegen diese Spannung in die p-Schicht springen.

Diode in Durchlassrichtung ↑8 Die p-Schicht der Diode ist an den Pluspol einer elektrischen Energiequelle angeschlossen, die n-Schicht an den Minuspol. Die Elektronen im Stromkreis werden dadurch in Richtung auf den Pluspol angetrieben. In der n-Schicht werden freie Elektronen in die Sperrschicht gedrängt. In der p-Schicht „hüpfen“ Bindungselektronen aus der Sperrschicht in Löcher im p-Silicium. Dabei hinterlassen sie neue Löcher. Die Sperrschicht wird schmaler. Bei der *Schwellenspannung* (bei Silicium-Dioden etwa 0,7 V) ist die Spannung zwischen den Schichten ausgeglichen und die Sperrschicht verschwunden – die Diode leitet.

Wenn die Diode in Durchlassrichtung geschaltet ist, leitet sie, falls von außen mindestens die Schwellenspannung angelegt wird.

Diode in Sperrrichtung ↑9 Die freien Elektronen werden in der n-Schicht durch die angelegte Spannung von der Grenzfläche weggedrängt. In der p-Schicht werden gelöste Bindungselektronen ebenfalls in Richtung auf den Pluspol getrieben. Solange in der Nähe der Sperrschicht noch Löcher vorhanden sind, springen diese Elektronen hinein und füllen sie. Die Folge ist, dass die Sperrschicht breiter wird. Es kommt zu keinem Strom.

Wenn die Diode in Sperrrichtung geschaltet wird, wird die Sperrschicht breiter und ihr Widerstand nimmt zu.

Bei sehr hoher äußerer Spannung in Sperrrichtung bricht die Sperrwirkung allerdings zusammen, die Diode leitet dann auch in dieser Richtung. Je nach Diodentyp liegt die Durchbruchspannung bei 50 bis 1000 V.

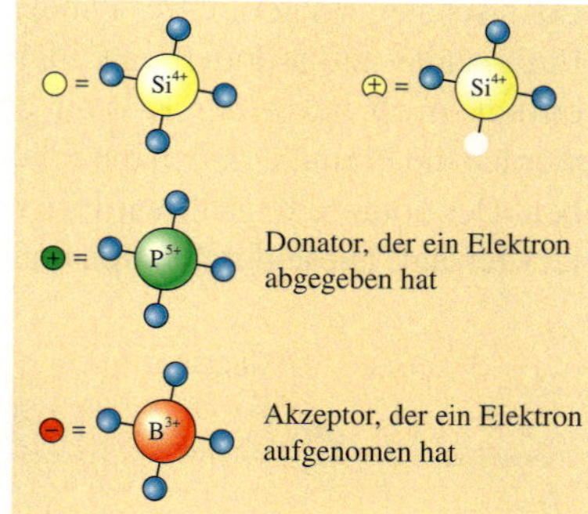

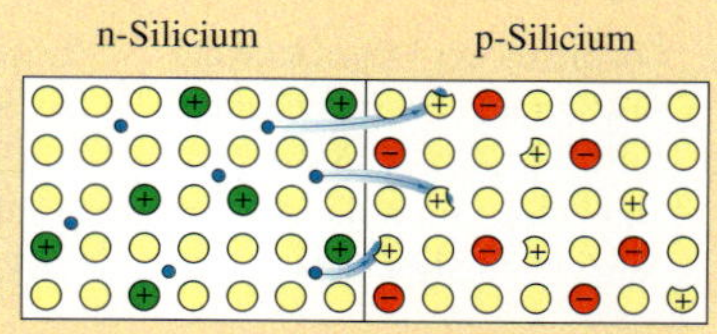

Am p-n-Übergang: Freie Elektronen aus dem n-Silicium füllen Löcher im p-Silicium.

6 Entstehung der Sperrschicht

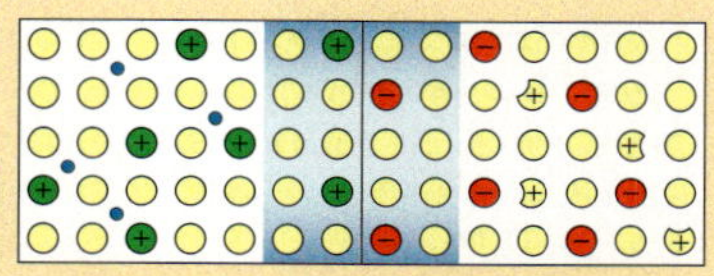

Am p-n-Übergang gibt es keine freien Elektronen mehr. Die negativ geladene Sperrschicht im p-Silicium verhindert ein weiteres Übertreten von Elektronen.

7 Sperrschicht

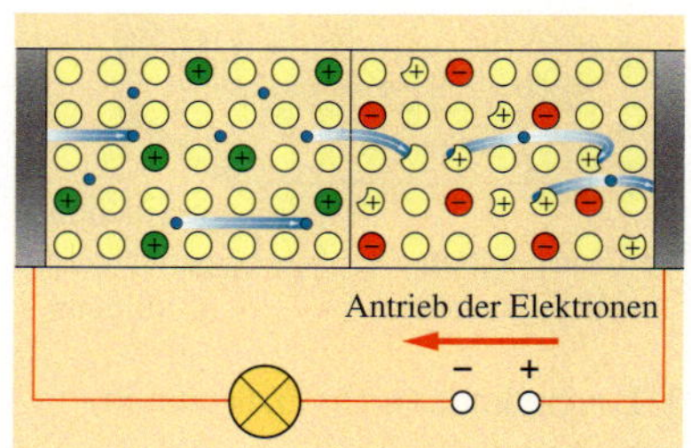

8 Diode, in Durchlassrichtung betrieben

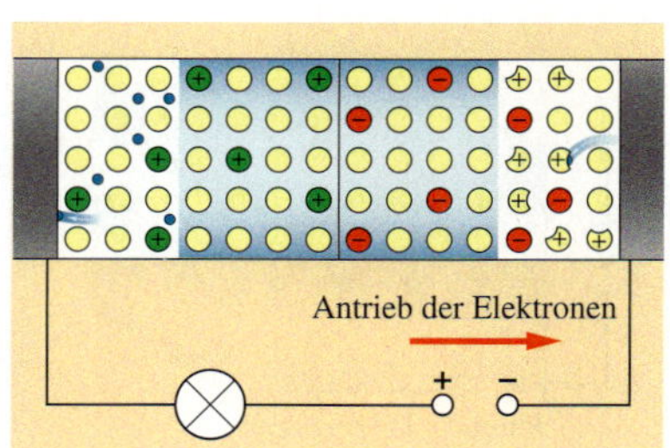

9 Diode, in Sperrrichtung betrieben

Aus der Technik So wird eine Diode hergestellt

Das Ausgangsmaterial für Dioden sind stabförmige Einkristalle aus n-dotiertem Silicium. Die Dotierung erfolgt, noch bevor der Kristall gezogen wird. Dazu werden die Fremdatome in die Siliciumschmelze gegeben. Der dotierte Kristall wird zuerst in Scheiben (Wafer) zersägt. Diese durchlaufen dann Öfen, Fotolabors, ätzende Bäder ... ↑1 (Hier ist nur ein winziges Stück des Wafers mit einer einzigen Diode gezeichnet.)
Die Station 6 ist wichtig. In einem über 1000 °C heißen Ofen „wandern" Boratome in die oberste Siliciumschicht. So bildet sich dort p-dotiertes Silicium. Am p-n-Übergang entsteht dabei die Sperrschicht der Diode.

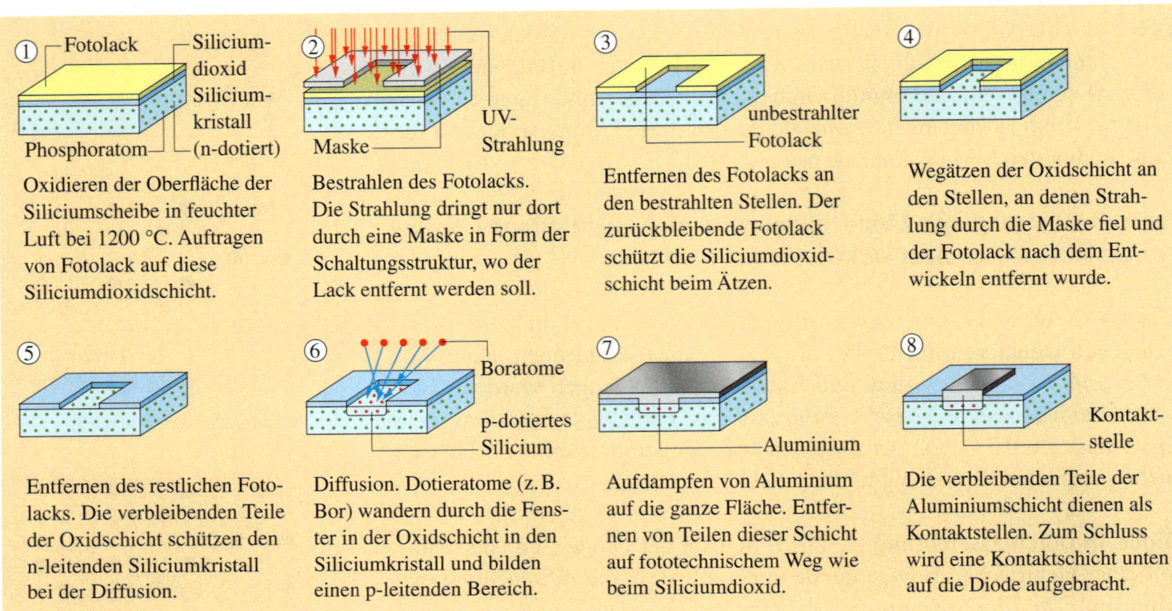

1 Eine Diode wird hergestellt.

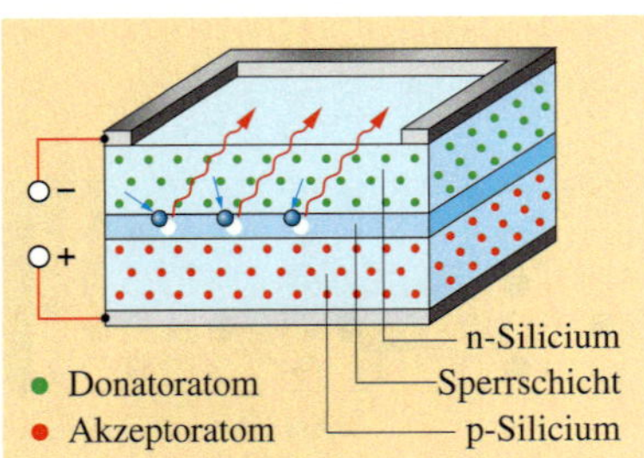

2 Leuchtdiode (nicht maßstäblich)

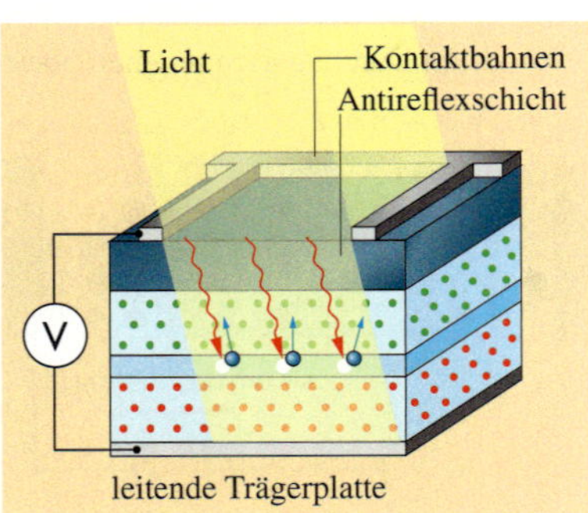

3 Solarzelle (Ausschnitt, nicht maßstäblich)

GRUNDLAGEN: Dioden als Energiewandler

In Leuchtdioden und Solarzellen (oder Fotodioden) laufen die gleichen Prozesse ab – nur in verschiedenen Richtungen.

Leuchtdiode Sie wird in Durchlassrichtung in den Stromkreis eingebaut. In der Grenzschicht „fallen" Elektronen aus dem n-Silicium in die Elektronenlücken des p-Siliciums. Dabei wird jeweils eine bestimmte Energieportion in Form von Licht ausgesendet. ↑2

Das Auffüllen der Elektronenlücken bewirkt in der Grenzschicht einer Leuchtdiode die Aussendung von Licht.

Solarzellen Wie bei jeder Diode besteht am p-n-Übergang eine Sperrschicht mit großem Widerstand. ↑3 Durch eingestrahlte Energieportionen können Elektronen aus ihrer Bindung gelöst werden. Solange Licht einströmt, entsteht dadurch in der n-Schicht ein Überschuss an freien Elektronen und in der p-Schicht ein Mangel an Elektronen. Die Sperrschicht wirkt dabei weiterhin als Widerstand. Zwischen den Anschlüssen der beleuchteten Solarzelle besteht also eine „Leerlaufspannung": Sie beträgt etwa 0,5 V.

Licht bewirkt in der Grenzschicht der Solarzelle eine Ladungstrennung.

Aus der Technik Leuchtdioden sind auf dem Vormarsch

Leuchtdioden entwickeln sich immer mehr als Alternative zu Glühlampen. Sie haben eine fast unbegrenzte Lebensdauer, benötigen weniger elektrische Energie und beanspruchen kaum Platz. ↑4 In jedem Auto leuchten sie am Armaturenbrett rot, grün, orange oder gelb auf und auch als Bremsleuchten sind sie zu finden. ↑5 Du kennst sie außerdem als Kontrollleuchten am Fernseher, Videorekorder, Computer …
Die Farbe des Lichts wird durch das Halbleitermaterial bestimmt (nicht durch die Kunststoffkappen). Gallium-Phosphid kann z. B. rotes, grünes oder gelbes Licht bewirken, Gallium-Nitrid blaues Licht. Weißes Licht wird durch Mischung aus farbigen Lichtern erzeugt. An weißen Leuchtdioden wurde sehr lange geforscht. Heute gibt es sie – aber ihr Licht ist sehr grell und entspricht noch nicht dem gewohnten „Sonnenlicht“. ↑6

Mit der Leuchtdiode verwandt sind *Laserdioden*. ↑7 Du findest sie an den Scannerkassen im Supermarkt, in Laserpointern, CD-Spielern und DVD-Geräten …

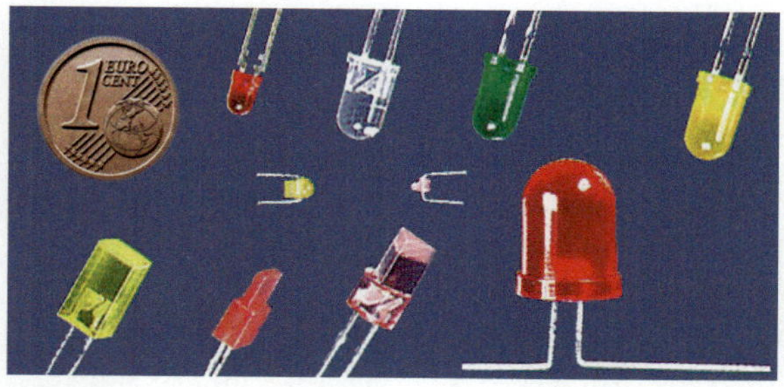

4 Leuchtdioden – klein, robust und bunt

Laserdioden erzeugen ein viel stärker gebündeltes, intensiveres Licht als Leuchtdioden. Die große „Lichtstärke“ liegt daran, dass Laserdioden am p-n-Übergang stark dotiert sind und bei relativ hohen Stromstärken betrieben werden. Die Wahl des Halbleitermaterials bestimmt die Farbe des abgestrahlten Lichts: Sie liegt typischerweise im roten oder infraroten Bereich; es werden jedoch auch blaue oder ultraviolett leuchtende Laserdioden hergestellt.

5 Bremsleuchte

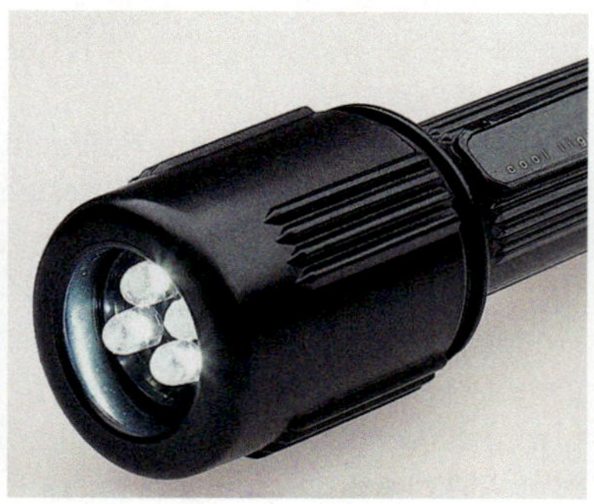

6 LED-Taschenlampe

7 Laserdiode und Scanner

Aufgaben

1 *Blumentopf-Feuchtigkeitswächter* Bernard will in den Stromkreis eine Leuchtdiode einbauen: ↑8 Wenn die Blumenerde an den Wurzeln zu trocken ist, soll sie nicht mehr leuchten.
a Zeichne eine geeignete Schaltskizze.
b Erkläre, wie die Schaltung funktionieren soll.

2 *Einbahnstraße* Ein Oszilloskop zeigt die Wechselspannung an einem Festwiderstand an. ↑9 Wie wird sich die Anzeige wohl verändern, wenn zusätzlich eine Diode in den Stromkreis eingebaut wird? ↑10 Übertrage das Bild in dein Heft und skizziere die Kurve. Begründe deine Lösung.

8

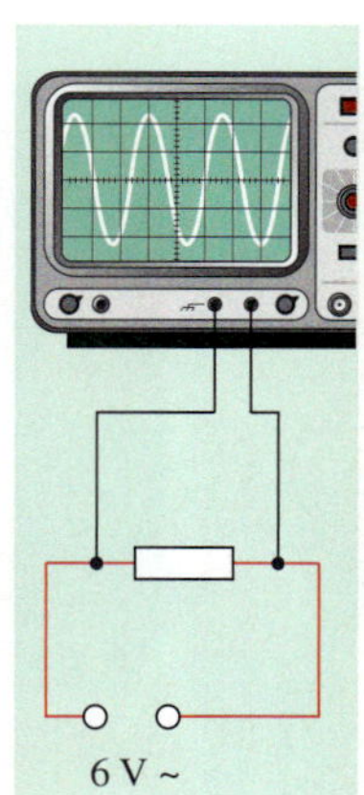

9

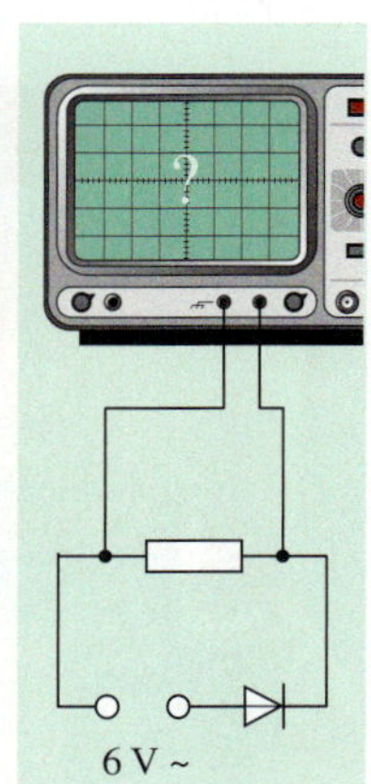

10

Der Feldeffekttransistor

1

Früher konnten die schwachen Funksignale, die die Antenne der Radios zu Hause empfing, nicht verstärkt werden. Um etwas zu hören, brauchte man Kopfhörer. ↑1
Erst die Erfindung des Transistors machte „hörbare“ kleine Radiogeräte möglich, die man deshalb auch „Transistorradios“ nannte. ↑2

2

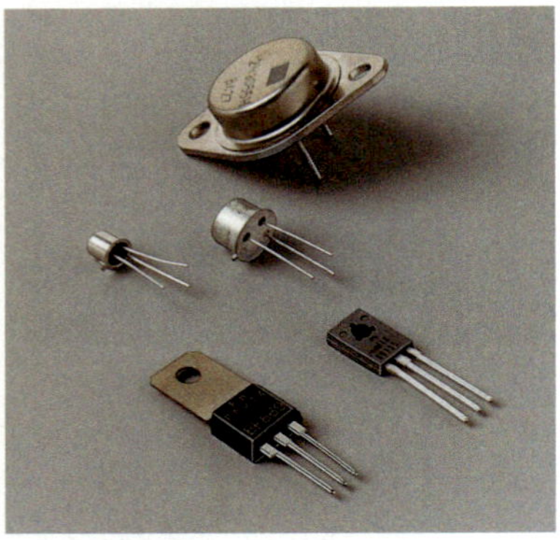

3 Verschiedene Transistoren

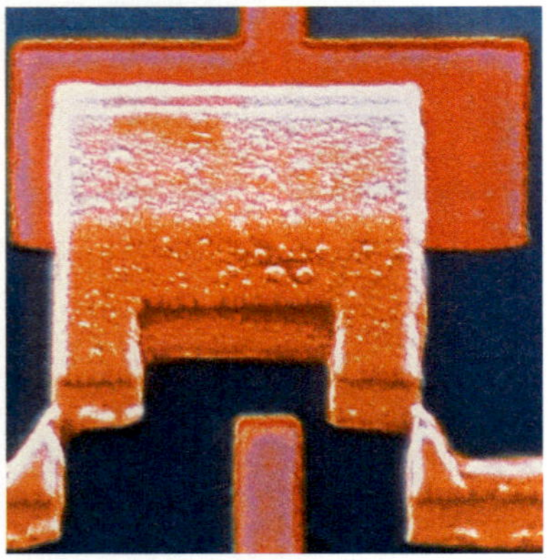

4 „Ein-Elektronen-Transistor“ (Rasterelektronenmikroskopaufnahme)

Ein Einbrecher löst beim Beleuchten einer im Dunkeln stehenden Vitrine einen Alarm aus. Die Wassertemperatur in einem Aquarium wird mit einem elektrischen Thermometer gemessen. Das sind nur zwei Beispiele für die vielen Anwendungen von Halbleitersensoren wie LDR oder NTC. Änderungen der Messgröße (z. B. Helligkeit, Temperatur) bewirken dabei jeweils eine Widerstandsänderung des Sensors. Die daraus folgenden Stromstärkeänderungen sind allerdings oft so gering, dass sie erst noch „verstärkt“ werden müssen, bevor eine Hupe ertönt, sich die Anzeige eines Messgeräts deutlich verändert oder ... Als „Verstärker“ verwendet man meistens ein weiteres Halbleiterbauteil: den *Transistor*. ↑3
Ohne Transistoren als Steuerelemente wäre die moderne Computertechnik undenkbar. Um die Rechnerleistung zu erhöhen, mussten immer mehr Transistorschaltungen auf den Platinen untergebracht werden. So sind immer kleinere Transistoren entwickelt worden – bis hin zum nur noch wenige Nanometer großen „Ein-Elektronen-Transistor“. ↑4 Er ist ein Vertreter der *Feldeffekttransistoren*. Sie haben den großen Vorteil, dass ihr Widerstand mithilfe eines elektrischen Felds nahezu ohne Energieaufwand gesteuert werden kann und sich der Computer wegen der geringeren elektrischen Ströme weniger erwärmt. Auf den nächsten Seiten wirst du mehr über die Funktionsweise dieser unscheinbaren, aber wichtigen Bauteile erfahren und sie in Versuchen auch praktisch einsetzen.

Experimente

1 Feldeffekttransistor: Die Grundschaltung

Feldeffekttransistoren (FET) sind Halbleiter-Bauelemente mit drei Anschlüssen: *Gate (G)*, *Source (S)* und *Drain (D)*. ↑5
Sie werden – ähnlich wie ein Relais – in zwei Stromkreise eingebaut: in den Steuerkreis und in den Arbeitskreis. ↑6
Baue die Grundschaltung selbst auf. Verändere im Steuerkreis die Spannung U_{GS} zwischen Gate und Source: Wie „reagiert" im Arbeitskreis die Stromstärke I_{DS} zwischen Drain und Source darauf?

2 Tastverstärker

Schließe Drain und Source eines Feldeffekttransistors an eine 4,5-V-Batterie an. ↑7

a Halte einen Finger an den Gatekontakt. Tippe nun mit einem Finger der anderen Hand abwechselnd an den Pluspol und an den Minuspol der Batterie. Wie verhält sich die Glühlampe dabei?

b Nähere dem Gatekontakt (nicht berühren!) einen durch Reiben negativ geladenen Kunststoffstab und entferne den Stab dann wieder. Was beobachtest du?

3 Spannungen können steuern (1)

Die Spannung zwischen Gate und Source lässt sich auch ohne eigene regelbare elektrische Energiequelle steuern. ↑8 Wähle R_1 und R_2 so, dass die Glühlampe schwach leuchtet.

a Welchen Einfluss hat es auf das Leuchten der Glühlampe, wenn du beide Widerstände verzehnfachst?

b Was passiert, wenn du R_2 aus der Schaltung entfernst? Welchen Einfluss hat jetzt noch R_1?

4 Spannungen können steuern (2)

Baue zunächst die Schaltung auf. ↑9 Bewege dann einen kräftigen Stabmagneten ruckartig in die Spule hinein und aus der Spule heraus: Was beobachtest du?
Was ändert sich, wenn du den Magneten umdrehst?

5 Spannungen können steuern (3)

Baue die Schaltung auf (KS: Kurzschlussstrecke). ↑10

a Vergrößere langsam die Spannung U_{GS} zwischen Gate und Source. Bei welcher Spannung fängt die Glühlampe gerade an zu leuchten? Bei welcher Spannung leuchtet sie hell? Notiere deine Messwerte.

b Ersetze die Kurzschlussstrecke KS durch Widerstände von 100 kΩ bzw. 1 MΩ. Welchen Einfluss hat die Vergrößerung des Widerstands auf die Messwerte für U_{GS}?

6 FET – ein besonderer Widerstand

In Computern verwendet man als Widerstandsbauteile häufig Feldeffekttransistoren, die auf den Chips „sitzen" und deren Drain- und Gateanschluss kurzgeschlossen sind.

a Nimm die *U-I*-Kennlinie einer solchen Schaltung auf.

b Vergleiche deine *U-I*-Kennlinie mit der eines Festwiderstands.

5 Feldeffekttransistor (FET)

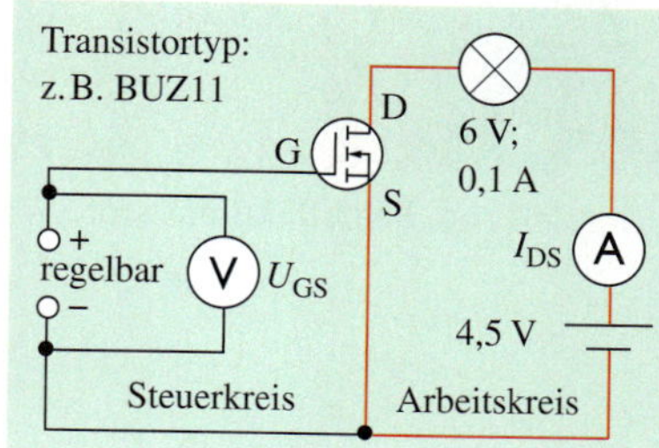

6 Grundschaltung

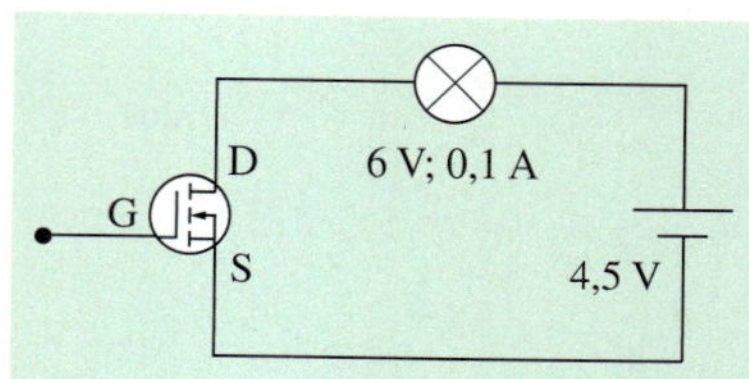

7

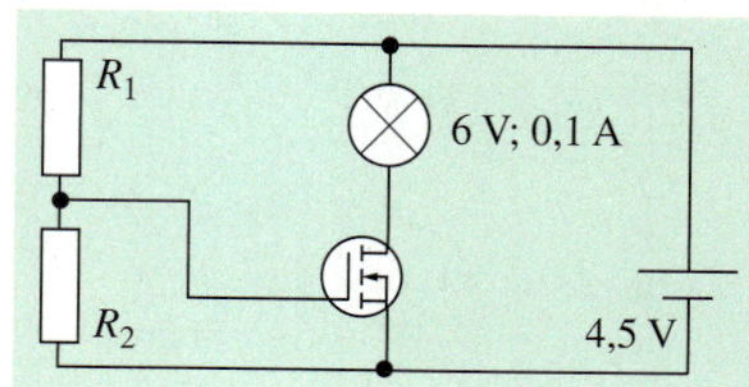

8

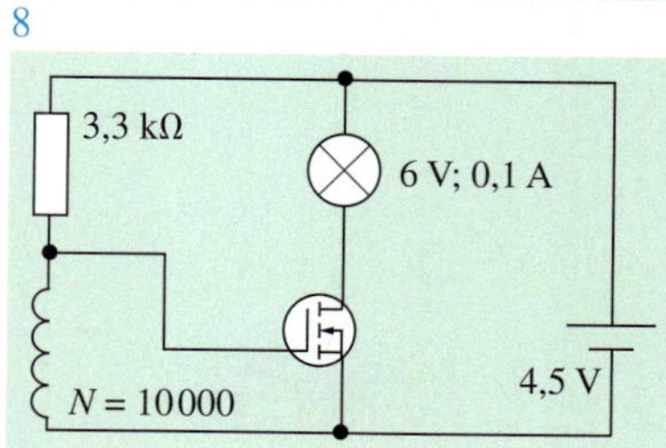

9

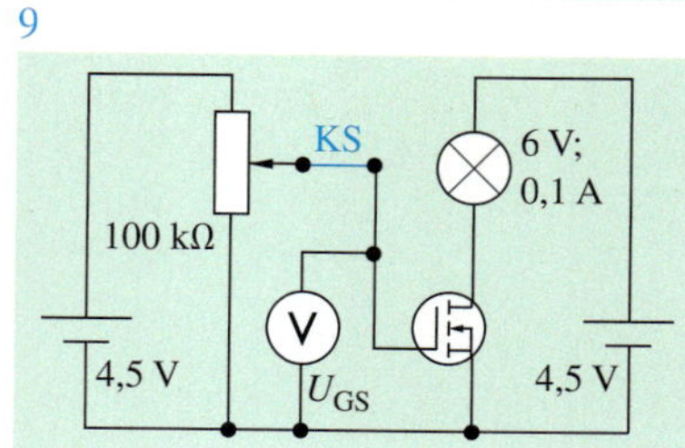

10

GRUNDLAGEN: Der Feldeffekttransistor

1 Modell zum Feldeffekttransistor

Der Elektronenstrom in einem Draht lässt sich mit dem Wasserstrom in einem Schlauch vergleichen. ↑1 Den Wasserstrom kann man durch Abschnüren des „Leiters" steuern, warum nicht auch den Elektronenstrom? Diese Idee ist im *Feldeffekttransistor (FET)* umgesetzt. ↑2 ↑3

Feldeffekttransistoren bestehen aus einer p-dotierten und zwei n-dotierten Siliciumschichten. Eine Voraussetzung dafür, dass Elektronen von einer n-dotierten Schicht zur anderen strömen, ist eine Spannung zwischen Source und Drain. Das genügt aber noch nicht: Ohne Spannung U_{GS} zwischen Gate und Source verhindern Sperrschichten an den p-n-Übergängen einen Strom. Eine geeignete Spannung U_{GS} zwischen Gate und p-dotiertem Silicium bewirkt, dass freie Elektronen im p-dotierten Silicium in Richtung Gate fließen. Sie sammeln sich an der Isolierschicht, sodass zwischen den beiden n-dotierten Schichten ein schmaler Kanal mit freien Ladungsträgern entsteht. Durch ihn hindurch fließen nun Elektronen vom Source- zum Drainanschluss (der Kanal entspricht also dem Gartenschlauch in unserem Modell). Je größer die Spannung zwischen Gate und Source wird, desto tiefer reicht der Kanal in das p-dotierte Silicium hinein und desto größer wird die Stromstärke I_{DS} (bei gleicher Spannung zwischen Source und Drain). ↑4 Kleine Spannungsänderungen zwischen Gate und Source bewirken jetzt große Stromstärkeänderungen im Arbeitskreis.

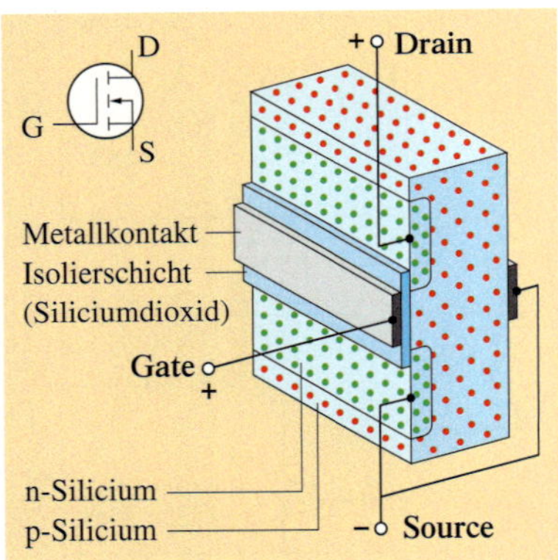

2 Feldeffekttransistor

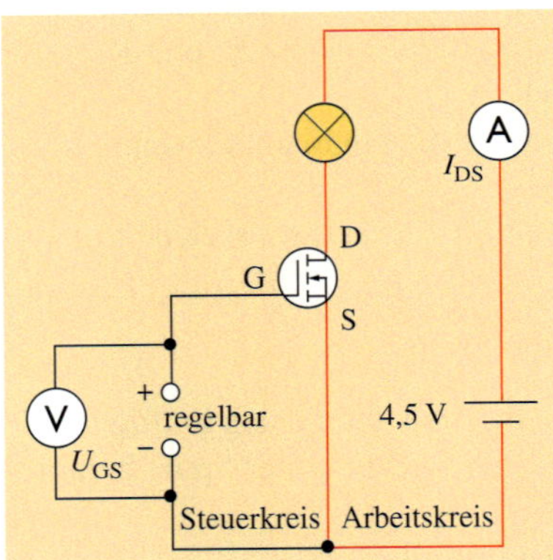

3 Grundschaltung

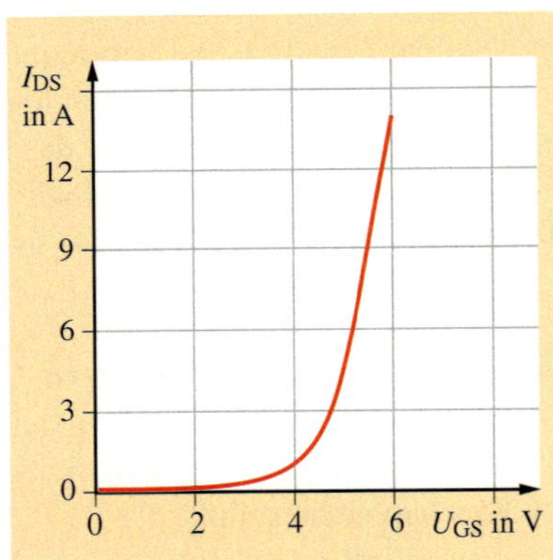

4 *U*-*I*-Kennlinie (Feldeffekttransistor)

Der elektrische Widerstand eines Feldeffekttransistors lässt sich steuern, sodass der Transistor wie ein steuerbares Ventil für den elektrischen Strom funktioniert.

Wenn die Spannung zwischen Gate und Source genügend groß ist, wirkt der Feldeffektransistor als „Verstärker": Kleine Spannungsänderungen im Steuerkreis bewirken große Stromstärkeänderungen im Arbeitskreis.

Wegen der Isolierschicht unter dem Metallstreifen am Gate fließt trotz der Spannung U_{GS} kein Strom I_{GS} im Steuerkreis. Also wird im Steuerkreis auch keine elektrische Energie umgesetzt:

$\Delta E_{el} = U_{GS} \cdot I_{GS} \cdot \Delta t = 0\ \text{J}$ bzw. $P_{el} = U_{GS} \cdot I_{GS} = 0\ \text{W}$.

Das Steuern der Stromstärke im Arbeitskreis erfolgt leistungslos.

Experimente

1 Aus der Trickkiste: der „Zaubergalgen"

An einem Holzgestell hängt eine Glühlampe. ↑5 Erst leuchtet sie nicht, aber dann wird sie mit einer Taschenlampe angeschaltet – und durch Anblasen wieder ausgeschaltet! Wie ist das möglich?
Das Kästchen am Fuß des Holzgestells enthält die Elektronik und die Energieversorgung. ↑6 Unter der Lampe ist eine kleine Öffnung im Kästchen, in der ein LDR angebracht ist. Das Licht der Taschenlampe erhöht seine Leitfähigkeit: Die Glühlampe leuchtet auf. Ihr Licht sorgt dafür, dass der LDR weiterhin gut leitet. Wird die Lampe jetzt angeblasen, weicht sie zur Seite aus: Der LDR erhält etwas weniger Licht und seine Leitfähigkeit nimmt ab. Das 10-kΩ-Potenziometer (ein regelbarer Widerstand mit einem Maximalwert von 10 kΩ) ist so eingestellt, dass die Lampe nun ausgeht.
Die Änderungen der Stromstärke, die der LDR infolge der schwankenden Helligkeit verursacht, wären alleine zu gering, um die Lampe zu schalten. Deshalb werden sie durch die Transistorschaltung verstärkt.
Jetzt bist du an der Reihe: Wenn du Lust hast, deine Freunde oder Eltern mit einem „Trick" zu verblüffen, dann baue doch den „Zaubergalgen" einmal auf. Und vielleicht erklärst du ihnen ausnahmsweise, wie der „Trick" funktioniert.

5 „Zaubergalgen"

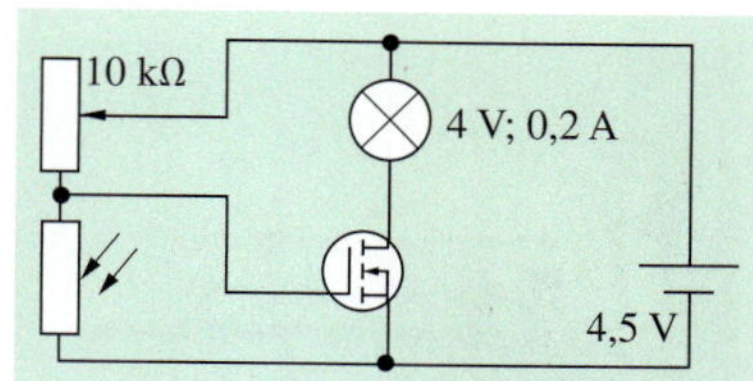

6 Schaltskizze des „Zaubergalgens"

2 Schubladenwächter

Maria hat den Verdacht, dass sich ihr kleiner Bruder nachts immer wieder an ihrer Schublade mit den Naschsachen zu schaffen macht. Sie hat aber keine Lust, sich nächtelang auf die Lauer zu legen: Ein elektronischer „Wächter" soll diesen Job für sie übernehmen.
Entwickle und baue einen Lichtmelder, der akustisch anzeigt, wenn eine Schublade geöffnet wird und Licht hineinfällt.
Tipp: Du kannst dich an dem Schaltplan ↑6 orientieren (Glühlampe durch Summer ersetzen).

3 Feuchtigkeitsmelder

Wenn es regnet, kann man im Freien keine Wäsche trocknen – das muss man niemandem sagen. Aber welchen Unterschied macht es bei trockenem Wetter, wenn die Außentemperatur 10 °C oder 25 °C beträgt, wenn es friert oder der Wind bläst? Welchen Einfluss hat die Luftfeuchtigkeit? Trocknen große Wäschestücke langsamer als kleine? Hat die Art der Aufhängung etwas zu bedeuten? Trocknet Baumwolle schneller als Mischgewebe oder „Funktionswäsche" aus speziellen Kunstfasern?
All diesen Fragen kannst du wissenschaftlich in einer Reihe von Versuchen nachgehen. Dafür brauchst du z. B. einen Feuchtigkeitsmelder, der optisch anzeigt, ob das Wäschestück noch feucht ist. ↑7
Welche Auswirkung hat es bei dieser Schaltung, wenn man den Widerstand des Potenziometers verändert?
Hinweis: Durchnässe die Wäschestücke immer vollständig, wringe sie dann von Hand kräftig aus und hänge sie an einer Wäscheleine auf.

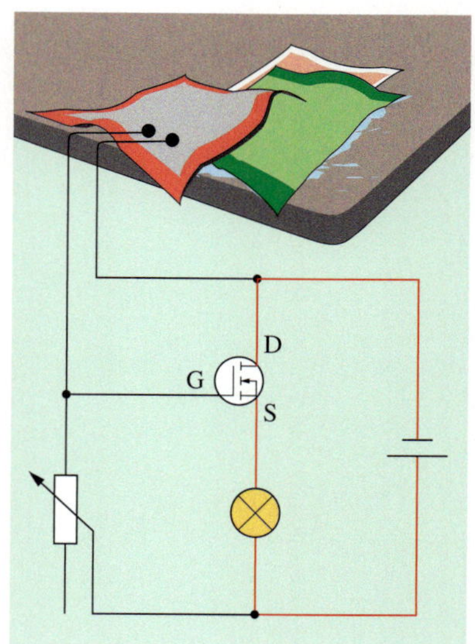

7 Feuchtigkeitsmelder (Schaltskizze)

Aus Geschichte und Forschung Vom Transistorradio zur Nanoelektronik

1 TR55

Ende des Jahres 1947 entwickelten die amerikanischen Physiker WALTER BRATTAIN, WILLIAM SHOCKLEY und JOHN BARDEEN den ersten Transistor in den Labors des Telefonkonzerns Bell. Weitgehend unbeachtet blieb, dass nur zwei Monate später die Deutschen HERBERT MATARÉ und HEINRICH WELKER in den Labors von Westinghouse in Paris unabhängig davon einen eigenen Transistor präsentierten, den sie „Transistron" nannten. MATARÉ gründete 1952 in Deutschland eine eigene Transistorenfirma und präsentierte seinen Prototypen eines Transistorradios mit Kopfhörern – ein Jahr vor dem ersten amerikanischen Testgerät.
Texas Instruments stellte in den USA ab 1954 Transistoren in großer Stückzahl her. Bald darauf erschien das legendäre Transistorradio TR55 auf dem Markt. ↑1 Der freie Zugang zu Musik und Information löste eine weitere Revolution aus: den Rock 'n' Roll.

2 Erster integrierter Schaltkreis

Im Oktober 1958 gelang der nächste große Durchbruch in der Halbleiterwelt: JACK ST. CLAIR KILBY erfand den integrierten Schaltkreis. ↑2 In der elektronischen Schaltung waren die verschiedenen elektronischen Bauteile wie Widerstand, Kondensator, Diode und Transistor auf einer Halbleiterschicht (Germanium) aufgebaut.
GORDON MOORE, ROBERT NOYCE und ANDY GROVE wollten Mitte der 1960er Jahre die schwerfälligen Magnetspeicher in den riesigen Computern durch kleine Transistoren aus Silicium ersetzen. Am 18. Juli 1968 gründeten sie eine Start-up-Firma: Intel. Ihr Auftragsbuch füllte anfänglich gerade mal eine Seite! Ein Jahr nach der Firmengründung entwickelte Ingenieur MARCIAN TED HOFF den ersten Serienmikrocomputer (Intel 4004) mit 2300 Transistoren und einer Taktfrequenz von rund 0,7 MHz. Ihm sollten viele Computergenerationen folgen: von 8-Bit-Computern bis hin zur 64-Bit-Generation heutiger Modelle, die über eine Milliarde Transistoren enthalten und eine Taktfrequenz von mehr als 3500 MHz aufweisen können!
Die Transistoren wurden immer kleiner, immer mehr passten auf die Chips. GORDON MOORE bemerkte 1965, dass die „Dichte" der Transistoren und damit die Rechenleistung der Computer exponentiell ansteigt. Die Datenmenge, die der jeweils modernste Chip speichern und verarbeiten kann, verdoppelt sich ungefähr alle 24 Monate. ↑3 Die Presse nannte diese Regelmäßigkeit das *mooresche Gesetz*. Seit über 30 Jahren hat es sich inzwischen bewährt. Ein Ende der Miniaturisierung ist allerdings zu erwarten, wenn atomare Größenordnungen erreicht werden. So kann z. B. die „Verdrahtung" auf einem Chip nicht dünner als ein einzelnes Atom werden!

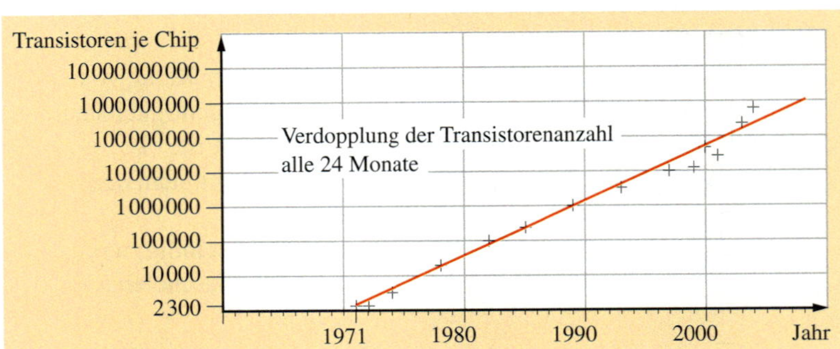

3 Zum Mooreschen Gesetz

Daher forscht man intensiv an Alternativen für die Herstellung von integrierten Schaltkreisen. Ein Ansatz besteht darin, die Schaltelemente nicht wie bisher durch Bearbeitung des Trägermaterials (z. B. Silicium) zu erstellen. Vielmehr verwendet man Moleküle mit den gewünschten elektrischen Eigenschaften, die auf dem Träger angeordnet und miteinander verbunden werden. Die Amerikaner ALLEN J. HEEGER, der Neuseeländer ALAN G. MAC DIARMID und der Japaner HIKEKI SHIRAKAWA fanden vor etwa 20 Jahren heraus, dass bestimmte organische Moleküle (langkettige Polymere) wie Halbleiter reagieren können. Dafür erhielten sie im Jahr 2000 den Nobelpreis. Weltweit wetteifern Forschungsinstitute und Unternehmen nun darum, diesen Effekt zu nutzen. Kernstück der neuartigen Polymerelektronik ist – ähnlich wie in der Siliciumtechnik – ein Feldeffekttransistor. Allerdings handelt es sich um einen organischen Feldeffekttransistor (OFET). ↑4 Er kann komplett aus Polymerkunststoffen aufgebaut werden, sodass die damit hergestellten elektronischen Produkte extrem flach und flexibel sind. Ein weiterer großer Vorteil der Polymerelektronik ist ihr niedriger Herstellungspreis: Anders als bei der Siliciumtechnologie benötigt man weder komplizierte Hochtemperatur- oder Vakuumprozesse noch aufwendige Belichtungs- und Ätztechniken.

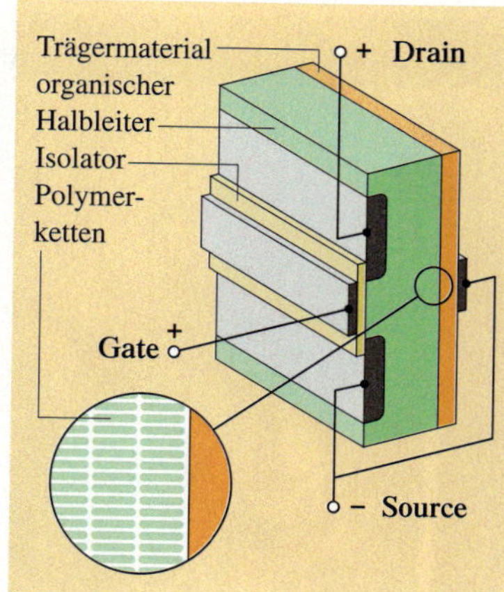

4

Aus der Elektronik Speichern mit Flipflops

In Computern werden alle Informationen durch Folgen von Bits kodiert und gespeichert. Jedes Bit wird durch einen Speicher realisiert, der genau zwei Zustände annehmen kann: „0" und „1". Eine *Flipflopschaltung* stellt einen solchen Speicher dar. Wie ist sie aufgebaut?
Zwei Transistoren zusammen steuern sich gegenseitig. ↑5 Wenn T_1 sperrt, ist die Spannung zwischen den Punkten A und B hoch. Daher ist T_2 durchgeschaltet und die Spannung zwischen den Punkten C und D ist niedrig. Sie hält T_1 im gesperrten Zustand. Beide Transistoren behalten also den Zustand, in dem sie sich gerade befinden.
Das Gleiche gilt, wenn T_2 sperrt und T_1 durchschaltet. Zustände, bei denen T_1 und T_2 nur wenig leiten, sind labil: Das System geht immer nach ganz kurzer Zeit in einen der beiden stabilen Zustände über. Im Wort „Flipflop" hört man geradezu das „Umkippen" des Zustands.

Um ein Bit darzustellen, fügt man zwei Eingänge R und S sowie einen Ausgang Q ein. ↑6 Je nachdem, welcher Transistor durchschaltet, ist die Spannung zwischen Q und dem Minuspol der Batterie hoch oder niedrig. Hohe Spannung entspricht dem Zustand „1" oder „H" *(high)*. Niedrige Spannung entspricht dem Zustand „0" oder „L" *(low)*. Wird der Punkt S kurzzeitig mit dem Pluspol der Batterie verbunden, wird eine „1" in das System geschrieben *(set)*. Wird dagegen R mit dem Pluspol verbunden, wird eine „0" in das System eingegeben *(reset)*. Die Information bleibt so lange eingeschrieben, wie das System an die Batterie angeschlossen ist.
Zum Verarbeiten der Informationen ist es zweckmäßig, wenn auch die jeweils gegenteilige Information wie in Q zur Verfügung steht. Sie kann am Ausgang $\overline{Q}$ abgerufen werden.

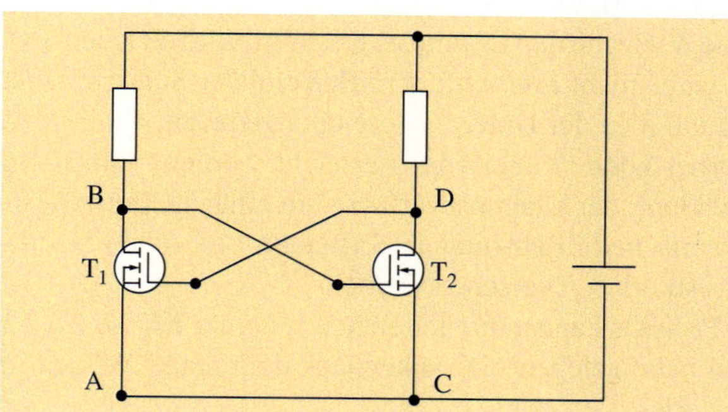

5

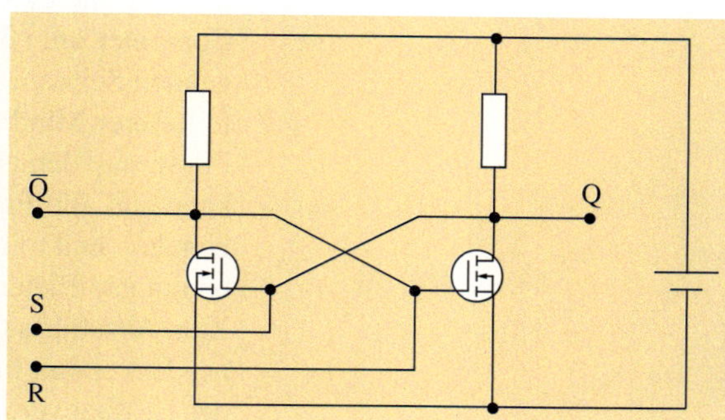

6

Physikalische Diagnoseverfahren in der Medizin

1 STEPANEK beim Abstieg

MARTIN STEPANEK ist dreifacher Weltrekordhalter im Apnoe-Tauchen (griech. *apnoe:* Atemstillstand). ↑1 Bei dieser Form des Tauchens sind Pressluftflaschen verboten. Für den Abstieg sind je nach Disziplin verschiedene Gewichte erlaubt, für den Aufstieg wird nur in der Kategorie „No Limits" ein luftgefüllter Ballon verwendet. Ohne Gewichte, Flossen und Ballon holte STEPANEK nach 3 Minuten und 55 Sekunden die Tiefenmarke aus 106 m nach oben – Weltrekord!
Der Körper reagiert intensiv auf ein derartiges Grenzerlebnis: Die Herzfrequenz verringert sich reflexartig um bis zu 15 %. STEPANEKS Lungenvolumen von 8 ℓ war schon in 30 m Tiefe auf die Minimalgröße von 2 ℓ komprimiert. Bei noch größeren Tiefen trat der „Bloodshift" auf: In die feinen Adern der Lungenbläschen wurde mehr Blut gedrückt. Dies ist eine Schutzfunktion des Körpers, bei der die Hohlräume in den Bläschen zusammengedrückt werden. Mithilfe eines Kernspintomografen fand man nach dem Auftauchen den bedenklichen Wert von fast 1 Liter Blut in STEPANEKS Lungen.

Physikalische Diagnoseverfahren sind bei der Gesundheitsvorsorge und Behandlung von Krankheiten nicht mehr wegzudenken. Auch im Sport werden nicht nur Extremsportler (wie z. B. Apnoe-Taucher) diagnostisch begleitet. Viele Radler verwenden zur Optimierung des Trainings einen Fahrradcomputer, der ihre Leistung misst. Und so mancher Sonntagssportler setzt einen Pulsmesser zur Kontrolle seiner Trainingseinheiten ein.
Im folgenden Projekt stellen wir dir einige Diagnoseverfahren vor, die du zusammen mit anderen in einer Arbeitsgruppe ergründen kannst. Dabei sind weiterführende Fragen erlaubt: So drängt sich angesichts immenser Kosten mancher Spezialgeräte eine Diskussion über die wirtschaftlichen Herausforderungen auf. Auch Fragen der Gesundheitsvorsorge können angesprochen werden. Bei einigen Verfahren können Geräte aus Arztpraxen oder Sanitätshäusern ausgeliehen werden, damit du selbst messen kannst. Mit einer Posterausstellung könnt ihr eure Ergebnisse präsentieren. Oder ihr legt eine elektronische Mindmap mit mehreren Unterebenen auf dem Computer an. ↑2 Die Vielzahl der Diagnoseverfahren wird auf den folgenden Seiten noch lange nicht erschöpft. Am Beispiel der Sonografie ist in unserer Mindmap die Idee der Untergliederung angedeutet. Bilder und Filme aus dem Internet können über Links erreicht werden. Außerdem kann z. B. die Entwicklung der Diagnoseverfahren in einer Zeitleiste festgehalten und mit historischen Ergänzungen (SAUERBRUCHS erste Operation am geöffneten Brustkorb …) versehen werden.
Zum Abschluss des Projekts kannst du vielleicht mit deiner Klasse auf einer Exkursion in ein nahe gelegenes Krankenhaus dein neues Wissen in der Realität vertiefen oder …

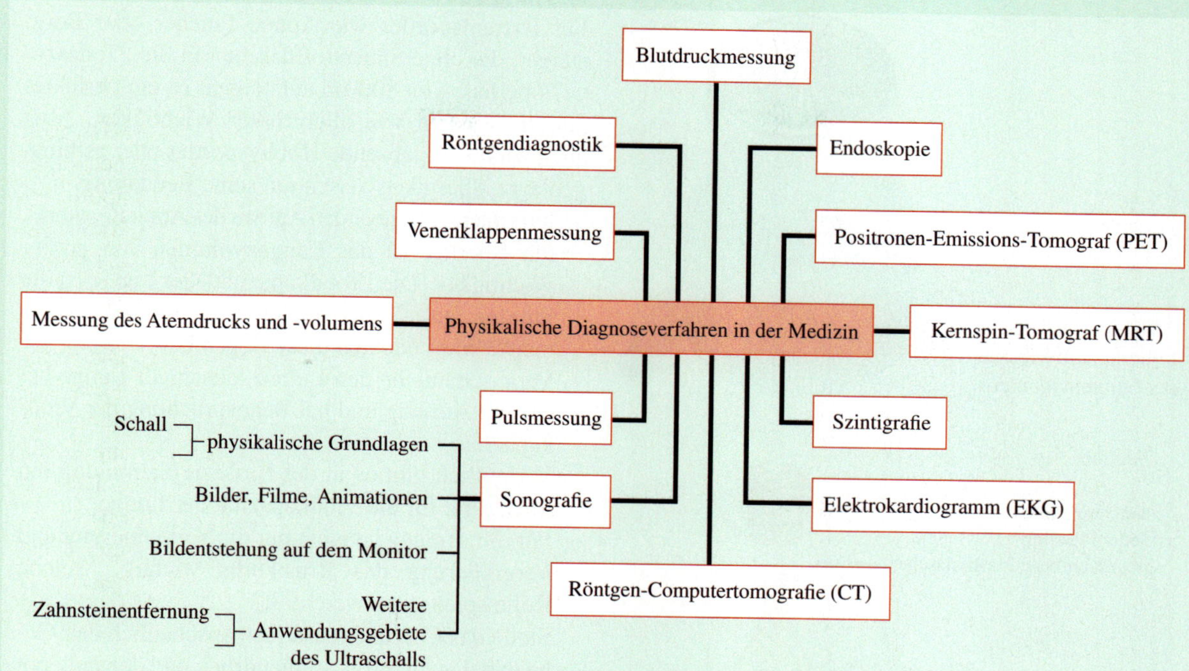

2 Eine Mindmap zum Projekt (im Buch dargestellte Themen sind hervorgehoben)

Pulsmessung

Sicher hast du schon erfahren, wie dein Körper auf Belastung reagiert. Eine wesentliche Reaktion ist die Erhöhung des Pulsschlags. Durch Pulsmessungen konnte z.B. die Bodencrew von Apollo 13 miterleben, unter welchem Stress die gefährdete Besatzung stand.

→ Wie entsteht der Pulsschlag? An welchen Körperstellen kann er gut gemessen werden?

→ Bestimmt mithilfe einer Uhr gegenseitig euren „Ruhepuls" und überprüft ihn mit geeigneten medizinischen Geräten. Wie verändert sich der Puls bei körperlicher oder seelischer Belastung? Warum trainieren Jogger und Radfahrer mit einem Pulsmesser?

→ Den Puls kannst du elektronisch messen: ↑3 Das pulsierende Blut lässt das Licht der Glühlampe unterschiedlich stark zum Fototransistor (ein lichtempfindlicher Sensor) durchdringen. Baue die Schaltung auf und miss deine Pulsfrequenz („Schläge" pro Minute). *Tipp:* Stelle zuerst die Ablenkung auf der *x*-Achse des Oszilloskops auf 0 Einheiten ein.
Informiere dich über die Funktionsweise des Fototransistors. Recherchiere weitere Sensoren, die eine Pulsmessung ermöglichen.

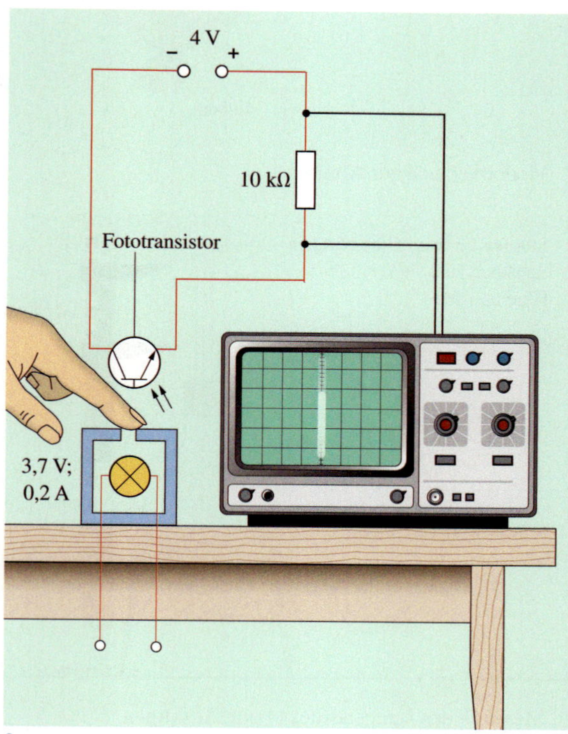

3

1 Gerät zum Messen des Lungenvolumens

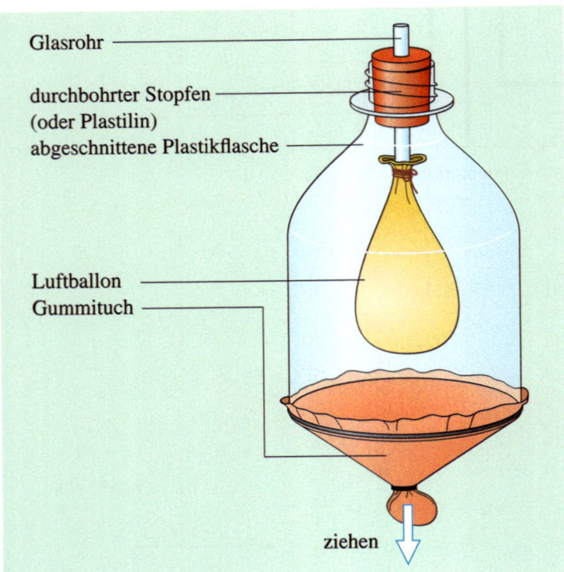

2 Modellversuch zur Atmung

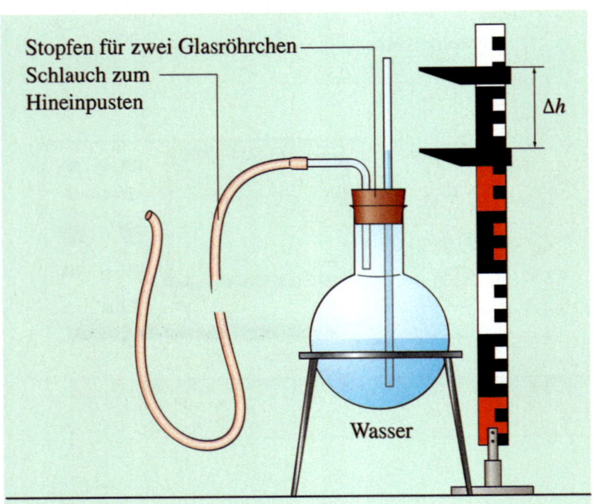

3 Messung des Lungendrucks beim Ausatmen

Messung von Atemdruck und Atemvolumen

Für Extremsportler wie Apnoe-Taucher oder Bergsteiger, die ohne Sauerstoffflaschen in die „Todeszone" oberhalb von 8000 m aufsteigen, ist ein perfektes Atmungssystem von allergrößter Wichtigkeit. Aber auch nach Luft japsende Hobbysportler oder asthmageplagte Allergiker wissen um seine Bedeutung.

→ Informiere dich über den Aufbau des Atmungssytems.

→ Für Sportler ist das Lungenvolumen von großer Wichtigkeit. Die „Totalkapazität" der Lunge ist die Summe aus „Vitalkapazität" und „Residualvolumen": Was bedeuten diese Begriffe?
Veranschauliche den Luftaustausch der Lunge bei ruhiger Atmung und bei Beanspruchung der Vitalkapazität.

→ Vermutlich gibt es in der Biologie-Sammlung ein Messgerät für die Vitalkapazität der Lunge … ↑1

→ Für die Atmung ist nicht nur die Verkleinerung und Vergrößerung des Brustkorbs wichtig: Welche Rolle spielt das Zwerchfell?
Stelle das Ein- und Ausatmen anschaulich dar. Gehe dabei auf den Brustinnendruck und den äußeren Luftdruck ein. Ein Modellversuch kann dir bei deiner Darstellung helfen. ↑2

→ Je tiefer man taucht, desto größer wird der Schweredruck im Wasser und damit die Kraft auf die Körperoberfläche. Das Volumen der Luft in der Lunge ist indirekt proportional zu ihrem Druck:
$p \cdot V = \text{konst.}$ (bei konstanter Temperatur).
Erkläre anhand dieses Zusammenhangs, wie sich das Lungenvolumen ändert, wenn man bei angehaltenem Atem in die Tiefe taucht.
Welchen Unterschied macht es und welche Folgen hat es, ob die luftgefüllten Hohlräume beim Menschen flexibel (Lunge) oder starr (Nasennebenhöhlen) begrenzt sind. Warum ist ein „Panikaufstieg" des Tauchers besonders gefährlich?

→ Mit einem Versuch kannst du den Lungendruck beim kräftigen Ausatmen messen. ↑3 Baue den Versuch auf und erkläre, wie er funktioniert. Probiere ihn dann aus – aber beende den Versuch, bevor dir schwindlig wird! Die erreichte Höhe der Wassersäule ist ein Maß für die Kraftentfaltung der Brust- und Zwerchfellmuskeln: 1 m entspricht einem Lungendruck von 10 kPa.

→ Schnorchel zum Tauchen sind rund 35 cm lang. Sie dürfen auf keinen Fall verlängert werden, da sonst beim Tauchen die Lungenbläschen zerreißen könnten und Lebensgefahr durch Ersticken besteht. Erkläre, wie es zu diesen Gefährdungen kommt.

Blutdruckmessung

Der „Blutdruck“ ist der vom Herzen erzeugte Druck in den Arterien unseres Körpers. Er schwankt mit der Pulsfrequenz zwischen einem Maximalwert *(Systole)* und einem Minimalwert *(Diastole)*. Die durch den Druck erzeugte Strömung des Bluts durch die Adern ist im Allgemeinen geräuschlos. Wenn eine Arterie allerdings zusammengedrückt wird, kommt es zu Verwirbelungen im Blutstrom, die Strömungsgeräusche erzeugen, die mit einem Stethoskop abgehört werden können. Darauf beruht die 1895 vom italienischen Kinderarzt RIVA ROCCI entwickelte, noch heute übliche Methode der Blutdruckmessung. ↑4

→ Der Arzt legt die Manschette um den Oberarm des Patienten und pumpt sie bis zu einem Druck von „200 mmHg“ auf. Durch die Oberarmarterie kann nun kein Blut mehr fließen. Erkläre anhand des Diagramms ↑5 das weitere Vorgehen des Arztes. Wann ist die Systole, wann die Diastole erreicht?

→ Vielleicht sind in der Biologie-Sammlung deiner Schule solche Blutdruckmessgeräte vorhanden. Dann miss doch einmal den Blutdruck deiner Mitschüler. Vergleiche nach Möglichkeit auch mit den Werten, die ein elektronisches Blutdruckmessgerät ergibt. ↑6 Warum ist es wichtig, dass bei diesen Geräten das Handgelenk in Herzhöhe gehalten wird?

→ Was bedeutet die Aussage des Arztes: „Der Blutdruck beträgt 120 zu 80“? Gib den Druck in der für die Physik gebräuchlichen Einheit Pascal (Pa) an.

→ Bei Erkrankungen des Herzens ist die beschriebene Methode zu ungenau, da der Arzt die genaue Blutdruckverteilung wissen muss. Dann wird der Blutdruck mithilfe einer Hohlnadel bestimmt. Informiere dich, wie das geschieht.

→ Recherchiere, wie hoch der Blutdruck bei gesunden Menschen sein sollte. Wie verändert er sich mit dem Alter des Menschen?

→ Ein starkes Abweichen von den „Normalwerten“ kann zu ernsten Krankheiten führen. Beispielsweise kann bei zu hohem Blutdruck ein Herzinfarkt drohen. Worin liegen die Ursachen für zu niedrigen oder zu hohen Blutdruck? Welche körperlichen Symptome deuten auf diese Abweichungen hin? Wie kommt es zum Herzinfarkt und welche weiteren Krankheiten können die Folge zu hohen oder zu niedrigen Blutdrucks sein? Wie kann man aktiv durch Ernährung und Sport dem Bluthochdruck entgegenwirken?

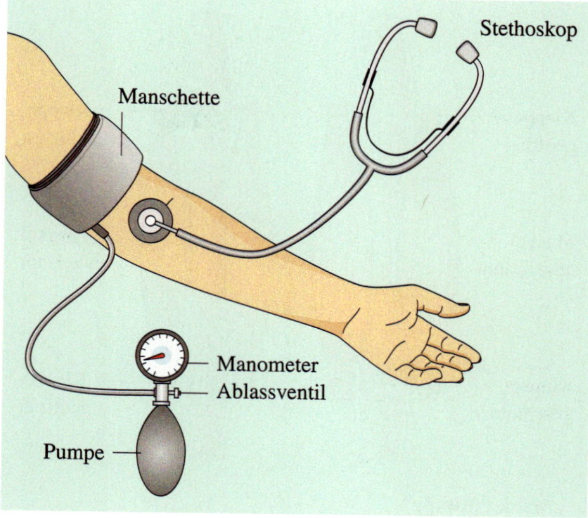

4 Blutdruckmessung nach RIVA ROCCI

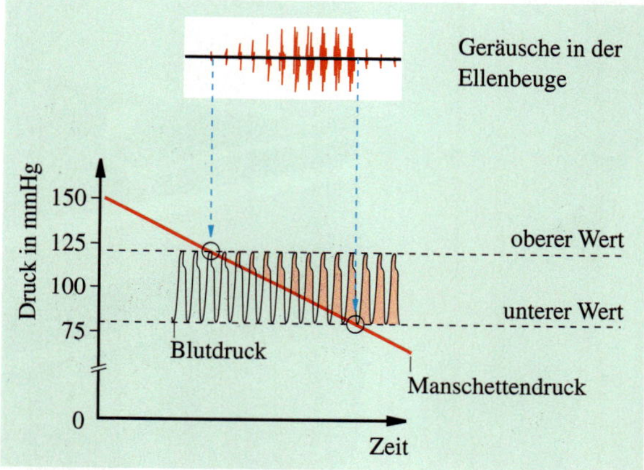

5 Manschettendruck und Blutdruck

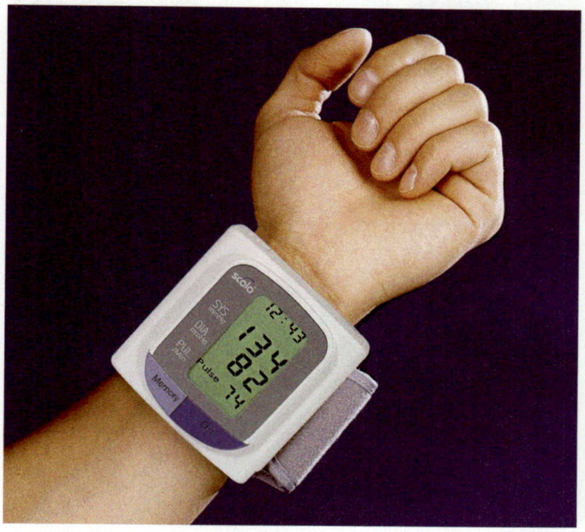

6 Elektronisches Blutdruckmessgerät

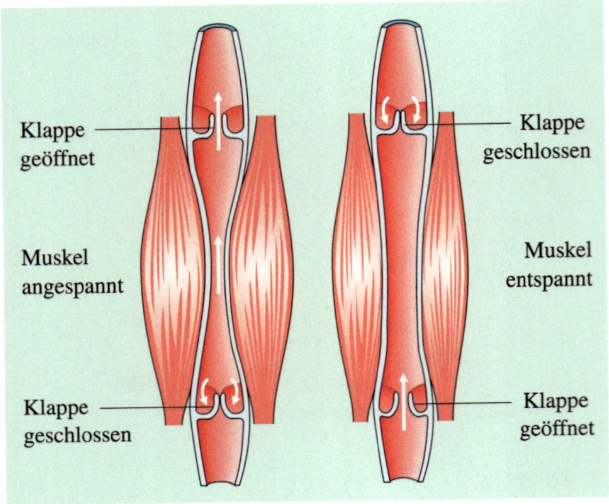

1 „Muskelpumpe“

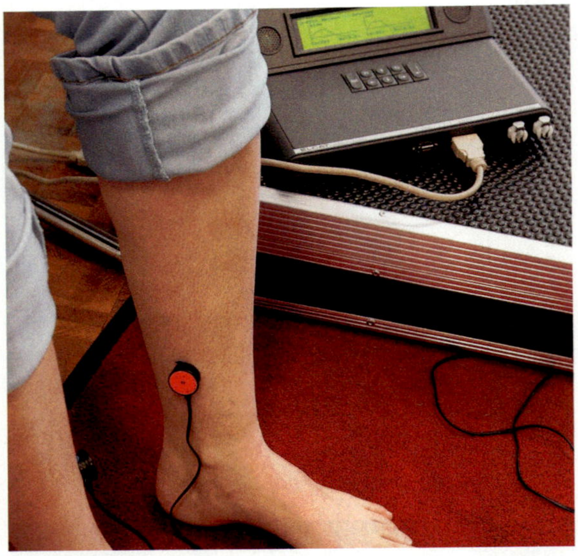

2 Lichtreflexionsrheographie (LRR)

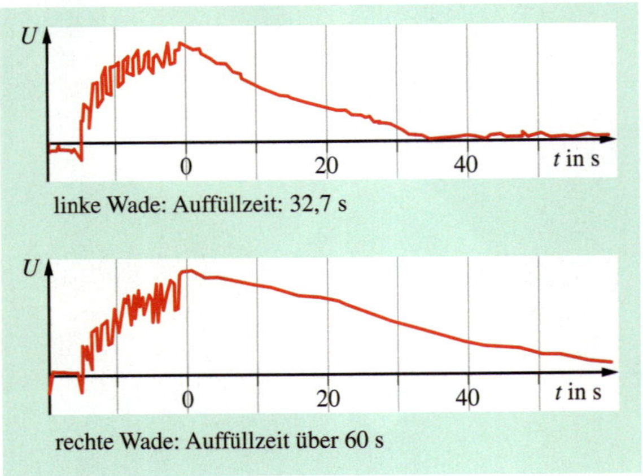

3 LRR-Messdiagramme

Venenklappenmessung

Bei längerem Stehen wird manchen Menschen schwarz vor Augen und sie fallen in Ohnmacht. Wegen des großen Schweredrucks im Blut beim Stehen dehnen sich Beinvenen stark aus und das Blut „sackt ein“, während die für den Rücktransport notwendige „Muskelpumpe“ außer Betrieb ist. Dadurch kann es zu einer Unterversorgung der oberen Körperregionen mit Blut kommen – insbesondere, wenn die Venenklappen in den Beinen nicht richtig schließen.

→ Was versteht man unter der „Muskelpumpe“ und wie funktioniert sie? Die Muskeln, in denen die Venen verlaufen, ziehen sich bei Bewegung zusammen, sodass die blutgefüllten Venen herzwärts ausgepresst werden. ↑1 Das Blut, das dabei in die Venenklappen (Taschenklappen) zurückströmt, bewirkt, dass sich die Klappen schließen. So wird ein weiteres Zurücklaufen des Bluts verhindert.
Warum ist die Anzahl der Venenklappen im unteren Bereich der Beine größer als im oberen?

→ Die „Funktionstüchtigkeit“ der Venenklappen lässt sich mit einem LRR-Gerät (Lichtreflexionsrheografie) überprüfen. ↑2 Es kann im Sanitätshaus ausgeliehen werden. Die von drei Leuchtdioden ausgehende Infrarotstrahlung dringt in die Haut ein und wird von den Hautschichten in rund 2 mm Tiefe reflektiert. Je weniger die Vene „unter“ den Leuchtdioden gefüllt ist, desto mehr Strahlung wird reflektiert. Die reflektierte Strahlung wird von einem Fototransistor erfasst und in ein elektrisches Signal umgesetzt, das aufgezeichnet wird.
Beispiel: ↑3 Bei einer LRR-Messung an der Wade werden die Muskeln zunächst in rascher Folge immer wieder zusammengezogen. Die Venen werden dabei verengt, die reflektierte Strahlung erreicht ein Maximum. Dann werden die Muskeln nicht mehr zusammengezogen: Je schneller sich die Venen nun wieder füllen, desto stärker fallen die Kurven ab. Füllzeiten von weniger als 25 s weisen auf eine Funktionsstörung der Venenklappen hin.

→ Beim Einatmen wird der Druck im Brustraum vermindert. Erkläre, warum dies zum Rücktransport des Bluts beiträgt. Kannst du dir noch eine weitere Unterstützung des Rücktransports vorstellen? (*Tipp:* Betrachte die Lage von Arterien und Venen.)

→ „Krampfadern“ sind krankhaft erweiterte Venen. Erkläre, wie sie entstehen!

Endoskopie

Mit einem Endoskop (griech.: Hineinschauer) kann der Arzt ohne großen chirurgischen Eingriff gut in Körperhöhlen blicken. ↑4 Dem arabischen Chirurgen ALBUCASIS VON CORDOBA gelang es bereits vor rund 1000 Jahren, mithilfe eines Glasspiegels und des Sonnenlichts innere Organe zu spiegeln. Der Arzt PHILIPP BOZZINI aus Frankfurt entwickelte 1806 das erste Endoskop, wobei eine Kerze als Lichtquelle diente.

Ein modernes, flexibles Endoskop besteht aus einer „Kaltlichtlampe", einem „Lichtleiter" und Linsen. ↑5 Welche Aufgabe haben die einzelnen Teile?

→ Mithilfe des Lichtleiters wird die Organwand beleuchtet – und das Bild zurück zum Auge geleitet. Er besteht aus einem Glasfaserbündel: Bei 1 mm Dicke kann es mehr als 10 000 Fasern enthalten. Jede einzelne besteht aus einem optisch dichteren Kern und einem optisch dünneren Mantel. ↑6 Ein Lichtstrahl, der an einem Ende in die Faser eindringt, kann sie erst am anderen Ende wieder verlassen. Er wird nämlich am Glasfasermantel *totalreflektiert*. Was versteht man unter *Totalreflexion*? Unter welchen Bedingungen tritt sie auf?
Das Prinzip der Lichtleitung in Glasfasern lässt sich mithilfe eines Wasserstrahls und eines Lasers zeigen. Wie würdest du dazu vorgehen? Warum verlässt das Licht den Wasserstrahl nicht?
Wie kommt es zum Bild der Biene am Ende des Glasfaserbündels? ↑7 *Tipp:* Das Bündel besteht aus 5000 dünnen Fasern.

→ Was ist eine „Kaltlichtlampe"? Welchen Vorteil hat sie bei der Endoskopie im Vergleich zur Glühlampe?

→ Endoskopische Untersuchungen werden oft mit therapeutischen Anwendungen kombiniert. So lassen sich durch kleine Zangen Steine aus dem Gallengang entfernen oder Polypen des Dickdarms abtragen. ↑4 Informiere dich über weitere Anwendungen und stelle sie übersichtlich dar.
Für Furore sorgte eine endoskopische Kamera in einer Kapsel zum Herunterschlucken, die dem Arzt bisher unzugängliche Regionen des Dünndarms erschloss. Welchen Nachteil hat diese Untersuchungsmethode gegenüber der herkömmlichen?

→ Durch rechtzeitige endoskopische Untersuchungen ließen sich möglicherweise 80 % aller Dickdarmkrebserkrankungen bei Männern zwischen 50 und 85 Jahren verhindern. In den USA erstatten die Krankenkassen die Kosten von ca. 500 Dollar aber nicht. Sollten die Männer die Kosten selbst übernehmen?

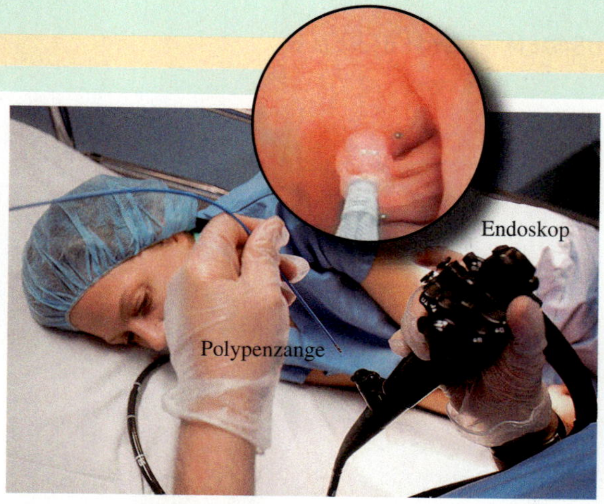

4 Endoskop im Einsatz

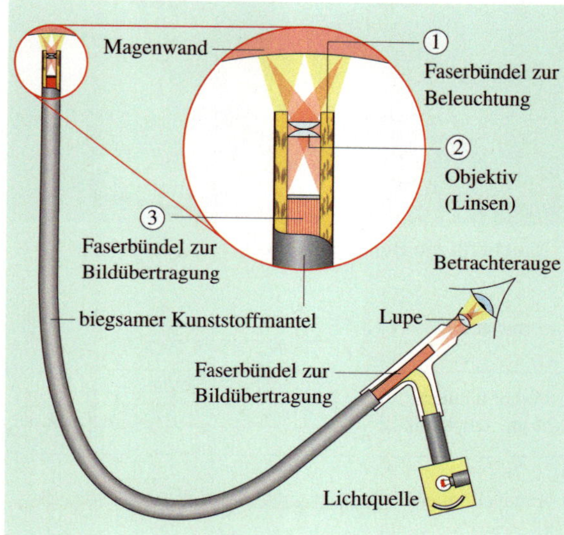

5 Endoskop (Aufbau)

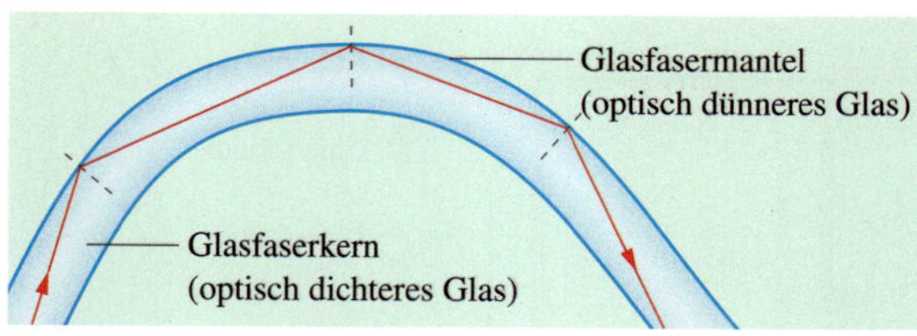

6 Totalreflexion in einer Glasfaser

7 Bild im Glasfaserbündel

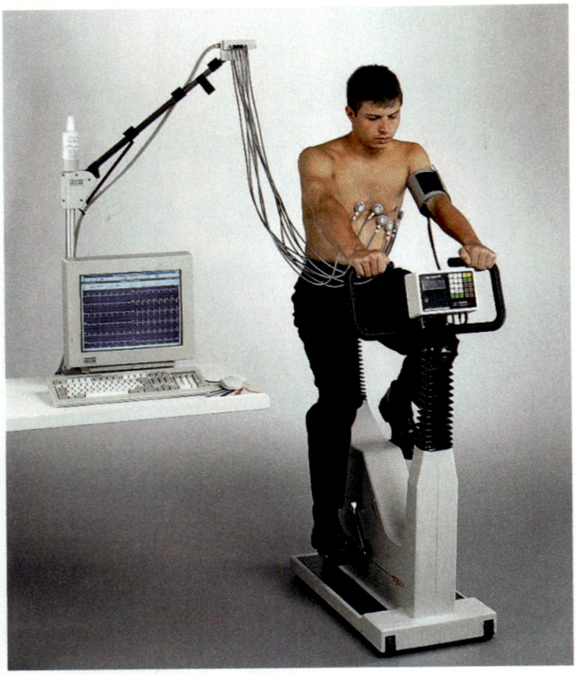

1 Radeln für ein Belastungs-EKG

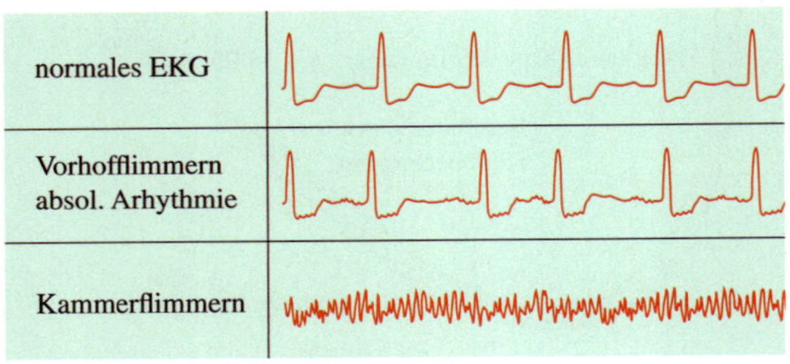

2 Verschiedene Elektrokardiogramme

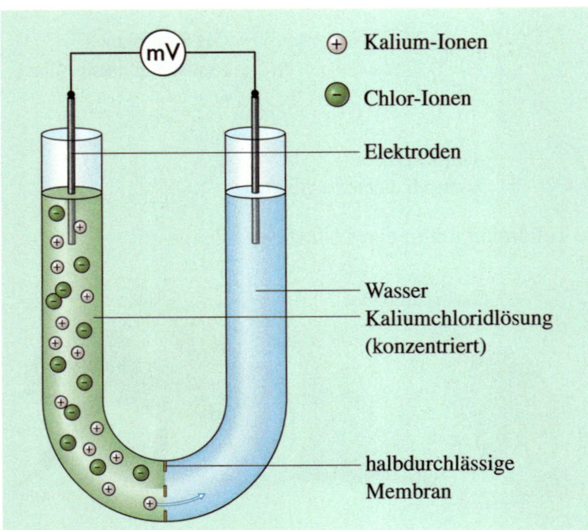

3 Modellversuch 1 zum Ruhepotenzial

Elektrokardiogramm (EKG)

Das auf Willem Einthoven (Nobelpreis 1924) zurückgehende Verfahren ermöglicht es, das elektrische Erregungsmuster zu registrieren, das den Herzmuskel stimuliert. ↑1 Herzzellen, die im *Sinusknoten* sitzen, erzeugen selbst die Spannungsimpulse, die für die Kontraktion der Arbeitsmuskulatur notwendig sind. Die vom Herzen ausgehenden Spannungsimpulse breiten sich bis zur Hautoberfläche aus und werden dort von Elektroden registriert. Es ergeben sich typische EKG-Muster. ↑2

→ Wie breiten sich die Spannungsimpulse aus?

Modellversuch 1: Der erste Schritt auf dem Weg zur Erklärung ist ein einfacher Versuch. ↑3 Baue ihn auf und miss die Spannung zwischen den beiden Bereichen, die durch die Membran getrennt sind.

Mensch: Auch im Innenbereich einer Nervenzelle des menschlichen Körpers liegt gegenüber dem Außenbereich eine höhere Konzentration an K^+-Ionen und Cl^--Ionen vor. Beide Bereiche sind durch eine halbdurchlässige Membran getrennt: K^+-Ionen können sie durchdringen („diffundieren"), Cl^--Ionen nicht.

Modellversuch 1: Nachdem die linke U-Rohr-Hälfte im Modellversuch mit „frischer" Kaliumchloridlösung gefüllt worden ist, diffundieren K^+-Ionen in die mit Wasser gefüllte rechte U-Rohr-Hälfte: Was bedeutet das für die elektrische Ladung in den beiden U-Rohr-Hälften?

Eigentlich könnte man annehmen, dass so lange K^+-Ionen durch die Membran diffundieren, bis ihre Konzentration in beiden U-Rohr-Hälften gleich groß ist – tatsächlich kommt der Vorgang schon vorher zur „Ruhe", wenn die Konzentration in der rechten U-Rohr-Hälfte noch geringer ist. Woran könnte das liegen?

Erkläre, weshalb man in diesem „Ruhezustand" eine Spannung zwischen den beiden U-Rohr-Hälften messen kann. Diese Spannung wird auch als „Ruhepotenzial" bezeichnet.

Mensch: Das Ruhepotenzial beträgt bei menschlichen Zellen –60 bis –90 mV.

Neben K^+-Ionen befinden sich im Innen- und Außenbereich der Nervenzellen auch Na^+-Ionen. Im Außenbereich ist ihre Konzentration größer als im Innenbereich. Im „Ruhezustand" ist die Membran undurchlässig für Na^+-Ionen. Wird die Nervenzelle aber infolge eines äußeren Reizes erregt, so wird die Membran für Na^+-Ionen durchlässig: Na^+-Ionen strömen schlagartig nach innen. Dadurch entsteht eine Spannung von +110 bis +130 mV, man spricht

vom „Aktionspotenzial". ↑4 Dieser Spannungsimpuls wird entlang der Nervenfaser weitergeleitet.
Modellversuch 2: Führe ähnlich wie den Modellversuch 1 zum Ruhepotenzial einen Modellversuch zum Aktionspotenzial durch. Beschreibe die im Modellversuch 2 stattfindenden Vorgänge.

→ Durch die beiden verschiedenen Spannungszustände – Ruhe- und Aktionspotenzial – wird unser ganzer Muskelapparat gesteuert.
Mit TEMS-Geräten kann man Muskeln gezielt stimulieren (TEMS: transkutane elektrische Muskelstimulation; transkutan: „durch die Haut hindurch"). ↑5 Die natürliche Erregungsleitung wird dabei durch höhere Spannungen an zwei Klebeelektroden überdeckt. Leihe dir in einem Sanitätshaus oder einer Arztpraxis ein solches Gerät aus, lass dir die Funktionsweise zeigen und informiere dich über therapeutische Anwendungsmöglichkeiten. Wenn du damit experimentierst, musst du aber vorsichtig sein: Ein Gefühl von „leichtem Kribbeln" darf nicht überschritten werden!

→ Ist die elektrische „Leitzentrale" des Herzens gestört, so schlägt es zu langsam oder unregelmäßig. Zu welchen gesundheitlichen Folgen führt ein zu langsamer oder unregelmäßiger Herzschlag?
Abhilfe schaffen künstliche Herzschrittmacher (erste Implantierung 1958), die den Sinusknoten unterstützen. ↑6 Elektroden messen die natürliche Aktivität des Herzens. Bleibt der natürliche Impuls innerhalb eines vorgegebenen Zeitraums aus, so greift der Schrittmacher ein. Moderne Geräte passen die Herzschlagfrequenz sogar der Anstrengung an. Dazu misst ein Mikrochip den elektrischen Widerstand zwischen Schrittmachergehäuse und einer Elektrode im Herzen. Steigt das „Atemminutenvolumen", so erhöht sich der Widerstand und der Schrittmacher kann seine Herzschlagfrequenz steigern.
In modernen Herzschrittmachern ist ein Defibrillator integriert, der bei Kammerflimmern einen „Elektroschock" von 700 V aussendet. Informiere dich über das Kammerflimmern und erkläre die Grundidee, die hinter der Behandlungsmethode steckt.

→ Als weitere Aspekte zum Thema „Spannungsimpulse steuern unser Leben" eignen sich das Elektroenzephalogramm (EEG), der Lügendetektor und die „intelligente Prothese". Informiere dich darüber.

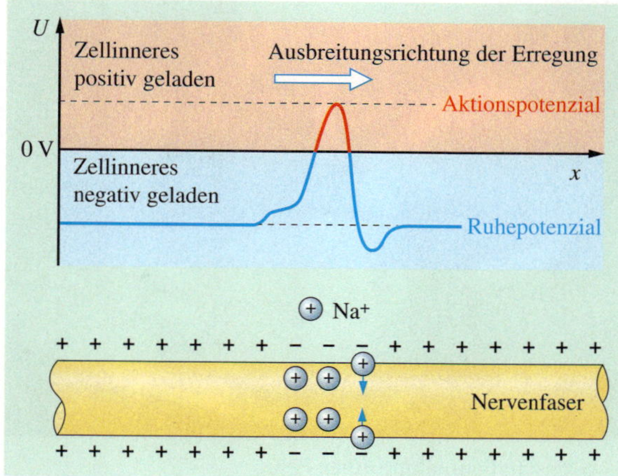

4 Erregungsleitung (Modell) entlang einer Nervenfaser

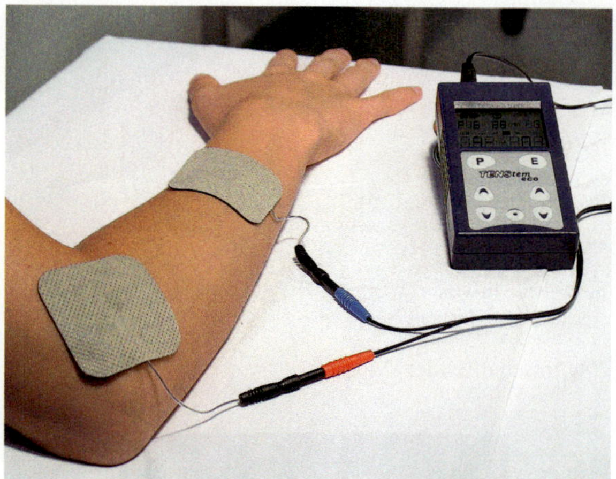

5 Elektrische Stimulation der Unterarmmuskeln

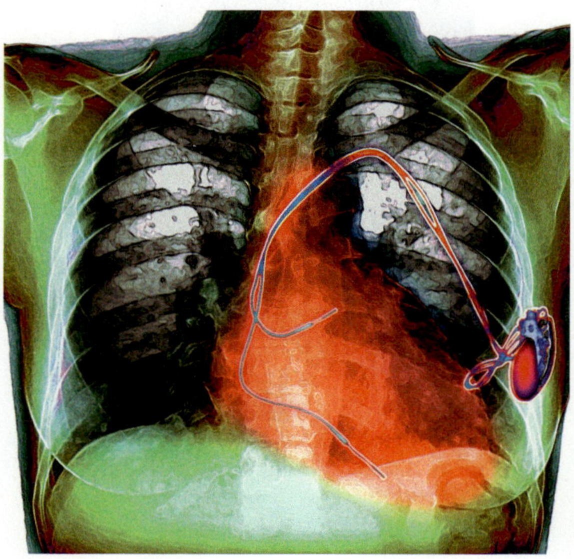

6 Herzschrittmacher

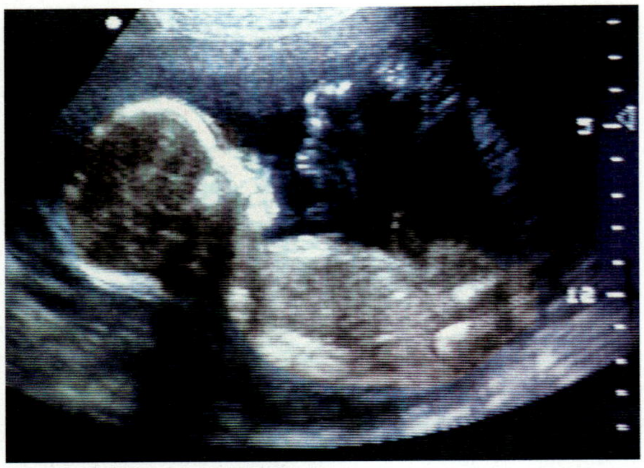

1 Ultraschallaufnahme eines Fetus

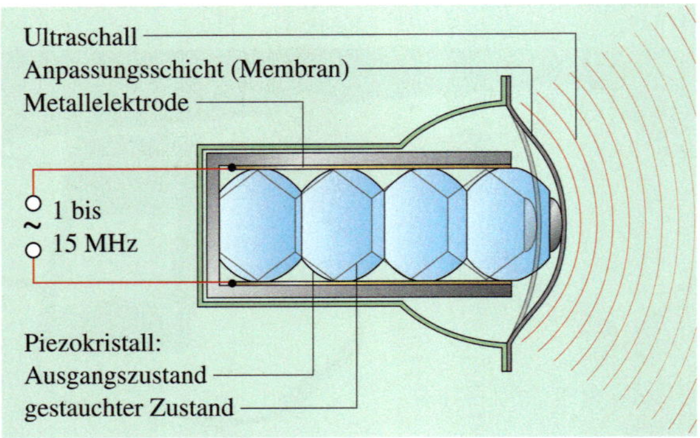

2 Ultraschallsender (Modell)

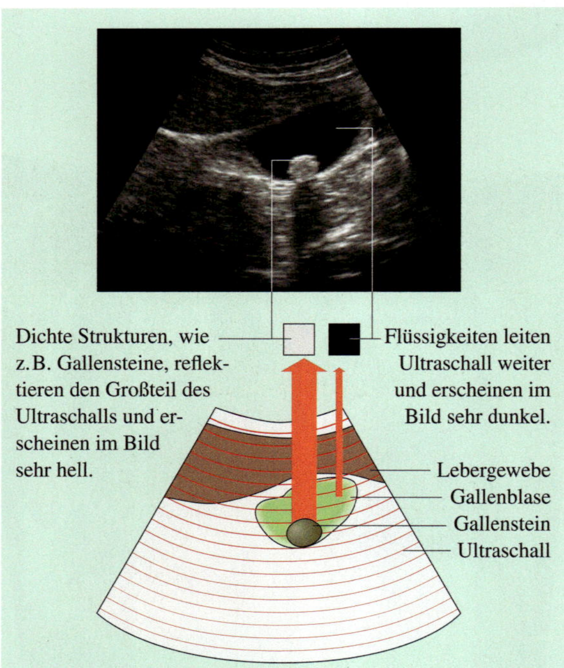

3 Informationen über Tiefenlage und Material

Sonografie

Fledermäuse hören bei Dunkelheit ein „Bild" ihrer Umwelt. Dazu stoßen sie Schreie im Ultraschallbereich aus, die von den Gegenständen und Lebewesen in der Umgebung zurückgeworfen werden. Die Fledermäuse hören das Echo, in ihrem Gehirn entsteht daraus ein „Hörbild". Die Laufzeit des Schalls ermöglicht ihnen eine genaue Entfernungsbestimmung.

Die von KARL DUSSIK 1942 erstmals durchgeführte Ultraschalluntersuchung funktioniert nach dem gleichen Prinzip. Heute werden Ultraschalluntersuchungen z. B. genutzt, um die Entwicklung ungeborener Kinder im Mutterleib zu untersuchen. ↑1

→ Informiere dich, wie man Schall erzeugen kann, wie er sich ausbreitet und empfangen werden kann (einige Hinweise findest du am Ende dieses Buchs). Was versteht man unter Ultraschall?

Für Lichtstrahlen kennst du das Reflexionsgesetz. Überprüfe mit einem Ultraschallsender und -empfänger aus der Physiksammlung, ob es auch für Ultraschall gilt. Wie verändert sich das Echo, wenn du ein Handtuch oder ein Seidentuch vor die reflektierende Platte hängst?

→ Für die Erzeugung von Ultraschall verwendet man in der Technik oft den *piezoelektrischen Effekt*: Staucht oder dehnt man bestimmte Kristalle (z. B. Quarzkristalle), entsteht an ihnen eine elektrische Spannung, die proportional zur Längenänderung ist. Und umgekehrt wird ein solcher „Piezokristall" durch Anlegen einer Wechselspannung im Rhythmus der Spannung gedehnt und gestaucht. ↑2 Wenn der Wechsel mehr als 20 000-mal pro Sekunde erfolgt, kann der Kristall als Ultraschallquelle eingesetzt werden.

Ein und derselbe Piezokristall kann als Sender *und* Empfänger verwendet werden. Wie ist das möglich?

→ Der bei einer Ultraschalluntersuchung vom Piezokristall erzeugte Ultraschall wird an den verschiedenen Gewebegrenzen teilweise reflektiert, weil sich dort die Dichte ändert. ↑3 Wie stark der Ultraschall reflektiert wird, ist sehr unterschiedlich: An der Grenzfläche von Leber und Niere werden nur 6 % reflektiert, an Knochen 40 %. Durch das Reflexionsvermögen erhält man also eine materialabhängige Information. Die Laufzeit des Schalls vom Sender zum Organ und wieder zurück ist dagegen ein Maß für die Tiefenlage des Organs.

Weshalb wird der „Ultraschallkopf" bei einer Untersuchung nicht direkt auf die Haut gesetzt, sondern diese vorher mit einer Spezialgelatine eingecremt?

→ Das Ultraschallbild auf dem Monitor entsteht im einfachsten Fall dadurch, dass alle empfangenen Echos in Abhängigkeit von ihrer Laufzeit und Intensität als „Spitzen" dargestellt werden. ↑4
Ordnet man viele Ultraschallköpfe nebeneinander an, so kann man das zu untersuchende Objekt zweidimensional „abtasten". ↑5 Die Echos werden nun statt als Zacken durch Punkte dargestellt, deren Helligkeit der Intensität der Echos entspricht. Das Ultraschallbild stellt die Tiefe des reflektierten Objekts als Funktion des Abtastwinkels dar.

→ Ähnlich wie Fledermäuse senden Ultraschallköpfe kurze Schallimpulse in rascher Folge aus. Nur wenn der Schallimpuls, der auf eine dünne Gewebeschicht trifft, genügend kurz ist, kommen die Echos von Vorder- und Rückseite der Schicht getrennt am Empfänger an. ↑6
Will man hintereinanderliegende Grenzflächen unterscheiden, die z.B. einen Abstand von $a = 1\,\text{mm}$ haben, dürfen die Schallimpulse höchstens so lange andauern, wie die Laufzeit Δt des Schalls von der vorderen Grenzfläche zur hinteren und wieder zurück beträgt. Bei einer Schallgeschwindigkeit von $1500\,\frac{\text{m}}{\text{s}}$ im Körper beträgt $\Delta t \approx 13\,\mu\text{s}$. Also wären z.B. Schallimpulse von $1\,\mu\text{s}$ Dauer geeignet.
Erkläre anhand einer Zeichnung, was passiert, wenn der Schallimpuls länger andauert, als der Schall für die doppelte Schichtdicke braucht.

→ Mit der *Dopplersonografie* können auch Bewegungen im Körper dargestellt werden. ↑7
Das Prinzip beruht auf dem Dopplereffekt: Bewegt sich der Schallsender auf den Empfänger zu (oder der Empfänger auf den Sender), so hört dieser einen höheren Ton, als der Sender abstrahlt; bewegt sich der Sender vom Empfänger fort, hört dieser einen tieferen Ton. Du kennst das vom nahenden und sich wieder entfernenden Krankenwagen. Die Änderung der Tonhöhe hängt von der Geschwindigkeit ab.
Bei der Untersuchung von Durchblutungsproblemen wird ein Ultraschallkopf an eine Vene gehalten. ↑8 Der von den roten Blutkörperchen reflektierte Ultraschall hat je nach Bewegungsrichtung und -geschwindigkeit des Bluts einen anderen „Ton" als zuvor. Die „Tonhöhe" wird durch unterschiedliche Farben auf einem Monitor dargestellt.

→ Weitere medizinische Anwendungen des Ultraschalls sind die Entfernung von Zahnstein oder Blasensteinen, Durchblutungsförderung, Gewebeerwärmung … Informiere dich über eine Anwendung und präsentiere deine Ergebnisse.

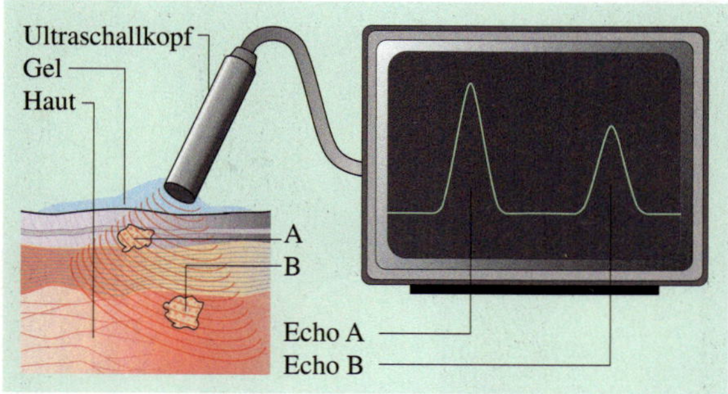

4 Eindimensionale Ultraschalluntersuchung

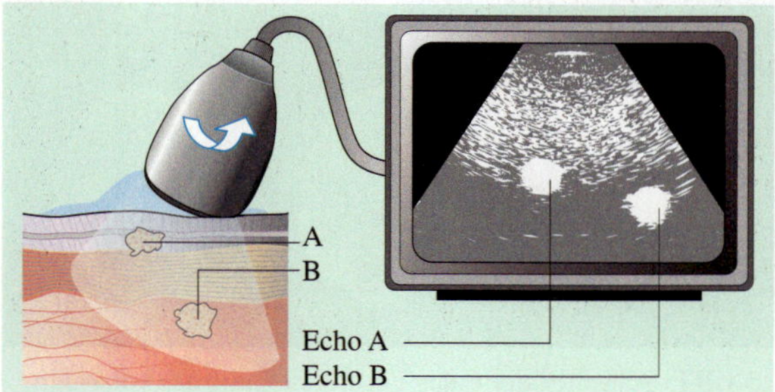

5 Zweidimensionale Ultraschalluntersuchung

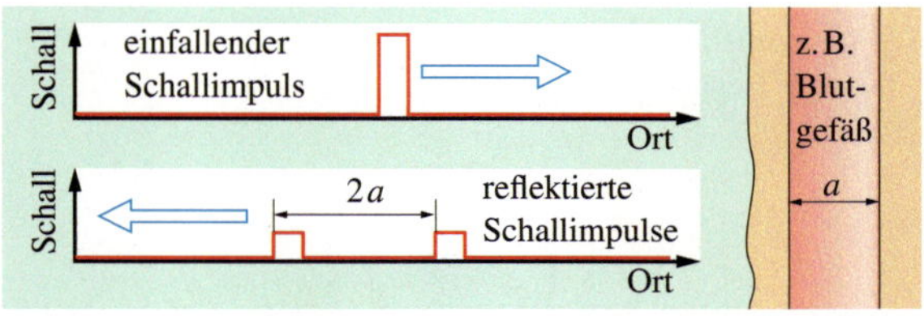

6

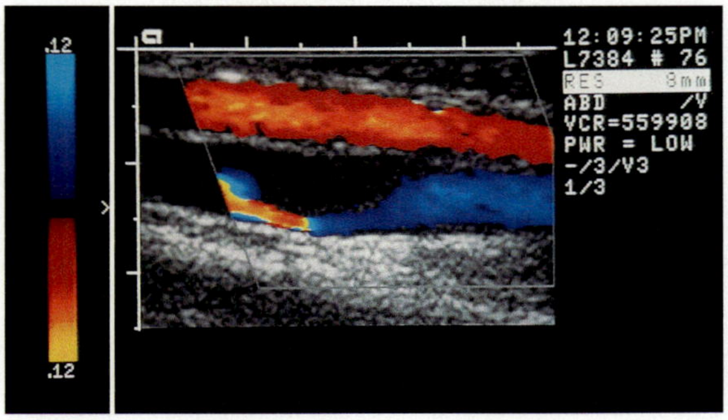

7 Dopplersonogramm: Blutpfropf in einer Vene

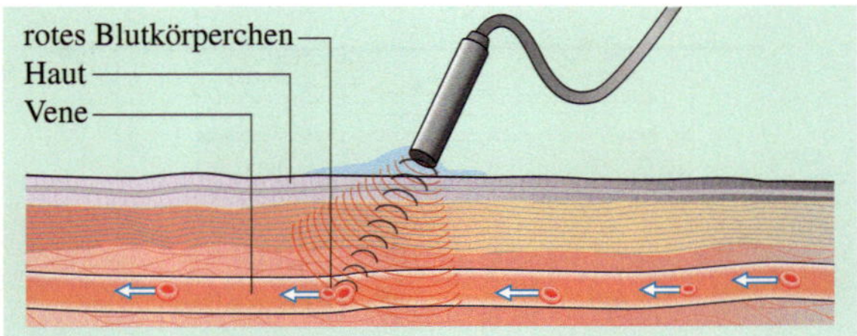

8 Prinzip der Dopplersonografie

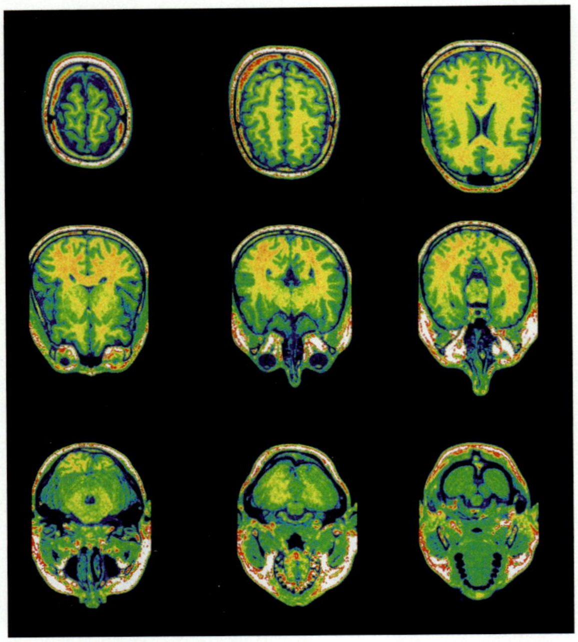

1 MRT: Schnittbilder eines gesunden Gehirns (von oben nach unten aufgenommen)

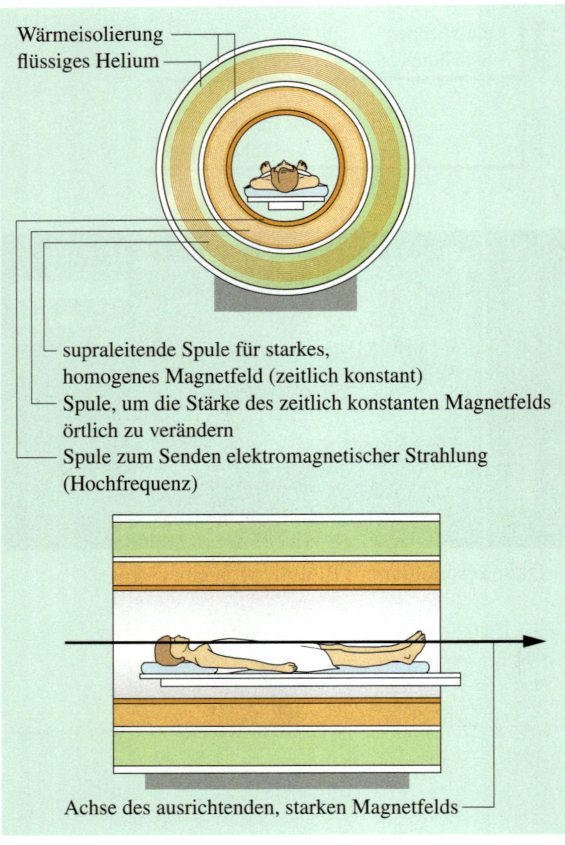

2 Magnetresonanztomograf (Aufbau)

Magnetresonanztomografie (MRT)

Als *Tomografie* bezeichnet man allgemein Verfahren, die Schnittbilder von Körpern erzeugen (griech. *tomos:* Schnitt; *graphein:* schreiben). Mit der MRT lassen sich z. B. Schnittbilder des Gehirns anfertigen. ↑1 Und was bedeutet „Magnetresonanz“?

Die MRT begann eigentlich unter anderem Namen: *Nuclear Magnetic Resonance (NMR)*. Das Verfahren wurde zur Untersuchung chemischer Proben eingesetzt. Beim Bau der ersten NMR-Labors reagierte die Bevölkerung ungehalten: Manche dachten sogar, dass ein *Nuclear Power Plant* gebaut werden sollte. Um die Bedenken zu verringern, wurde das Diagnoseverfahren daraufhin umbenannt. In Deutschland wird es auch *Kernspintomografie* genannt. Die Bezeichnungen gehen alle auf ein physikalisches Phänomen in der Welt der Atomkerne zurück. Die Mathematik, um dieses Verfahren zu verstehen, lernt man frühestens auf der Universität kennen. Den Grundgedanken wollen wir dir aber bei der folgenden vereinfachten Darstellung der MRT erläutern:

Der Patient wird in den Bereich eines zeitlich konstanten Magnetfelds geschoben. ↑2 Es wird von stromführenden Spulen erzeugt und ist einige Tausend Mal stärker als das Magnetfeld der Erde. Um gezielt Schnittbilder einer Körperregion zu erhalten, kann die Stärke des Magnetfelds örtlich verändert werden.

In unserem Körper befinden sich (fast) überall Wasserstoffatome. Ihr Atomkern – das Proton – verhält sich wie ein winziger Magnet. In der Quantenphysik beschreibt man diese magnetische Eigenschaft durch den *Kernspin*. Diese „Protonenmagnete“ sind normalerweise gleichmäßig in alle möglichen Richtungen ausgerichtet. Das starke Magnetfeld im Tomografen bewirkt, dass die Protonenmagnete ausgerichtet werden: entweder parallel zu den Feldlinien oder entgegengesetzt dazu. ↑3 Die Protonen mit paralleler Ausrichtung befinden sich in einem niedrigeren Energiezustand als die mit antiparalleler Ausrichtung. Nun strahlt ein Sender über die innerste Spule elektromagnetische Impulse mit hoher Frequenz (10^9 Hz) in den Körper. Die Photonen dieser Strahlung haben genau die passende Energie, um die Protonenmagnete umklappen zu lassen: Wenn ein Proton im niedrigeren Energiezustand (Kernspin und Feldlinien parallel) ein Photon aufnimmt, gelangt es in den höheren Energiezustand (Kernspin und Feldlinien antiparallel). Diesen Vorgang – elektromagnetische Strahlung der passenden Frequenz führt zu einer Anregung – bezeichnen Quantenphysiker auch als *Resonanz*. Die angeregten Protonen kehren je nach Gewebeart früher oder später wieder in den niedrigeren Energiezustand zurück, die Protonenmagnete „klappen" wieder zurück. Dabei induzieren sie jeweils einen kleinen Spannungsstoß in der Spule des Senders, die nun als Empfänger dient. Die Anzahl der Spannungsstöße pro Sekunde hängt vom Aufbau des Gewebes und seinem Wassergehalt ab. Sie ist z. B. für Knochen geringer als für Fett oder Nerven. ↑4

→ Die MRT basiert darauf, dass sich „Protonenmagnete" in einem starken Magnetfeld ausrichten. Lassen sich Schnittbilder von allen Gegenständen und Lebewesen mit der MRT anfertigen?

→ Nenne den Vorteil der MRT gegenüber einer CT oder Szintigrafie (siehe Seite 144 f.).

→ In den Spulen für das starke Magnetfeld der MRT beträgt die Stromstärke 400 A! Warum verwendet man dafür nicht Kupferspulen, sondern supraleitende Spulen, die man aufwendig auf 4,2 K abkühlt?

→ Ein einziger Magnetresonanztomograf kostet rund drei Millionen Euro. Die Untersuchungskosten liegen für das Herz bei 600 bis 800 €, für den ganzen Körper bei 1000 €. Überlege, welche Belastungen sich daraus für das Gesundheitssystem ergeben, und entwickle Lösungsansätze.

→ Mit Sauerstoff beladenes Hämoglobin verhält sich magnetisch etwas anders als unbeladenes. In der *funktionellen MRT* nutzt man diesen Unterschied, um Vorgänge abzubilden. Deshalb spielt sie in der Demenzdiagnostik eine wichtige Rolle, weil aktive Gehirnregionen mehr Sauerstoff benötigen als andere. Informiere dich über weitere wichtige Anwendungsgebiete der MRT.

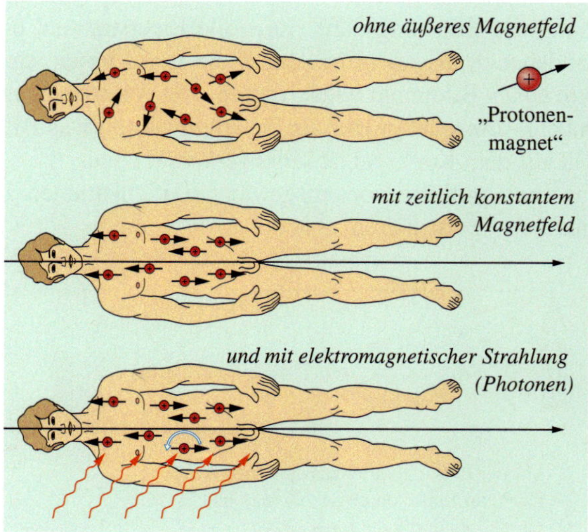

3 Ausrichtung der „Protonenmagnete"

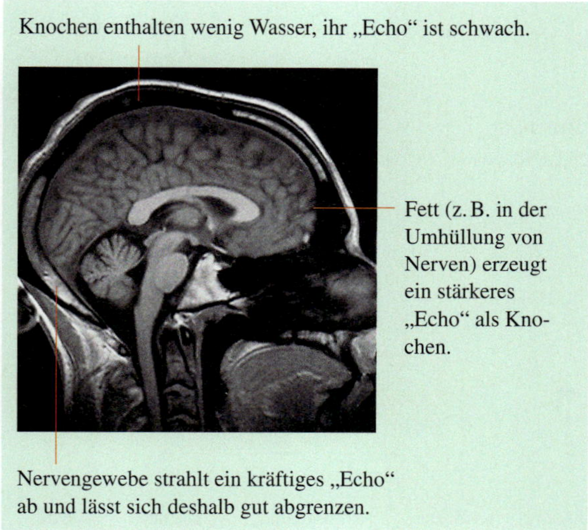

4 Erkennung von Gewebearten

Grundwissen Physik

Jahrgangsstufe 7

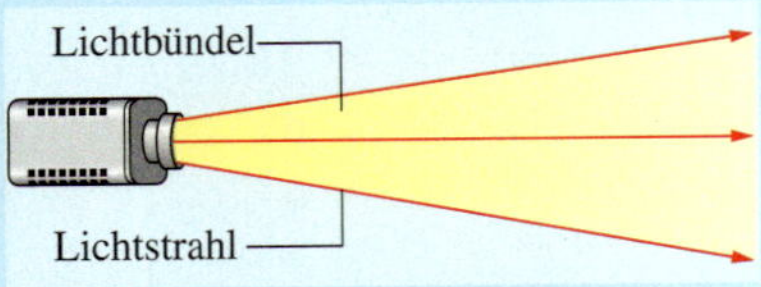

1 Geradlinige Lichtausbreitung im Modell

Lichtstrahlen und Bildentstehung Licht breitet sich geradlinig aus, solange es nicht daran gehindert wird. Die geradlinige Lichtausbreitung wird in Zeichnungen durch „Strahlen", wie sie aus der Geometrie bekannt sind, modellhaft dargestellt. ↑1 Durch Strahlenkonstruktion lässt sich die Bildentstehung bei Spiegeln und Sammellinsen erklären.

Spiegel reflektieren Licht. Der Einfallswinkel α ist stets so groß wie der Reflexionswinkel β: $\alpha = \beta$. ↑2 Einfallender Lichtstrahl, Einfallslot und reflektierter Lichtstrahl liegen in ein und derselben Ebene.
Das Spiegelbild eines Gegenstands sieht man genauso weit hinter dem (ebenen) Spiegel, wie der Gegenstand selbst davorsteht. ↑3 Das Spiegelbild ist ein Scheinbild (virtuelles Bild): Das Licht scheint von einem (nicht vorhandenen) Gegenstand hinter dem Spiegel zu kommen.

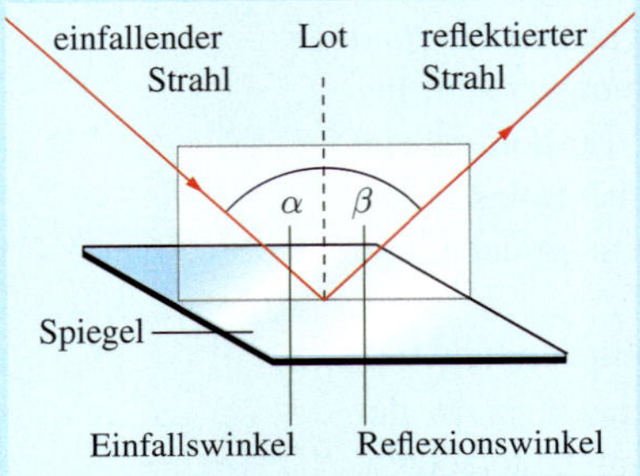

2 Reflexionsgesetz

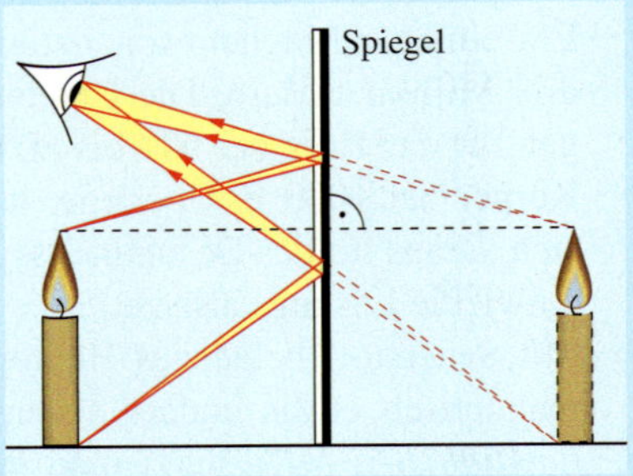

3 Spiegelbild

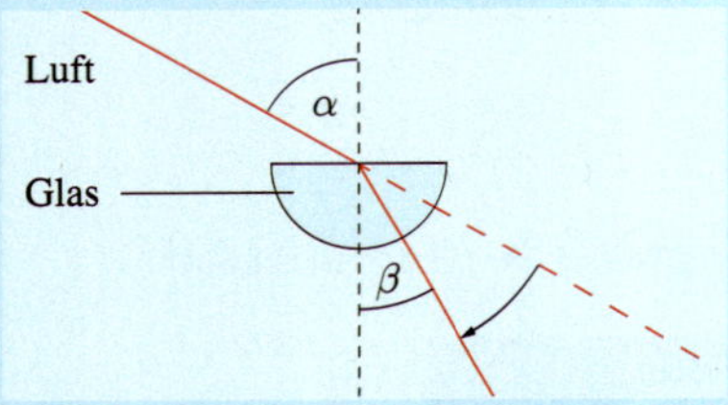

4 Brechung
Der Lichtweg ist umkehrbar.

Wenn Licht schräg durch eine Grenzfläche zwischen Luft und Glas (Luft und Wasser, Wasser und Glas …) hindurchtritt, erfährt es eine Richtungsänderung. ↑4 Diese Erscheinung nennt man *Brechung*. Nur bei senkrechtem Einfall wird das Licht nicht abgelenkt.
Bei Sammellinsen sorgt die Brechung dafür, dass alle Lichtstrahlen, die von *einem* Gegenstandspunkt ausgehen und durch die Linse treten, sich nach der Linse auch in *einem* Bildpunkt wiedertreffen. ↑5 (Voraussetzung: Der Abstand Gegenstand–Linse ist größer als die Brennweite.) Das Bild des Gegenstands steht auf dem Kopf und ist seitenverkehrt.
Die Bildpunkte kann man mithilfe von ausgewählten Lichtstrahlen in einem Modell geometrisch „konstruieren". ↑6

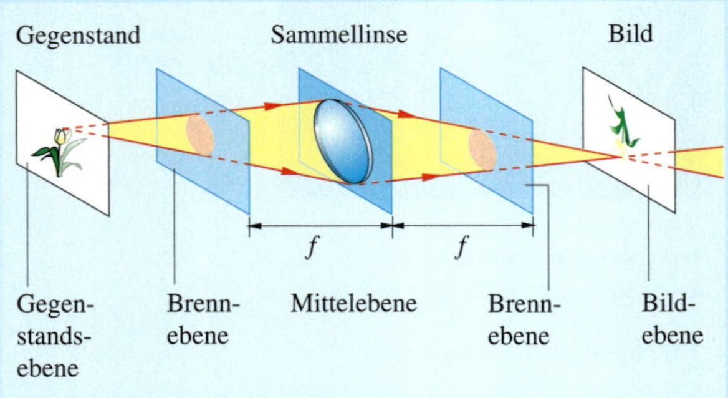

5 Bildentstehung bei der Sammellinse: Jeder Gegenstandspunkt wird auf einen Bildpunkt abgebildet.

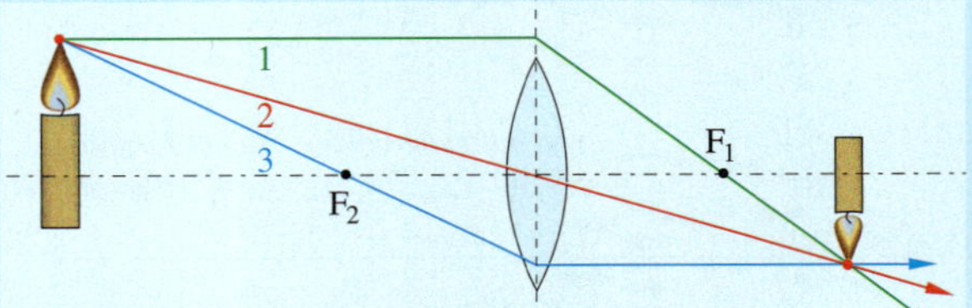

6 Geometrische Bildkonstruktion: Der Bildpunkt ergibt sich als Schnittpunkt der gebrochenen Lichtstrahlen.

Atommodell und elektrischer Strom Elektrisch geladene Teilchen sind Bestandteile aller Körper. ↑7
Beim engen Kontakt (z. B. durch Reiben) zweier Körper können Elektronen von einem Körper auf den anderen übergehen. Die Ladungen werden also nicht erzeugt, sondern nur getrennt. ↑8 ↑9
Wenn elektrische Ladung transportiert wird, spricht man von *elektrischem Strom*. ↑10

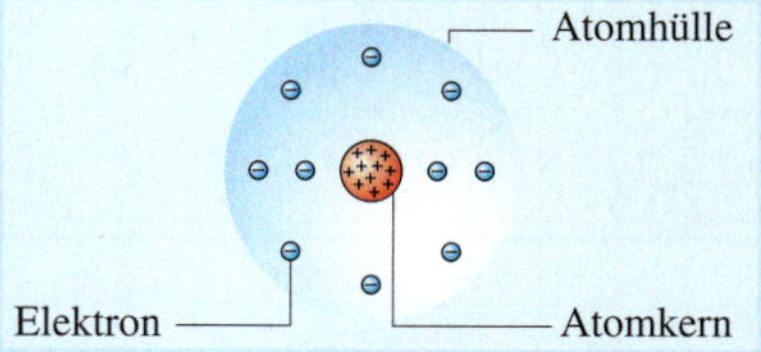

7 Kern-Hülle-Modell des Atoms

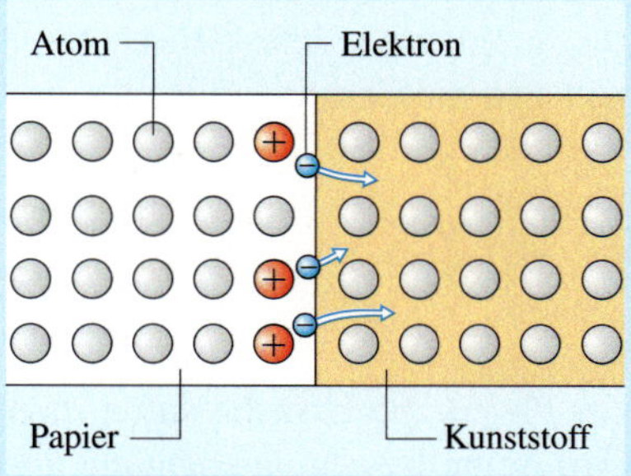

8 Enger Kontakt

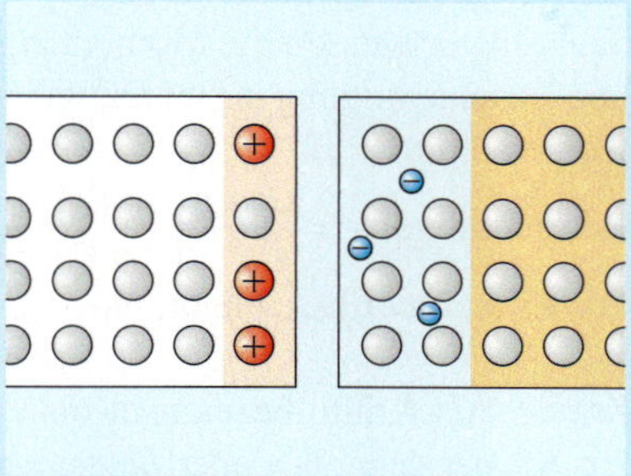
9 Ladungstrennung

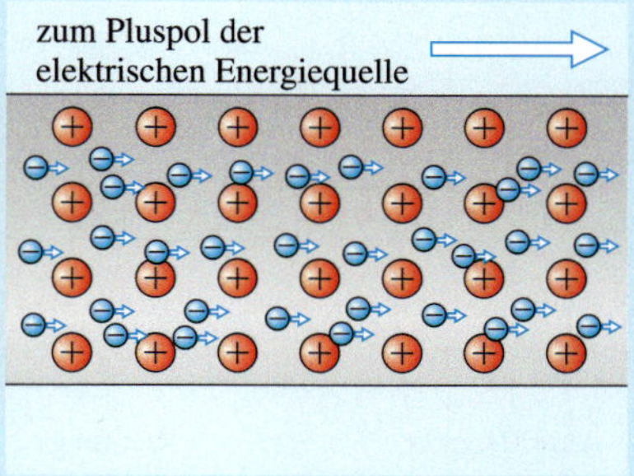

10 Elektrischer Strom im Metall

Stromstärke, Spannung, Widerstand Die elektrische *Stromstärke* gibt an, wie groß ein elektrischer Strom ist. Die Stromstärke I an einer beliebigen Stelle eines Drahts ist gleich dem Quotienten aus der Ladung Q, die in einer bestimmten Zeitspanne Δt durch den Drahtquerschnitt an der Stelle hindurchströmt, und dieser Zeitspanne:

$$I = \frac{Q}{\Delta t}.$$

Die Stromstärke beträgt 1 Ampere (1 A), wenn in einer Sekunde durch den Querschnitt eine Ladung von 1 Coulomb (1 C) hindurchtritt. Im Modell können wir die unterschiedlich großen Ladungen, die bei verschiedenen Stromstärken in gleicher Zeit durch einen Drahtquerschnitt strömen, mithilfe der Elektronen darstellen. ↑11
Stromstärkemessung: Man baut Strommessgeräte in den Stromkreis ein. Die Stromstärke ist im ganzen Stromkreis gleich groß. ↑12

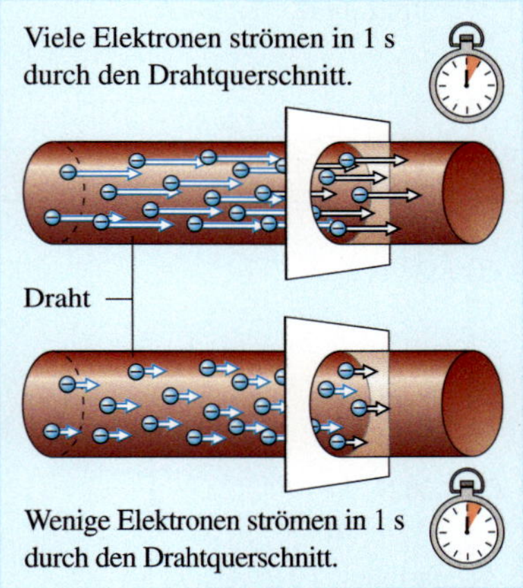

11 Große und kleine Stromstärke

Die elektrische *Spannung* ist ein Maß für die „Stärke" der elektrischen Energiequelle, Ladung „anzutreiben". Je größer die elektrische Spannung zwischen den Polen einer (regelbaren) elektrischen Energiequelle ist, desto größer ist die Stromstärke, die sich in ein und demselben Stromkreis einstellt. ↑13

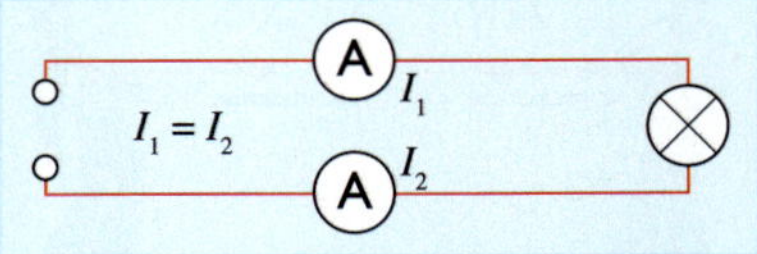

12 Gleich große Stromstärken

Der *Widerstand* eines elektrischen Bauteils in einem Stromkreis gibt an, wie sehr der Ladungstransport durch das Bauteil „behindert" wird. Je größer der Widerstand ist, desto kleiner ist die Stromstärke, die sich bei ein und derselben Spannung der Energiequelle einstellt.
Der elektrische Widerstand R eines Bauteils ist gleich dem Quotienten aus der Spannung U, die am Bauteil anliegt, und der Stromstärke I:

$$R = \frac{U}{I}.$$

Die Spannung einer elektrischen Energiequelle beträgt 1 Volt (1 V), wenn sich bei einem angeschlossenen Bauteil, das einen Widerstand von 1 Ohm (1 Ω) hat, eine Stromstärke von 1 Ampere (1 A) einstellt.

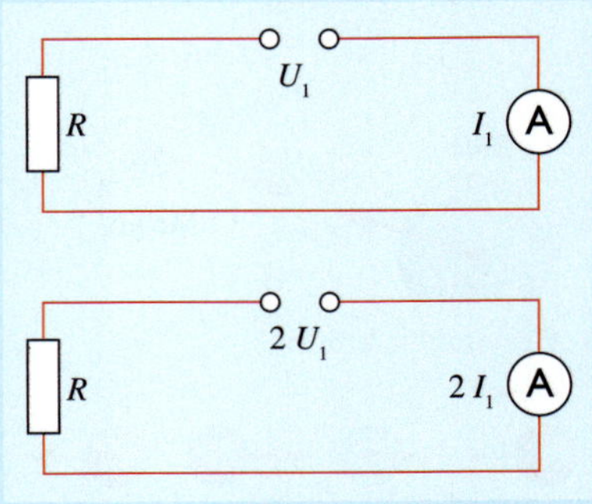

13 Größere Spannung → größere Stromstärke

Geschwindigkeit und Beschleunigung

Geschwindigkeit und Beschleunigung Die Geschwindigkeit v gibt an, wie schnell sich ein Körper während einer Zeitspanne Δt durchschnittlich bewegt: ↑1

$$\text{Geschwindigkeit} = \frac{\text{zurückgelegte Strecke}}{\text{benötigte Zeit}}; \quad v = \frac{\Delta s}{\Delta t}.$$

Die Einheit der Geschwindigkeit ist $1\,\frac{\text{m}}{\text{s}}$. Es gilt:

$$1\,\frac{\text{m}}{\text{s}} = 3{,}6\,\frac{\text{km}}{\text{h}} \quad \text{und umgekehrt} \quad 1\,\frac{\text{km}}{\text{h}} = \frac{1}{3{,}6}\,\frac{\text{m}}{\text{s}}.$$

Tachometer messen die Momentangeschwindigkeit (Δt sehr klein).

Die Beschleunigung a gibt an, wie schnell sich die Geschwindigkeit eines Körpers ändert: ↑2

$$\text{Beschleunigung} = \frac{\text{Geschwindigkeitsänderung}}{\text{benötigte Zeit}}; \quad a = \frac{\Delta v}{\Delta t}.$$

Die Einheit der Beschleunigung ist $1\,\frac{\text{m}}{\text{s}^2}$.

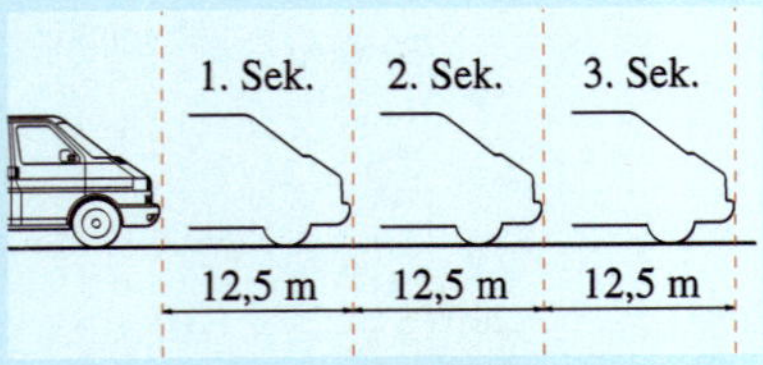

1 Konstante Geschwindigkeit

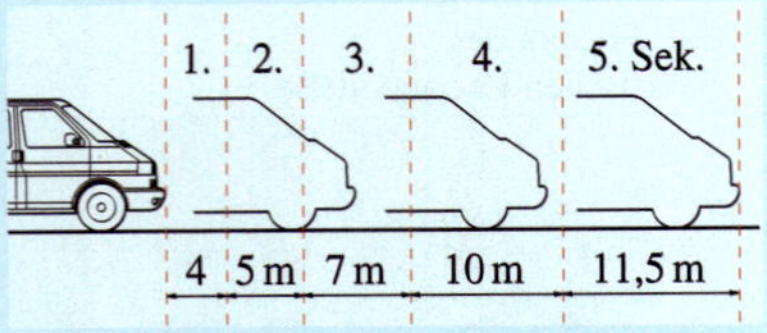

2 Veränderliche Geschwindigkeit: Beschleunigung

Kräfte Als Kräfte bezeichnet man in der Physik die Ursache dafür, dass ein Körper schneller oder langsamer wird, seine Bewegungsrichtung ändert oder dass er verformt wird. Kräfte unterscheiden sich in Angriffspunkt, Betrag (Größe) und Richtung. ↑3

Trägheitssatz: Jeder Körper bleibt im Zustand der Ruhe oder der geradlinigen Bewegung mit konstanter Geschwindigkeit, solange er nicht durch Kräfte von außen gezwungen wird, den Zustand zu ändern. ↑4

Die Masse gibt an, wie träge ein Körper ist. Ein Körper mit größerer Masse (z. B. ein Lkw) lässt sich schwerer beschleunigen oder abbremsen als einer mit kleinerer Masse (z. B. ein Pkw).

„Kraft = Masse · Beschleunigung“: Die Kraft F, die einen Körper beschleunigt, ist gleich dem Produkt aus der Masse m des Körpers und seiner Beschleunigung a: $F = m \cdot a$.

Eine Kraft von 1 N bewirkt bei einem Körper der Masse 1 kg eine Beschleunigung von $1\,\frac{\text{m}}{\text{s}^2}$: $1\,\text{N} = 1\,\text{kg}\,\frac{\text{m}}{\text{s}^2}$. ↑5

Wechselwirkungsgesetz: Körper üben immer nur wechselseitig Kräfte aufeinander aus. Die beiden Kräfte, die zwei Körper wechselseitig aufeinander ausüben, sind gleich groß und entgegengesetzt gerichtet. ↑6 Sie greifen stets an zwei verschiedenen Körpern an.

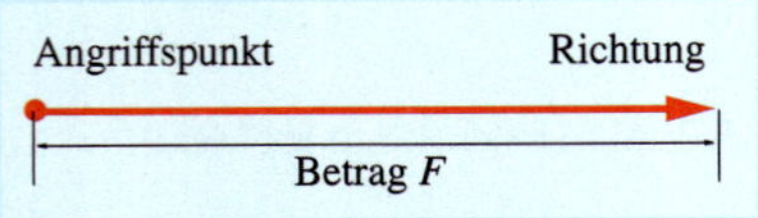

3 Darstellung der Kraft $\vec{F}$

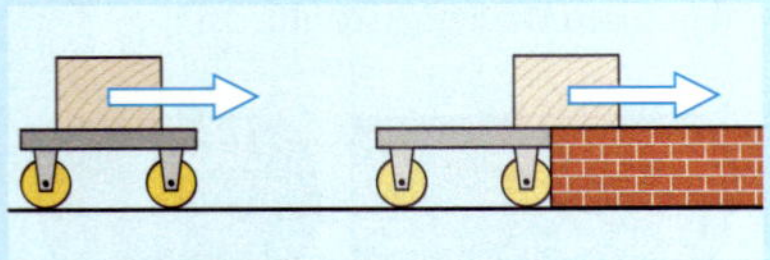

4 Trägheit

5 Krafteinheit 1 Newton (1 N)

Alle Körper ziehen sich aufgrund ihrer Masse gegenseitig an. ↑7 Allerdings wird die Gravitationskraft erst bei großen Massen (z. B. von Planeten oder der Sonne) deutlich feststellbar.

Elektrisch geladene Körper ziehen sich gegenseitig an oder stoßen einander ab – je nachdem, ob sie gleichnamig oder ungleichnamig geladen sind. ↑8 Je größer die Ladungen der Körper sind, desto größer ist die elektrische Kraft. Gravitationskraft und elektrische Kraft nehmen mit zunehmendem Abstand zwischen den Körpern ab.

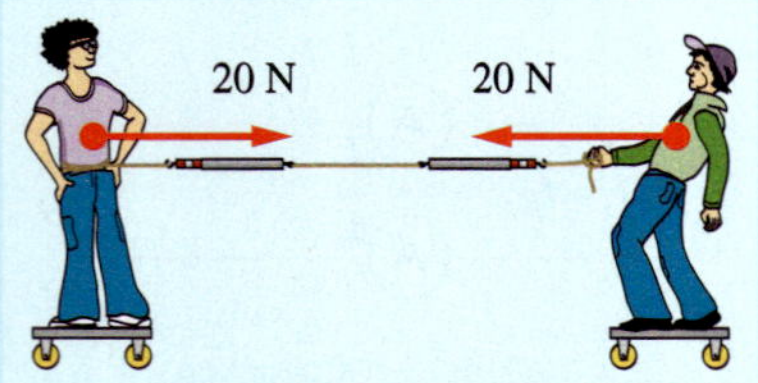

6 Wechselwirkungsgesetz

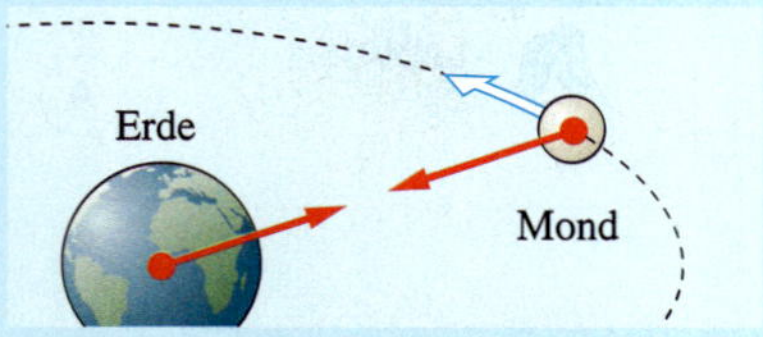

7 Gravitationskräfte

Rechnen mit Messwerten Keine Messung ist hundertprozentig genau. Daher gibt man bei Messwerten nur die Ziffern an, bei denen man davon ausgeht, dass sie genau sind, sowie die erste ungenaue Ziffer. *Beispiel:* Der Messwert 3,46 km hat drei „geltende“ Ziffern, die tatsächliche Länge kann also auch 3,455 km oder 3,465 km betragen.

Beim Rechnen mit Messwerten wird das Ergebnis auf die kleinste Anzahl geltender Ziffern gerundet, die man bei den verwendeten Messwerten findet.

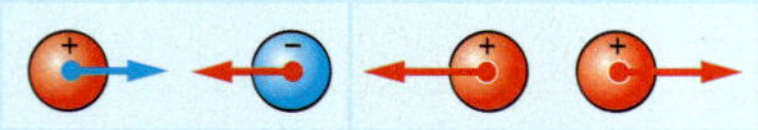

8 Elektrische Kräfte

Jahrgangsstufe 8

Energieprinzip Energie tritt in vielen Arten auf, die sich ineinander umwandeln können. ↑9 Ohne Eingriff von außen ändert sich die Gesamtenergie eines Systems nicht, Energie kann im System weder erzeugt noch vernichtet werden (Energieerhaltungssatz).

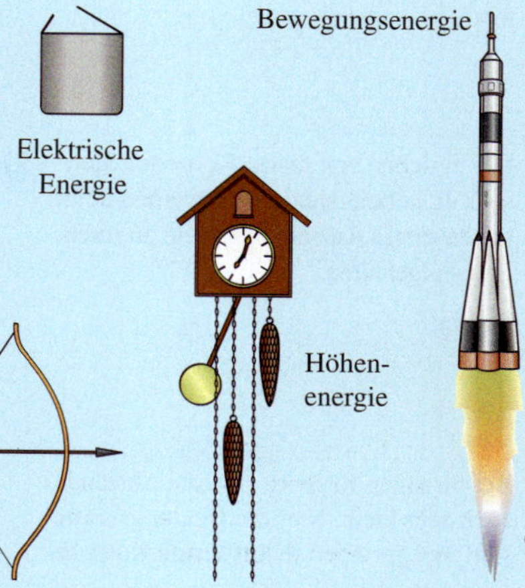

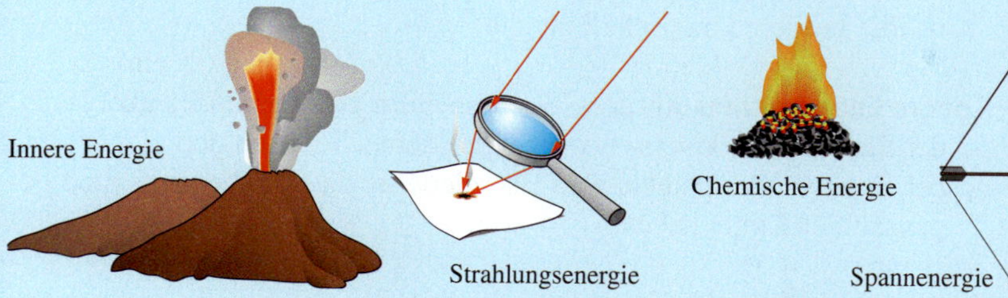

9

Goldene Regel der Mechanik Für alle Kraftwandler gilt: Was man an Kraft spart, muss man an Weg zulegen (und umgekehrt).
Das Produkt aus konstanter Kraft F_s in Wegrichtung und Weg Δs bleibt (für denselben Zweck) stets gleich groß: $F_s \cdot \Delta s = \text{konstant}$. ↑10

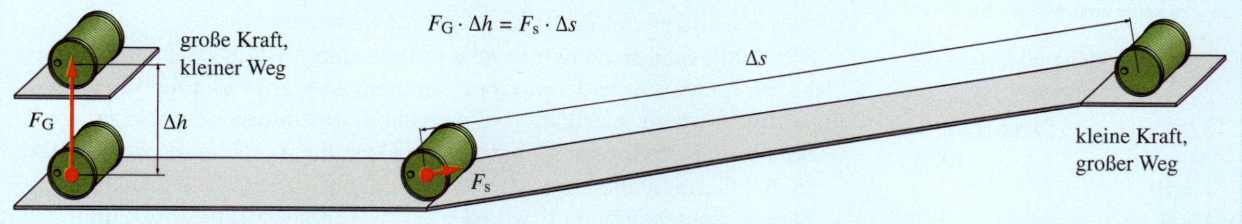

10

Mechanische Energie Die mechanischen Energieformen lassen sich auf zwei Grundformen zurückführen: kinetische und potenzielle Energie.
Die Energie eines Gegenstands der Masse m, der um die Höhe Δh angehoben oder auf die Geschwindigkeit v beschleunigt wurde, beträgt:
- $E_h = m \cdot g \cdot \Delta h$ Höhenenergie (potenzielle Energie) ↑11
- $E_{kin} = \frac{1}{2} m \cdot v^2$ Bewegungsenergie (kinetische Energie)

Die Energie einer Feder (Federkonstante D), die um die Strecke Δs gedehnt oder gestaucht wurde, beträgt:
- $E_{spann} = \frac{1}{2} D \cdot (\Delta s)^2$ Spannenergie (potenzielle Energie)

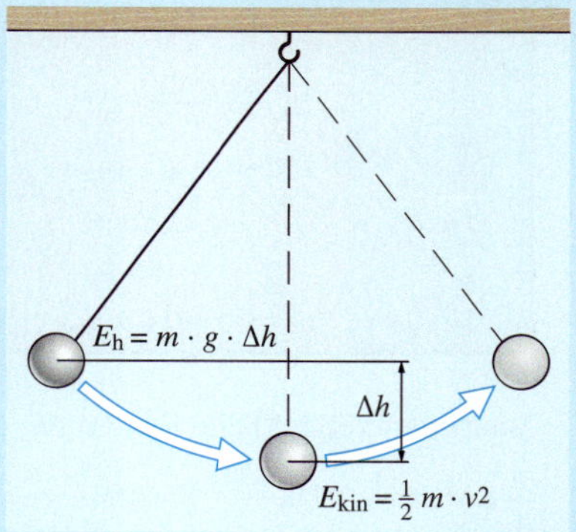

11

Einheit der Energie 1 Joule (1 J): 1 J = 1 Nm

Arbeit Die Arbeit W bezeichnet die einem Gegenstand oder System mechanisch (Kraft und Weg) zugeführte oder entzogene Energie ΔE. ↑12
Bei konstanter Kraft F_s in Bewegungsrichtung gilt: $W = F_s \cdot \Delta s$.

12

Leistung Sie gibt an, wie schnell eine Energie ΔE umgesetzt wird: $P = \frac{\Delta E}{\Delta t}$.
Die Einheit der Leistung ist 1 Watt (1 W): $1\,\text{W} = 1\,\frac{\text{J}}{\text{s}}$.

Wirkungsgrad Er gibt bei Energieübertragungen an, wie groß der Anteil der nutzbaren Energie an der aufgewandten Energie ist: $\eta = \frac{\Delta E_{nutz}}{\Delta E_{auf}}$. ↑13

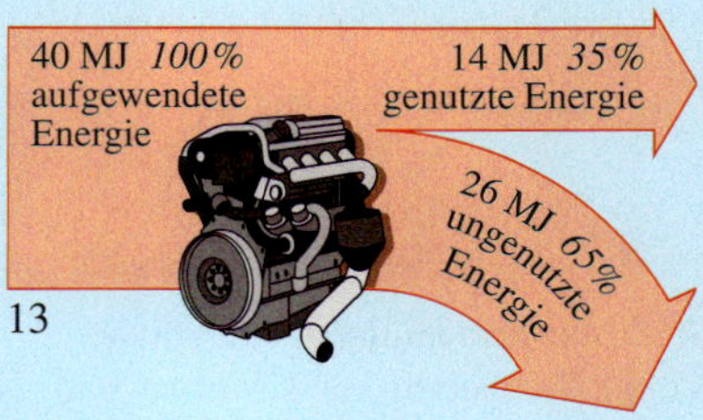

13

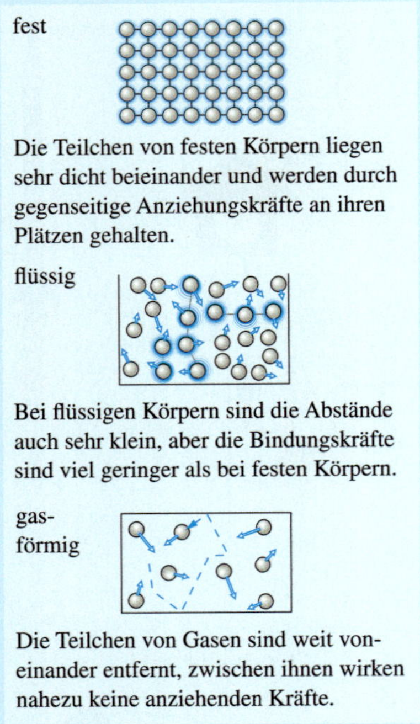

1 Teilchenmodell und Bewegung

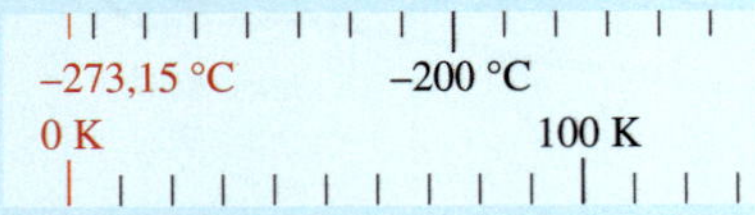

2 Absoluter Nullpunkt

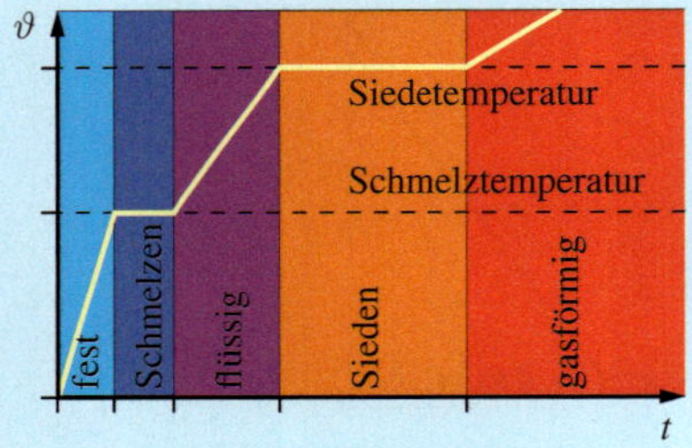

3 Temperaturverlauf beim Erwärmen

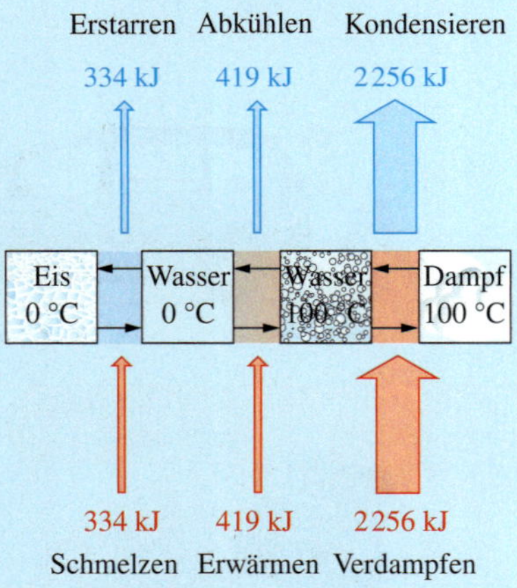

4 Zustandsänderungen von Wasser (1 kg): Temperatur- und Wärmewerte

Teilchenmodell Jede Materie besteht aus unvorstellbar kleinen *Atomen* und *Molekülen*. Um uns den Aufbau der Materie in den verschiedenen Aggregatzuständen vorzustellen, verwenden wir das *Teilchenmodell*: ↑1

- Die Materie ist aus winzigen Kügelchen aufgebaut, zwischen denen große Kräfte wirken, wenn sie sich nahe genug kommen.
- Die Teilchen befinden sich in ständiger Bewegung. Je höher die Temperatur eines Stoffs ist, desto schneller bewegen sie sich und desto größer ist ihre mittlere kinetische Energie.

Innere Energie eines Körpers Sie besteht im Teilchenmodell aus:

- der Summe aller kinetischen Energien seiner Teilchen und
- der Summe aller potenziellen Energien, die die Teilchen aufgrund gegenseitiger Kräfte haben.

Temperaturnullpunkt Es gibt eine tiefste Temperatur, die nicht unterschritten werden kann. Sie liegt bei –273,15 °C (0 K). ↑2 Im Teilchenmodell stellen wir uns vor, dass sich die Teilchen eines Körpers am absoluten Nullpunkt nicht bewegen, ihre kinetische Energie ist gleich null.

Temperatur und Volumen Körper dehnen sich in der Regel beim Erwärmen aus und ziehen sich beim Abkühlen zusammen.
Die Volumenänderung ist jeweils proportional

- zur Temperaturänderung (bei gleichem Ausgangsvolumen) bzw.
- zum Ausgangsvolumen (bei gleicher Temperaturänderung).

Bei festen Körpern und Flüssigkeiten hängt die Ausdehnung vom Material ab, bei Gasen nicht.
Wasser zieht sich beim Erwärmen von 0 °C auf 4 °C zusammen und dehnt sich erst danach aus (Anomalie des Wassers).

1. Hauptsatz der Wärmelehre Bei Energiezufuhr durch Arbeit oder Wärme nimmt die innere Energie eines Körpers zu. Umgekehrt kann die innere Energie eines Körpers bei Energieabgabe durch Wärme oder Arbeit abnehmen.
Wenn keine andere Energieumwandlung auftritt, gilt (Energieerhaltung):
Änderung der inneren Energie = Wärme + Arbeit.

Wärme und Änderung der inneren Energie Führt man einem Körper Wärme zu, steigt seine Temperatur oder sein Zustand ändert sich. ↑3 ↑4
Wie viel Wärme nötig ist, damit die Temperatur eines Körpers um 1 K steigt, hängt von Masse und Material ab. Das Erwärmen von Wasser erfordert besonders viel Energie: 4,19 kJ je Kilogramm und je Kelvin.
Auch die Wärme zum Schmelzen oder Verdampfen hängt von Masse und Material des Körpers ab. Während der Zustandsänderungen bleibt die Temperatur des Körpers konstant, weil die zugeführte Wärme zum Aufbrechen der Bindungen zwischen den Teilchen verwendet wird.
Kühlt man das Gas wieder ab, so laufen die Temperatur- und Zustandsänderungen „rückwärts“ ab.
Flüssigkeiten können unterhalb ihrer Siedetemperatur verdunsten und dabei abkühlen.

Energieentwertung Immer wenn bei einem Vorgang in einem System mechanische, elektrische (oder chemische) Energie in innere Energie umgewandelt wird bzw. Wärme von einem Gegenstand mit höherer Temperatur zu einem mit niedrigerer Temperatur fließt, wird Energie „entwertet" – sie kann nach Ablauf des Vorgangs nicht noch einmal für denselben Zweck genutzt werden. Ein solcher Vorgang ist irreversibel, der Anfangszustand lässt sich ohne Energiezufuhr von außen nicht wieder erreichen.
Verbrennungsmotoren wandeln die innere Energie heißer Verbrennungsgase zum Teil in mechanische Energie der Kolben um. ↑5 Die restliche Energie wird entwertet und über den Kühler an die Umgebung abgeführt. Für einen großen Wirkungsgrad muss die Temperatur T_{zu} des Verbrennungsgases möglichst hoch und die Temperatur T_{ab} des Kühlers möglichst niedrig sein.

Stromstärke, Spannung, Widerstand Die Stromstärke I an einer beliebigen Stelle eines Drahts ist gleich dem Quotienten aus der Ladung Q der Elektronen, die in der Zeitspanne Δt durch den Drahtquerschnitt an dieser Stelle durchströmen, und dieser Zeitspanne: $I = \frac{Q}{\Delta t} = \frac{N \cdot e}{\Delta t}$.
Die Spannung U an einer elektrischen Energiequelle gibt an, wie viel potenzielle Energie ΔE_{pot} pro Ladung Q zur Verfügung steht: $U = \frac{\Delta E_{pot}}{Q}$.
Die Spannung U an einem elektrischen Bauteil gibt an, wie viel potenzielle Energie ΔE_{pot} pro hindurchfließender Ladung Q umgesetzt wird.
Erhöht man die Spannung an Metalldrähten, nehmen Stromstärke und Temperatur zu – und meistens auch der Widerstand. ↑6 Bei konstanter Temperatur ist der Widerstand eines (metallischen) Leiters konstant:
$\frac{U}{I} = R$ mit R = konstant (ohmsches Gesetz).
Bei *Reihenschaltungen* von Bauteilen gilt: ↑7
- $U = U_1 + U_2 + \ldots$ $I = I_1 = I_2 = \ldots$ $R_{ges} = R_1 + R_2 + \ldots$
- Je größer der Widerstand eines Bauteils ist, desto größer ist die Teilspannung an ihm.

Bei *Parallelschaltungen* von Bauteilen gilt: ↑8
- $U = U_1 = U_2 = \ldots$ $I_{ges} = I_1 + I_2 + \ldots$ $\frac{1}{R_{ges}} = \frac{1}{R_1} + \frac{1}{R_2} + \ldots$
- Je kleiner der Widerstand eines Bauteils ist, desto größer ist die Teilstromstärke in ihm.

Elektrische Energie und Leistung Die elektrische Leistung eines Bauteils gibt an, wie viel elektrische Energie es pro Zeitspanne umwandelt. Es gilt:
$P_{el} = \frac{\Delta E_{el}}{\Delta t} = U \cdot I$ (U, I konstant) und $\Delta E_{el} = U \cdot I \cdot \Delta t$.
Elektrische Energie gibt man oft in Kilowattstunden an: 1 kWh = 3,6 MJ.

Energieversorgung Die Menschheit wandelt jährlich rund $440 \cdot 10^{18}$ J Energie zum Heizen, Antreiben von Motoren, Beleuchten … um. Kohle, Erdöl und Erdgas sind die wichtigsten Primärenergieträger.
In Deutschland wird im Durchschnitt eine Primärenergie von 5,4 kJ pro Sekunde und Einwohner umgewandelt. Die umgesetzte Nutzenergie beträgt 3,5 kJ pro Sekunde und Einwohner. Die elektrische Energie (0,7 kJ pro Sekunde und Einwohner) wird uns hauptsächlich von Wärmekraftwerken zur Verfügung gestellt.

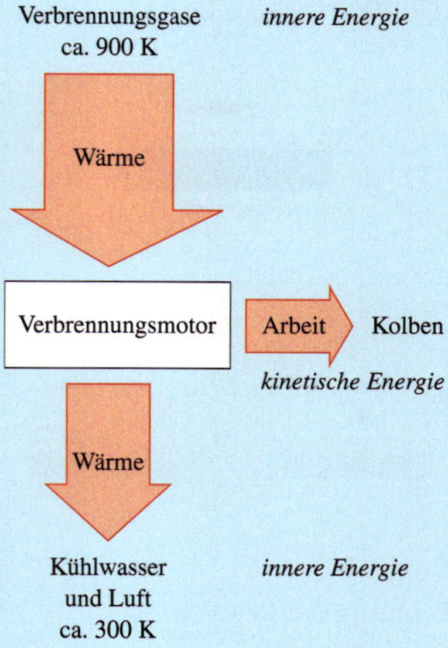

5 Energiefluss beim Motor

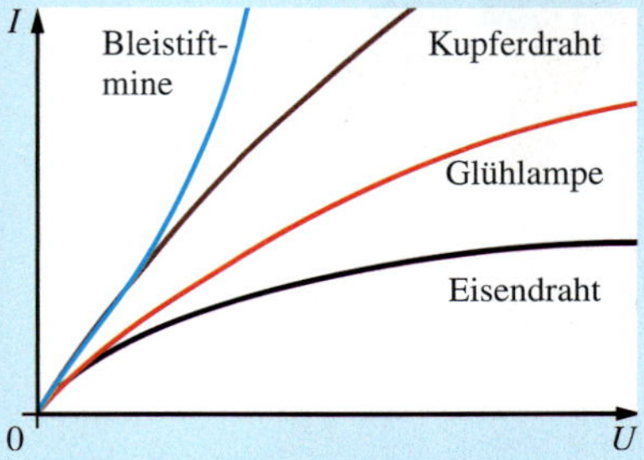

6 Widerstandskennlinien

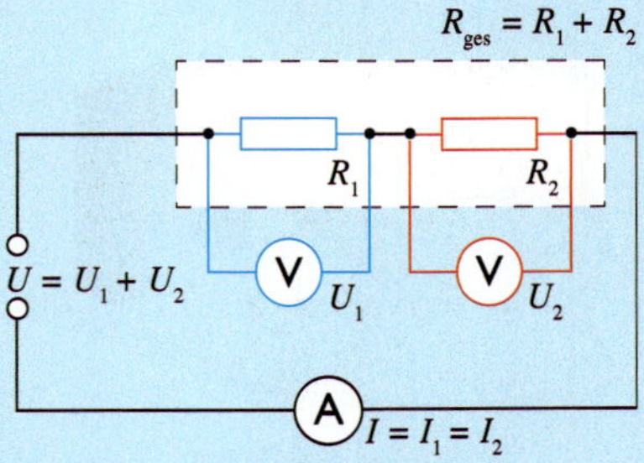

7 Gesetze der Reihenschaltung

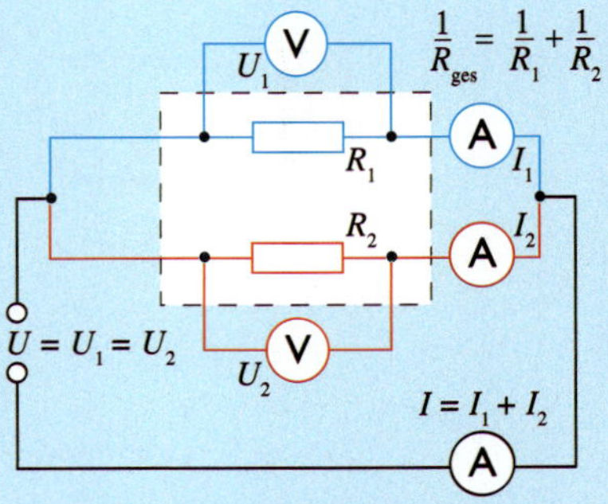

8 Gesetze der Parallelschaltung

Jahrgangsstufe 9

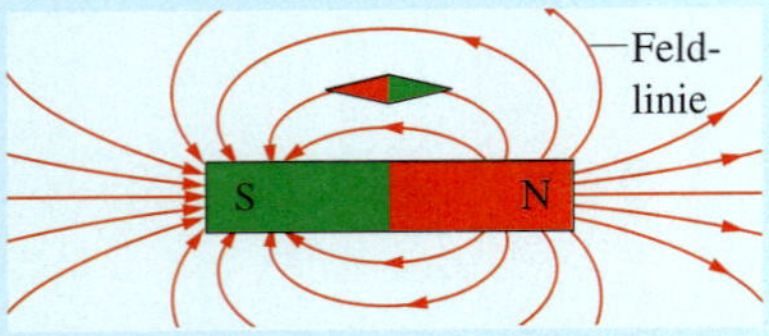

1 Feld eines Stabmagneten

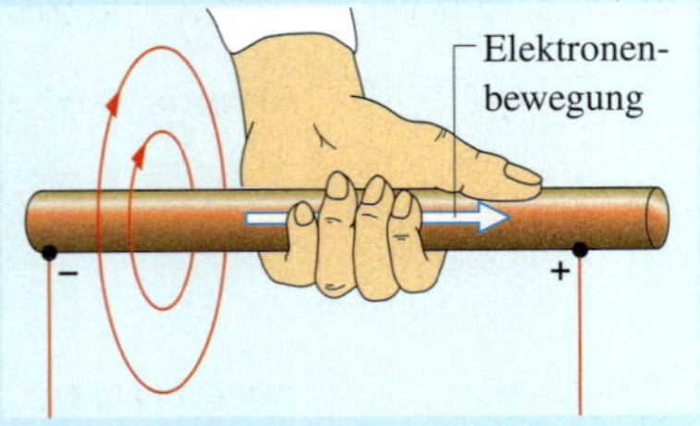

2 Linke-Faust-Regel

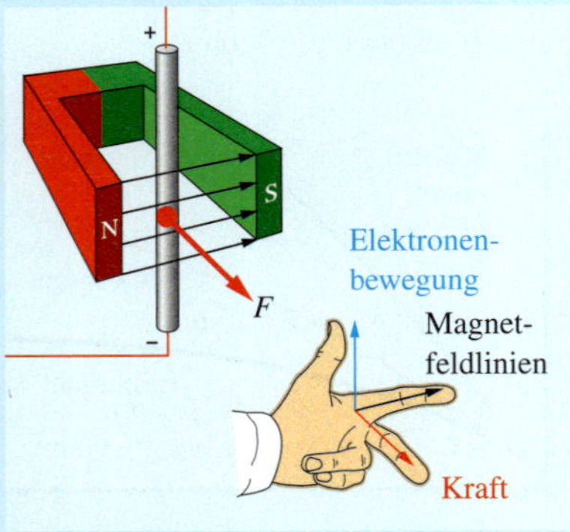

3 Linke-Hand-Regel

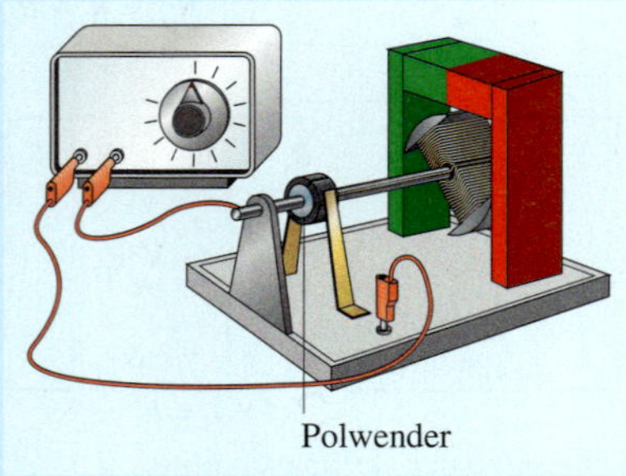

4 Elektromotor

Magnetfelder Das Magnetfeld eines Magneten oder eines stromführenden Drahts bewirkt, dass andere Magnete und Körper aus Eisen (Nickel, Cobalt) in ihrer Umgebung eine magnetische Kraft erfahren. ↑1 ↑2
Feldlinien sind eine Modellvorstellung, um Felder zu veranschaulichen und ihre Kraftwirkungen zu beschreiben. Durch jeden Punkt in der Umgebung eines Magneten (geladenen Gegenstands, Körpers mit Masse) kann man sich eine Feldlinie vorstellen. Feldlinien schneiden sich nie. Je größer die Kräfte in einem Feldbereich sind, desto dichter zeichnen wir die Feldlinien. Magnetfelder können Energie speichern und wieder abgeben.

Magnetische Kräfte auf elektrische Ströme Auf stromführende Drähte wirken in Magnetfeldern Kräfte. Diese Kräfte sind umso größer, je größer die Stromstärke ist, je stärker das Magnetfeld ist, je länger das Drahtstück im Feld ist und je näher der Winkel zwischen Feldlinien und Draht an 90° liegt. Die Kraftrichtung auf einen stromführenden Draht (senkrecht zu den Magnetfeldlinien) wird durch die „Linke-Hand-Regel" beschrieben. ↑3
Im *Elektromotor* wird eine stromführende Spule durch die magnetischen Kräfte gedreht. ↑4
Die *Lorentzkraft* wirkt auf bewegte geladene Teilchen im Feld eines Magneten. Elektronen, die sich senkrecht zu den Feldlinien bewegen, werden gemäß der „Linke-Hand-Regel" abgelenkt.

Induktion Während sich die Anzahl der gezeichneten Magnetfeldlinien ändert, die die Querschnittsfläche von Drahtwindungen durchsetzen, tritt zwischen den Drahtenden eine Induktionsspannung auf *(Induktionsgesetz)*. ↑5 Je rascher die Änderung erfolgt, desto größer ist die Induktionsspannung.
Im *Generator* werden eine Spule und ein Magnet so gegeneinander bewegt, dass durch Induktion eine Wechselspannung entsteht. ↑6 In einem angeschlossenen Stromkreis entsteht dadurch Wechselstrom.
Beim *Transformator* ruft der Wechselstrom in der Primärspule ein magnetisches Wechselfeld im Eisenkern hervor, das seinerseits eine Wechselspannung an der Sekundärspule bewirkt. ↑7 An der Spule mit größerer Windungszahl liegt auch die größere Spannung. In der Spule mit kleinerer Windungszahl fließt der größere Strom.
Die Stromstärke in Fernleitungen wird durch Hochtransformieren der Spannung verringert. Dadurch sinkt die Verlustleistung $P = R \cdot I^2$ der Leitungen.
Induktionsströme sind immer so gerichtet, dass sie der Induktionsursache entgegenwirken *(Regel von Lenz)*.

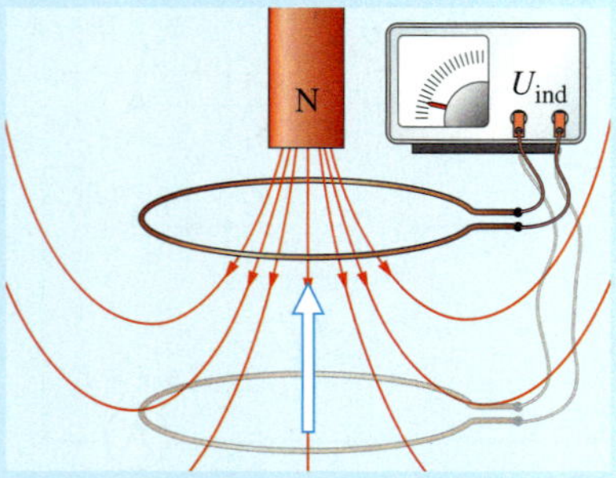

5 Induktion (Beispiel)

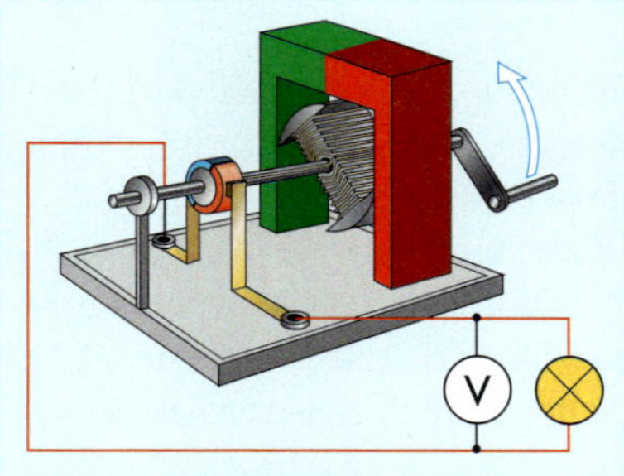

6 Generator

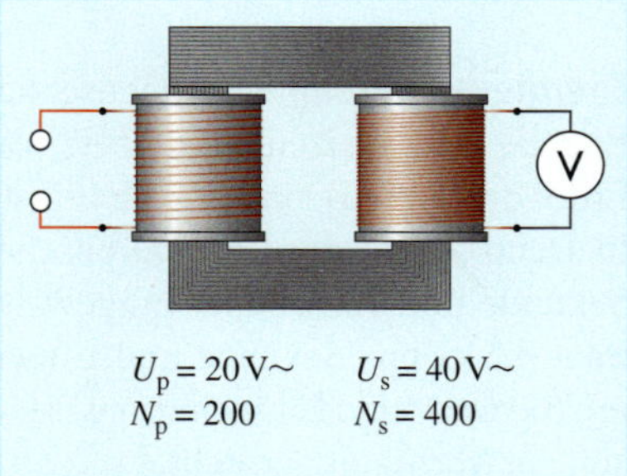

7 Transformator

Bewegungsabläufe in Diagrammen Die grundlegenden Informationen über die geradlinige Bewegung eines Gegenstands lassen sich in einem Zeit-Ort-Diagramm (t-x-Diagramm) und in einem Zeit-Geschwindigkeit-Diagramm (t-v-Diagramm) darstellen. Der Verlauf der Graphen gibt Aufschluss über die Bewegung. ↑8

Diagramm	Verlauf des Graphen	Tatsächliche Bewegung
Zeit und Ort		
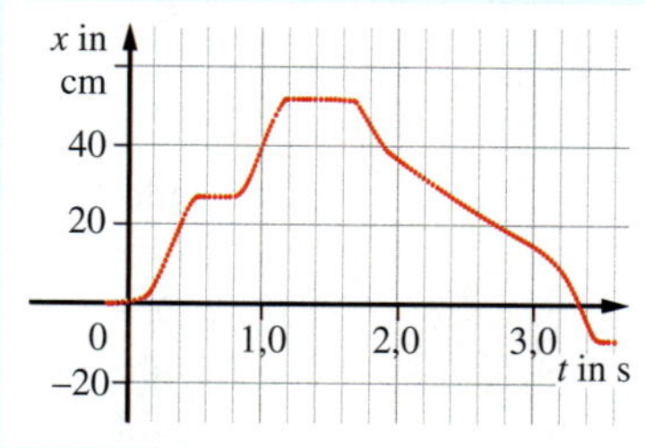	horizontal geradlinig ansteigend geradlinig abfallend immer steiler ansteigend immer flacher ansteigend	Gegenstand bewegt sich nicht. Gegenstand bewegt sich mit konstanter Geschwindigkeit nach vorn. Je steiler der Graph ansteigt, desto schneller bewegt sich der Gegenstand. Gegenstand bewegt sich mit konstanter Geschwindigkeit zurück. Gegenstand wird beschleunigt. Gegenstand wird abgebremst.
Zeit und Geschwindigkeit		
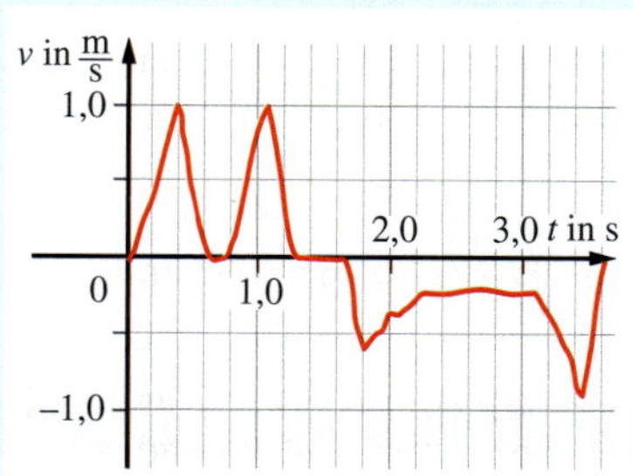	v positiv horizontal geradlinig ansteigend geradlinig abfallend immer steiler ansteigend immer flacher ansteigend v negativ	Vorwärtsbewegung Gegenstand bewegt sich mit konstanter Geschwindigkeit. Gegenstand wird mit konstanter Beschleunigung schneller. Gegenstand wird mit konstanter Beschleunigung abgebremst. Gegenstand wird schneller, Beschleunigung nimmt zu. Gegenstand wird schneller, Beschleunigung nimmt ab. Rückwärtsbewegung

8

Bewegungsfunktionen Bewegungsverläufe lassen sich mathematisch durch Zeit-Ort- und Zeit-Geschwindigkeit-Funktionen beschreiben. Die Tabelle zeigt Beispiele, bei denen davon ausgegangen wird, dass sich der bewegte Gegenstand zu Beginn der Beobachtung im Ursprung befindet. ↑9

Bewegung mit konstanter Geschwindigkeit v_0		Bewegung mit konstanter Beschleunigung a aus der Ruhe heraus		Freier Fall	
$x(t) = v_0 \cdot t$	$v(t) = v_0$	$x(t) = \frac{1}{2} a \cdot t^2$	$v(t) = a \cdot t$	$h(t) = -\frac{1}{2} g \cdot t^2$	$v(t) = -g \cdot t$
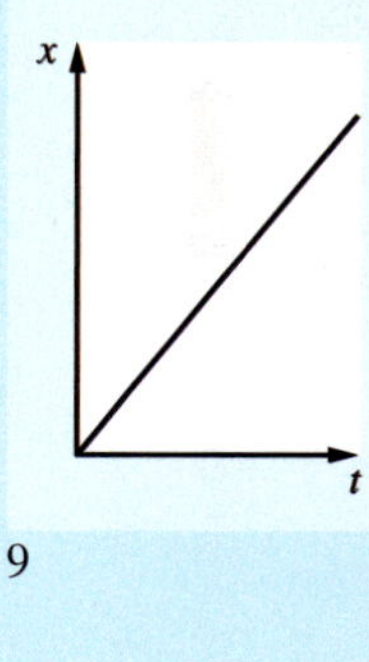	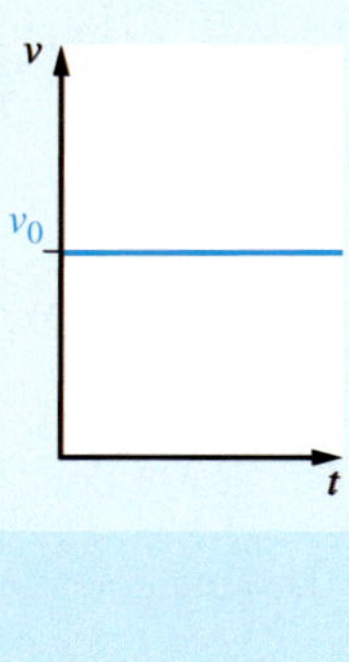	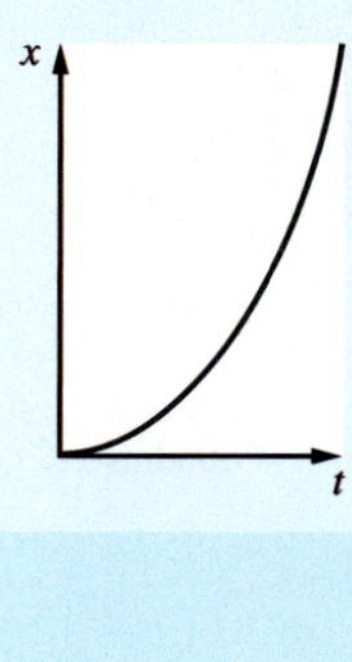	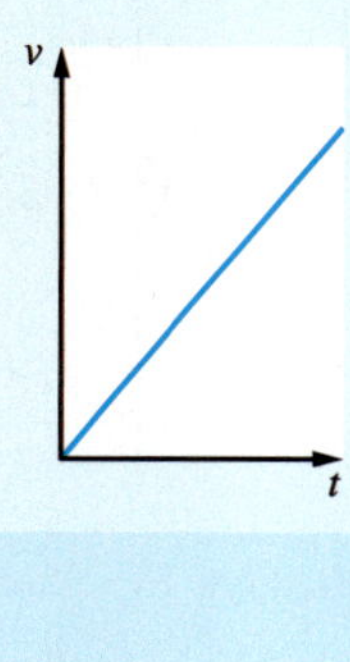	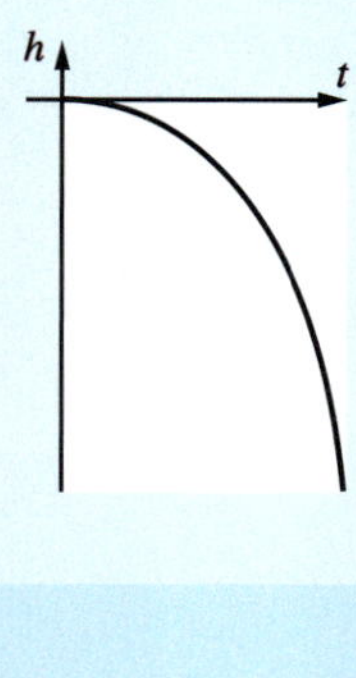	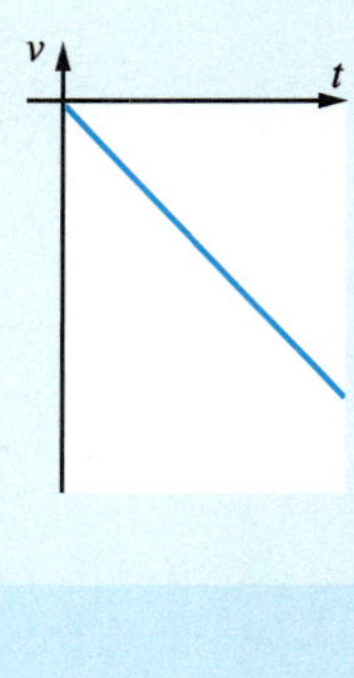

9

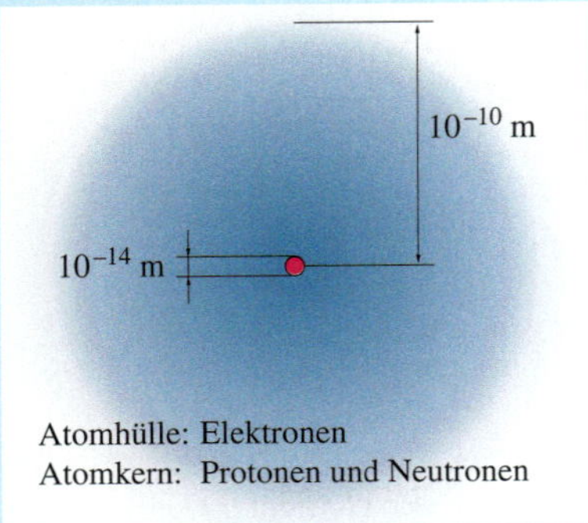

1 Größenordnungen im Atom (nicht maßstäblich)

Aufbau der Atome Der Radius von Atomen liegt bei einem Zehnmillionstel eines Millimeters: $r_{\text{Atom}} = 1 \cdot 10^{-10}\,\text{m} = 0{,}1\,\text{nm}$. ↑1
Der Radius des Atomkerns ist noch viel kleiner. Er beträgt nur ein Zehntausendstel des Atomradius: $r_{\text{Kern}} = 1 \cdot 10^{-14}\,\text{m}$.
Atomkerne bestehen aus Protonen (jeweils Ladung $+e$) und ungeladenen Neutronen. ↑2 Proton und Neutron sind jeweils rund 1800-mal so schwer wie ein Elektron. Im Atomkern gibt es genauso viele Protonen wie Elektronen in der Atomhülle: Das Atom ist nach außen hin elektrisch neutral.
Die Atome eines Elements haben stets die gleiche Protonenzahl (Ordnungszahl) und die gleichen chemischen Eigenschaften. Sie können sich in der Anzahl ihrer Neutronen unterscheiden (Isotope). ↑3

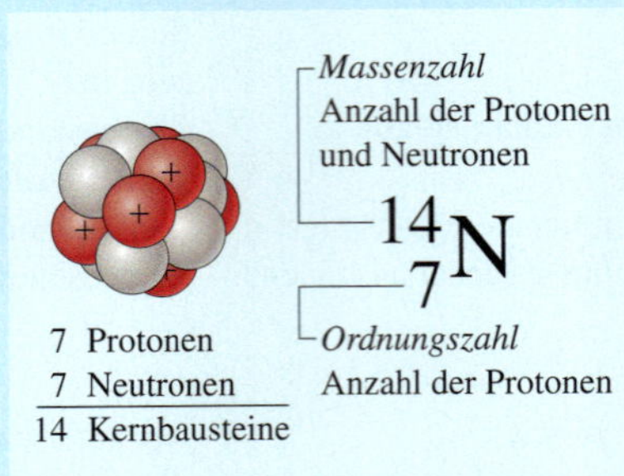

2

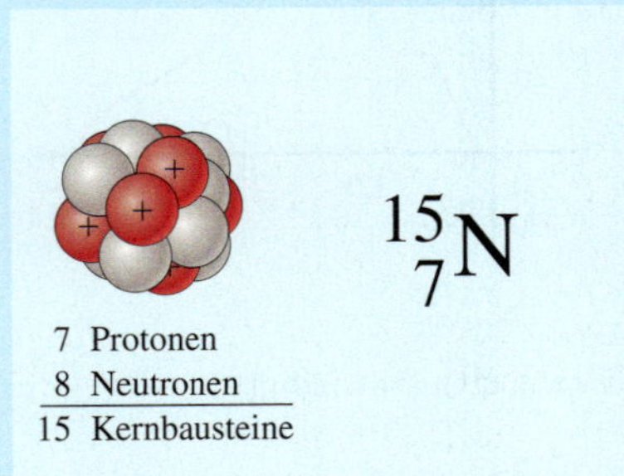

3

Aufnahme und Abgabe von Energie Leuchtende Körper können *kontinuierliche Spektren* oder *Linienspektren* aufweisen. ↑4 ↑5

4 Kontinuierliches Spektrum

5 Linienspektrum

Die Linienspektren geben Hinweise auf die chemische Zusammensetzung der Lichtquelle. Wir führen sie darauf zurück, dass die Elektronen der Atomhüllen nur *diskrete Energieniveaus* annehmen können – Zwischenwerte sind nicht möglich. ↑6 ↑7 Damit ein Hüllenelektron von einem Energieniveau auf ein anderes gelangt, muss es eine Energieportion aufnehmen oder abgeben, die genauso groß ist wie die Differenz zwischen den beiden Energieniveaus. Die bei Übergängen abgegebenen einzelnen Energieportionen bezeichnen wir als *Photonen*. Die Energie von Photonen des Lichts liegt im Elektronvoltbereich: Am roten Rand des Spektrums ist sie am geringsten, am violetten Rand am größten.

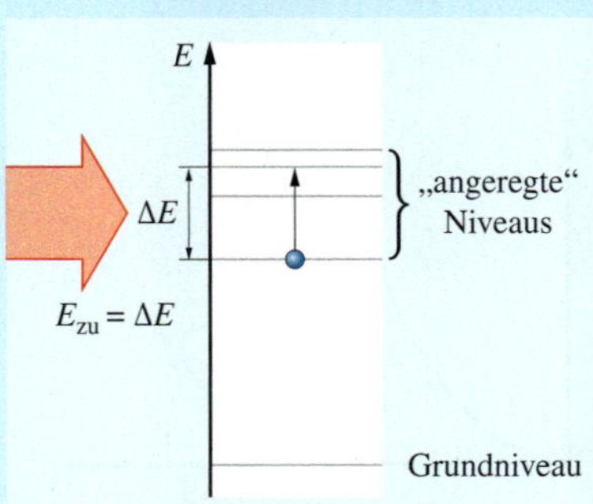

6 Diskrete Energieaufnahme

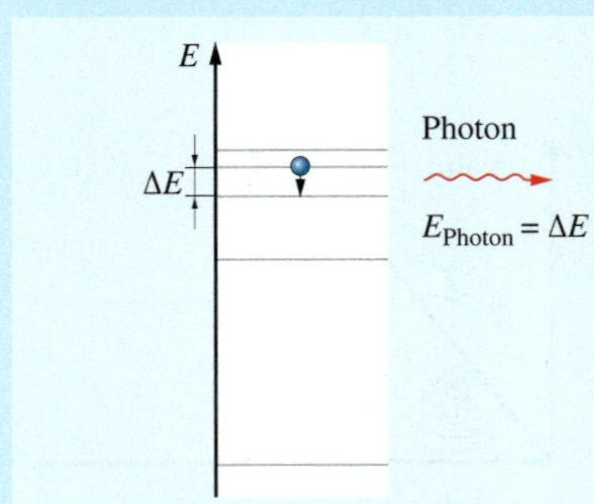

7 Diskrete Energieabgabe

Strahlung radioaktiver Körper Sie erreicht uns überall und ständig aus Boden, Wasser, Luft und aus dem Weltraum (Nulleffekt). Ihre Ionisationsfähigkeit wird genutzt, um die Strahlung nachzuweisen. ↑8 Wir unterscheiden α-, β- und γ-Strahlung. ↑9
Für ein einzelnes Atom lässt sich nicht vorhersagen, wann es zerfällt. Für den Zerfall sehr vieler radioaktiver Atome gilt dagegen, dass die *Aktivität* in immer der gleichen Zeitspanne jeweils um die Hälfte abnimmt. ↑10 Die *Halbwertszeit* ist von Stoff zu Stoff verschieden.

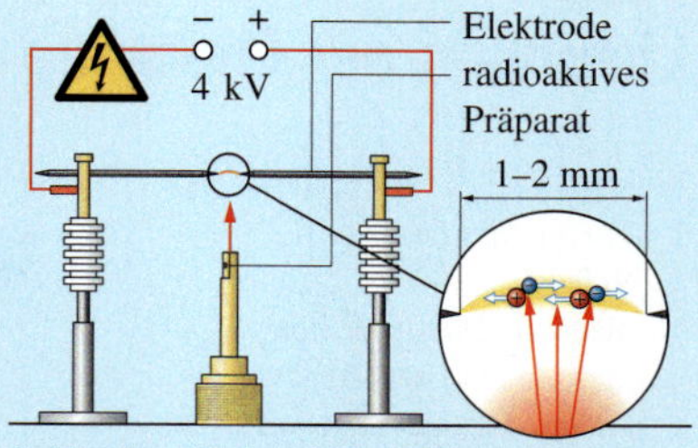

8 Nachweis durch Ionisierung

	α-Strahlung	β-Strahlung	γ-Strahlung
Art (Ladung)	Heliumkerne ($2e$)	Elektronen ($-e$)	Photonen (0)
Geschwindigkeit	15 000 bis 30 000 $\frac{km}{s}$	bis 99 % der Lichtgeschwindigkeit	Lichtgeschwindigkeit
Wirkung	stark ionisierend	weniger stark ionisierend	schwach ionisierend
Abschirmung	Papier, Luftschicht (> 8 cm)	Aluminiumblech (> 5 mm)	dicke Bleiplatte
Entstehung	Kernzerfall	Neutronenzerfall im Kern	Energieübergang im Kern

9

Wegen ihrer ionisierenden Wirkung ruft die Strahlung Veränderungen in den Körperzellen des Menschen hervor. Wenn die Schäden nicht durch das körpereigene Reparatursystem beseitigt werden, können Krebserkrankungen auftreten oder Erbschäden bei den Nachkommen. Die schädigende Wirkung hängt von der *Äquivalentdosis* („absorbierte Energie pro Kilogramm mal Bewertungsfaktor") und der zeitlichen Verteilung der Bestrahlung ab.

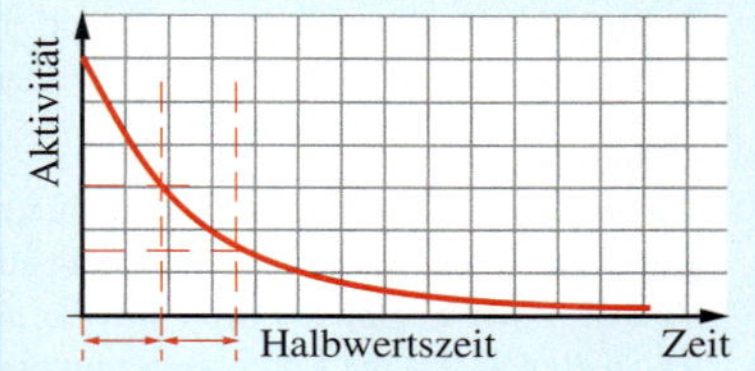

10 Halbwertszeit

Kernumwandlungen Bei einer *Kernspaltung* wird ein Atomkern z. B. durch Neutronenbeschuss in zwei (oder mehr) Trümmerkerne sowie in einige sehr energiereiche Neutronen zerlegt. ↑11
Bei einer *Kernfusion* verschmelzen zwei sehr leichte Atomkerne zu einem schwereren Kern. Dabei wird Energie abgegeben.
Bei Kernumwandlungen nimmt die (kinetische) Energie insgesamt zu, die Gesamtmasse der Teilchen nimmt ab: $E_{nach} - E_{vor} = (m_{vor} - m_{nach}) \cdot c^2$. ↑12
Energie und Masse können also in diesem Zusammenhang als gleichwertig angesehen werden *(Äquivalenz von Energie und Masse)*.
Beim Aufbau eines Atomkerns aus Protonen und Neutronen wird Bindungsenergie abgegeben. ↑13 Die Energiefreisetzung ist mit einer Massenabnahme verbunden *(Massendefekt)*. Wie groß die (mittlere) Bindungsenergie pro Kernbaustein ist, ist für jedes Isotop verschieden.
Bei der Fusion leichter Kerne und der Spaltung schwerer Kerne lässt sich Energie gewinnen, wenn die Bindungsenergien pro Kernbaustein für die Endkerne größer sind als für die Anfangskerne.

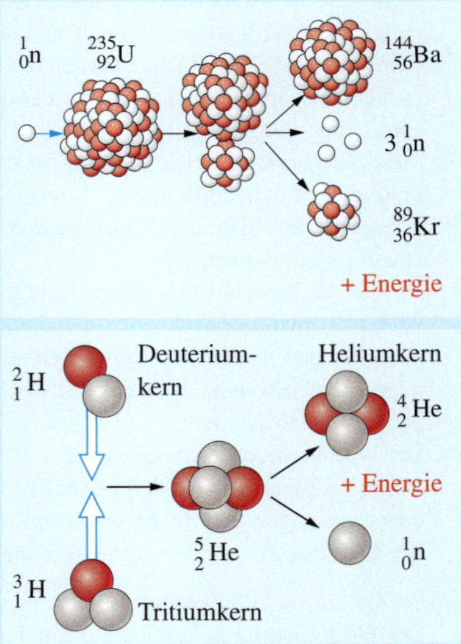

11 Kernspaltung und -fusion

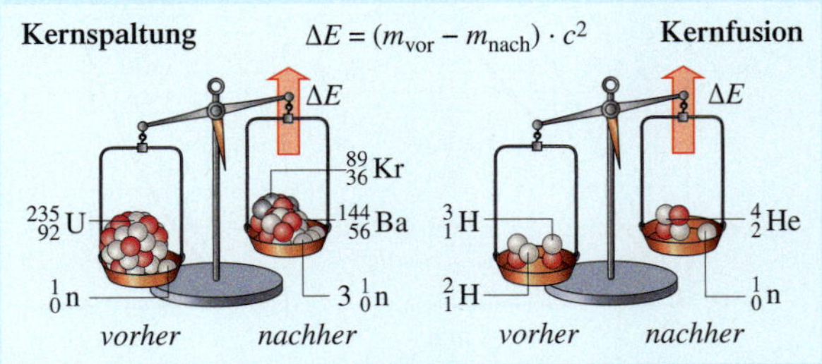

12 Masse-Energie-Äquivalenz bei Kernumwandlungen

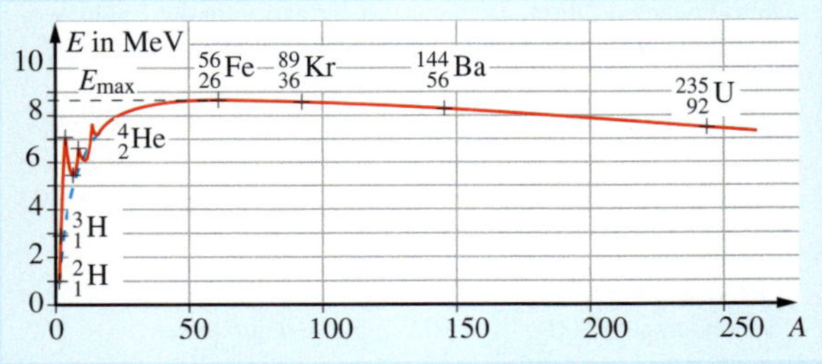

13 Mittlere Bindungsenergie pro Kernbaustein

Lösungen der Check-up-Aufgaben

Elektrik (S. 58)

1 *Fahrraddynamo*

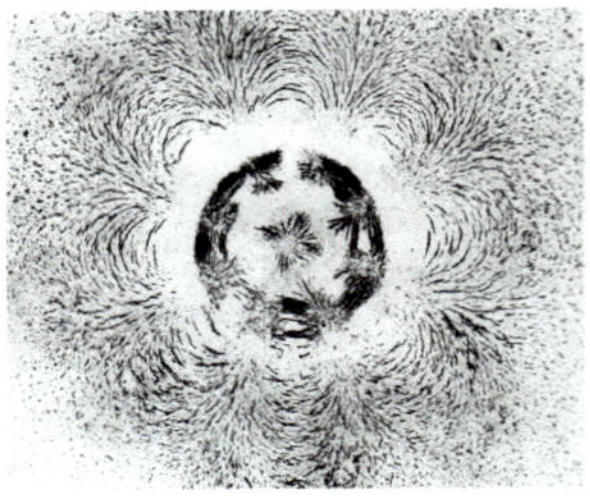

a S. Bild.

b Nord- und Südpole kommen immer paarweise vor.

c An den Spulenenden wird eine Spannung induziert, da sich die Anzahl der Feldlinien, die den Spulenquerschnitt durchsetzen, immer wieder ändert.

d Bei angeschlossener Beleuchtung wirkt der Induktionsstrom in den Spulen der Induktionsursache – also der Bewegung der Spule – entgegen (Regel von LENZ). Ohne Induktionsstrom tritt diese bremsende Wirkung nicht auf.

2 *Induktion*
Induktionsstrom: a, c, d
Die Richtung der Elektronenströme erhält man mithilfe der Lorentzkraft (Linke-Hand-Regel) oder der Regel von LENZ.

3 *Generator*

a *Lorentzkraft:* Das obere Drahtstück bewegt sich nach links, das untere nach rechts – jeweils senkrecht zu den Magnetfeldlinien. Auf die mitbewegten Elektronen wirkt die Lorentzkraft (Linke-Hand-Regel). Da die Lorentzkraft im oberen Drahtstück vom Schleifring 1 weg gerichtet und im unteren hin zum Schleifring 2 hin gerichtet ist, entsteht zwischen beiden Ringen eine Spannung. Bei geschlossenem Kreis fließt ein Induktionsstrom. (Die anderen beiden Rechteckseiten der „Minispule" tragen zur Induktionsspannung nichts bei, da hier die Lorentzkraft quer zum Leiter wirkt.)
Induktionsgesetz: Bei der Drehung ändert sich die Anzahl der Feldlinien, die die „Minispule" durchsetzen. Nach dem Induktionsgesetz entsteht daher zwischen den Schleifringen 1 und 2 eine Induktionsspannung.

b Da sich die Bewegungsrichtung (nicht die Drehrichtung) der beiden Drahtstücke nach jeder Halbdrehung ändert, liegt zwischen den Schleifringen eine Wechselspannung. Verwendet man einen Polwender, wird aus der Wechselspannung eine „gepulste" Gleichspannung.

c Der Wechselstromgenerator eignet sich nur dann als Motor, wenn die Anzahl der Umdrehungen pro Sekunde und die Frequenz der angelegten Spannung übereinstimmen.
Der Gleichstromgenerator eignet sich auch als Gleichstrommotor.

4 *Spulen „drosseln" Wechselströme*

a Der Wechselstrom in der Spule ruft ein magnetisches Wechselfeld im Eisenkern hervor. Dadurch wird der Eisenkern immer wieder ummagnetisiert. Die Magnetfeldänderungen des Eisenkernmagneten führen ihrerseits zur Induktion in der Spule, wobei der Induktionsursache – also dem Wechselstrom – entgegengewirkt wird (Regel von LENZ).

b Beim Rasierapparat ist die Induktion gering, da sich die Größe der Stromstärke nur wenig ändert. Beim Föhn mit seiner viel größeren Stromstärkenänderung ist die Drosselwirkung viel größer.

5 *Transformator*
Um eine Sekundärspannung von 4,5 V zu erzeugen, muss die Sekundärspule $500 \cdot \frac{4{,}5}{230} = 10$ Windungen aufweisen.

Kinematik und Dynamik (S. 94)

1 *Fahrtendiagramm*

a ① Bewegung mit konstanter Beschleunigung aus der Ruhe heraus
② Bewegung mit konstanter Geschwindigkeit
③ Abbremsen (mit konstanter Beschleunigung) zum Stillstand
④ Stillstand
⑤ Bewegung mit konstanter Beschleunigung aus der Ruhe heraus in Rückwärtsrichtung
⑥ Bewegung mit konstanter Geschwindigkeit in Rückwärtsrichtung

b

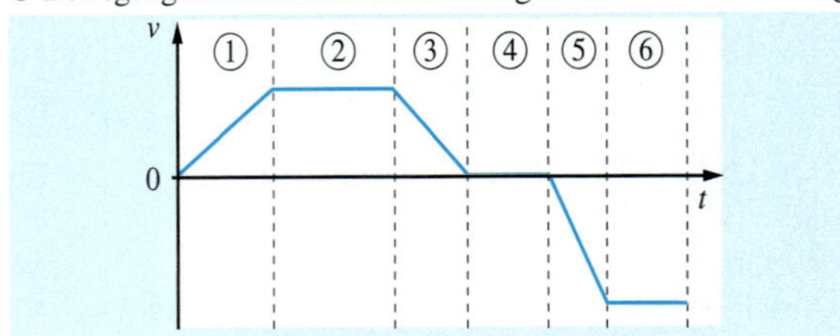

2 *Bewegung im t-x-Diagramm*
I → D: Der Graph ist am Anfang senkrecht. Der Körper müsste also zum selben Zeitpunkt an mehreren Orten sein.
II → A: Der Graph wird flacher, die Bewegung wird langsamer.
III → E: Der Graph ist geradlinig, also ist $\frac{\Delta x}{\Delta t} = v$ konstant.
IV → C: Der Graph wird steiler, die Bewegung wird schneller. Da der Graph schon im Ursprung eine Steigung hat, liegt bereits eine Anfangsgeschwindigkeit vor.
V → B: Der Graph wird steiler, die Bewegung wird schneller. Da der Graph im Ursprung waagerecht entspringt, liegt keine Anfangsgeschwindigkeit vor.

3 *Von 0 auf 100*

a In die Bewegungsfunktion $v(t) = -g\,t$ setzen wir $v(t) = -\frac{100}{3{,}6}\,\frac{\text{m}}{\text{s}}$ ein und formen nach t um.

Fallzeit: $t = \frac{\frac{100}{3{,}6}}{9{,}81}\ \text{s} = 2{,}8\ \text{s}$
Fallstrecke: $h(t) = -\frac{1}{2}\,g\,t^2$; $h(t) = -\frac{9{,}81}{2}\,(2{,}8)^2\ \text{m} = -39\ \text{m}$

b

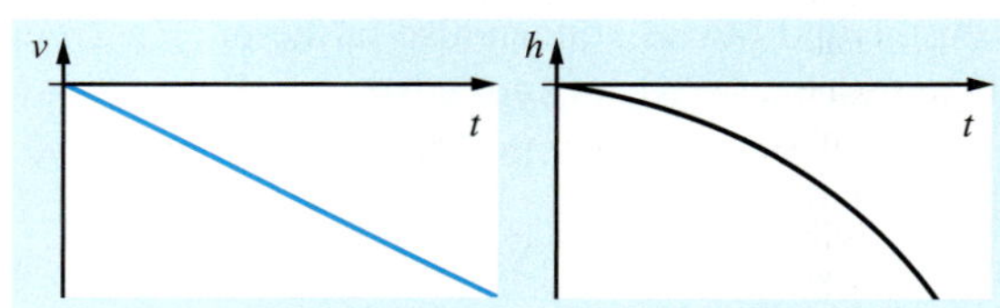

4 *Jet*

a Mit Nachbrenner: $a = \frac{F}{m}$; $a = \frac{180 \cdot 10^3}{20 \cdot 10^3}\,\frac{\text{m}}{\text{s}^2} = 9{,}0\,\frac{\text{m}}{\text{s}^2}$
Bewegungsfunktionen: $x(t) = 4{,}5\,\frac{\text{m}}{\text{s}^2} \cdot t^2$; $v(t) = 9{,}0\,\frac{\text{m}}{\text{s}^2} \cdot t$
Ohne Nachbrenner: $a = \frac{F}{m}$; $a = \frac{120 \cdot 10^3}{20 \cdot 10^3}\,\frac{\text{m}}{\text{s}^2} = 6{,}0\,\frac{\text{m}}{\text{s}^2}$
Bewegungsfunktionen: $x(t) = 3{,}0\,\frac{\text{m}}{\text{s}^2} \cdot t^2$; $v(t) = 6{,}0\,\frac{\text{m}}{\text{s}^2} \cdot t$

b

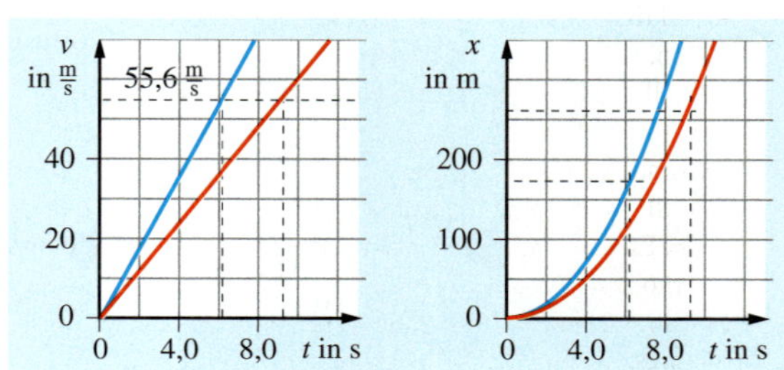

c $a = \frac{F}{m} = \frac{\Delta v}{\Delta t}$; $\Delta t = \frac{m\,\Delta v}{F}$

$\Delta t = \frac{20 \cdot 10^3 \, \frac{200}{3,6}}{18 \cdot 10^3}\,\text{s} = 6{,}2\,\text{s}$ (ohne Nachbrenner: 9,3 s)

d $s = \frac{1}{2}\frac{m\,v^2}{F}$; $s = \frac{1}{2}\frac{20 \cdot 10^3 \cdot (\frac{200}{3,6})^2}{18 \cdot 10^3}\,\text{m} = 1{,}7 \cdot 10^2\,\text{m}$ (ohne: $2{,}6 \cdot 10^2\,\text{m}$)

5 *Vertiefung: Halfpipe*

a Oben ist der Skifahrer kurz in Ruhe:

$0 = v(t) = v_0 - g\,t$

$t = \frac{v_0}{g}$; $t = \frac{7{,}5}{9{,}81}\,\text{s} = 0{,}76\,\text{s}$

Zurückgelegte Strecke: $s = v_D \cdot t = \frac{1}{2} v_0 \cdot \frac{v_0}{g}$; $s = \frac{1}{2} \cdot \frac{7{,}5^2}{9{,}81}\,\text{m} = 2{,}9\,\text{m}$

b Bewegungsfunktion: $h(t) = v_0 \cdot t - \frac{1}{2} g\,t^2$

Bei der Ankunft ist $h(t) = 0$ m:

$0 = v_0 \cdot t - \frac{1}{2} g\,t^2 = t\,(v_0 - \frac{1}{2} g\,t)$

Flugzeit: $t = 2\,\frac{v_0}{g}$; $t = 2\,\frac{7{,}5}{9{,}81}\,\text{s} = 1{,}52\,\text{s}$

Landegeschwindigkeit: $v(t) = v_0 - g\,t$

$v(1{,}52\,\text{s}) = 7{,}5\,\frac{\text{m}}{\text{s}} - 9{,}81 \cdot 1{,}52\,\frac{\text{m}}{\text{s}} = -7{,}4\,\frac{\text{m}}{\text{s}}$

c $h = \frac{v^2}{2g}$; $h = \frac{7{,}5^2}{2 \cdot 9{,}81}\,\text{m} = 2{,}9\,\text{m}$

$\frac{1}{2} m\,{v_0}^2 = \frac{1}{2} m\,{v_{\text{ende}}}^2$

$v_{\text{ende}} = -v_0 = -7{,}5\,\frac{\text{m}}{\text{s}}$ (Richtungsumkehr)

Atome (S. 162)

1 *Spektralanalyse*

a Lampe, Spalt, Linse, Prisma, Linse, Schirm

b Glühlampe: kontinuierliches Spektrum; Gaslampen: jeweils Linienspektrum mit elementtypischen (Hg bzw. He) Linien.

c Glühlampe: kontinuierliches Spektrum mit schwarzen Linien (Absorptionslinien von Hg)
Hg-Lampe: Gleiche Linien wie vorher, nur viel schwächer
He-Lampe: Gleiche Linien wie vorher, unverändert
Erklärung: Die Hüllenelektronen der Hg-Atome im eingeschlossenen Gas können entsprechend ihren Energieniveaus nur bestimmte Photonen absorbieren. Sie emittieren anschließend in unterschiedliche Richtungen.

d Wolfram: Kern – 74 Protonen und je nach Isotop Neutronen; Hülle – 74 Elektronen
Quecksilber: Kern – 80 Protonen und je nach Isotop Neutronen; Hülle – 80 Elektronen
Helium: Kern – 2 Protonen und normalerweise 2 Neutronen; Hülle – 2 Elektronen

e Isotope sind Kerne mit gleicher Ordnungszahl, aber unterschiedlicher Massenzahl. Die Quecksilberisotope haben jeweils 80 Protonen und 80 Elektronen, unterscheiden sich aber in der Neutronenzahl. Sieben Quecksilberisotope sind nicht radioaktiv.

2 *Radioaktivität und ihr Nachweis*

a Radioaktivität beschreibt die Eigenschaft von instabilen Atomen, sich umzuwandeln.
α-Zerfall: Aus dem Atomkern entweichen 2 Protonen und 2 Neutronen (Heliumkern). Die Massenzahl nimmt um 4 ab, die Ordnungszahl um 2.
β-Zerfall: Im Atomkern wandelt sich ein Neutron in ein Proton und ein Elektron um, das den Atomkern verlässt. Die Ordnungszahl erhöht sich um 1.
γ-Zerfall: Übergang zwischen zwei Energieniveaus im Kern. Ordnungszahl und Massenzahl bleiben unverändert.

b Die Anzeige geht zurück, da die Strahlung ionisiert.

c Die α-Strahlung wird durch die Luft bzw. das Papier herausgefiltert. Da sie von den drei Strahlungsarten die größte Ionisierungsfähigkeit hat, wird das Elektroskop langsamer entladen.

d Die Ionisationskammer besteht aus einer mit Gas gefüllten Kammer mit einem dünnen strahlungsdurchlässigen Fenster. Durch Anlegen einer elektrischen Spannung entsteht zwischen zwei Elektroden ein elektrisches Feld. Fällt Strahlung radioaktiver Körper in die Kammer ein, werden Gasatome ionisiert. Die herausgelösten Elektronen werden durch das elektrische Feld zur Anode beschleunigt, die positiven Gas-Ionen zur Kathode. Diese Bewegung von Ladungsträgern bedeutet einen (schwachen) elektrischen Strom, der mit einem Messverstärker gemessen wird.

e Auch ohne radioaktive Präparate gibt es an jedem Ort der Erde eine natürliche Strahlenbelastung (Nulleffekt). Er wird in Abwesenheit des zu untersuchenden Präparats bestimmt und bei den anschließenden Messungen von den Messwerten abgezogen.

3 *Halbwertszeit*

a $^{14}_{7}\text{N} + ^{1}_{0}\text{n} \rightarrow ^{15}_{7}\text{N} \rightarrow ^{14}_{6}\text{C} + ^{1}_{1}\text{p}$

b $^{14}_{6}\text{C} \rightarrow ^{14}_{7}\text{N} + ^{0}_{-1}\text{e}$

c Aktivität: Anzahl der Zerfälle pro Sekunde.
Halbwertszeit: Nach dieser Zeitspanne ist im Mittel die Hälfte aller C-14-Atome zerfallen. Im gleichen Maß sinkt die Aktivität.

d 15,3 Zerfälle pro Minute und Gramm: 229,5 Zerfälle pro Minute pro 15 g, also 3,8 Zerfälle pro Sekunde (3,8 Bq)
Grafische Auswertung ergibt: $5370\,\text{a} + 0{,}75 \cdot 5370\,\text{a} \approx 9400\,\text{a}$.

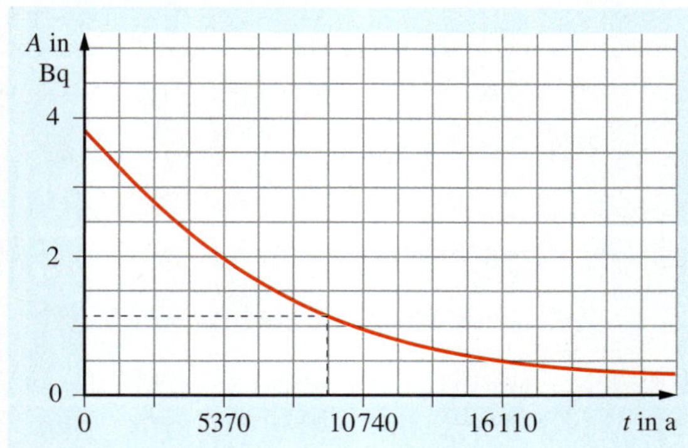

4 *Kernspaltung und Kernfusion*

a $^{235}_{92}\text{U} + ^{1}_{0}\text{n} \rightarrow ^{147}_{57}\text{La} + ^{87}_{35}\text{Br} + 2\,^{1}_{0}\text{n}$; $^{16}_{8}\text{O} + ^{16}_{8}\text{O} \rightarrow ^{31}_{15}\text{P} + ^{1}_{1}\text{p}$

b Jeder Körper besitzt aufgrund seiner Masse Energie. Gibt ein Körper Energie ab, so verringert sich seine Masse. Wird ihm Energie zugeführt, erhöht sich seine Masse.
Bei der Kernspaltung ist die Masse des Ausgangskerns und des Neutrons größer als die Masse der Spaltprodukte und des frei werdenden Neutrons.
Bei der Kernfusion ist die Masse der beiden Sauerstoffkerne größer als die Summe der Masse von Phosphorkern und Proton.
Die Massendifferenz wird jeweils in Energie umgewandelt:
$E_{\text{nach}} - E_{\text{vor}} = (m_{\text{vor}} - m_{\text{nach}}) \cdot c^2$

c $E_{\text{nach}} - E_{\text{vor}} = [(m_{\text{U}} + m_{\text{n}}) - (m_{\text{La}} + m_{\text{Br}} + 2\,m_{\text{n}})] \cdot c^2$
$= [(235{,}043\,923\,\text{u} + 1{,}008\,665\,\text{u}) -$
$(146{,}927\,850\,\text{u} + 86{,}920\,711\,\text{u} + 2 \cdot 1{,}008\,665\,\text{u})] \cdot c^2$
$= 0{,}186\,697\,\text{u} \cdot c^2 = 0{,}186\,697 \cdot 1{,}660\,566 \cdot 10^{-27} \cdot 299\,792\,458^2\,\text{J}$
$= 2{,}78\,634 \cdot 10^{-11}\,\text{J} = 173{,}91\,\text{MeV}$

d Bei der Fusion leichter Kerne und der Spaltung schwerer Kerne lässt sich nur Energie gewinnen, wenn die Bindungsenergien pro Kernbaustein für die Endkerne größer sind als für die Anfangskerne.

Periodensystem der Elemente

Ordnungszahl → 7 | 14,007 ← Atommasse
N ← Symbol
Name → Stickstoff

Die Atommassen in eckigen Klammern beziehen sich auf das längstlebige gegenwärtig bekannte Isotop des betreffenden Elements.

Periode	1 I. Hauptgruppe	2 II. Hauptgruppe	3 III. Nebengruppe	4 VI. Nebengruppe	5 V. Nebengruppe	6 VI. Nebengruppe	7 VII. Nebengruppe	8 VIII. Nebengruppe	9 VIII. Nebengruppe
1	1 1,008 H Wasserstoff								
2	3 6,94 Li Lithium	4 9,01 Be Beryllium							
3	11 22,99 Na Natrium	12 24,31 Mg Magnesium							
4	19 39,10 K Kalium	20 40,08 Ca Calcium	21 44,96 Sc Scandium	22 47,88 Ti Titanium	23 50,94 V Vanadium	24 51,996 Cr Chrom	25 54,94 Mn Mangan	26 55,85 Fe Eisen	27 58,93 Co Cobalt
5	37 85,47 Rb Rubidium	38 87,62 Sr Strontium	39 88,91 Y Yttrium	40 91,22 Zr Zirconium	41 92,91 Nb Niob	42 95,94 Mo Molybdän	43 [98] Tc* Technetium	44 101,07 Ru Ruthenium	45 102,91 Rh Rhodium
6	55 132,91 Cs Caesium	56 137,33 Ba Barium	57 bis 71 La–Lu	72 178,49 Hf Hafnium	73 180,95 Ta Tantal	74 183,84 W Wolfram	75 186,21 Re Rhenium	76 190,23 Os Osmium	77 192,22 Ir Iridium
7	87 [223] Fr* Francium	88 226,03 Ra* Radium	89 bis 103 Ac*–Lr* Radium	104 [261] Rf* Rutherfordium	105 [262] Db* Dubnium	106 [266] Sg* Seaborgium	107 [264] Bh* Bohrium	108 [267] Hs Hassium	109 [268] Mt* Meitnerium

Elemente der Lanthanreihe

zu 6	57 138,91 La Lanthan	58 140,12 Ce Cer	59 140,91 Pr Praseodym	60 144,24 Nd Neodym	61 [145] Pm* Promethium	62 150,36 Sm Samarium

Elemente der Actiniumreihe

zu 7	89 227 Ac* Actinium	90 232,04 Th* Thorium	91 231,04 Pa* Protactinium	92 238,03 U* Uran	93 [237] Np* Neptunium	94 [244] Pu* Plutonium

Metall	Halbmetall
Nichtmetall	Edelgas

schwarz: Feststoff
hellblau: Flüssigkeit
rot : Gas
weiß : künstliches Element
* : radioaktives Element

10	11	12	13	14	15	16	17	18
								18 VIII. Hauptgruppe
			13 III. Hauptgruppe	14 IV. Hauptgruppe	15 V. Hauptgruppe	16 VI. Hauptgruppe	17 VII. Hauptgruppe	2 4,003 He Helium
			5 10,81 B Bor	6 12,01 C Kohlenstoff	7 14,007 N Stickstoff	8 15,999 O Sauerstoff	9 18,998 F Fluor	10 20,18 Ne Neon
10 VIII. Nebengruppe	11 I. Nebengruppe	12 II. Nebengruppe	13 26,98 Al Aluminium	14 28,09 Si Silicium	15 30,97 P Phosphor	16 32,07 S Schwefel	17 35,45 Cl Chlor	18 39,95 Ar Argon
28 58,69 Ni Nickel	29 63,55 Cu Kupfer	30 65,39 Zn Zink	31 69,72 Ga Gallium	32 72,61 Ge Germanium	33 74,92 As Arsen	34 78,96 Se Selen	35 79,90 Br Brom	36 83,80 Kr Krypton
46 106,42 Pd Palladium	47 107,87 Ag Silber	48 112,41 Cd Cadmium	49 114,82 In Indium	50 118,71 Sn Zinn	51 121,76 Sb Antimon	52 127,60 Te Tellur	53 126,90 I Iod	54 131,29 Xe Xenon
78 195,08 Pt Platin	79 196,97 Au Gold	80 200,59 Hg Quecksilber	81 204,38 Tl Thallium	82 207,2 Pb Blei	83 208,98 Bi Bismut	84 [209] Po Polonium	85 [210] At* Astat	86 [222] Rn* Radon
110 [271] Ds* Darmstadtium	111 [272] Rg* Roentgenium	112 [272] Uub* Ununbium	113 [284] UUt* Ununtrium	114 [289] Uuq* Ununquadium	115 [288] Uup* Ununpentium	116 [291] Uuh* Ununhexium	117 Uus* Ununseptium	118 [294] Uuo* Ununoctium

63 151,97 Eu Europium	64 157,25 Gd Gadolinium	65 158,93 Tb Terbium	66 162,50 Dy Dysprosium	67 164,93 Ho Holmium	68 167,26 Er Erbium	69 168,93 Tm Thulium	70 173,04 Yb Ytterbium	71 174,97 Lu Lutetium
95 [243] Am* Americium	96 [247] Cm* Curium	97 [247] Bk* Berkelium	98 [251] Cf* Californium	99 [252] Es* Einsteinium	100 [257] Fm* Fermium	101 [258] Md* Mendelevium	102 [259] No* Nobelium	103 [262] Lr* Lawrencium

Tabellen und Schaltzeichen

Größe	Symbol	Einheit		Weitere Einheiten	
Länge	l	1 Meter	1 m	1 Seemeile	1 sm = 1,852 km
Masse	m	1 Kilogramm	1 kg	1 Gramm	1 g = 0,001 kg
				1 Tonne	1 t = 1000 kg
Dichte	ϱ	1 Kilogramm pro Kubikmeter	$1\,\frac{\text{kg}}{\text{m}^3}$		
Zeit	t	1 Sekunde	1 s	1 Minute	1 min = 60 s
				1 Stunde	1 h = 60 min = 3600 s
Geschwindigkeit	v	1 Meter pro Sekunde	$1\,\frac{\text{m}}{\text{s}}$	1 Kilometer pro Stunde	$1\,\frac{\text{m}}{\text{s}} = 3{,}6\,\frac{\text{km}}{\text{h}}$
Beschleunigung	a	1 Meter pro Sekunde zum Quadrat	$1\,\frac{\text{m}}{\text{s}^2}$		
Kraft	F	1 Newton	1 N		
Druck	p	1 Pascal	1 Pa	1 bar	$1\text{ bar} = 10^5\text{ Pa} = 10\,\frac{\text{N}}{\text{cm}^2}$
Temperatur	T	1 Kelvin	1 K		
	ϑ	1 Grad Celsius	1 °C		
Energie	E	1 Joule	1 J	1 Kilowattstunde	1 kWh = 3,6 MJ
				1 Elektronvolt	$1\text{ eV} = 1{,}6022 \cdot 10^{-19}\text{ J}$
Leistung	P	1 Watt	1 W		
Elektrische Ladung	Q	1 Coulomb	1 C	1 Elementarladung	$e = 1{,}6022 \cdot 10^{-19}\text{ C}$
Elektrische Stromstärke	I	1 Ampere	1 A		
Elektrische Spannung	U	1 Volt	1 V		
Elektrischer Widerstand	R	1 Ohm	1 Ω		
Aktivität	A	1 Becquerel	1 Bq		
Energiedosis	D	1 Gray	1 Gy		
Äquivalentdosis	H	1 Sievert	1 Sv		

1 Auswahl physikalischer Größen und ihrer Einheiten

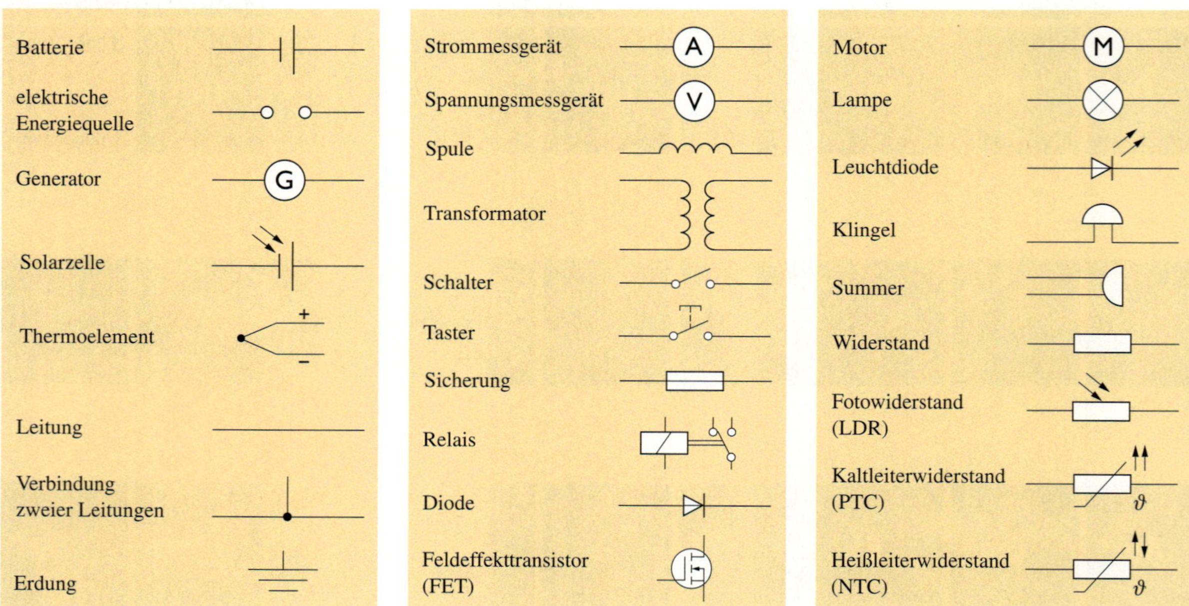

2 Einige Schaltzeichen

Register

Schall

Beim Auftritt dieser Rockband klirrten in 650 m entfernten Häusern die Gläser, Lampen schwangen wie bei einem Erdbeben hin und her. Wie kann es zu solchen Schwingungen kommen? Wie können durch Musikinstrumente verschiedene Töne mit unterschiedlicher Lautstärke erzeugt werden?

1

2

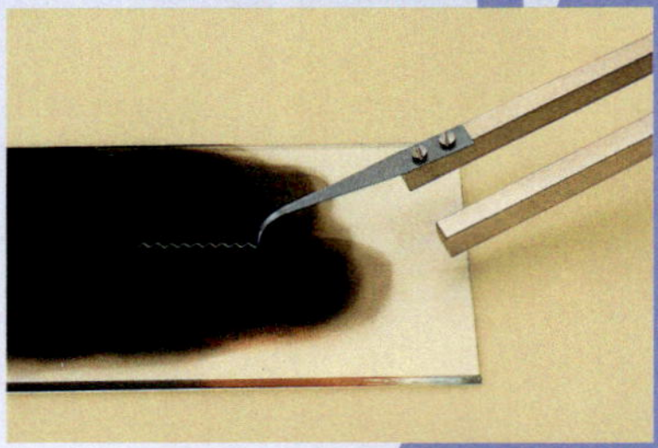

3

Schallerzeugung Alle Töne, Klänge und Geräusche bezeichnen wir als *Schall*. Beim Erzeugen des Schalls kann man an den Trommeln des Schlagzeugs, den Saiten der Gitarre ↑2 oder der Membran eines offenen Lautsprechers rasche Hin- und Herbewegungen – *Schwingungen* – beobachten. Bei einer Stimmgabel lassen sich die Schwingungen durch das Entlangfahren auf einer berußten Glasplatte sichtbar machen. ↑3

Die Untersuchung aller Schallquellen zeigt: Schall wird durch rasch schwingende Gegenstände erzeugt.

Schallausbreitung Nach dem Anschlagen des linken Tamburins ↑4 hört man einen Ton – und der Ball wird wie von Geisterhand vom rechten Tamburin weggestoßen! Wenn die Membran des angeschlagenen Tamburins nach rechts schwingt, presst sie die benachbarte Luftschicht zusammen, weil diese nicht rasch genug zurückweichen kann. Die verdichtete Luftschicht dehnt sich gleich wieder aus und presst dabei ihrerseits die nächste Luftschicht zusammen usw. Auf diese Weise breitet sich eine Luftverdichtung aus. ↑5 Beim Zurückschwingen sorgt die Membran für eine „Luftverdünnung", die sich ebenfalls ausbreitet.

Sich ausbreitende Luftverdichtungen und -verdünnungen sind ein Beispiel für *Schallwellen*. Auch in Wasser oder in festen Gegenständen können sich Schallwellen ausbreiten – allerdings nicht als Verdichtungen und Verdünnungen.

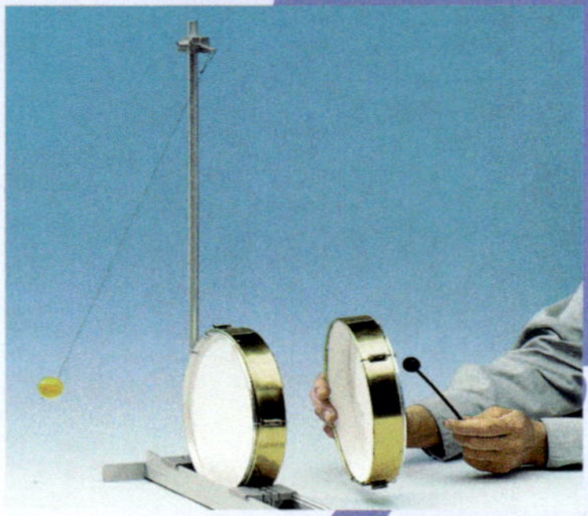

4

5